高等学校教材
北京市精品教材

高分子科学实验

第二版

张兴英　李齐方　主　编

化学工业出版社

·北京·

本书第一版于 2004 年被评为北京市精品教材,此次再版对全书内容进行了较多增删和修改。主要内容分为三个部分。第一部分"聚合物合成及表征技术简介"对聚合机理、聚合方法、高分子结构与性能研究的基本思路、实验方案的选择与确定、先进表征手段等进行了扼要介绍,并加强对新聚合理论、聚合方法及合成工艺的介绍,新增聚合物的设计合成一节。第二部分"实验"包括基础实验、综合实验和设计实验,基础实验中的高分子化学方面涉及的聚合机理有经典的和近年来新出现的活性自由基聚合、活性阳离子聚合、基团转移聚合等,涉及的聚合方法有本体聚合、溶液聚合、悬浮聚合、乳液聚合、溶液缩聚、熔融缩聚等,涉及的聚合物既有通用高分子也有功能高分子,高分子物理方面涉及高分子材料结构性质、溶液性质和热性质、相对分子质量及其分布的测定和表征,高分子化学实验进一步完善实验设置,使之覆盖了当前主要的聚合机理及聚合方法,完备了实验拓展及背景知识;综合实验包括高分子化学、高分子物理及高分子仪器分析等总的高分子科学实验;设计实验是要增强学生对理论知识和实验能力的综合运用,加强学生自主进行实验设计、实验实施、观察和总结的能力。第三部分"附录"给出了有关高分子科学实验的一些基础数据。

本书可供从事高分子材料及相关专业的教学、科研、设计、生产和应用的人员参考使用。

图书在版编目(CIP)数据

高分子科学实验/张兴英,李齐方主编.—2 版.—北京:化学工业出版社,2007.7(2024.9 重印)
高等学校教材　北京市精品教材
ISBN 978-7-122-00673-8

Ⅰ.高…　Ⅱ.①张…②李…　Ⅲ.高聚物-科学实验-高等学校-教材　Ⅳ.O63-33

中国版本图书馆 CIP 数据核字(2007)第 091132 号

责任编辑:杨　菁　　　　　　　　　文字编辑:颜克俭
责任校对:王素芹　　　　　　　　　装帧设计:潘　峰

出版发行:化学工业出版社(北京市东城区青年湖南街 13 号　邮政编码 100011)
印　　装:北京虎彩文化传播有限公司
787mm×1092mm　1/16　印张 20　字数 529 千字　2024 年 9 月北京第 2 版第 11 次印刷

购书咨询:010-64518888　　　售后服务:010-64518899
网　　址:http://www.cip.com.cn
凡购买本书,如有缺损质量问题,本社销售中心负责调换。

定　价:50.00 元

再 版 前 言

近年来高分子科学发展很快，但无论是新聚合反应的发现、聚合物结构与性能关系研究的深入、新聚合物的合成，均离不开强有力的高分子科学实验的支撑。本书第一版自出版以来，受到各校师生的关注，并于 2004 年被评为北京市精品教材，说明书中所倡导的理论和实践紧密结合、具备强的动手能力是现今高分子科学人才培养的重要内容已为更多的人所接受。

根据这一指导思想，对第一版进行了增删和修改。第一部分，增加了对新聚合理论、聚合方法及合成工艺的介绍，新增聚合物的设计合成一节，以适应当前的发展趋势。第二部分，对高分子化学实验进一步完善实验设置，使之覆盖了当前主要的聚合机理及聚合方法，完备了实验拓展及背景知识；高分子物理实验则根据新的实验仪器和手段进行了改进；增加了设计实验的内容。总体看，修改后本书所主张的"内容覆盖面广、实验手段先进、利于培养学生运用知识自主进行实验能力"的特色更加明显，增加了可读性和实用性。

本教材由张兴英、李齐方主编，参加编写的人员如下所列。

张兴英　　第一部分：第一～第五节、第八节

　　　　　第二部分：实验 3、5、27、28、61、62、63（部分）、64、65

　　　　　第三部分：附录一～四

李齐方　　第一部分：第六、第七节

　　　　　第二部分：实验 39、41、48～50、52、55～58、59（部分）、60（部分）、63（部分）

　　　　　第三部分：附录五

程　珏　　第二部分：实验 6～8、12、15、18、59（部分）、60（部分）

鲁建民　　第二部分：实验 1、2、11、14、23、25

石　艳　　第二部分：实验 4、10、21、22、24、26

刘亚康　　第二部分：实验 9、13、16、17

姚　明　　第二部分：实验 19、20

武德珍　　第二部分：实验 31～37、42、43、47

刘　燕　　第二部分：实验 29、30、38、40、44～46、51、53、54

本书可供从事高分子材料及相关专业的教学、科研、设计、生产和应用人员参考使用。限于编写者水平，在编写过程中，难免会出现一些不足，敬请斧正。

编者

2007 年 4 月

第一版前言

《高分子科学实验》是为适应我国 21 世纪高分子科学人才培养的需要，在北京化工大学多年教学改革实践基础上，参考国内外有关高分子科学实验的教材和专著，为单独设课的高分子科学专业实验而编写的，主要包括高分子化学和高分子物理两大部分。主要思路：一是覆盖面广，除经典实验外，还涵盖近十年高分子科学新的发展；二是实验手段先进；三是有利于对学生综合素质的培养，即培养学生运用知识、自主进行实验的能力。

在基础实验的设置上，高分子化学方面，涉及到的聚合机理有经典的自由基聚合、阴离子聚合、阳离子聚合、配位聚合、开环聚合、共聚合（包括无规共聚、嵌段共聚、交替共聚和接枝共聚）、逐步聚合（包括线型缩聚和体型缩聚）、聚合物的化学反应及近年新出现的活性自由基聚合、活性阳离子聚合、基团转移聚合等；涉及的聚合方法有本体聚合、溶液聚合、悬浮聚合、乳液聚合、溶液缩聚、熔融缩聚等；涉及的聚合物既有通用高分子也有功能高分子。高分子物理方面，涉及高分子材料结构性质、溶液性质和固态性质。结构中包括组成、单分子结构和聚集态结构；溶液性质包括了相对分子质量及相对分子质量分布、溶解性；固态性质包括了热性能、力学性能等；涉及到的仪器设备多为近年国内外新出产的。

本实验教材新增了综合实验和设计实验两部分。前者是想使学生得到包括高分子化学、高分子物理及高分子仪器分析等总的高分子科学实验的锻炼，后者则是要加强学生对理论知识和实验能力的综合运用，加强学生自主进行实验设计、实验实施、观察和总结的能力。

限于编者水平，在编写过程中，难免会出现一些不当之处，敬请读者斧正。

编者

2003 年 9 月

目　　录

第一部分 聚合物合成及表征技术简介

第一节 引 言

从理论上讲，高分子化学是一门研究高分子合成及其反应的科学；从实践上讲，高分子化学是一门实验性科学。正是通过这种实践应用（实验性研究或工业化开发、生产）与理论研究的相互关联、相互促进，高分子科学才达到了今天的水平。纵观人类对高分子材料的开发应用历史，可以清晰地看出这种实践应用与理论探索相互促进、共同发展的过程。

19 世纪之前是直接对天然高分子的加工利用。在高分子工业方面，公元前即对蛋白质、淀粉、棉毛丝麻、造纸、油漆、虫胶等天然高分子进行了开发利用；在高分子科学方面，Berzelius 于 1833 年提出"polymer"一词，意指以共价键、非共价键联结的聚集体。

19 世纪中叶开始对天然高分子进行化学改性。在高分子工业方面主要的事件有天然橡胶硫化（1838 C. N. Goodyear）、硝化纤维（1845 C. F. Schobein）、硝化纤维塑料（1868 J. W. Hyatt）、建成最早的人造丝工厂（1889）及年产 1000t 黏胶纤维工厂（1900 英国）；在高分子科学方面，提出纤维素、淀粉、蛋白质是大的分子（1870），确定天然橡胶干馏产物异戊二烯结构式（1892 W. A. Tilden）等。

20 世纪初叶是高分子工业和科学创立的准备时期。在高分子工业方面主要的事件有酚醛树脂（1907 L. Backeland）、丁钠橡胶（1911）、醋酸纤维和塑料（1914）、醋酸乙烯工业化（1925）、聚乙烯醇、聚甲基丙烯酸甲酯（1928）等；在高分子科学方面，提出蛋白质是由氨基酸残基组成的多肽结构（1902）、分子胶体概念（1907 W. Ostwold）和"共价键联结的大分子"之现代高分子概念（1920 H. Staudinger）。

20 世纪 30～40 年代是高分子工业和科学的创立时期。在高分子工业方面，三大合成材料全面实现工业化，如塑料：PVC（1931）、PS（1934）、LDPE（1939）、ABS（1948）；如橡胶：氯丁橡胶（1931）、丁基橡胶（1940）、丁苯橡胶（1940）；如纤维：PVC 纤维（1931）、尼龙 66（1938）、PET（1941）、尼龙 6（1943）、维纶（1948）、PAN（1950）。在高分子科学方面，H. Staudinger 于 1932 年发表了著名的《高分子有机化合物》，而在 30～40 年代即建立了现代缩聚反应理论（W. H. Carthorse, P. J. Flory）、橡胶弹性理论（1932～1938 W. Kuhn, K. H. Mayer）、链式聚合反应和共聚合理论（1935～1948 H. Mark, F. R. Mayo 等）、高分子溶液理论（1942～1949 P. J. Flory, M. L. Huggins 等）、乳液聚合理论（20 世纪 40 年代 Harkin-Smith-Ewart）等。

20 世纪 50 年代是现代高分子工业确立、高分子合成化学大发展时期。在高分子工业方面，石油化工产品的 80% 用于高分子工业，塑料以 2 倍于钢铁的增长速率增长（12%～15%/年），新开发出 HDPE（1953～1955）、PP（1955～1957）、BR（1959）、PC（1957）；在高分子科学方面的主要发现有催化剂和配位阴离子聚合（1953～1956 Ziegler-Natta）、活性阴离子聚合（20 世纪 50 年代 Szwarc）、阳离子聚合（Kennedy）、获得聚乙烯单晶（1957 A. Keller）等。

20 世纪 60 年代是高分子物理大发展时期。在高分子工业方面，各种合成材料的品种有了长足发展，如通用塑料的 PE、PP、PVC、PS（80%）/PF、UF、PU、UP（20%）；工程塑料的 ABS、PA、PC、PPO、POM、PBT；合成橡胶的丁苯胶、顺丁胶、乙丙胶、异戊胶、丁基胶、丁腈胶；合成纤维的 PET、PAN、PP、PVA、nylon 等；在高分子科学方面有各种热谱、力谱、电镜、IR 手段的应用；高分辨率 NMR（1960）；GPC 的使用（1964）等。

20 世纪 70 年代是高分子工程科学大发展时期。高分子工业向着生产的高效化、自动化、大型化发展，如塑料约 6000 万吨、橡胶约 700 万吨、化纤约 6000 万吨；高分子合金，如 HIPS；高分子复合材料，如碳纤维增强复合材料；在高分子科学方面，合成出导电高分子（1971~1978 白川英树等）、Kevlar 纤维（1973）等。

20 世纪末期是高分子科学的扩展与深化时期。在高分子工业：80 年代初，三大合成材料产量超过 10 亿吨，其中塑料 8500 万吨，以体积计超过钢铁的产量；在品种上向精细高分子、功能高分子、生物医学高分子扩展；在高分子科学方面，提出分子设计与组装概念，发展基团转移聚合（1983 O. W. Webster）、原子（基团）转移自由基聚合（1994 王锦山）等。

中国的高分子科学和工业在新中国成立后，特别是近三十年有了飞速的发展（表 1-1）。但总体看与世界先进水平还存在一定的差距，需要继续努力奋斗。

表 1-1　2004 年中国主要高分子材料产品规模及世界排名

产品名称	消费量			世界排名
	世界合计/万吨	中国合计/万吨	中国占世界比例/%	
乙烯	9600.00	1648.00	17.17	2
五大通用合成树脂	13384.60	2952.70	22.06	2
五大工程塑料	461.90	110.00	23.81	1
合成橡胶	1111.80	248.70	22.37	1
化学纤维	2852.80	1556.30	54.55	1

第二节　聚合机理

1. 概述

1929 年，Carothers 借用有机化学中加成反应和缩合反应的概念，根据单体和聚合物之间的组成差异，将聚合反应分为加聚反应和缩聚反应。单体通过相互加成而形成聚合物的反应称为加聚反应。加聚物具有重复单元和单体分子式结构（原子种类和数目）相同、仅是电子结构（化学键方向和类型）有变化、聚合物相对分子质量是单体相对分子质量整倍数的特点。带有多个可相互反应的官能团的单体通过有机化学中各种缩合反应消去某些小分子而形成聚合物的反应称为缩聚反应。

1951 年，Flory 从聚合反应的机理和动力学角度出发，将聚合反应分为链式聚合和逐步聚合。链式聚合（也称连锁聚合）需先形成活性中心 R^*，活性中心可以是自由基、阳（正）离子、阴（负）离子。聚合反应中存在诸如链引发、链增长、链转移、链终止等基元反应，各基元反应的反应速率和活化能差别很大。链引发是形成活性中心的反应，链增长是大量单体通过与活性中心的连续加成，最终形成聚合物的过程，单体彼此间不能发生反应，活性中心失去活性称为链终止。形成一个高分子的反应实际上是在大约 1s 甚至往往是更短的时间内完成的。反应过程中，反应体系始终由单体、高相对分子质量聚合物和微量引发剂组成，没有相对分子质量递增的中间产物。逐步聚合没有活性中心，它是通过一系列单体上所带的能相互反应的官能团间的反应逐步实现的。反应中，单体先生成二聚体，再继续反应逐步形成三聚体、四聚体、五聚体等，直到最后逐步形成聚合物。反应中每一步的反应速率和活化能大致相同，任何聚合体间均可发生反应。形成一个高分子的反应往往需要数小时。反应过程中，体系由相对分子质量递增的一系列中间产物所组成。如果进一步划分，链式聚合又可按活性中心分为自由基聚合、阳离子聚合、阴离子聚合等；而逐步聚合则可按动力学分为平衡缩聚和不平衡缩聚。如按大分子链结构又可分为线形缩聚和体形缩聚等。

链式聚合与加聚反应、逐步聚合与缩聚反应虽然是从不同的角度进行分类，但两者在许多情况下经常混用。

对于阴离子活性聚合来说，其反应有快引发、慢增长、无终止的特点，因此相对分子质量随转化率的提高而线性增大。对于聚氨酯这样单体分子通过反复加成，使分子间形成共价键，逐步生成高分子聚合物的过程，其反应机理是逐步增长聚合，因此多称为聚加成反应或逐步加聚反应，但从更广的意义上讲，它与生成酚醛树脂的加成缩合反应、生成聚对二甲苯的氧化偶合反应等都属于逐步聚合。环状单体在聚合反应中环被打开，生成线性聚合物，这一过程称为开环聚合。多数环状单体的开环聚合属于链式聚合。对某些反应，尽管单体和所得聚合物均相同，但由于反应历程不同，其聚合类型亦不相同。如用己内酰胺合成尼龙 6 的反应，用碱为催化剂时属于链式聚合，用酸催化则属于逐步聚合。因此对聚合反应进行分类时通常需要兼顾结构和机理。

Flory 的分类方法由于涉及到聚合反应本质，得到了人们的青睐。尽管按照聚合反应机理进行分类有时也有不够明确的地方，但时至今日，对于新的聚合反应，科学家们仍然习惯于从聚合反应历程进行分类，如活性聚合、开环聚合、异构化聚合、基团转移聚合等。当然，现在的许多新的聚合反应虽然仍可归为某类传统的聚合类型，但其特征已有了明显变化。

2. 逐步聚合

逐步聚合的特点是由一系列单体上所带的能相互反应的官能团间的有机反应所组成，在反应过程中，相互反应的官能团形成小分子而游离于大分子链之外，而单体上相互不反应的部分则连在一起形成大分子链。利用这一特性，可以很方便地进行分子设计，即把目标产物分解为一个个的基本单元，在每个单元接上可相互反应的活性基团形成单体，再使单体相互反应即可得到目标产物。

逐步聚合的另一特点是反应的逐步性，一方面由于反应活化能高，体系中一般要加入催化剂；另一方面由于每一步反应都为平衡反应，因此影响平衡移动的因素都会影响到逐步聚合反应。

从产物的分子链结构看，逐步聚合可分为线形逐步聚合与体形逐步聚合两大类。

（1）线形逐步聚合

参加聚合反应的单体都只带有两个可相互反应的官能团，聚合过程中，大分子链成线形增长，最终得到的聚合物为可溶、熔的线形结构。如按反应历程看，线形大致有缩合聚合、逐步加聚、氧化偶联聚合、加成缩合聚合、分解缩聚等。

线型逐步聚合实质上是反应官能团间的反应，从有机化学的角度看，为一系列的平衡反应。对于平衡常数大的线型逐步聚合，整个聚合在达到所需相对分子质量时反应还未达平衡，这样的缩聚称为不平衡逐步聚合；反之称为平衡逐步聚合。

对于平衡缩聚，先要通过排出小分子的办法使平衡往生成聚合物的方向移动，以得到所需相对分子质量的聚合物。

对于不平衡逐步聚合，产物相对分子质量的控制主要是通过对单体配比的控制来实现。在实际生产中，往往通过让某一种官能团过量的方法，使最终产物分子链端的官能团失去进一步反应的能力，以保证在随后的加工、使用过程中聚合物相对分子质量的稳定。

目前，通过有目的地改造单体结构，使一些平衡逐步聚合转化为不平衡逐步聚合，以实现所谓的活性化逐步聚合。采用的主要方法有提高单体反应活性，如用含有酰氯、二异氰酸酯基的单体；使参与反应的一种原料不进入聚合物结构，以减少逆反应；在反应中形成更稳定的结构等。

（2）体形逐步聚合

参加聚合的单体中至少有一种含有两个以上可反应的官能团，在反应过程中，分子链从多个方向进行增长，形成支化和交联的体形聚合物。

为保证聚合反应正常进行，体形缩聚一般分为二步或三步进行。第一步聚合形成线形或支化的相对分子质量较低的预聚物，再进一步反应形成体形聚合物。从预聚物上所带可进一步反应官能团的数目、种类、位置等因素看，如上述因素均比较确定，则称为结构预聚物；反之则称为无规预聚物。体形缩聚的一个关键是在聚合阶段控制反应停止于预聚物，以防止凝胶的生成，在成型过程中，进一步反应成体形聚合物。

3. 连锁聚合

连锁聚合的一个重要特点是存在活性中心 R^*，它一般是通过加入引发剂（或催化剂）产生的。依活性中心的不同，连锁聚合可以进一步划分为自由基聚合、阳（正）离子聚合、阴（负）离子聚合、配位聚合和开环聚合。常用烯类单体对聚合类型的选择性见表1-2。

表1-2　常用烯类单体对聚合类型的选择性

单　体	自由基聚合	阳离子聚合	阴离子聚合	配位聚合
$CH_2=CH_2$	◎			◎
$CH_2=CHCH_3$				◎
$CH_2=CHCH_2CH_3$				◎
$CH_2=C(CH_3)_2$		◎		+
$CH_2=CHCH=CH_2$	◎	+	◎	◎
$CH_2=C(CH_3)CH=CH_2$	+	+	◎	◎
$CH_2=CClCH=CH_2$	◎			
$CH_2=CHC_6H_5$	◎	+	+	+
$CH_2=CHCl$	◎			
$CH_2=CCl_2$	◎		+	
$CH_2=CHF$	◎			
$CF_2=CF_2$	◎			
$CF_2=CFCF_3$	◎			
$CH_2=CH—OR$		◎		+
$CH_2=CHOCOCH_3$	◎			
$CH_2=CHCOOCH_3$	◎		+	+
$CH_2=C(CH_3)COOCH_3$	◎		+	+
$CH_2=CHCN$	◎		+	

注：◎表示已工业化，+表示可以聚合。

（1）自由基聚合

活性中心是自由基的连锁聚合称自由基聚合机理。自由基聚合的特征是慢引发、快增长、有转移、速终止。

自由基聚合可采用引发剂引发、热引发、光引发、辐射引发等。实际中多采用引发剂引发，常用的有偶氮类引发剂、过氧类引发剂、氧化-还原类引发剂等。引发剂的选择十分关键，往往决定一个聚合反应的成败。

链增长阶段多存在自动加速现象，这是由于随转化率提高，体系黏度加大，阻止了链自由基运动，使双基链终止反应概率下降造成的。

自由基聚合中存在大量的链转移反应，主要为向单体、溶剂、引发剂、聚合物的转移反应。链转移可造成相对分子质量下降，产生支链、引发效率下降等。利用这一特性，可加入链转移常数适当的物质作为链转移剂调节聚合物相对分子质量。

正常情况下自由基聚合为双基终止，有偶合终止和歧化终止两种。

（2）阴离子聚合

活性中心是阴离子的连锁聚合称阴离子聚合。阴离子聚合的特点是快引发、快增长、难终止。在一定的条件下可实现无终止的活性计量聚合，即反应体系中所有活性中心同步开始链增长，不发生链终止、链转移等反应，活性中心长时间保持活性。这是阴离子聚合较其他常规聚合的最明显优点。阴离子聚合是目前实现高分子设计合成的最有效手段，如可得到相对分子质量分布极窄的聚合物，可通过连续投料得到嵌段共聚物，可通过聚合结束后的端基反应制备遥爪聚合物等。理论上讲，带吸电子取代基的单体均可进行阴离子聚合，但目前主要是一些共轭烯烃可通过阴离子聚合实现上述高分子设计合成。

阴离子聚合引发剂主要为 Lewis 碱（路易斯碱），如有机碱金属化合物，选择时注意单体与引发剂的匹配。

阴离子聚合多采用溶液聚合，所用溶剂一般为烷烃、芳烃，如正己烷、环己烷、苯等。由于活性中心极易与活泼氢等反应而失去活性，对聚合装置和参与反应各组分要求严格，需高度净化，完全隔绝和除去空气、水分等杂质，加上活性中心以多种离子对平衡的形式存在，因而阴离子聚合影响因素多，聚合工艺比自由基聚合相应要复杂得多。

（3）阳离子聚合

活性中心是阳离子的连锁聚合称阳离子聚合。阳离子聚合的特点是快引发、快增长、易转移、难终止。由于反应活化能低，链转移严重，为此阳离子聚合多采用低温聚合（如聚异丁烯需在 $-100℃$ 进行聚合），以得高相对分子质量聚合物，所以除少数只能进行阳离子聚合的单体，如异丁烯、烷基乙烯基醚等，一般不采用阳离子聚合。

阳离子聚合引发剂主要有 Lewis 酸（路易斯酸，多用于高相对分子质量聚合物合成）和质子酸。

阳离子聚合多采用溶液聚合，溶剂一般为极性溶剂，如卤代烷烃。其他方面与阴离子聚合类似，聚合工艺控制复杂。

（4）配位聚合

配位聚合的概念最初是 Natta 在解释 α-烯烃用 Ziegler-Natta 催化剂聚合的聚合机理时提出的，是指单体分子的碳-碳双键先在过渡金属催化剂的活性中心的空位上配位，形成某种形式的络合物（常称 σ-π 络合物），随后单体分子相继插入过渡金属-碳键中进行增长，因此又称为络合聚合。配位聚合最重要的是其催化体，一般称 Ziegler-Natta 催化剂（齐格勒-纳塔催化剂），主要特点是可合成立构规整聚合物。

在实际应用中，配位聚合与离子型聚合有许多相似之处，如要求体系密闭、去除空气和水、原料需要精制、反应需在氮气保护下进行等。这是由于 Ziegler-Natta 催化剂易与空气和水发生副反应而失活。

（5）开环聚合

环状单体在聚合过程中通过不断地开环反应形成高聚物的过程称开环聚合。

能够进行开环聚合的单体很多，如环状烯烃，以及内酯、内酰胺、环醚、环硅氧烷等环内含有一个或多个杂原子的杂环化合物。环状单体能否转变为聚合物，从热力学角度分析，取决于聚合过程中自由能的变化情况，与环状单体和线形聚合物的相对稳定性有关。一般而言，六元环相对稳定不能聚合，其他环烷烃的聚合可行性为：三元环、四元环＞八元环＞五元环、七元环。对于三元环、四元环来讲，$\Delta H_{lc}^{\ominus}$ 是决定 $\Delta G_{lc}^{\ominus}$ 的主要因素；而对于五元环、六元环和七元环来说，$\Delta H_{lc}^{\ominus}$ 和 $\Delta S_{lc}^{\ominus}$ 对 $\Delta G_{lc}^{\ominus}$ 的贡献都重要。随着环节数的增加，熵变对自由能变化的贡献增大，十二元环以上的环状单体，熵变是开环聚合的主要推动力。对于环烷烃来讲，取代基的存在将降低聚合反应的热力学可行性。在线型聚合物中，取代基的相互作用要比在环状单体中的大，$\Delta H_{lc}^{\ominus}$ 变大（向正值方向变化），$\Delta S_{lc}^{\ominus}$ 变小，使得聚合倾向变小。从动力学角度分析，在环烷烃的结构中由于不存在容易被引发物种进攻的键，因此开环聚合难于进行。内酰胺、内酯、环醚及其他的环状单体由于杂原子的存在提供了可接受引发物种亲核或亲电进攻的部位，从而可以进行开环聚合的引发及增长反应。总的说来，三元、四元和七元到十一元环的可聚性高，而五元、六元环的可聚性低。实际上开环聚合一般仅限于九元环以下的环状单体，更大的环状单体一般是不容易得到的。

开环聚合既具有某些加成聚合的特征，也具有缩合聚合的特征。开环聚合从表面上看，也存在着链引发、链增长、链终止等基元反应；在增长阶段，单体只与增长链反应，这一点与连锁聚合相似。但开环聚合也具有逐步聚合的特征，即在聚合过程中，聚合物的平均分子质量随聚合的进行而增长。区分逐步聚合和连锁聚合的主要标志是聚合物的平均相对分子质量随聚合时间的变化情况。逐步聚合中，平均相对分子质量随聚合反应的进行增长缓慢；而连锁聚合的整个过程中都有高聚物生成，聚合体系中只存在高聚物、单体及少量的增长链，单体只能与增长链反应。大多数的开环聚合为逐步聚合，也有些是完全的连锁聚合。开环聚合大多为离子型聚合，如增长链存在着离子对、反应速度受溶剂的影响等。许多开环聚合还具有活性聚合的特征。

开环聚合与缩聚反应相比，还具有聚合条件温和、能够自动保持官能团等物质的量等特点，因此开环聚合所得聚合物的平均相对分子质量通常要比缩聚物高得多；另外，开环聚合可供选择的单体比缩聚反应少，加上有些环状单体合成困难，因此由开环聚合所得到的聚合物品种受到限制。

4. 共聚合

在链式聚合中，由两种或两种以上单体共同参与聚合的反应称为共聚合，产物称为共聚物。在逐步聚合中，将带有不同且可相互反应的单体自身的反应称为均缩聚，将两种带有不同官能团的单体共同参与的反应称为混缩聚。在均缩聚中加入第二单体或在混缩聚中加入第三甚至第四单体进行的缩聚反应称为共缩聚。根据共聚物的链结构，共聚物可分为无规共聚物、交替共聚物、嵌段共聚物和接枝共聚物四大类。通过共聚合，可以使有限的单体通过不同的组合得到多种多样的聚合物，满足人们的各种需要。

共聚组成是决定共聚物性能的主要因素之一。不同的单体对进行共聚反应时，由于单体间的反应能力有很大差别，导致共聚行为相差很大。习惯上多用两共聚单体的竞聚率来判断其活性大小，竞聚率（r）是均聚和共聚链增长反应速率常数之比，r 值越大，该单体越易均聚；反之，易共聚。常用单体二元自由基共聚的竞聚率列于表1-3。

表 1-3 常用单体在不同温度下进行二元自由基共聚的竞聚率

M_1	M_2	$T/℃$	r_1	r_2
丁二烯	异戊二烯	5	0.75	0.85
	苯乙烯	50	1.35	0.58
	丙烯腈	40	0.3	0.02
	甲基丙烯酸甲酯	90	0.75	0.25
	丙烯酸甲酯	5	0.76	0.05
	氯乙烯	50	8.8	0.035
苯乙烯	异戊二烯	50	0.80	1.68
	丙烯腈	60	0.40	0.04
	甲基丙烯酸甲酯	60	0.52	0.46
	丙烯酸甲酯	60	0.75	0.20
	偏二氯乙烯	60	1.38	0.085
	氯乙烯	60	17	0.02
	醋酸乙烯酯	60	55	0.01
乙烯	丙烯腈	20	0	7.0
	丙烯酸正丁酯	150	0.010	14
氯乙烯	醋酸乙烯酯	60	1.68	0.23
	偏二氯乙烯	68	0.1	6
丙烯腈	甲基丙烯酸甲酯	80	0.15	1.224
	丙烯酸甲酯	50	1.5	0.84
	偏二氯乙烯	60	0.91	0.37
	氯乙烯	60	2.7	0.04
	醋酸乙烯酯	50	4.2	0.05
丙烯酸	甲基丙烯酸正丁酯	50	0.24	3.5
	苯乙烯	60	0.25	0.15
	醋酸乙烯酯	70	8.7	0.21
丙烯酸甲酯	氯乙烯	50	4.4	0.093
	醋酸乙烯酯	60	6.4	0.03
甲基丙烯酸甲酯	丙烯酸甲酯	130	1.91	0.504
	偏二氯乙烯	60	2.35	0.24
	氯乙烯	68	10	0.1
	醋酸乙烯酯	60	20	0.015
甲基丙烯酸	丙烯腈	70	2.4	0.092
	苯乙烯	60	0.6	0.12
	氯乙烯	50	24	0.064
醋酸乙烯酯	乙基乙烯基醚	60	3.4	0.26
	氯乙烯	60	0.24	1.8
	偏二氯乙烯	68	0.03	4.7
	乙烯	130	1.02	0.97
马来酸酐	丙烯腈	60	0	6.0
	丙烯酸甲酯	75	0.012	2.8
	甲基丙烯酸甲酯	75	0.010	3.4
	苯乙烯	50	0.005	0.05
	氯乙烯	75	0	0.098
	醋酸乙烯酯	75	0	0.019
	反二苯基乙烯	60	0.03	0.03
四氟乙烯	三氟氯乙烯	60	1.0	1.0
	乙烯	80	0.85	0.15
	异丁烯	80	0.3	0

单体竞聚率的大小主要取决于单体本身结构。取代基对单体和自由基相对活性影响主要为：共轭效应、极性效应和位阻效应。共轭单体的活性比非共轭单体的活性大；非共轭自由基的活性比共轭自由基的活性大，单体活性次序与自由基活性次序相反，且取代基对自由基反应活性的影响比对单体反应活性影响要大得多，在共轭作用相似的单体之间易发生共聚反应；当两种单体能形成相似的共轭稳定的自由基时，给电子的单体与受电子单体之间易发生共聚反应，单体的极性相差越大越有利于交替共聚，反之有利于理想共聚；当单体的取代基体积大或数量多时，空间位阻不可忽视。

与自由基共聚相比离子型共聚有如下特点：对单体有较高的选择性，有供电子基团的单体易于进行阳离子共聚，有吸电子基团的单体易于进行阴离子共聚，因此能进行离子型共聚的单体比自由基共聚的要少得多；在自由基共聚体系中，共轭效应对单体活性有很大的影响，共轭作用大的单体活性大，在离子型共聚中，极性效应起着主导作用，极性大的单体活性大；在自由基共聚时，聚合反应速率和相应自由基活性一致，在离子型共聚时，聚合反应速率和单体活性一致；自由基共聚体系中，单体极性差别大时易交替共聚，在离子型共聚体系中单体极性差别大时则不易共聚；自由基共聚时，竞聚率不受引发方式和引发剂种类的影响，也很少受溶剂的影响，在离子型共聚时，活性中心的活性则对这些因素的变化十分敏感。因此同一对单体用不同机理共聚时，由于竞聚率有很大差别，相应地共聚行为和共聚组成也会有很大不同。

5. 新的聚合反应

（1）自由基活性聚合

与阴离子聚合相比，实现可控自由基聚合有很大的难度。实现可控自由基聚合的关键在于克服以下不足：一方面要避免各种链终止和链转移反应，尽可能延长自由基的寿命，使每一根大分子链都在同样的条件下形成；另一方面要控制自由基的活性及生成速率与消失速率，使体系中自由基活性中心数目保持在一个可控的恒定值。用于引发的自由基由于活性高，寿命一般很短（τ 为零点几秒到几秒），必须采取一定的措施才能不使自由基过早失活。

目前的实现方法主要分为物理方法和化学方法。物理方法是人为制造一个非均相体系，将链自由基用沉淀或微凝胶包住，使其在固定场所聚合，进而阻止双基终止，这种方法对聚合的可控程度差。化学方法为均相体系，通过向体系中加入某些化合物与链自由基形成可逆钝化的休眠种来实现：

$$P\cdot + X \underset{\longleftarrow}{\longrightarrow} P\text{-}X$$

X 是可人为控制的外加物，X 本身不能引发单体聚合及发生其他反应，但可与链自由基 P· 迅速反应生成一个稳定的、不引发单体聚合的"休眠种"P-X。此反应为一个平衡反应，在实验条件下 P-X 可再均裂为有引发活性的链自由 P· 及 X。通过控制 X 可控制体系中 P-X 浓度，使体系中 [P·] 保持在较低的、稳定的水平。在这种情况下，聚合物相对分子质量将不由 [P·] 而由 [P-X] 决定。相对分子质量分布则由引发反应速率及活性中心与休眠种之间交换速率共同决定。这方面的最新进展是原子（基团）转移自由基聚合（ATRP）。基本原理是处于低氧化态的转移金属络合物（盐）M_t^n 从一有机卤化物 R-X 中吸取卤原子 X，生成有引发活性的自由基 R· 及处于高氧化态的金属络合物 $M_t^{n+1}\text{-}X$：

$$R\text{-}X + M_t^n \underset{\longleftarrow}{\longrightarrow} R\cdot + M_t^{n+1}\text{-}X$$

$$\downarrow +M$$

$$R\text{-}M\text{-}X + M_t^n \underset{\longleftarrow}{\longrightarrow} R\text{-}M\cdot + M_t^{n+1}\text{-}X$$

$$M_n\text{-}X + M_t^n \underset{\longleftarrow}{\longrightarrow} M_n\cdot + M_t^{n+1}\text{-}X$$

在聚合过程中始终存在一个自由基活性种 $M_n\cdot$ 与有机大分子卤化物 $M_n\text{-}X$ 的可逆转换平衡反应。反应过程中反复发生转换的可以是原子，也可以是某些基团。表 1-4 列出一些典型的 ATRP 引发剂、催化剂及可控自由聚合应用实例。

表 1-4 ATRP 引发体系及可控自由基聚合应用实例

引 发 剂	催 化 剂	应 用 实 例
R-I $R:-C_6H_5, -CRCN$	AIBN/BPO	苯乙烯、丙烯酸甲酯 可控程度不高
AIBN	$CuCl_2/2,2'\text{-}bpy$	苯乙烯
$ClCH_2CN$	$CuCl_2/2,2'\text{-}bpy + AIBN$	丙烯酸甲酯
R-X $X:Cl,Br$　$R:CN,COOR$	$CuX/2,2'\text{-}bpy$ $X:Cl,Br$	苯乙烯、(甲基)丙烯酸酯类 可本体、溶液、乳液聚合
$R'\text{-}Cl$ $R':CCl_3,C(CH_3)ClCOOR$	$RuCl_2(PPh_3)_3/Al(OR)_3$	甲基丙烯酸甲酯 聚合速率低

活性自由基聚合可以得到相对分子质量分布很窄的聚合物，且相对分子质量随转化率的增加而线性增加，可合成出嵌段共聚物。

（2）可控阳离子聚合

对于正常的阳离子聚合而言，由于活性中心活性高，具有快引发、快增长、易转移、难终止的特点。

近年的研究表明，对某些聚合体系，存在着终止速率快于链转移速率（$R_t > R_{tr}$）。通过控制终止，可以避免向单体的链转移反应。如对异丁烯的聚合，当含一些特定官能团，如氯、苯基、环戊二烯基、乙烯基等，在活性链向单体发生链转移之前就转移到增长链的碳阳离子上，形成末端含有官能基团的聚合物，这些聚合物又将进一步反应，形成具有活性聚合特点的阳离子活性聚合；再如对乙烯基醚类单体的聚合，可使用 HI/I_2 引发体系、磷酸酯/ZnI_2 引发体系。

（3）基团转移聚合

基团转移聚合（group transfer polymerization，简称 GTP）是美国 DuPont 公司的 O. W. Webster 等 1983 年发现。主要是以 $\alpha\text{-}, \beta\text{-}$不饱和酯、酮、酰胺和腈类单体在适当的亲核催化剂存在下，以带有硅、锗、锡烷基基团的化合物作引发剂不断地同单体进行 Michael 加成，在反应的每一步，三甲基硅基 $[-Si(CH_3)_3]$ 不断地从大分子链末端转移到新单体的末端，形成新的活性中心。大分子链就如此反复地进行端基转移而形成聚合物，因此称为基团转移聚合。

从聚合反应机理看，基团转移聚合链转移和链终止速率比链增长速率小得多，因此具有活性聚合的特点，即有稳定的活性中心，可合成窄分布的聚合物，可制备嵌段共聚物等。

6. 大分子反应

聚合物的化学反应种类很多。一种分类方法是按聚合物在发生反应时聚合度及功能基的变化分类，将聚合物的反应分为聚合物的相似转变、聚合度变大的反应和聚合度变小的反应。所谓聚合物的相似转变是指反应仅限于侧基和（或）端基，而聚合度基本不变。聚合度变大的反应是指反应中聚合物的分子质量有显著的上升，如交联、接枝、嵌段、扩链反应等。聚合度变小的反应则指反应过程中聚合物的分子质量显著地降低，如降解、解聚等反应。有机小分子的许多反应，如加成、取代、环化等反应，在聚合物中同样也可进行。

与小分子间反应的一个明显不同之处是聚合物的相对分子质量大，因而存在反应不完全、产物多样化等现象。产生原因有扩散因素、溶解度因素、结晶度因素、概率效应、邻位基团效应。

近年来聚合物的化学反应发展十分迅速，许多功能高分子都是通过先合成出基础聚合物，再通过进一步的聚合物化学反应实现的。

第三节 聚合方法

1. 概述

与无机合成、有机合成不同,聚合物合成除了要研究反应机理外,还存在一个聚合方法问题,即完成一个聚合反应所采用的方法。从聚合物的合成看,第一步是化学合成路线的研究,主要是聚合反应机理、反应条件(如引发剂、溶剂、温度、压力、反应时间等)的研究;第二步是聚合工艺条件的研究,主要是聚合方法、原料精制、产物分离及后处理等研究。聚合方法的研究虽然与聚合反应工程密切相关,但与聚合反应机理亦有很大关联。

聚合方法是为完成聚合反应而确立的,聚合机理不同,所采用的聚合方法也不同。连锁聚合采用的聚合方法主要有本体聚合、悬浮聚合、溶液聚合和乳液聚合。进一步看,由于自由基相对稳定,因而自由基聚合可以采用上述四种聚合方法;离子型聚合则由于活性中心对杂质的敏感性而多采用溶液聚合或本体聚合。逐步聚合采用的聚合方法主要有熔融缩聚、溶液缩聚、界面缩聚和固相缩聚。

反应机理相同而聚合方法不同时,体系的聚合反应动力学、自动加速效应、链转移反应等往往有不同的表现,因此单体和聚合反应机理相同但采用不同聚合方法所得产物的分子结构、相对分子质量、相对分子质量分布等往往会有很大差别。为满足不同的制品性能,工业上一种单体采用多种聚合方法十分常见。如同样是苯乙烯自由基聚合(相对分子质量10万~40万,相对分子质量分布2~4),用于挤塑或注塑成型的通用型聚苯乙烯(GPS)多采用本体聚合,可发型聚苯乙烯(EPS)主要采用悬浮聚合,而高抗冲聚苯乙烯(HIPS)则是溶液聚合-本体聚合的联用。聚合体系和实施方法示例见表1-5。

表1-5 聚合体系和实施方法示例

单体-介质体系	聚合方法	聚合物-单体(或溶剂)体系	
		均相聚合	沉淀聚合
均相体系	本体聚合:气态	乙烯高压聚合	—
	液态	苯乙烯、丙烯酸酯类	氯乙烯、丙烯腈
	固态	—	丙烯酰胺
	溶液聚合	苯乙烯-苯	苯乙烯-甲醇
		丙烯酸-水	丙烯酸-己烷
		丙烯腈-二甲基甲酰胺	丙烯腈-水
非均相体系	悬浮聚合	苯乙烯	氯乙烯
		甲基丙烯酸甲酯	—
	乳液聚合	苯乙烯、丁二烯	氯乙烯

聚合方法本身没有严格的分类标准,它是以体系自身的特征为基础确立的,相互间既有共性又有个性,从不同的角度出发可以有不同的划分。上面所介绍的聚合方法种类,主要是以体系组成为基础划分的。如以最常用的相容性为标准,则本体聚合、溶液聚合、熔融缩聚和溶液缩聚可归为均相聚合;悬浮聚合、乳液聚合、界面缩聚和固相缩聚可归为非均相聚合。但从单体-聚合物的角度看,上述划分并不严格。如聚氯乙烯不溶于氯乙烯,则氯乙烯不论是本体聚合还是溶液聚合都是非均相聚合;苯乙烯是聚苯乙烯的良溶剂,则苯乙烯不论是悬浮聚合还是乳液聚合都为均相聚合;而乙烯、丙烯在烃类溶剂中进行配位聚合时,聚乙烯、聚丙烯将从溶液中沉析出来成悬浮液,这种聚合称为溶液沉淀聚合或淤浆聚合。如果再进一步,则需要考虑引发剂、单体、聚合物、反应介质等诸多因素间的互容性,这样问题会更复杂。

2. 本体聚合

不加其他介质,单体在引发剂或催化剂,或热、光、辐射等其他引发方法作用下进行的聚合称为本体聚合。对于热引发、光引发或高能辐射引发，则体系仅由单体组成。

引发剂或催化剂的选用除了从聚合反应本身需要考虑外，还要求与单体有良好的相容性。由于多数单体是油溶性的，因此多选用油溶性引发剂。此外，根据需要再加入其他试剂，如相对分子质量调节剂、润滑剂等。

本体聚合的最大优点是体系组成简单，因而产物纯净，特别适用于生产板材、型材等透明制品。反应产物可直接加工成型或挤出造粒，由于不需要产物与介质分离及介质回收等后续处理工艺操作，因而聚合装置及工艺流程相应也比其他聚合方法要简单，生产成本低。各种聚合反应几乎都可以采用本体聚合，如自由基聚合、离子型聚合、配位聚合等。缩聚反应也可采用，如固相缩聚、熔融缩聚一般都属于本体聚合。气态、液态和固态单体均可进行本体聚合，其中液态单体的本体聚合最为重要。

本体聚合的最大不足是反应热不易排除。转化率提高后，体系黏度增大，出现自动加速效应，体系容易出现局部过热，使副反应加剧，导致相对分子质量分布变宽、支化度加大、局部交联等；严重时会导致聚合反应失控，引起爆聚。因此控制聚合热和及时地散热是本体聚合中一个重要的、必须解决的工艺问题。由于这一缺点，本体聚合的工业应用受到一定的限制，不如悬浮聚合和乳液聚合应用广泛。本体聚合工业生产实例见表 1-6。

表 1-6　本体聚合工业生产实例

聚合物	引　发	工艺过程	产品特点与用途
聚甲基丙烯酸甲酯	BPO 或 AIBN	第一段预聚到转化率 10% 左右的黏稠浆液，浇模升温聚合，高温后处理，脱模成材	光学性能优于无机玻璃，可用作航空玻璃、光导纤维、标牌等
聚苯乙烯	BPO 或热引发	第一段于 80～90℃ 预聚到转化率 30%～35%，流入聚合塔，温度由 160℃ 递增至 225℃ 聚合，最后熔体挤出造粒	电绝缘性好、透明、易染色、易加工。多用于家电与仪表外壳、光学零件、生活日用品等
聚氯乙烯	过氧化乙酰基磺酸	第一段预聚到转化率 7%～11%，形成颗粒骨架，第二阶段继续沉淀聚合，最后以粉状出料	具有悬浮树脂的疏松特性，且无皮膜、较纯净
高压聚乙烯	微量氧	管式反应器，180～200℃、150～200MPa 连续聚合，转化率 15%～30% 熔体挤出出料	分子链上带有多个小支链，密度低（LDPE），结晶度低，适于制薄膜
聚丙烯	高效载体配位催化剂	催化剂与单体进行预聚，再进入环式反应器与液态丙烯聚合，转化率 40% 出料	比淤浆法投资少 40%～50%
聚对苯二甲酸乙二醇酯	Sb_2O_3	对苯二甲酸与乙二醇在 220～260℃ 下先进行酯化反应，再在 260～280℃ 下熔融缩聚	强度高、弹性好、耐热性好、易洗易干、耐光不变色，是理想的纺织材料

3. 溶液聚合

单体和引发剂或催化剂溶于适当的溶剂中的聚合反应称为溶液聚合。溶液聚合体系主要由单体、引发剂或催化剂和溶剂组成。

引发剂或催化剂的选择与本体聚合要求相同。由于体系中有溶剂存在，因此要同时考虑在单体和溶剂中的溶解性。

溶液聚合中溶剂的选择主要考虑以下几方面：溶解性，包括对引发剂、单体、聚合物的溶解性；活性，即尽可能地不产生副反应及其他不良影响，如反应速率、微观结构等；此外，还应考虑的方面有易于回收、便于再精制、无毒、易得、价廉、便于运输和储藏等。

溶液聚合为一均相聚合体系，与本体聚合相比最大的好处是溶剂的加入有利于导出聚合热，同时利于降低体系黏度，减弱凝胶效应，对涂料、胶黏剂等领域应用，聚合液可直接使用而无需分离。

溶液聚合的不足是加入溶剂后容易引起诸如诱导分解、链转移之类的副反应；同时溶剂的回收、精制增加了设备及成本，并加大了工艺控制难度。另外，溶剂的加入一方面降低了单体及引发剂的浓度，致使溶液聚合的反应速率比本体聚合要低；另一方面降低了反应装置的利用率。因此，提高单体浓度是溶液聚合的一个重要研究领域。溶液聚合工业生产实例见表 1-7。

表 1-7　溶液聚合工业生产实例

单　　体	引发剂或催化剂	溶　　剂	聚合机理	产物特点与用途
丙烯腈	AIBN 氧化-还原体系	硫氰化钠水溶液 水	自由基聚合 自由基聚合	纺丝液 配制纺丝液
醋酸乙烯酯	AIBN	甲醇	自由基聚合	制备聚乙烯醇、维纶的原料
丙烯酸酯类	BPO	芳烃	自由基聚合	涂料、胶黏剂
丁二烯	配位催化剂 BuLi	正己烷 环己烷	配位聚合 阴离子聚合	顺丁橡胶 低顺式聚丁二烯
异丁烯	BF_3	异丁烷	阳离子聚合	相对分子质量低,用于胶黏剂、密封材料

4. 悬浮聚合

单体以小液滴状悬浮在分散介质中的聚合反应称为悬浮聚合。体系主要由单体、引发剂、悬浮剂和分散介质组成。

单体为油溶性单体，要求在水中有尽可能小的溶解性。引发剂为油溶性引发剂，选择原则与本体聚合相同。分散介质为水，为避免副反应，一般用去离子水。

悬浮剂的种类不同，作用机理也不相同。水溶性有机高分子为两亲性结构，亲油的大分子链吸附于单体液滴表面，分子链上的亲水基团靠向水相，这样在单体液滴表面形成了一层保护膜，起着保护液滴的作用。此外，聚乙烯醇、明胶等还有降低表面张力的作用，使液滴更小。非水溶性无机粉末主要是吸附于液滴表面，起一种机械隔离作用。悬浮剂种类和用量的确定随聚合物的种类和颗粒要求而定。除颗粒大小和形状外，尚需考虑产物的透明性和成膜性能等。

在正常的悬浮聚合体系中，单体和引发剂为一相，分散介质水为另一相。在搅拌和悬浮剂的保护作用下，单体和引发剂以小液滴的形式分散于水中。当达到反应温度后，引发剂分解，聚合开始。从相态上可以判断出聚合反应发生于单体液滴内。这时，对于每一个单体小液滴来说，相当于一个小的本体聚合体系，保持有本体聚合的基本优点。由于单体小液滴外部是大量的水，因而液滴内的反应热可以迅速地导出，进而克服了本体聚合反应热不易排出的缺点。

悬浮聚合的不足是体系组成复杂，导致产物纯度下降。另外，聚合后期随转化率提高，体系内小液滴变黏，为防止粒子结块，对悬浮剂种类、用量、搅拌桨形式、转速等均有较高要求。悬浮聚合工业生产实例见表 1-8。

表 1-8　悬浮聚合工业生产实例

单　　体	引发剂	悬浮剂	分散介质	产物用途
氯乙烯	过碳酸酯-过氧化二月桂酰	羟丙基纤维素-部分水解 PVA	去离子水	各种型材、电绝缘材料、薄膜
苯乙烯	BPO	PVA	去离子水	珠状产品
甲基丙烯酸甲酯	BPO	碱式碳酸镁	去离子水	珠状产品
丙烯酰胺	过硫酸钾	Span-60	庚烷	水处理剂

5. 乳液聚合

单体在水介质中，由乳化剂分散成乳液状态进行的聚合称为乳液聚合。体系主要由单体、引发剂、乳化剂和分散介质组成。

单体为油溶性单体，一般不溶于水或微溶于水。引发剂为水溶性引发剂，对于氧化-还原引发体系，允许引发体系中某一组分为水溶性。分散介质为无离子水，以避免水中的各种杂质干扰引发剂和乳化剂的正常作用。

乳化剂是决定乳液聚合成败的关键组分。乳化剂分子是由非极性的烃基和极性基团两部分组成。根据极性基团的性质可将乳化剂分为阴离子型、阳离子型、两性型和非离子型几类。

除了以上主要组分，根据需要有时还加入一些其他组分，如第二还原剂、pH 调节剂、相对分子质量调节剂、抗冻剂等。

乳液聚合的一个显著特点是引发剂与单体处于两相，引发剂分解形成的活性中心只有扩散进增溶胶束才能进行聚合，通过控制这种扩散，可增加乳胶粒中活性中心寿命，因而可得到高相对分子质量聚合物，通过调节乳胶粒数量，可调节聚合反应速率。与上述几种聚合方法相比，乳液聚合可同时提高相对分子质量和聚合反应速率，因而适宜一些需要高相对分子质量的聚合物合成，如第一大品种合成橡胶-丁苯橡胶即是采用的乳液聚合。对一些直接使用乳液的聚合物，也可采用乳液聚合。与悬浮聚合相比，由于乳化剂的作用强于悬浮剂，因而体系稳定。

乳液聚合的不足是聚合体系及后处理工艺复杂。

6. 熔融缩聚

在单体、聚合物和少量催化剂熔点以上（一般高于熔点 10～25℃）进行的缩聚反应称为熔融缩聚。熔融缩聚为均相反应，符合缩聚反应的一般特点，也是应用十分广泛的聚合方法。

熔融缩聚的反应温度一般在 200℃以上。对于室温反应速率小的缩聚反应，提高反应温度有利于加快反应。即便如此，熔融缩聚的反应时间一般也需数小时。对于平衡缩聚，温度高有利于排出反应过程中产生的小分子，使缩聚反应向正向发展，尤其在反应后期，常在高真空下进行或采用薄层缩聚法。由于反应温度高，在缩聚反应中经常发生各种副反应，如环化反应、裂解反应、氧化降解、脱羧等。因此，在缩聚反应体系中通常需加入抗氧剂及在惰性气体（如氮气）保护下进行。由于熔融缩聚的反应温度一般不超过 300℃，因此制备高熔点的耐高温聚合物需采用其他方法。

熔融缩聚可采用间歇法，也可采用连续法。工业上合成涤纶、酯交换法合成聚碳酸酯、聚酰胺等，采用的都是熔融缩聚。

7. 溶液缩聚

单体、催化剂在溶剂中进行的缩聚反应称为溶液缩聚。根据反应温度，可分为高温溶液缩聚和低温溶液缩聚，反应温度在 100℃以下的称为低温溶液缩聚。由于反应温度低，一般要求单体有较高的反应活性。从相态上看，如产物溶于溶剂，为真正的均相反应；如不溶于溶剂，产物在聚合过程中由体系中自动析出，则是非均相过程。

溶液缩聚中溶剂的作用十分重要，一是有利于热交换，避免了局部过热现象，比熔融缩聚反应缓和及平稳；二是对于平衡反应，溶剂的存在有利于除去小分子，不需真空系统，另外对与溶剂不互溶的小分子，可以将其有效地排除在缩聚反应体系之外，如聚酰胺副产物为水，可选用与水亲和性小的溶剂，当小分子与溶剂可形成共沸物时，可以很方便地将其夹带出体系，如在聚酯反应中，溶剂甲苯可与副产物水形成含水量 20%、沸点为 81.4℃的共沸物，这种反应有时称为恒沸缩聚，而当小分子沸点较低时，可选用高沸点溶剂，使小分子在反应过程中不断蒸发；三是对不平衡缩聚反应，溶剂有时可起小分子接受体的作用，阻止小分子参与的副反应发生，如二元胺和二元酰氯的反应，选用碱性强的二甲基乙酰胺或吡啶为溶剂，可与副产物 HCl 很好地结合，阻止 HCl 与氨基生成非活性产物；四是起缩合剂作用，如合成聚苯并咪唑时，多聚磷酸既是溶剂又是缩合剂。

与溶液聚合相同，溶液缩聚时溶剂的选择很重要，需注意以下几方面：一是溶解性，尽可能地使体系为均相反应，例如对二苯甲烷-4,4'-二异氰酸酯与乙二醇的溶液缩聚反应，如以对聚合物不溶的二甲苯或氯苯为溶剂，聚合物会过早地析出，产物为低聚物；如用对单体和聚合物都可溶的二甲亚砜为溶剂，产物为高相对分子质量聚合物；二是极性，由于缩聚反应单体的极性较大，多数情况下增加溶剂极性有利于提高反应速率、增加产物相对分子质量；三是溶剂化作用，如溶剂与产物生成稳定的溶剂化产物，会使反应活化能升高，降低反应速率；如与离子型中间体形成稳定溶剂化产物，则可降低反应活化能，提高反应速率；四是副反应，溶剂的引入往往会产生一些副反应，在选择溶剂时要格外注意。

溶液缩聚的不足在于溶剂的回收增加了成本，使工艺控制复杂，且存在三废问题。

溶液缩聚在工业上应用规模仅次于熔融缩聚，许多性能优良的工程塑料都是采用溶液缩聚法合成的，如聚芳酰亚胺、聚砜、聚苯醚等。对于一些直接使用溶液的产物，如油漆、涂料等也采用溶液缩聚。

8. 界面缩聚

单体处于不同的相态中，在相界面处发生的缩聚反应称界面缩聚。界面缩聚为非均相体系，从相态看可分为液-液和液-气界面缩聚；从操作工艺看可分为不进行搅拌的静态界面缩聚和进行搅拌的动态界面缩聚。

界面缩聚的特点一是为复相反应，如实验室用界面缩聚法合成聚酰胺是将己二胺溶于碱水中（以中和掉反应中生成的 HCl），将癸二酰氯溶于氯仿，然后加入烧杯中，在两相界面处发生聚酰胺化反应，产物成膜，不断将膜拉出，新的聚合物可在界面处不断生成，并可抽成丝；二是反应温度低，由于只在两相的交接处发生反应，因此要求单体有高的反应活性，能及时除去小分子，反应温度也可低一些（0~50℃），一般为不可逆缩聚，所以无需抽真空以除去小分子；三是反应速率为扩散控制过程，由于单体反应活性高，因此反应速率主要取决于反应区间的单体浓度，即不同相态中单体向两相界面处的扩散速率，为解决这一问题，在许多界面缩聚体系中加入相转移催化剂，可使水相（甚至固相）的反应物顺利地转入有机相，从而促进两分子间的反应，常用的相转移催化剂主要有鎓盐类如季铵盐、大环醚类如冠醚（15-冠-5，18-冠-6等）和穴醚、高分子催化剂三类；四是相对分子质量对配料比敏感性小，由于界面缩聚是非均相反应，对产物相对分子质量起影响的是反应区域中两单体的配比，而不是整个两相中的单体浓度，因此要获得高产率和高相对分子质量的聚合物，两种单体的最佳物质的量比并不总是 1:1。

界面缩聚已广泛用于实验室及小规模合成聚酰胺、聚砜、含磷缩聚物和其他耐高温缩聚物。由于活性高的单体如二元酰氯合成的成本高，反应中需使用和回收大量的溶剂及设备体积庞大等不足，界面缩聚在工业上还未普遍采用。但由于它具备了以上几个优点，恰好弥补了熔融缩聚的不足，因而是一种很有前途的方法。工业上的例子是聚碳酸酯的合成，将双酚 A 钠盐水溶液与光气有机溶剂（如二氯甲烷）在室温以上反应，催化剂为胺类化合物。又如新型的聚间苯二甲酰间苯二酰胺的制备。某些常见的液-液和气-液界面缩聚体系见表 1-9。

表 1-9 某些常见的液-液和气-液界面缩聚体系

缩聚产物	液-液界面缩聚		缩聚产物	气-液界面缩聚	
	有机相单体	水相单体		气相单体	液相单体
聚酰胺	二元酰氯	二元胺	聚草酰胺	草酰氯	己二胺
聚脲	二异氰酸酯	二元胺	氟化聚酰胺	高氟乙二酰氯	对苯二胺
聚磺酰胺	二元磺酰氯	二元胺	聚酰胺	三氯化三碳	己二胺
聚氨酯	双氯甲酸酯	二元胺	聚脲	光气	己二胺
聚酯	二元酰氯	二元酚类	聚硫脲	硫光气	对苯二胺
环氧树脂	双酚	环氧氯丙烷	聚硫酯	草酰氯	丁二硫醇

9. 固相缩聚

在原料（单体及聚合物）熔点或软化点以下进行的缩聚反应称为固相缩聚，由于不一定是晶相，因此有的文献中称为固态缩聚。

固相缩聚大致分为三种：反应温度在单体熔点之下，这时无论单体还是反应生成的聚合物均为固体，因而是"真正的"固相缩聚；反应温度在单体熔点以上，但在缩聚产物熔点以下。反应分两步进行，先是单体以熔融缩聚或溶液缩聚的方式形成预聚物，然后在固态预聚物熔点或软化点之下进行固相缩聚，即体型缩聚反应和环化缩聚反应。这两类反应在反应程度较深时，进一步的反应实际上是在固态进行的。

固相缩聚的主要特点为：反应速率低，表观活化能大，往往需要几十小时反应才能完成；由于为非均相反应，因此是一个扩散控制过程；一般有明显的自催化作用。固相缩聚是在固相化学反应的基础上发展起来的。它可制得高相对分子质量、高纯度的聚合物，特别是在制备高熔点缩聚物、无机缩聚物及熔点以上容易分解的单体的缩聚（无法采用熔融缩聚）有着其他方法无法比拟的优点。如用熔融缩聚法合成的涤纶，相对分子质量较低，通常只用作衣料纤维，而固相缩聚法合成的涤纶相对分子质量要高得多，可用作帘子布和工程塑料。表 1-10 列出了某些单体的固相缩聚实例。

表 1-10　某些单体的固相缩聚

聚合物	单　体	反应温度/℃	单体熔点/℃	聚合物熔点/℃
聚酰胺	氨基羧酸	190～225	200～275	—
	二元羧酸的二胺盐	150～235	170～280	250～350
	均苯四酸与二元胺的酯	200	—	>350
	氨基十一烷酸	185	190	—
	多肽酯	100	—	—
	己二酸-己二胺盐	183～185	195	265
聚酯	对苯二甲酸乙二醇酯预聚物	180～250	180	265
	羟乙酸	220		245
	乙酰氧基苯甲酸	265		295
聚多糖	α-D-葡萄糖	140	150	—
聚亚苯基硫醚	对溴硫酚的钠盐	290～300	315	
聚苯并咪唑	芳香族四元胺和二元羧酸的苯酯	280～400		400～500

固相缩聚尚处于研究阶段，目前已引起人们的关注。

10. 其他的聚合方法

近年来，在已有聚合方法的基础上，又发展出多种新的聚合方法，如由悬浮聚合衍生出的反相悬浮聚合、微悬浮聚合，由乳液聚合发展出的反相乳液聚合、微乳液聚合、无皂乳化剂、种子乳液聚合，由界面缩聚延伸出的 L-B 膜技术等。此外，利用现代科学技术也发展出一系列新的聚合方法，如模板聚合、等离子聚合、超临界聚合等。这些新的聚合方法均有自身的独特之处，但从某一角度看，可能又同时具有几种传统聚合方法的部分特点，加上许多机理尚不完全了解，因此要给一个新的方法以准确的命名是比较困难的。这里对一些发展得比较成熟的新的聚合方法给予简单介绍。

（1）反相悬浮聚合

相对于传统的油溶性单体借助悬浮剂分散于水中，采用油溶性引发剂的正相悬浮聚合而言，水溶性单体借助悬浮剂分散于非极性试剂中，采用水溶性引发剂的体系称为反相悬浮聚合。反相悬浮聚合具有传统悬浮聚合的相同的特征，如聚合场所、动力学等。常用于反相悬浮聚合的单体有丙烯酰胺、丙烯酸、甲基丙烯酸、丙烯盐等。常用的非极性试剂有脂肪烃、芳烃等，如己烷、环己烷、白油、煤油、甲苯、二甲苯。

（2）微悬浮聚合

传统悬浮聚合单体液滴直径一般为 $50\sim2000\mu m$，产物粒径与液滴粒径大致相同。在微悬浮聚合中，单体液滴及产物粒径直径一般为 $0.2\sim2\mu m$，因此称为微悬浮聚合。

能形成如此微小粒子的关键在于悬浮剂（分散剂）。以苯乙烯微悬浮聚合为例，分散介质水、引发剂 BPO、分散剂十二烷基硫酸钠和难溶助剂十六醇。先将十二烷基硫酸钠和十六醇在水中搅拌形成复合物，再在搅拌下加入单体和引发剂进行聚合。实验证明，液滴中含有少量难溶助剂即足以阻碍单体从小液滴向大液滴扩散，而只允许单体从大液滴向小液滴的单方向扩散，再加上复合物在微小液滴表面的稳定作用，便利体系得以稳定存在。从反应机理看，引发和聚合均在微液滴内进行，与传统悬浮聚合相近，但产物粒径更接近乳液聚合产物，所以微悬浮聚合兼有悬浮聚合和乳液聚合的一些特征。

（3）反相乳液聚合

与反相悬浮聚合相似，水溶性单体以非极性试剂为分散介质，形成油包水（W/O）体系的乳液聚合称反相乳液聚合。反相乳液聚合可采用 HLB＝3～9 的乳化剂，一般为 5 以下，通常采用非离子型乳化剂，如 Span 系列、OP 系列等。与传统的正向乳液聚合相比，反相乳液聚合体系中乳化剂无法靠界面的静电作用稳定粒子，只能靠在界面的位障作用及通过降低油水界面的张力来稳定粒子，因而粒子的稳定性比正向乳液聚合要差，其发展趋势是采用反相微乳液聚合。

（4）微乳液聚合

常规乳液聚合的液滴粒子直径为 $10\sim100\mu m$，直径为 $100\sim400nm$ 时称小粒子乳液，当直径为 $10\sim100nm$ 时，称微乳液。

与传统乳液聚合相比，微乳液聚合乳化剂的用量一般为分散相的 $15\%\sim30\%$，助乳化剂一般采用较短的链，如 $C_5\sim C_{10}$ 的脂肪醇。从热力学看，传统乳液聚合液滴随反应时间延长而增大，最终形成相分离的动力学稳定而热力学不稳定体系，微乳液聚合则为透明的、性质不随反应时间变化的热力学稳定体系。由于微乳液聚合为透明体系，因而可采用光引发。

对水溶性单体的反相微乳液聚合而言，由于克服了反相乳液聚合存在的稳定性差、易絮凝、粒径分布宽等问题，反相微乳液聚合在高吸水树脂、石油开采、造纸工业、水处理剂制备等领域有更实际的应用。

（5）无皂乳液聚合

无皂乳液聚合是聚合前不加或只加入微量乳化剂（乳化剂浓度小于 CMC 值）的乳液聚合。

无皂乳液聚合多采用可离子化的引发剂，如阴离子型的过硫酸盐、偶氮烷基羧酸基、阳离子型的偶氮烷基氯化铵盐等。这样的引发剂可形成类似于离子型乳化剂结构的带离子性端基的聚合物链，起到乳化剂作用。据此提出"均相成核机理"和"齐聚物胶束成核机理"。

无皂乳液聚合克服了传统乳液聚合由于加入乳化剂而带来的诸如影响产物电性能、光学性能、表面性能及耐水性差、成本高等不足。此外，通过粒子设计，可制备出单分散、表面清洁并带有各种功能基团的聚合物粒子，在生物医学等领域有广泛用途。

（6）模板聚合

将能与单体或增长链通过氢键、静电键合、电子转移、范德华力等相互作用的高分子（模板），事先放入聚合体系进行的聚合称为模板聚合。

模板聚合常见的历程是单体先与模板聚合物进行某种形式的复合，然后在模板上进行聚合，形成的聚合物最后从模板上分离出来：

复合	$n\text{M} + $ —X—X—X—X—	M M M M M
	模 板	—X—X—X—X—X—
聚合	M M M M	—M—M—M—M—M—
	—X—X—X—X—X—	—X—X—X—X—X—
分离	—M—M—M—M—M—	—M—M—M—M—M—
	—X—X—X—X—X—	+
		—X—X—X—X—X—

模板聚合第一步是合成模板,目前多采用主链上含氮原子的阳离子聚合物,如脂肪族含氮聚合物、杂脂肪族含氮聚合物等。第二步是进行模板聚合,按模板与单体、聚合物的作用力大致分三种类型:模板与单体的相互作用大于与聚合物的相互作用,模板主要与单体作用,聚合时单体不断从模板上脱落加成到聚合物链上,此时模板直到催化剂的作用;如模板与聚合物相互作用大于与单体的相互作用,则聚合物链处于与模板缔合的状态;如三者相互作用相近,则单体沿模板进行聚合。

(7) 等离子体聚合

对气态物质进一步给予能量,则气态原子中价电子可以脱离原子核成为自由电子,原子则变为正离子,原来由单一原子组成的气态变为由电子、正离子和中性粒子(原子及受激原子)组成的混合体,宏观上呈电中性,称为等离子体,为物质的第四态。通过辉光放电或电晕放电产生的等离子体为低温等离子体,利用其中电子、粒子、自由基以及其他激发态分子等活性粒子使单体聚合的方法称等离子体聚合,大致可分为等离子体聚合、等离子体引发聚合、等离子体表面改性几大类。

低温等离子体的生成主要有辉光放电法、电晕放电法、溅射法、离子镀敷法和等离子CVD法。聚合机理尚不完全清楚,一般认为是自由基聚合。也有理论认为特征体中的活性离子也有引发作用。

几乎所有的有机化合物都能进行等离子体聚合。由于活性中心种类多,因而产物结构复杂、支链多,甚至可形成三维网状结构,产物多为薄膜状。可形成无针孔,结构新,有良好耐药品性、耐热性和力学性能的薄膜。等离子体引发聚合的引发反应在气相进行,形成链后附于反应器壁成凝聚相,因而增长和终止反应在凝聚相进行。等离子体表面改性是对聚合物表层的化学结构和物理结构进行有目的的改性。主要有:表面刻蚀、表面层交联、表面化学修饰、接枝聚合、表面涂层等。

从目前发展看,新的聚合方法与手段还在不断涌现,且与新的聚合机理、聚合装置的结合,与相关学科的结合也日益紧密。如超临界 CO_2 流体、离子液体正作为绿色化学反应介质代替有机溶剂,用酶催化聚合,可以在更温和的条件下得到结构更规整的聚合物;反应加工则将聚合物的合成与成型结合到了一起。

11. 聚合方法的选择

一种聚合物可以通过几种不同的聚合方法进行合成,聚合方法的选择主要取决于要合成聚合物的性质和形态、相对分子质量和相对分子质量分布等。现在实验及生产技术已发展到可以用几种不同的聚合方法合成出同样的产品,这时产品质量好、设备投资少、生产成本低、三废污染小的聚合方法将得到优先发展。在表1-11、表1-12中对前面介绍过的主要聚合方法做一小结。

表 1-11　各种链式聚合方法的比较

项　　目	本体聚合	溶液聚合	悬浮聚合	乳液聚合
配方主要成分	单体 引发剂	单体 引发剂 溶剂	单体 引发剂 水 分散剂	单体 引发剂 水 乳化剂
聚合场所	本体内	溶液内	单体液滴内	乳胶粒内
聚合机理	遵循自由基聚合一般机理,提高速率往往使相对分子质量降低	伴随有向溶剂的链转移反应,一般相对分子质量及反应速率较低	与本体聚合相同	能同时提高聚合速率和相对分子质量
生产特征	反应热不易排出,间歇生产或连续生产,设备简单,宜制板材和型材	散热容易,可连续生产,不宜干燥粉状或粒状树脂	散热容易,间歇生产,须有分离、洗涤、干燥等工序	散热容易,可连续生产,制成固体树脂时需经凝聚、洗涤、干燥等工序
产物特征	聚合物纯净,宜于生产透明浅色制品,相对分子质量分布较宽	聚合液可直接使用	比较纯净,可能留有少量分散剂	留有少量乳化剂和其他助剂

表 1-12　各种缩聚实施方法比较

特点	熔融缩聚	溶液缩聚	界面缩聚	固相缩聚
优点	生产工艺过程简单,生产成本较低。可连续生产。阻聚剂设备的生产能力高	溶剂可降低反应温度,避免单体和聚合物分解。反应平稳易控制,与小分子共沸或反应而脱除。聚合物溶液可直接使用	反应条件温和,反应不可逆,对单体配比要求不严格	反应温度低于熔融缩聚温度,反应条件温和
缺点	反应温度高,单体配比要求严格,要求单体和聚合物在反应温度下不分解。反应物料黏度高,小分子不易脱除。局部过热会有副反应,对设备密封性要求高	增加聚合物分离、精制、溶剂回收等工序,加大成本且有三废。生产高相对分子质量产品须将溶剂脱除后进行熔融缩聚	必须用高活性单体,如酰氯,需要大量溶剂,产品不易精制	原料需充分混合,要求有一定细度,反应速率低,小分子不易扩散脱除
适用范围	广泛用于大品种缩聚物,如聚酯、聚酰胺	适用于聚合物反应后单体或聚合物易分离的产品。如芳香族、芳杂环聚合物等	芳香族酰氯生产芳酰胺等特种性能聚合物	更高相对分子质量缩聚物、难溶芳族聚合物合成

第四节　合 成 工 艺

一种聚合物可采用多种聚合机理和聚合方法进行合成。实验室的制备方法又与工业上的合成路线有很大差别。下面给出一些聚合物典型的、成熟的工业合成工艺路线,以供参考。

1. 聚乙烯（PE）

聚乙烯是无味、无毒、无嗅的白色蜡状半透明材料,电绝缘性能优越,可与所有已知的介电材料相比。耐化学介质性能好,是最大的通用塑料之一。目前聚乙烯的品种主要有低密度聚乙烯、高密度聚乙烯和线型低密度聚乙烯三大类,生产方法有高压法、中压法和低压法。

LDPE　低密度聚乙烯。采用高压法制备,在 $100 \sim 200 MPa$ 和 $160 \sim 300 ℃$ 下,以微量氧为引发剂的自由基本体聚合。单程转化率为 15%。数均相对分子质量一般是 $20000 \sim 50000$,相对分子质量分布为 $3 \sim 20$。工艺流程如图 1-1 所示。

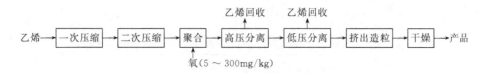

图 1-1　高压法合成聚乙烯工艺流程框图

由于在聚合过程中发生向聚合物和链自由基的链转移反应，大分子链上有许多支链，因此高压法合成的聚乙烯结晶度低（50％～79％）、密度低（0.91～0.93g/cm³）。主要用于制造薄膜制品、注射、吹塑制品及电线的绝缘包层。

HDPE　高密度聚乙烯。采用 Phillips 或 Ziegler 催化剂的配位聚合，低压法制备。聚合方法有淤浆法、溶液法和气相法。我国多采用淤浆法，反应在较低的温度（65～75℃）和压力（0.5～3MPa）下进行。产物为线型大分子，结晶度较高（80％～90％），密度也高（0.94～0.95g/cm³）。力学性能优于 LDPE。

LLDPE　乙烯与少量的 1-丁烯或 1-己烯共聚，所得产物为有一定支链的线型低密度聚乙烯（LLDPE）。聚合机理和聚合方法与 HDPE 相同。产物有优良的耐环境应力和热应力开裂性能。

mPE　采用茂金属催化剂制备的聚乙烯，如 Dow 公司，采用高温茂金属催化剂和溶液聚合法，生产 HDPE 和 LLDPE 整体看只占全部 PE 的很小一部分。

聚乙烯目前已经发展成系列化产品，既可与乙酸乙酯、丙烯酸酯等共聚（自由基共聚），还可制成交联聚乙烯（自由基法）、氯化聚乙烯（氯化）、氟代聚乙烯（表面处理）等。

2. 聚丙烯（PP）

聚丙烯为仅次于聚乙烯和聚氯乙烯的第三大合成树脂。主要品种为等规度在 95％以上的等规聚丙烯。采用非均相 Ziegler-Natta 催化剂的配位聚合。聚合方法有间歇式液相本体法、液相气相组合式连续本体法、淤浆法。以淤浆法为例，反应温度 50～70℃，0.5～1MPa，加入微量氢气调节相对分子质量，反应结束后加入醇类除去催化剂残渣。工艺流程如图 1-2 所示。

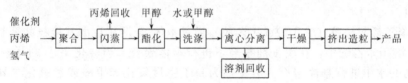

图 1-2　淤浆法合成聚丙烯工艺流程框图

聚丙烯为乳白色、无臭、无味、无毒、质轻的热塑性树脂。可注射成型大型器件，挤塑生产管材、板材、薄膜等。由于易氧化，需加入抗氧剂。

丙烯与 α-烯烃的共聚物约占全部 PP 的 30％，均采用配位聚合。一类是丙烯与 α-烯烃的无规共聚物，熔点较低，透明性好，多用于食品包装。另一类是抗冲（嵌段）共聚物，二步法合成，先合成 PP 均聚物，再加入乙烯和丙烯共聚，最后得到无定型弹性体。

3. 聚氯乙烯（PVC）

主要采用自由基悬浮聚合（S-PVC），约占 80％，本体聚合（约占 10％）、乳液聚合和微悬浮聚合法（E-PVC）。悬浮聚合多采用复合引发剂以保证反应匀速进行，通过控制反应温度控制相对分子质量（±0.2℃）。为防止粘釜需加入防粘釜剂。由于氯乙烯有毒，反应结束后要将未反应的单体尽可能除去。典型的工艺流程如图 1-3 所示。

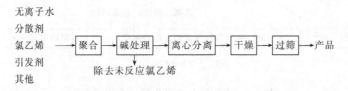

无离子水
分散剂
氯乙烯 → 聚合 → 碱处理 → 离心分离 → 干燥 → 过筛 → 产品
引发剂
其他
       除去未反应氯乙烯

图 1-3 悬浮聚合法合成聚氯乙烯工艺流程框图

本体聚合采用两段法，先将溶有引发剂的液态氯乙烯在预聚釜中 62～75℃下反应 30min，转化率 7%～12%，转入聚合釜，补加少量引发剂，反应 3～9h 后抽提未反应单体后出料。

乳液聚合主要生产聚氯乙烯糊树脂（E-PVC），第一阶段通过乳液聚合得到聚氯乙烯胶乳，第二阶段经喷雾干燥得到 E-PVC。

微悬浮聚合法是将溶有引发剂的氯乙烯与分散剂水溶液预先分散成 1μm 的液滴，然后进行聚合，得到类似乳液聚合的糊用树脂。

聚氯乙烯是一种用途广泛的通用塑料。从薄膜、人造革、电缆包层等软塑料到板材、管材、型材等硬塑料均有。聚氯乙烯糊树脂可用于人造革、塑料地板、电线绝缘包被层、防水涂层等。

4. 聚苯乙烯（PS）

苯乙烯类树脂按结构可划分成 20 多类，主要有通用级聚苯乙烯（GPS）、发泡级聚苯乙烯（EPS）、高抗冲聚苯乙烯（HIPS）及苯乙烯共聚物等。

GPS　用于挤塑或注射成型的聚苯乙烯主要采用自由基连续本体聚合或加有少量溶剂的溶液聚合法生产，相对分子质量 100000～400000，相对分子质量分布 2～4。本体聚合的主要工艺是苯乙烯先在预聚釜中，于 95～115℃进行预聚合，待转化率达 30%～35%，连续送入塔式反应器，反应温度从 160℃分段升至 225℃，最终转化率 97% 左右。熔融聚合物从塔底部排出，挤出造粒。工艺流程为：GPPS 具有刚性大、透明性好、电绝缘性优良、吸湿性低、表面光洁度高、易成型等特点。

EPS　采用自由基悬浮聚合，引发剂 BPO，分散剂羟乙基纤维素，85～90℃下反应。产物用低沸点烃类发泡剂浸渍制成可发性珠粒。当其受热至 90～110℃时，体积可增大 5～50 倍，成为泡沫塑料。

HIPS　苯乙烯与橡胶（顺丁胶或丁苯胶）通过本体-悬浮法自由基接枝共聚制成。先将橡胶（约 5%）溶于苯乙烯中，在引发剂参与下进行本体聚合。当转化率达 33%～35% 时，移入含有分散剂的水中进行悬浮聚合。引发剂为叔丁基过氧化苯甲酰或过氧化二异丙苯，80～130℃反应 10～16h。

苯乙烯共聚物主要有苯乙烯-丙烯腈共聚物（SAN），主要用于透明制品和橡胶改性制品，苯乙烯-马来酸酐共聚物（SMA）比 PS 的软化点高 30℃，主要用于汽车发泡材料。两者均为自由基共聚，SAN 可采用乳液、悬浮和连续本体法。

5. 聚甲基丙烯酸甲酯（PMMA）

采用自由基聚合，多选用热分解型引发剂。如用作光学材料，多用本体聚合。如用作模塑粉，可采用各种常规聚合方法。本体聚合可采用间歇注塑工艺、连续工艺和管式聚合。目前，以传统的间歇注塑工艺产物品质最高。其工艺为：第一阶段在预聚釜中进行，第二段注模成型，直接做成板材、棒材、管材等。典型的工艺流程如图 1-4 所示。

PMMA 的性能介于"通用塑料"和"工程塑料"之间。因成本偏高，多用于可充分发挥其特点的领域。由于力学强度好、为高透明无定形的热塑性材料，透光率达 90%～92%，优于硅玻璃，所以又称有机玻璃，在光学材料领域用途广泛。

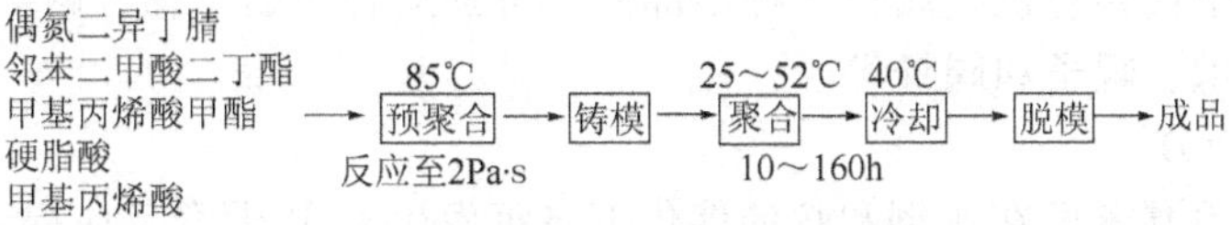

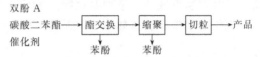

偶氮二异丁腈
邻苯二甲酸二丁酯
甲基丙烯酸甲酯
硬脂酸
甲基丙烯酸

85℃ 预聚合 → 铸模 → 25~52℃ 聚合 → 40℃ 冷却 → 脱模 → 成品
反应至2Pa·s   10~160h

图1-4 本体聚合法合成聚甲基丙烯酸甲酯工艺流程框图

6. 聚碳酸酯（PC）

大分子链中含有碳酸酯重复单元的线型高分子的总称。其酯基可以为脂肪族、脂环族、芳香族或混合型的基团，目前只有双酚A型的芳香族聚碳酸酯最有实用价值。

聚碳酸酯的合成方法有两类：酯交换法和光气法。

酯交换法：双酚A与碳酸二苯酯在高温、高真空下进行熔融缩聚而成。工艺流程如图1-5所示。

双酚A
碳酸二苯酯 → 酯交换 → 缩聚 → 切粒 → 产品
催化剂   苯酚   苯酚

图1-5 聚碳酸酯酯交换法合成工艺流程框图

双酚A：碳酸二苯酯物质的量之比为1:（1.05~1.1），催化剂为苯甲酸钠、醋酸铬或醋酸锂等。由于双酚A在180℃以上易分解，因此在酯交换一步应控制反应温度，当苯酚蒸出量为理论量的80%~90%时，即双酚A已转化成低聚物后，将物料移入缩聚釜，在295~300℃、余压小于133Pa以下进行缩聚，达到所需反应程度时出料。

光气法：由于双酚A和光气经缩聚而成，分为界面缩聚法和光气溶液法。界面缩聚法是目前国内外生产聚碳酸酯的主要方法：以溶解有双酚A钠盐的氢氧化钠水溶液为水相，惰性溶剂（如二氯甲烷、氯仿或氯苯等）为有机相，加入催化剂、相对分子质量调节剂，在常温、常压下通入光气进行光化缩聚。此法的优点是对设备要求不高，转化率可达90%以上，且聚合物相对分子质量可在较宽范围内调节；缺点是光气及有机溶剂毒性大，且增加了后处理、溶剂回收等工序。

双酚A型聚碳酸酯是无毒、无味、透明、刚硬而坚韧的固体，其产量在工程塑料中为仅次于尼龙的第二大品种；由于光学性能好，大量用于建筑玻璃和光学透镜等方面，如车灯、反光镜、光信息记录材料（CD、ROM、E-DRAW）等。

7. 聚甲醛

聚甲醛是甲醛的均聚物与共聚物的总称。一般以三聚甲醛为原料，通过阳离子引发剂开环聚合制备。由于聚甲醛大分子两端是半缩醛基（—OCH$_2$OH），在100℃以上会发生解聚反应，单体产率可达100%。为防止这一问题，常用的方法一种是在聚合反应结束后加入脂肪族或芳香族酸酐进行封端；第二种方法是与另一种单体（如二氧五环）进行共聚，使从链端开始的解聚反应到达共聚物的碳-碳键处被阻止。

在聚合工艺上可以进行气相聚合、固相聚合、本体聚合和溶液聚合，工业上多采用后两种方法。

本体法共聚合有静态法和动态法两种。前者将原料和引发剂在强烈搅拌混合后注入密闭而又易于散热的容器中，在55~65℃下反应1~2h，得到块状聚合物。后者是将原料和引发剂经双螺杆反应器在55~60℃下反应，产物为粉状聚合物。

溶液法共聚合多以汽油、环己烷或石油醚为溶剂，它们对单体和引发剂有好的溶解性，但对聚合物不溶，但可使聚合物分散成小粒粉末状，便于后处理。

聚甲醛主要用于代替有色金属作各种零部件，特别适合于耐摩擦、耐磨耗及承受高负荷的零件，如齿轮、轴承、辊子和阀杆等。

8. 聚苯醚（PPO）

由单体 2,6-二甲基苯酚在亚铜和胺的催化下与氧发生氧化-偶合反应得到。

溶液缩聚法：以苯、氯苯、吡啶等为溶剂，加入催化剂，通入氧气进行均相反应。此法的优点是收率高（＞95％），催化剂易除，但对单体纯度要求高。

沉淀缩聚法：在溶剂-沉淀剂（甲醇、乙醇）混合溶液中反应，当聚合物相对分子质量达一定后因不溶而析出。此法的优点是对单体纯度要求不高，但收率低且催化剂不易除去。

PPO 质硬且韧，电性能、耐水蒸气性及尺寸稳定性优异，改性（接枝苯乙烯或共混）后改善了加工性能，广泛用于机械、电子、化工、航空、医疗等领域。

9. 丙烯腈-丁二烯-苯乙烯三元共聚物（ABS）

丙烯腈-丁二烯-苯乙烯三元共聚所形成的一系列共聚物。ABS 有多种合成工艺，主要为乳液聚合法（如图 1-6 所示）、本体-悬浮聚合法（如图 1-7 所示）及两种相结合的方法。

乳液聚合法：

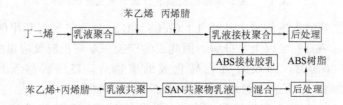

图 1-6 乳液聚合法合成 ABS 工艺流程框图

本体-悬浮合法：

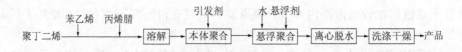

图 1-7 本体-悬浮聚合法合成 ABS 工艺流程框图

由于结合了三种单体的特性，如丙烯腈的耐化学药品、热稳定性和老化稳定性，丁二烯的柔韧性、高抗冲性和耐用低温性，苯乙烯的刚性、表面光洁性和易加工性，因而是一种重要的工程塑料，需求量增长十分迅速。ABS 广泛应用于汽车工业、电器仪表工业、机械工业等到领域，其发泡材料能代替木材用于家具和建筑材料。目前世界年生产能力已达 316 万吨，全年消耗量为 230 万吨。

10. 氟塑料

氟塑料是含有氟原子塑料的总称，其中以聚四氟乙烯产量最大。

四氟乙烯很容易进行自由基聚合，可采用各种聚合方法。由于聚合反应放热严重，工业上多采用悬浮聚合或乳液聚合。

悬浮聚合以过硫酸铵为引发剂、无离子水为介质、盐酸为活化剂，反应温度 50℃，单体以气相状态逐步压入反应釜中（故又称单体压入法），在 $(5\sim7)\times10^5$ Pa 压力下反应，产物以颗粒状悬浮于水中。

乳液聚合又称分散聚合，以过硫酸铵为引发剂、无离子水为介质、用含氟量很高的长链脂肪酸盐（如全氟辛酸钠）为乳化剂，单体以气相状态逐步压入反应釜中，反应温度 50℃、压力 1.96×10⁶ Pa。

聚四氟乙烯具有广泛的高低温使用范围；良好的化学稳定性、电绝缘性、润滑性和耐大气老化性；良好的不燃性和较好的机械强度，是一种优良的军、民两用的工程塑料，广泛用于制作各种防腐蚀零部件（阀、泵、设备衬里等）、自润滑材料（自润滑轴承、活塞环、不粘性饮具等）、电子材料（电池隔膜、印刷电路板等）、医用材料（各种医疗及人工脏器）。

11. 酚醛树脂

最早进行工业化生产的合成材料之一。由酚类单体与醛类单体经缩聚反应制成。酚类单体主要是苯酚、甲酚、苯酚的一元烷基衍生物等；醛类单体主要是甲醛、其次为糠醛等。依催化剂的不同分两种合成路线：在强酸性和弱酸性条件下合成的称为酸法树脂；在碱性条件下合成的称为碱法树脂。

酚醛树脂主要采用水溶液缩聚、间歇法生产工艺。以酸法树脂为例，工艺流程如图 1-8 所示。

图 1-8　酚醛树脂酸法合成工艺流程框图

加料后，用 HCl 调节 pH 值在 1.9～2.3，逐渐加热到 85℃，停止加热，由于反应放热，体系自动升温至 95～100℃时开始回流，反应至取样达到要求的反应程度后，减压脱水和未反应的苯酚，当所得树脂熔点达到要求后，冷却、粉碎、过筛、包装。

酚醛树脂主要用来生产酚醛压塑粉（用于制造电绝缘材料）、胶黏剂（用于制造纸质层压板、多层木材层压板等）、涂料等。近来发展为耐高温烧蚀材料、碳纤维原料等在宇航工业中得到应用。

12. 不饱和聚酯（UP）

通过不饱和的二元羧酸、饱和的二元羧酸和二元醇之间的缩聚反应得到，再与引发剂和促进剂作用下通过和交联共聚单体自由基聚合固化或交联。

不饱和的二元羧酸：主要是马来酸酐、反丁烯二酸酐；

饱和的二元羧酸：主要有邻（间、对）苯二甲酸、四氢邻苯二甲酸酐、脂肪酸等；

二元醇：主要有乙二醇、1,2-丙二醇、1,3-丁二醇、新戊基二元醇等；

交联共聚单体：主要有苯乙烯、二乙烯基苯、甲基丙烯酸甲酯等。

缩聚反应主要采用间歇式（少量采用连续式），二元酸与二元醇（稍过量）于 180～230℃下发生酯交换反应，生成的水通过蒸馏、通氮带出，通过测量酸值控制产物相对分子质量在 2000～4000。

不饱和聚酯可在常温下用过氧化物和促进剂固化。由于固化后为脆性材料，需加入填料和增强材料，最常见的是玻璃纤维增强不饱和聚酯，广泛用于汽车组件、建筑工业、船舶、电器等。

13. 环氧树脂

环氧树脂是指平均每个分子中含有两个以上环氧基团的高分子预聚物。主要品种为双酚 A 与 3-氯-1,2-环氧丙烷（表氯醇）生成的 DGEBA 环氧树脂（占总量 75%），主要有低相对分子质量（用于塑料工业）和高相对分子质量（用于涂料、胶黏剂、电子等领域）两类。

低相对分子质量 DGEBA：原料 70℃下溶解 30min，加入催化剂季铵盐、碱液，50℃反应数小时；100℃下减压去除过量表氯醇；再加入苯、碱液，100℃反应 3h，后处理，得到产物。

高相对分子质量 DGEBA：双酚 A 在碱液中 70℃下溶解 30min，冷到 47℃加入表氯醇（用量低于低相对分子质量 DGEBA 配方），80～85℃反应 1h，85～90℃反应 2h，热水洗至中性，140℃减压脱水后得到产品。

DGEBA 的固化剂主要有：二乙烯基三胺、三乙烯基四胺、邻苯二甲酸酐、三聚氰胺等。

14. 聚醚酰亚胺（PEI）

典型品种为聚均苯四甲酰二苯醚亚胺，第一步由均苯四甲酸二胺与 4,4′-二氨基二苯醚在极性溶剂（二甲亚砜、吡啶等）进行缩聚；第二步聚酰胺酸脱水环化，可采用热转化法或化学转化法。为便于加工成型，第二步在加工成型过程中进行。

主要用其优异的耐高温性、高强度、化学稳定性和清洁（杀菌）作用。可用于汽车、电子、食品、医疗等领域。

15. 聚芳醚酮（PEEK、PEK）

聚醚醚酮（PEEK）在接近聚合物 T_m 温度（＞300℃）下，由 1,4-苯二醇和 4,4′-二氟苯酮于二苯砜中在碱金属碳酸盐存在的条件下通过亲核取代得到。

聚醚酮（PEK）多采用双单体的亲电酰化法制备。用 4-苯氧基苯甲酰氯在特制的聚四氟乙烯容器中以 HF/BF_3 为反应介质进行缩聚。

主要用其优异的耐高温性和化学稳定性。可用于绝缘材料，代替金属的耐腐蚀材料、印制电路板等。

16. 聚砜（PSF）

所有含砜聚合物的通称。主要有双酚 A 型（PSF）、聚苯砜（PAS）、聚苯醚砜（PES）三大类。

以双酚 A 型为例：第一步双酚 A 与 NaOH 在二甲亚砜和甲苯中常温反应成盐，由甲苯带出水。第二步，除去甲苯后，氮气保护下与 4,4′-二氯二苯砜在 130～160℃进行缩聚，达所需黏度后结束反应。

三种聚砜的最大特点是在较宽的温度范围内能稳定地保持机械强度，有高的耐蠕变性和耐热性。但耐候性、耐紫外线及有机溶剂性较差。

17. 聚苯硫醚（PPS）

一般通过芳香族化合物的亲核取代和氯化碱的消除反应来合成。工业上主要由芳香族多卤化合物（如对二氯苯）与碱金属硫化物（Na_2S）在强极性溶剂（如 N-甲基吡咯烷酮、六甲基磷酰三胺）中缩聚，反应温度 170～350℃，常压～1.96MPa，原料比 1：1，相对分子质量 4000～5000。

PPS 有三大特点：耐化学药品性好；对玻璃、金属、陶瓷有极好的粘接性；阻燃。因质脆，常用玻璃纤维或无机填料进行补强。可用于电子器件、耐腐蚀部件、防腐涂层等。

18. 丁苯橡胶（SBR）

丁二烯-苯乙烯无规共聚物，为最大的合成橡胶品种。主要有自由基乳液聚合法合成的乳聚丁苯（E-SBR）和阴离子溶液聚合法的溶聚丁苯（S-SBR）。

E-SBR 产量大，主要有高温丁苯（50℃聚合）、低温丁苯（5℃聚合）、充油丁苯（加有芳烃油等）。以低温丁苯为例，苯乙烯含量 23.5%（质量分数），采用氧化-还原引发剂，5℃聚合，压力 400～500kPa，8～12 个聚合釜串联聚合，转化率 60%。

S-SBR 由于采用阴离子聚合技术可以方便地对大分子进行设计合成，目前产量日益提高。以烷基锂为引发剂，烃类溶剂，加入适量极性试剂进行结构调节，计量聚合。由于有优异的综合性能，广泛用于节能型乘用车胎。

19. 顺丁胶（BR）

采用 Ziegler-Natta 催化剂的配位聚合。催化剂有钛系、钴系、镍系等，一般为多元体系，如我国开发的 Ni-B-Al 三元引发剂。采用溶液聚合，溶剂可为抽余油，甲苯-庚烷混合液等。

由于大分子链中的顺式结构为 $96\%\sim98\%$ ，因此具有高弹性、低滞后热损失、耐低温、耐磨、易充填、低吸水等特点。

其他的聚丁二烯橡胶有阴离子溶液聚合法合成的低顺式聚丁二烯（LCBR）、中乙烯基聚丁二烯（MVBR）及高乙烯基聚丁二烯（HVBR）及采用配位聚合法合成的反式1,4-聚丁二烯橡胶等。

20. 异戊橡胶（IR）

模仿天然橡胶结构的合成橡胶。主要有齐格勒型（高顺式异戊橡胶）、烷基锂型和稀土型（中顺式异戊橡胶）三类。均采用溶液聚合。

21. 乙丙橡胶（EPR/EPT）

乙烯-丙烯共聚物。采用 Ziegler-Natta 催化剂的配位聚合。一种是用己烷为溶剂的溶液聚合，另一种是以液态丙烯作悬浮介质的悬浮法。相对分子质量 4 万～20 万，相对分子质量分布 2～5。

从共聚组成看有二元乙丙（EPR）和三元乙丙（EPT）二大类。加入第三单体是为了便于硫化，因此第三单体多为含两个双键的单体，如 1,4-己二烯、双环戊二烯、亚乙基降冰片烯等，加入量较少。

由于主链完全饱和，因此 EPR 有卓越的耐热、耐氧及臭氧、耐候、耐水、耐化学介质等特性。综合物理力学性能大致介于天然橡胶与丁苯橡胶之间。

22. 丁腈橡胶（NBR）

丁二烯和丙烯腈的共聚物。丙烯腈的含量一般在 $15\%\sim50\%$ ，相对分子质量可为 1000（液体丁腈橡胶）到几十万（固体），一般为 70 万左右。

丁腈橡胶采用自由基乳液聚合，其聚合配方和工艺条件与丁苯乳液聚合基本相似。早期采用高温聚合（30～50℃），现开发出的低温聚合（510℃）所得产物使用性能和加工性能均得以提高。由于丁腈橡胶中含有强极性的氰基，因此为一种特别能耐油的特种橡胶。

23. 丁基橡胶（IIR）

异丁烯和少量二烯烃共聚产物。低温阳离子淤浆聚合，制冷剂多用液态乙烯。典型的工艺条件为：

异丁烯/异戊二烯	97/3(质量)	聚合温度	约−100℃	
异丁烯浓度	$25\%\sim40\%$(质量)	聚合转化率	异丁烯	$75\%\sim95\%$
溶剂	氯化甲烷		异戊二烯	$45\%\sim85\%$
引发剂(AlCl₃)	$0.2\%\sim0.3\%$	不饱和度	>1.5%(摩尔)	

丁基胶的最大特点是气密性好，主要用作内胎。另外由于抗老化性和电绝缘性好，也用于电缆绝缘层。

24. 苯乙烯类热塑性弹性体（SBS）

主要品种有线型苯乙烯（S）-丁二烯（B）-苯乙烯（S）三嵌段共聚物（SBS）和苯乙烯-异戊二烯（I）-苯乙烯三嵌段共聚物（SIS），及相应的星型共聚物 $(SB)_nR$ 和 $(SI)_nR$ 。由于聚苯乙烯与聚二烯烃不相容，因而聚合物为二相结构：处于大分子链两端含量少的聚苯乙烯以岛相结构分散于含量多的聚二烯烃中，起一种物理交联点的作用，为一种热塑性弹性体。

采用阴离子溶液聚合法。以丁基锂为引发剂、环己烷为溶剂，合成工艺有三步加料法（如图 1-9 所示）和偶联法（如图 1-10 所示）。

三步加料法：

图 1-9　三步加料法合成 SBS 工艺流程框图

偶联法：

图 1-10　偶联法合成 SBS 工艺流程框图

加入两官能团偶联剂（如二甲基二氯化硅），得到线形产物，加入多官能团偶联剂（如四氯化硅），得到星形产物。

25. 聚氨酯（PUR）

PUR 是具有不同化学组成和性能和一大类聚合物的统称。几乎所有的聚氨酯都是由二异氰酸酯经加聚反应得到。聚氨酯分子结构大致分为线形、支链形和体形。体形结构又因交联密度不同分为软质、半硬质与硬质。

线形聚氨酯是由二异氰酸酯与二羟基化合物进行聚加成反应。产物端基为异氰酸酯，可进一步扩链至所需相对分子质量。

体形聚氨酯合成工艺多且复杂。以二步法发泡沫塑料为例：第一步合成含异氰酸酯端基的预聚物。第二步与适量水反应，生成 CO_2 气体而发泡，同时游离—NCO 基团与活泼氢反应产生交联。

聚氨酯合成的催化剂主要有有机碱（如三乙胺、三亚乙基二胺、N-甲基吗啉）和有机金属化合物（二月桂酸二丁基酯、辛酸亚锡）两类。

聚氨酯是综合性能优异的聚合物，可作为塑料、橡胶、纤维、涂料、胶黏剂等多种制品。

26. 聚硅氧烷

为一种元素有机聚合物，主链由硅、氧组成，如带有有机取代基团，则多为甲基和苯基。产物主要为硅油、硅树脂和硅橡胶三类。

单体（甲基或芳基硅氧烷）与水反应，生成不稳定的硅醇，然后脱水缩合得到聚合物。根据单体中氯原子的多少，经水解、缩合可得不同结构的聚合物。如要得高相对分子质量（40万～80 万）的聚合物，需用高纯度的二氯硅烷四聚体，在酸性（如 H_2SO_4）或碱性（如 NaOH）条件下催化重排。

聚硅氧烷有极好的耐高、低温性，优良的电绝缘性和化学稳定性，突出的表面活性、憎水性和生理惰性等。但物理力学性能差。硅油常用于润滑油、液压油、脱模剂等，硅树脂中的有机硅玻璃常用于电器绝缘层，有机硅模塑料可加工成耐电弧、电绝缘及耐高温的塑料制品，而有机硅层压塑料的制品可在 250℃ 下长期使用。硅橡胶为特种橡胶，具有耐高、低温，耐臭氧、光、油、辐射等优点。在尖端领域、电子电气、医疗等方面有广泛用途。

27. 聚对苯二甲酸乙二醇酯（PET）

最重要的商业化聚酯，商品名为涤纶。由单体对苯二甲酸（TPA）和乙二醇（EG）经缩聚反应而成。工业上有三种合成方法。

酯交换法　早期对苯二甲酸不易提纯，为保证原料配比精度，第一步是对苯二甲酸与甲醇反应生成对苯二甲酸二甲酯（DMT），DMT 容量提纯，再用高纯度的 DMT（99.9%以上）与

EG 进行酯交换生成对苯二甲酸二乙二醇酯（BHET），随后缩聚成 PET。酯交换为溶液反应，以锰、锌、钙或镁的醋酸盐为催化剂，反应温度 150～210℃；第二步为熔融缩聚，以 Sb_2O_3 为催化剂，反应温度 270～280℃，为排出小分子，反应在 66～133Pa 的真空条件下进行。

直缩法　TPA 与 EG 直接酯化生成 BHET，再由 BHET 经均熔融缩聚合成出 PET。

环氧乙烷加成法　由环氧乙烷（EO）与 TPA 直接合成 BHET，然后缩聚得到 PET。此法省去由 EO 合成 EG 一步，故比直缩法更优越。但尚有一些问题存在，未大规模采用。

PET 于 1941 年开发，1952 年实现工业化，1972 年产量已占合成纤维的首位。由 BHET 熔融缩聚制 PET 是目前广泛采用的方法。民用 PET 纤维的相对分子质量为 1.6 万～2 万，如要求相对分子质量更高（用作轮胎帘子线时要求相对分子质量为 3 万）时，可将相对分子质量较低的 PET 粉末在其熔点以下 10～20℃进行固相缩聚。从工艺流程看，有间歇法和连续法两种。

28. 聚酰胺（PA）

主要品种有尼龙 6、尼龙 66、尼龙 610、尼龙 1010 等，是世界上最早工业化的合成纤维。

尼龙 66 由己二胺和己二酸经缩聚反应制成，是聚酰胺的最重要产品。可在质子催化下直接聚合，但更多的是制成尼龙 66 盐后再聚合。利用成盐反应，使己二酸和己二胺等物质的量制成尼龙 66 盐，可以保证两单体的等物质的量聚合。其反应式为：

$$H_2N(CH_2)_6NH_2 + HOOC(CH_2)_4COOH \longrightarrow {}^{+}H_3N(CH_2)_6NH \cdot HOOC(CH_2)_4COO^{-}$$

反应通过控制体系 pH 值来控制中和，经重结晶提纯后聚合。聚合中加入少量醋酸控制相对分子质量。为防止盐中己二胺（沸点 196℃）挥发，先在加压的水溶液中进行缩聚反应，待反应一段时间生成齐聚物后，再升温及真空脱水进行熔融缩聚，以获得高相对分子质量产物。工业生产有两种方法，间歇法比较成熟，连续法反应时间短、生产效率高。

尼龙 6 是聚酰胺的另一大品种，主要由己内酰胺开环聚合而成。根据引发剂的不同，可按阳离子、阴离子和水解聚合。以碱作催化剂时为阴离子聚合，产量较少。主要品种是以水或酸

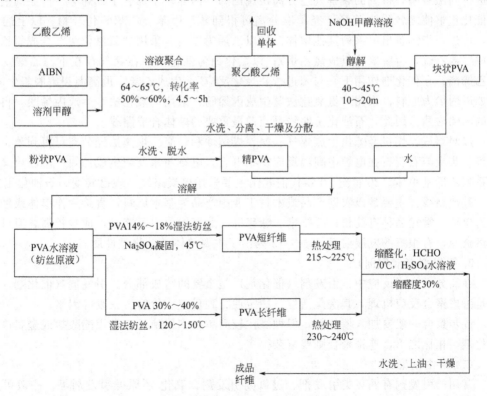

图 1-11　聚乙烯醇缩甲醛合成工艺流程框图

作催化剂熔融缩聚得到树脂后直接进行熔融纺丝（也可做成树脂切片）。

29. 聚丙烯腈（PAN）

由丙烯腈均聚物或共聚物（AN 占 85% 以上）制成的纤维，我国称为腈纶。柔软性和保暖性与羊毛相似，又称"合成羊毛"，产量仅次于涤纶和尼龙。

PAN 采用自由基溶液聚合。如用 NaSCN 水溶液、氯化锌水溶液及二甲基亚砜等为溶剂，反应体系为均相，聚合物溶液可直接纺丝，称为"一步法"。采用偶氮类引发剂，异丙醇为相对分子质量调节剂，75～80℃反应，相对分子质量 5 万～8 万。如以水为溶剂，对产物不溶，为非均相体系（又称水相沉淀聚合）。反应过程中需将生成的聚合物由体系不断分离出来，再溶解制成纺丝原液进行纺丝，因此称为"二步法"。多用氧化-还原引发体系，如 $NaClO_3$-Na_2SO_4（体系 pH=1.9～2.2），35～55℃反应 1～2h。

30. 聚乙烯醇缩甲醛

合成纤维的一个重要品种，我国商品名称为维纶。由多步反应而成：第一步由单体醋酸乙烯酯经自由基溶液聚合得到聚醋酸乙烯酯，再由 NaOH 的甲醇溶液醇解为聚乙烯醇，最后在纺丝过程中加入甲醛进行缩醛化反应得到聚乙烯醇缩甲醛纤维。工艺流程如图 1-11 所示。

第五节　主 要 原 料

1. 单体

高分子合成材料广泛用于工业、农业、军事、日常生活等各个领域，要求作为主要原料的单体来源丰富、成本低廉。当前通用单体来源路线主要有以下三条。

石油化工路线：原油经炼制得到汽油、石脑油、煤油、柴油等馏分和炼厂气。用它们作原料进行高温裂解，得到的裂解气经分离得到乙烯、丙烯、丁烯、丁二烯等。产生的液体经加氢后催化重整使之转化为芳烃，经萃取分离可得到苯、甲苯、乙苯等化合物。以上述产物为原料，可进一步制备出一系列其他单体。如以乙烯为原料，采用"氧氯化法"合成氯乙烯（先氯化成二氯乙烷，再脱氯化氢成氯乙烯）；以氯化钯为催化剂，在氧气存在下与乙酸反应生成醋酸乙烯酯；在催化剂作用下，与苯进行"烃化反应"，生成乙苯，再高温裂解脱氢生成苯乙烯。再如以丙烯为原料，采用"氨氧化法"生成丙烯腈；采用"氧化法"生成丙烯酸，再酯化为系列的丙烯酸酯。因此，石油化工路线是当前最重要的单体合成路线。

煤炭路线：煤炭经炼焦生成煤气、氨、煤焦油和焦炭。煤焦油经分离可得到苯、甲苯、苯酚等。焦炭与石灰石在电炉中高温反应得到电石，电石与水反应生成乙炔，由乙炔又可以合成一系列乙烯基单体。20 世纪 50 年代前我国主要采用煤炭路线，现已转变为石油化工路线。

其他路线：主要是以农副产品或木材工业副产品为基本原料，直接用作单体或经化学加工成为单体。常见品种有淀粉、纤维素、糠醛等。此路线原料不充足，成本较高，但可充分利用自然资源，有很好的发展前景。表 1-13 列出了主要单体及其物理性质。

2. 引发剂（催化剂）

在高分子合成反应中，引发剂（催化剂）是重要的组成部分。引发剂（催化剂）的选择首先是考虑聚合反应机理，其次是活性、稳定性、副反应、价格、三废等因素。

逐步聚合一般要加入催化剂，但种类比较简单，如聚酯反应常用醋酸盐或金属氧化物等做催化剂。相比之下，连锁聚合则要复杂得多。

（1）自由基聚合

常用的引发剂有偶氮类引发剂、过氧类引发剂、氧化-还原类引发剂等。一般可从以下几个方面着手考虑。

表 1-13　主要单体及其物理性质

名　称	相对分子质量	密度(20℃)/(g/mL)	熔点/℃	沸点/℃	折射率(20℃)
乙烯	28.05	0.38(−10℃)	−169.20	−103.70	1.36(−110℃)
丙烯	42.07	0.52	−185.20	−47.80	1.36(−110℃)
丁烯	56.11	0.60(20℃)	−185.40	−6.30	1.40(−20℃)
苯乙烯	104.15	0.91	−30.6	145.00	1.55
氯乙烯	62.50	0.99(−15℃)	−153.79	−13.37	1.38
丁二烯	54.09	0.62	−108.90	−4.40	1.43(−25℃)
异戊二烯	68.12	0.68	−120.00	34.00	1.42
氯丁二烯	88.81	0.96	—	59.40	—
偏二氯乙烯	83.00	1.28	−80.50	60.30	—
丙烯腈	53.06	0.81	−83.80	77.30	1.39
丙烯酰胺	71.08	1.12(30℃)	84.80	125.00	—
丙烯酸甲酯	86.09	0.95	−70.00	80.00	1.40
醋酸乙烯酯	86.09	0.93	−93.20	72.50	1.40
甲基丙烯酸甲酯	100.12	0.94	−48.00	100.50	1.41
己内酰胺	113.16	1.02	70.00	139.00	1.48
己二胺	116.2	—	39~42	205.00	—
己二酸	146.14	1.37	152.00	330.5(分解)	—
顺丁烯二酸酐	98.66	1.48	52.80	200.00	—
邻苯二甲酸酐	148.12	1.53(4℃)	130.80	284.50	—
对苯二甲酸二酯	149.19	1.28	140.60	288.00	—
乙二醇	62.07	1.19	−12.30	197.50	1.43
双酚 A	228.29	1.20	153.50	250.00	—
环氧乙烷	42.03	0.89	−111.00	13.00	—
环氧丙烷	57.05	0.86	—	35.00	—
环氧氯丙烷	37.49	1.18	−57.20	116.20	1.44
氰乙酸乙酯	113.12	1.06	−22.50	208.00	—
己内酯	114.14	1.07	−5.00	98.00	—
四氟乙烯	100.16		−142.50	−76.30	—
苯酚	94.11	1.07	42.00	180.00	—
甲醛	30.10	0.19(−20℃)	−92.00	−19.50	—
尿素	58.29	1.34		132.70	—

溶解性　主要涉及到采用什么聚合方法，本体聚合、悬浮聚合和油溶液聚合需选用油溶性引发剂，如偶氮类和有机过氧类引发剂；乳液聚合和水溶液聚合需选用水溶性引发剂，如无机过氧类或水溶性氧化-还原类引发剂。

活性　主要是在确定的聚合反应温度下选择活性适当的引发剂。为了使整个聚合阶段反应速率均匀，可采用高活性-低活性互配的复合型引发剂。

其他因素　副反应、毒性、安全性、三废以及价格等问题均应在考虑之列。实际中引发剂的种类和用量需经过大量实验才能确定。

对于近年发展起来的活性自由基聚合，体系比较复杂，多需引发剂和催化剂匹配使用，如 AIBN-CuCl₂/2,2′-bpy，ClCH₂CN-CuCl₂/2,2′-bpy-AIBN 等。表 1-14 列出了引发剂使用温度范围，表 1-15 列出了几种引发剂的分解速率常数和分解活化能。

(2) 阴离子聚合

阴离子聚合引发剂中要是 Lewis 碱，选择时要注意单体与引发剂的匹配，表 1-16 列出了阴离子聚合常用引发剂和单体。表中由 A 到 D，引发剂活性由高到低而单体活性则由低到高，因而 A 类引发剂可引发 A、B、C、D 各类单体聚合，B 类引发剂只能引发 B、C、D 类单体聚合，余类推。

表 1-14　自由基聚合引发剂使用温度范围

使用温度范围/℃	活化能/(kJ/mol)	引发剂举例
高温>100	138～188	异丙苯过氧化氢,特丁基过氧化氢,过氧化二异丙苯,过氧化二特丁基
中温 30～100	110～138	过氧化二苯甲酰,过氧化十二酰,偶氮二异丁腈过硫酸盐
低温－10～30	63～110	过氧化氢-亚铁盐,过硫酸盐-亚铁盐,过氧化二苯甲酰-二甲基苯胺
极低温＜－10	<63	过氧化物-烷基金属(三乙基铝,三乙基硼,二乙基铅),氧-烷基金属

表 1-15　几种自由基聚合引发剂的分解速率常数和分解活化能

引发剂	溶剂	温度/℃	k_d/s^{-1}	$t_{1/2}/h$	$E_d/(kJ/mol)$
偶氮二异丁腈	苯	50	2.64×10^{-6}	79.2	125.6
		60	8.45×10^{-6}	22.8	
		70	3.18×10^{-5}	6.07	
		80	1.52×10^{-3}	0.13	
	甲苯	70	4.00×10^{-4}	4.8	
	苯乙烯	50	2.97×10^{-6}	64.8	
		70	4.72×10^{-5}	4.1	
	甲基丙烯酸甲酯	70	3.10×10^{-5}	6.2	
偶氮二异庚腈	甲苯	69.8	1.98×10^{-4}	0.79	121.3
		80.2	7.10×10^{-4}	0.27	
过氧化二苯甲酰	苯	60	2.0×10^{-6}	96.3	124.3
		70	1.4×10^{-5}	14.0	
		80	2.5×10^{-5}	7.7	
	苯乙烯	61.0	2.6×10^{-6}	74.6	
		74.8	1.8×10^{-5}	10.5	
		100.0	4.6×10^{-4}	0.4	
过氧化十二酰	苯	50	2.19×10^{-6}	88	127.2
		60	9.17×10^{-6}	21	
		70	2.86×10^{-5}	6.7	
过氧化二碳酸二异丙酯	甲苯	50	3.03×10^{-5}	6.4	
过氧化二碳酸二环己酯	苯	50	5.4×10^{-5}	3.6	
异丙苯过氧化氢	甲苯	125	9×10^{-6}	21.4	
		139	3×10^{-5}	6.4	
过硫酸钾	0.1mol/L KOH	50	9.5×10^{-7}	212	140.2
		60	3.16×10^{-6}	61	
		70	2.33×10^{-5}	8.3	

表 1-16　阴离子聚合常用引发剂和单体

类　别	引　发　剂	单　体
A	SrR_2、CaR_2、Na、NaR、Li、LiR	α-甲基苯乙烯、苯乙烯、二烯烃
B	RMgX、t-ROLi	丙烯酸甲酯、甲基丙烯酸甲酯
C	ROK、ROLi、强碱	丙烯腈、甲基丙烯腈、甲基乙烯酮
D	吡啶、NR_3、弱碱、ROR、H_2O	硝基乙烯、亚甲基丙二酸二乙酯、α-氰基丙烯酸乙酯、偏二氰基乙烯

（3）阳离子聚合

阳离子聚合引发剂主要有 Lewis 酸（多用于高相对分子质量聚合物合成）和质子酸（表 1-17）。Lewis 酸一般和共引发剂一同使用。常用的 Lewis 酸有：$BeCl_2$、$ZnCl_2$、$CdCl_2$、$HgCl_2$、BF_3、BCl_3、$AlBr_3$、R_3Al_3、R_2AlX、$RAlX_2$（R 为烷基、芳基）、$SnCl_4$、$TiCl_4$、

$ZrCl_4$、VCl_4、SbF_5、$SbCl_5$、WCl_5、$FeCl_3$等。常用的共引发剂（助引发剂）有：RX、HCl、H_2O、$(C_2H_5)_2O$ 等。表 1-17 列出了阳离子聚合常用质子酸引发剂。

表 1-17　阳离子聚合常用质子酸引发剂

引发剂	单　体	引发剂	单　体
氯磺酸	苯乙烯、丁二烯	三氟乙酸	苯乙烯
氟磺酸	苯乙烯、α-甲基苯乙烯、环戊二烯	烷链磺酸	异丁烯
三氯乙酸	苯乙烯、α-甲基苯乙烯	三氟甲烷磺酸	苯乙烯

对于近年发展起来的活性阳离子聚合，体系比较复杂，可参看有关文献。

（4）配位聚合

配位聚合催化体系十分复杂，不但组成繁多，且机理各异，许多至今尚不清楚。配位聚合所用催化剂主要是 Ziegler-Natta 催化剂，大体上有以下几类。

两组分 Ziegler-Natta 催化剂　通常由过渡金属卤化物组成的主催化剂和由有机金属化合物组成的共催化剂组成。催化剂的性质，通常取决于两组分的化学组成、过渡金属的性质、两组分的配比和化学反应。两组分催化剂可以实现多种组合，一般来说，活性高的催化剂（聚合速率高）定向能力低，而定向能力高的催化剂聚合速率却较慢。聚合物的结构和立构规整度，虽然有时也与共催化剂有关，但多数场合主要取决于主催化剂过渡金属组分。不少非均相催化剂的活性高于均相催化剂。能使 α-烯烃聚合的催化剂一般也可使乙烯聚合，但反过来则很困难；当与烷基铝或 AlR_nX_{3-n} 搭配时，Ⅷ族过渡金属的催化剂能使二烯烃聚合，但不能使 α-烯烃聚合；而 Ⅳ～Ⅵ 族过渡金属的催化剂则能使 α-烯烃和二烯烃聚合。

三组分 Ziegler-Natta 催化剂　在二组分 Ziegler-Natta 催化剂中加入第三组分路易斯碱，如含 N、P、O、S 的给电子体后，可与烷基铝发生化学反应生成新生的化合物，得到 IIP 更高的聚丙烯。第三组分的加入对催化剂的活性和定向能力有很大影响。有些第三组分可以提高催化剂活性，有些可以提高催化剂的定向能力。一般的情况是提高催化剂活性的第三组分往往使催化剂的定向能力下降，而使催化剂定向能力得以提高的第三组分多又导致催化活性的降低，还有一些第三组分在改变催化剂活性和定向能力的同时影响聚合物的相对分子质量。

载体型 Ziegler-Natta 催化剂　对常规 Ziegler-Natta 催化剂，主催化剂过渡金属仅在结晶表面（边、角等处）的 Ti 形成活性中心，因此催化活性低。而将主催化剂负载到特殊的载体上，则可大幅度提高催化活性。20 世纪 50 年代末首先研究出以硅胶为载体的 Cr 系催化剂，用于乙烯聚合。1968 年，以 $MgCl_2$ 为载体的 Ti 系催化剂的出现开创了高效催化剂的新时代。

茂金属催化剂　均相茂金属催化剂产生于 20 世纪 50 年代，但直到 80 年代应用甲基铝氧烷（MAO）作共催化剂后才出现突破性进展。根据组成和结构的特征，茂金属催化剂大致分为以下四类。

① 双茂金属催化剂　为有两个环茂二烯基（Cp）的ⅣB族过渡金属（Ti、Zr、Hf）茂化合物。两个环之间有桥基—CH_2CH_2—或（CH_3）$_2Si$ 化学键连接的称桥联茂金属化合物，反之称为非桥联型茂金属化合物。除去环茂二烯基，还可选用茚基（Ind）或芴基（Flu）。改变过渡金属（Ti、Zr、Hf）和环茂二烯环上的取代基以及桥基团，可以合成出大量不同的茂金属化合物。桥基不仅为茂金属化合物提供立体刚性构型，而且支配着过渡金属和环茂二烯配体之间的距离和夹角，从而对烯烃单体的插入和烯烃聚合的立体选择性产生重要影响。

② 单茂金属催化剂　主要种类为限定几何构型催化剂，为ⅣB族过渡金属以共价键连接到与杂原子 N 桥联的单环茂二烯基团上而成。如（叔丁氨基）二甲基（四甲基-η^5-环茂二烯

基）硅烷二甲基锆。用这类催化剂可合成出具有窄相对分子质量分布与长支化链的高加工性能的聚烯烃。

③ 阳离子茂金属催化剂　最大特点是可以在无共催化剂甲基铝氧烷（MAO）情况下，形成具有催化活性的茂金属烷基阳离子。

④ 载体茂金属催化剂　为近年来发展起来的一种新型催化剂。它与上面介绍的三种均相茂金属催化剂不同，为非均相催化剂。它克服了均相茂金属催化剂对聚合物形态不易控制的不足，而同时又保持了均相催化剂的固有特点。载体茂金属催化剂常采用 SiO_2、Al_2O_3、$MgCl_2$ 作载体。茂金属催化剂最有效的共催化剂是甲基铝氧烷（MAO）。它是三甲基铝的部分水解产物，其他铝氧基如乙基铝氧烷（EAO）、异丁基铝氧烷（i-BAO）等对烯烃的催化活性都不如 MAO 的活性高。

与传统的 Ziegler-Natta 催化剂相比，茂金属催化剂具有以下特点：催化活性高，由于为均相体系，几乎所有催化剂均为活性中心；催化活性中心单一，可得到窄相对分子质量分布的聚合物；改变催化剂结构可以有效地控制产物的相对分子质量、相对分子质量分布、共聚组成、序列结构、支化度、密度、熔点等指标，即可实现可控聚合；催化剂稳定，可在空气中长期存放而不失活；基本为均相体系，便于对活性中心状态、立构规整聚合物的形成机理等进行研究。茂金属催化剂的一个主要缺点是共催化剂 MAO 的用量过大，而 MAO 过高的成本导致用茂金属催化剂合成的聚合物在市场上竞争力下降。

对于其他一些特殊聚合机理，如基团转移聚合、开环聚合、易位聚合及大分子化学反应所用的引发剂或催化剂，这里不再进行介绍，可参看有关文献资料。

3. 溶剂

在连锁聚合和逐步聚合中，溶液聚合和溶液缩聚是重要的聚合方法之一，因此溶剂的选择十分重要。溶剂的选择主要从以下几个方面考虑。

(1) 溶解性　为保证聚合体系在反应过程中为均相，所选用的溶剂应对引发剂或催化剂、单体和聚合物均有良好的相溶性。这样有利于降低黏度，减缓凝胶效应，导出聚合反应热。必要时可采用混合溶剂。对于无法找到理想溶剂的聚合体系，主要从聚合反应需要出发，选择对某些组分（一般是对单体和引发剂）有良好溶解性的溶剂。如乙烯的配位聚合，以加氢汽油为溶剂，尽管对引发体系和聚合物溶解性不好，但对单体乙烯有良好的溶解性。当然，从另一个角度讲，还希望在聚合结束后能方便地将溶剂和聚合物分离。表 1-18 和表 1-19 分别列出了常用溶剂的沸点、溶度参数表和聚合物的溶度参数。

表 1-18　常用溶剂的沸点、溶度参数

溶　剂	沸点/℃	$\delta/(J/cm^3)^{1/2}$	溶　剂	沸点/℃	$\delta/(J/cm^3)^{1/2}$
二异丙醚	68.5	14.3	顺二氯乙烯	60.3	19.9
正戊烷	36.1	14.4	1,2-二氯乙烷	83.5	20.1
异戊烷	27.9	14.4	乙醛	20.8	20.1
正己烷	69.0	14.8	萘	218.0	20.3
二乙醚	34.5	15.2	环己酮	155.8	20.3
正庚烷	98.4	15.3	四氢呋喃	64.0	20.3
正辛烷	125.7	15.5	二硫化碳	46.2	20.5
环己烷	80.8	16.8	二氧六环	101.3	20.5
甲基丙烯酸丁酯	160.0	16.8	溴苯	156.0	20.5
氯乙烷	12.3	17.4	丙酮	56.1	20.5
1,1,1-三氯乙烷	74.1	17.4	硝基苯	210.8	20.5
乙酸戊酯	149.3	17.4	四氯乙烷	93.0	21.3
乙酸丁酯	126.5	17.5	丙烯腈	77.4	21.4

溶　剂	沸点/℃	$\delta/(J/cm^3)^{1/2}$	溶　剂	沸点/℃	$\delta/(J/cm^3)^{1/2}$
四氯化碳	76.5	17.6	丙腈	97.4	21.9
正丙苯	157.5	17.7	吡啶	115.3	21.9
苯乙烯	143.8	17.7	苯胺	184.1	22.1
甲基丙烯酸甲酯	102.0	17.8	二甲基乙酰胺	165.0	22.7
乙酸乙烯酯	72.9	17.8	硝基乙烷	16.5	22.7
对二甲苯	138.4	18.0	环己醇	161.1	23.4
二乙基酮	101.7	18.0	正丁醇	117.3	23.4
间二甲苯	139.1	18.0	异丁醇	107.8	24.0
乙苯	136.2	18.0	正丙醇	97.4	24.4
十氯萘	193.3	18.0	乙腈	81.1	24.4
异丙苯	152.4	18.2	二甲基甲酰胺	153.0	24.8
甲苯	110.6	18.2	乙酸	117.9	25.8
丙烯酸甲酯	80.3	18.2	硝基甲烷	−12.0	25.8
二甲苯	144.4	18.4	乙醇	78.3	26.0
乙酸乙酯	77.1	18.6	二甲基亚砜	189.0	27.5
1,1-二氯乙烷	57.3	18.6	甲酸	100.7	27.7
甲基丙烯腈	90.3	18.6	苯酚	181.8	29.7
苯	80.1	18.7	甲醇	65.0	29.7
三氯甲烷	61.7	19.1	碳酸乙烯酯	248.0	29.7
丁酮	79.6	19.1	二甲基砜	238.0	29.9
四氯乙烯	121.1	19.3	丙二腈	218.0	30.9
甲酸乙酯	54.4	19.3	乙二醇	198.0	32.2
氯苯	125.9	19.5	丙三醇	290.1	33.8
苯甲酸乙酯	212.7	19.9	甲酰胺	111.0	36.5
二氯甲烷	39.7	19.9	水	100.0	47.5

表 1-19　聚合物的溶度参数

聚　合　物	$\delta/(J/cm^3)^{1/2}$	聚　合　物	$\delta/(J/cm^3)^{1/2}$
聚乙烯	16.4	聚丁二烯	17.2
聚丙烯	19.0	聚氨酯	20.5
聚异丁烯	17.0	聚异戊二烯	17.4
聚苯乙烯	18.5	聚氯丁烯	16.8～18.8
聚氯乙烯	20.0	乙丙橡胶	16.2
聚偏氯乙烯	20.3～20.5	丁二烯/苯乙烯共聚物	16.6～17.6
聚四氟乙烯	12.7	丁二烯/丙烯酯共聚物	18.9～20.3
聚三氟氯乙烯	14.7～16.2	氯乙烯/醋酸乙烯酯共聚物	21.7
聚乙烯醇	26.0	聚甲醛	20.9
聚醋酸乙烯酯	21.7	聚氧化丙烯	15.3～20.3
聚甲基丙烯酸甲酯	18.6	聚氧化丁烯	17.6
聚甲基丙烯酸乙酯	18.3	聚 2,6-二甲基亚苯基氧	19.0
聚丙烯酸甲酯	20.7	聚对苯二甲酸乙二醇酯	21.9
聚丙烯酸乙酯	19.2	尼龙 6	22.5
聚丙烯酸丁酯	18.5	尼龙 66	27.8
聚丙烯腈	26.0	聚碳酸酯	20.3
聚甲基丙烯酸	21.9	聚砜	20.3
乙基纤维素	21.1	聚二甲基硅氧烷	14.9
环氧树脂	19.9～22.3	聚硫橡胶	18.4～19.3

（2）活性 溶剂虽然不参与聚合反应，但自由基聚合时可与引发剂发生诱导分解、与链活性中心发生链转移反应。在离子聚合中溶剂的影响更大，溶剂的极性对活性种离子对的存在形式和活性、聚合反应速率、相对分子质量及其分布以及链微观结构都会有明显影响。对于共聚反应，尤其是离子型共聚，溶剂的极性会影响到单体的竞聚率，进而影响到共聚行为，如共聚组成、序列分布等。因此在选择溶剂时要十分小心。聚合物的常用溶剂见表1-20。

表1-20 聚合物的常用溶剂

聚 合 物	溶 剂
聚乙烯	十氢奈,四氢萘,1-氯奈(均>130℃),二甲苯
聚丙烯	十氢奈,四氢萘,1-氯奈(均>130℃)
聚异丁烯	醚,汽油,苯
聚苯乙烯	苯,氯仿,二氯甲烷,醋酸丁酯,二甲基甲酰胺,甲乙酮,吡啶
聚氯乙烯	四氢呋喃,环己酮,二甲基甲酰胺,氯苯
氯化聚氯乙烯	丙酮,醋酸乙酯,苯,氯苯,甲苯,二氯甲烷,四氢呋喃,环己酮
聚乙烯醇	甲酰胺,水,乙醇
聚醋酸乙烯	芳香族烃,氯代烃,酮,甲醇
聚乙烯醇缩醛	四氢呋喃,酮,酯
聚丙烯酰胺	水
聚丙烯腈	二甲基甲酰胺,二氯甲烷,羟乙腈
聚丙烯酸酯	芳香烃,卤代烃,酮,四氢呋喃
聚甲基丙烯酸酯	芳香烃,卤代烃,酮,二氧六环
聚四氟乙烯	—
聚三氟氯乙烯	邻次氯苄基三氟(>120℃)
聚氟乙烯	环己酮,二甲亚砜,二甲基甲酰胺(均>110℃)
聚偏氟乙烯	二甲亚砜,二氧六环
ABS	二氯甲烷
苯乙烯-丁二烯共聚物	醋酸乙酯,苯,二氯甲烷
氯乙烯-醋酸乙烯共聚物	二氯甲烷,四氢呋喃,环己酮
天然橡胶	卤代烃,苯
聚丁二烯	苯,正己烷
聚氯丁二烯	卤代烃,甲苯,二氧六环,环己酮
聚甲醛	二甲亚砜,二甲基甲酰胺(150℃)
聚氧化乙烯	醇,卤代烃,水,四氢呋喃
氯代聚醚	环己酮
聚环氧氯丙烷	环己酮,四氢呋喃
聚对苯二甲酸乙二酯	苯酚-四氯乙烷,二氯乙酸
聚对苯二甲酸丁二酯	苯酚-四氯乙烷
聚碳酸酯	环己酮,二氯甲烷,甲酚
聚芳酯	苯酚-四氯乙烷,四氯乙烷
聚酰胺	甲酸,甲酚,苯酚-四氯乙烷
聚氨酯	二甲基甲酰胺,四氢呋喃,甲酸,乙酸乙酯
醇酸树脂	酯,卤代烃,低级醇
环氧树脂	醇,酮,酯,二氧六环
硝酸纤维素	酮,醇-醚
醋酸纤维素	甲酸,冰醋酸

（3）其他 如易于回收、便于再精制、无毒、易得、价廉、便于运输和储藏等。

4. 链转移剂

链转移剂的一个显著特点是链转移常数大，因而是控制、调节相对分子质量的有效手段，尤其对自由基聚合而言尤为重要。

对配位聚合，如聚乙烯、聚丙烯等，可通过氢调控制相对分子质量。对阳离子聚合，由于反应活化能低，多采用低温反应来抑制副反应，提高相对分子质量。对阴离子聚合，则是通过单体与引发剂的配比，实现计量聚合。表1-21列出了常用溶剂的链转移常数。

表1-21 常用溶剂的链转移常数（$C_S \times 10^4$）

溶 剂	苯 乙 烯		甲基丙烯酸甲酯	醋酸乙烯酯
	60℃	80℃	80℃	60℃
苯	0.023	0.059	0.075	1.2
环己烷	0.031	0.066	0.1	7.0
庚烷	0.42	—	—	17.0(50℃)
甲苯	0.125	0.31	0.52	21.6
乙苯	0.67	1.08	1.35	55.2
异丙苯	0.82	1.30	1.9	89.9
特丁苯	0.06	—	—	3.6
氯正丁烷	0.04	—	—	10
溴正丁烷	0.06	—	—	50
丙酮	—	0.4	—	11.7
醋酸	—	0.2	—	1.1
正丁醇	—	0.4	—	20
氯仿	0.5	0.9	1.4	150
碘正丁烷	1.85	—	—	800
丁胺	0.5	—	—	
三乙胺	7.1	—	—	370
特丁基二硫化物	24	—	—	10000
四氯化碳	90	130	2.39	9600
四溴化碳	22000	23000	3300	28700(70℃)
特丁硫醇	37000	—	—	
正丁硫醇	210000	—	—	480000

5. 阻聚剂

阻聚剂由于能迅速与体系中的自由基反应生成稳定的物质，因此阻聚剂的作用主要是防止单体在储存、运输等过程中发生自聚。许多阻聚剂还可作为防老剂、稳定剂等加入聚合物和制品中，以防止大分子在加工、使用过程中进一步发生不希望出现的化学反应。对于聚合反应来说，则需要在反应开始前将阻聚剂全部除去。表1-22列出了常用阻聚剂的阻聚常数。

6. 悬浮剂

悬浮剂（也称为分散剂或成粒剂）的选择是悬浮聚合的一个重要方面。主要有水溶性有机高分子和非水溶液性无机粉末两大类。有时还加入少量表面活性剂作为助悬浮剂，如十二烷基磺酸钠、聚醚、磺化油等。主悬浮剂用量一般为单体量的0.1%左右，助悬浮剂则为0.01%～0.03%，后者如用量过多，则体系容易转变为乳液聚合。表1-23列出了主要的悬浮剂品种。

表 1-22 常用阻聚剂的阻聚常数

阻聚剂	单体	温度/℃	C_Z	$k_Z/[\text{L}/(\text{mol} \cdot \text{s})]$
	丙烯酸甲酯	50	0.00464	4.63
硝基苯	苯乙烯	50	0.326	—
	醋酸乙烯酯	50	11.2	19300
	丙烯酸甲酯	50	0.204	204
1,3,5-三硝基苯	苯乙烯	50	64.2	—
	醋酸乙烯酯	50	404	760000
	丙烯酸甲酯	44	—	1200
对苯醌	甲基丙烯酸甲酯	44	5.5	2400
	苯乙烯	50	518	
DPPH	甲基丙烯酸甲酯	44	2000	—
	丙烯腈	60	3.33	6500
FeCl$_3$	甲基丙烯酸甲酯	60		5000
(在二甲基甲酰胺中)	苯乙烯	60	536	94000
	醋酸乙烯酯	60	—	235000
	丙烯酸甲酯	44	—	1100
硫	甲基丙烯酸甲酯	44	0.075	40
	醋酸乙烯酯	45	470	—
氧	甲基丙烯酸甲酯	50	3300	10^7
	苯乙烯	50	14600	$10^6 \sim 10^7$
苯胺	丙烯酸甲酯	50	0.0001	
	醋酸乙烯酯	50	0.015	
苯酚	丙烯酸甲酯	50	0.0002	
	醋酸乙烯酯	50	0.012	
对苯二酚	醋酸乙烯酯	50	0.7	
2,4,6-三甲基苯酚	醋酸乙烯酯	50	5.0	

表 1-23 主要的悬浮剂品种

种 类	举 例
无机分散剂	
天然硅酸盐	滑石,膨润土,硅藻土,高岭土等
硫酸盐	硫酸钙,硫酸钡
碳酸盐	碳酸钙,碳酸镁,碳酸钡
磷酸盐	磷酸钙
草酸盐	草酸钙
氢氧化物	氢氧化铝,氢氧化镁
氧化物	二氧化钛,氧化锌
天然高分子	
糖类	淀粉,果胶,植物胶,海藻胶
蛋白质类	明胶,鱼蛋白
改性天然高分子	
纤维素衍生物	甲基纤维素,羟乙基纤维素,羟丙基纤维素
合成高分子	
含羟基	苯乙烯-马来酸酐共聚物
含羧基	乙酸乙烯-马来酸酐共聚物,(甲基)丙烯酸类共聚物
含氮	聚乙烯基吡啶烷酮
含酯基	聚环氧乙烷脂肪酸酯,失水山梨糖脂肪酸酯

7. 乳化剂

乳化剂是决定乳液聚合成败的关键组分。乳化剂分子是由非极性的烃基和极性基团两部分组成。根据极性基团的性质可将乳化剂分为阴离子型、阳离子型、两性型和非离子型几类。

阴离子型乳化剂：极性基团为阴离子，如 $-COO^-$，$-SO_4^-$，$-SO_3^-$；非极性基团一般是 $C_{11\sim17}$ 的直链烷基或 $C_{3\sim8}$ 的烷基与苯基或萘基结合在一起组成。常用的阴离子乳化剂有肥皂类（如脂肪酸钠，RCOONa，$R=C_{11\sim17}$，有良好的乳化能力，但易被酸和钙、镁离子破坏）、硫酸盐化合物（如十二烷基硫酸钠、十六醇硫酸钠、十八醇硫酸钠等，它们的乳化能力强，较耐酸和钙离子，比肥皂类稳定）、磺酸盐化合物［如十二烷基磺酸钠 $C_{12}H_{25}SO_4Na$、烷基磺酸钠 RSO_3Na（其中 $R=C_{12\sim16}$）、二丁基萘磺酸钠、二己基琥珀酸酯磺酸钠等，它们的水溶液耐钙离子、镁离子性比硫酸盐化合物稍差，在酸溶液中稳定性较好］。阴离子乳化剂在碱性溶液中比较稳定，如遇酸、金属盐、硬水等会形成不溶于水的酸或金属皂，使乳化剂失效。因此在采用阴离子乳化剂的乳液聚合体系中常加有 pH 调节剂，以保证体系呈碱性。当然，也可以利用这一性质在反应结束后往体系中加入酸或盐来破乳。到目前为止，阴离子型乳化剂是应用最广泛的乳化剂。

阳离子型乳化剂：在实际中应用较少。极性基团为阳离子，用得较多的是季铵盐类。

两性型乳化剂：极性基团兼有阴、阳离子基团，如氨基酸。生产中应用较少。

非离子型乳化剂：在水溶液中不发生解离。分子结构中构成亲水基团的是多元醇，构成亲油基团的是长链脂肪酸或长链脂肪醇及烷芳基等，如脱水山梨醇脂肪酸酯（俗称斯盘，Span，为一系列产品）、聚氧乙烯脱水山梨醇脂肪酸酯（俗称吐温，Tween，为一系列产品）、烷基酚基聚醚醇类（如 OP 系列，为壬烷基酚与聚氧乙烯反应的产物），除以上几类，常用的乳化剂还有聚乙烯醇、聚氧乙烯脂肪酸和聚氧乙烯脂肪酸醚等。非离子型乳化剂对 pH 值变化不明显，较稳定。由于稳定乳液的能力不及阴离子型乳化剂，一般不单独使用，主要与阴离子乳化剂配合使用，以增加乳液的稳定性。

第六节　聚合物的评价和表征概述

所有的初学者在合成出新的聚合物后都会面临同样的问题：如何在最短时间周期内，使用通常仪器设备，消耗尽量少量的物质，去了解这种物质化学组成、所具的物理和化学性能？对于进行聚合物科学实验的学生、高分子化学家或材料工程师和设计人员来说，虽然各人最终目的不同，但都同样是一个亟待解决的问题。

在考虑对材料的性能评价及表征时要认识到：第一，最好用比较简单的方法来直接处理和观察聚合物，从而获取对它们的感性认识。第二，无论对于第一次接触聚合物的学生还是聚合物科学家，在估价一个新材料（对他说来是新的）时，前一原则都是重要的。当然，在评价聚合物时，还需要原始资料的积累和研究者的判断力。科学家必须有删除哪些对材料评价没有用的实验的判断力，并且向需要的人提出建议。仅仅根据一个定性试验或材料似乎有一个缺点就舍弃一个新聚合物是不慎重的。一种有用的聚合物材料表现出一种或两种缺陷是完全可能的。在许多场合，稍稍改变一下结构，或在配料时加上添加剂，这些缺点就可以克服。对某一种应用，有时发现这些缺点影响很小，甚至可以提供一种独特的而实际应用中常需要的综合性能。

大多数高分子材料的化学和物理性质可以分成三大类：结构性质、溶液性质和固态性质。结构中包括组成、单分子结构和聚集态结构；溶液性质包括了相对分子质量及相对分子质量分布、溶解性；固态性质包括了热性能、稳定性及抗老化性、力学性能等。

1. 组成和分子结构表征

紫外和红外光谱技术是用于样品识别的基本波谱技术，试验结果通过与文献数据和谱图对比，可以获取聚合物的结构信息。除了芳香族结构外大多数合成聚合物在紫外区不能吸收。这些聚合物适合于在户外使用。紫外光谱可以用于探测少量杂质的存在。

红外光谱用于聚合物和其他体系的分析是非常有效的。红外光谱具有快速、直接、不破坏物质结构、用量少等特点。薄膜物质可以直接测试，粉末样品可以经过与溴化钾混合压片后进行测试，溶液也可以测试。通过红外分析可以获知聚合物的物理和化学结构。可以说，红外光谱是合成产物初期表征的最好选择。红外分析可以获得的信息有：链结构的化学组成；区分构象异构体，如顺式或反式 1,2-加成、1,4-加成聚丁二烯；结晶体的表征和探测；共聚组成和序列分布的分析；分子链接枝化表征；端基分析；氧化、降解等化学反应的表征。尽管有些性能可以用其他方法进行分析，如 X 射线衍射测结晶度、核磁共振测分布序列和立构规整性是比较容易的，但是由于红外光谱的通用性和容易获得丰富信息而被广泛使用。交联聚合物制成红外分析样品有困难，因为它们不能磨成粉，也不溶解，也不能用其他方法制成薄膜。一个变通的办法是把样品先小心热裂解，然后用红外光谱分析液态的热裂产物。

2. 超分子结构的表征

高分子物质在凝聚态时有多种多样的形式。聚乙烯做的家庭用具摸上去像蜡似的，也不透明。聚乙烯薄膜是透明的，但不如聚对苯二甲酸乙二酯那样清晰透明。聚苯乙烯的杯子是脆性的，但聚酰胺做的杯子却不脆。某些产品，像皮革是柔韧的，而另一些产品像固化的酚醛树脂，则很刚硬。所有这些性质都和分子聚集体的物理结构有关，而这种分子聚集体的物理结构又受各个分子的组成、构型和构象的影响。同时分子聚集体的物理结构又和外界条件有关。聚合物形态学则是研究聚合物分子在晶区与非晶区中的排列、晶区与非晶区的形状与结构以及以它们组成大而复杂的结构单元的方式。人们对聚合物形态学的了解几乎完全局限于可结晶聚合物的晶区的性质方面。近来用电子显微镜观察显示出在非晶聚合物中，以及在半晶态聚合物的非晶态区中，存在着不同程度的分子有序性，在聚合物熔体中也很可能是这样的。现在我们认为在聚合物中，大概存在一个完整的结构谱，其范围包括完全无序的结构，各种不同程度的一维和二维有序结构，直至晶体的那种高度的三维有序结构。

结晶的关键在于原于和分子的规整堆砌，而获得这种规整性的关键则在于合成时控制聚合物链的立体构型的规整性以及线形链上的取代基或侧链基团。符合下述条件之一，这样的聚合物可以结晶的：①这些基团小得能够进入有序排列而不破坏这种排列，②这些基团在主链上规整和对称地排布。但即使在可结晶的聚合物中，各聚合物结晶难易也是差别很大的。当可结晶聚合物的熔体冷却至其熔点以下时，便在熔体中一些成核处开始结晶。随温度降低，结晶速度先是增加，经过一极值后下降，至玻璃化温度时，结晶速度下降至零。聚乙烯和聚丙烯这些结晶速度很快的聚合物，通常即使快速冷却，也是结晶的。而结晶速度较慢的聚合物，包括聚对苯二甲酸乙二醇酯、全同立构的聚苯乙烯和聚甲基丙烯酸甲酯，在熔点以下淬火时都能成为非晶态。但当温度慢慢升至玻璃化转变温度和熔点之间后，它们便可结晶。

按照晶体的定义，高度有序的晶体用 X 射线照射时必定得到清楚的衍射图，因为 X 射线的波长和原子间距离相近。从晶格的概念，晶体也应该有清晰的熔点。但是对高分子物质来说，在电子显微镜下认为是有序的，而衍射图却是模糊的。这可以解释为由于晶区与非晶区相邻共存而引起的（两相模型），或者是晶体不完善引起的（一相模型）。两相模型是否正确地描述了高分子物质的结构特点还在争论中。在一个样品中，不同的有序状态实际上能同时存在，因此各种测定结晶度的方法涉及不同的有序状态，结果得到的结晶度不一样。如果没有具体说明测定的方法，高分子"结晶度"的概念也像多分散试样的相对分子质量的概念一样是含糊不清的。现在还不能指明测量结晶度的各种方法涉及到何种有序状态。因此结晶度是以测定的方法来表征的，有所谓 X 射线结晶度、密度结晶度、红外结晶度等。对于同一聚合物，根据所用的方法不同，可以得到不同的结晶度。

某聚合物的结晶速度和程度不仅决定了总的结晶度,而且决定了晶区及更大的形态学单元的尺寸和形状。这些因素与材料的物理和力学性能有极密切的关系。聚合物的结晶度和形态对性能有很大影响。如线型聚乙烯、聚丙烯、聚甲醛、尼龙和聚四氟乙烯这类工程塑料的一些突出的力学和物理性质都是从它们的晶态-非晶态两相结构得来的。在这种结构中,硬的晶区和柔软的非晶区或无序区相互连接。提高结晶度使聚合物的密度增大,并可提高刚性、硬度、韧性和抗溶剂性,而非晶区则使聚合物变软,增加柔性,并在熔融温度以下容易加工。

3. 相对分子质量及相对分子质量分布

由于聚合过程一些阶段的随机反应,除了一些生物高分子,所有的合成及天然高分子均有相对分子质量分布。这种典型的分布见表1-24。该表也描述了几种重要平均相对分子质量的近似位置,这些数据是通过各种手册和其他实验方法得出的。

表1-24 合成聚合物的具有代表性的 $\overline{M}_w / \overline{M}_n$

聚 合 物	$\overline{M}_w / \overline{M}_n$	聚 合 物	$\overline{M}_w / \overline{M}_n$
假想的单分散聚合物	1.000	高转化的烯类聚合物	2~5
实际的"单分散""活性"聚合的	1.01~1.05	自动加速阶段生成的聚合物	5~10
偶合终止的加聚物	1.5	配位聚合物	8~30
歧化终止的加聚物或缩聚物	2.0	支化聚合物	25~50

各种平均相对分子质量的绝对和相对值是和聚合物特性相联系的,这一点是十分重要的。首先,只有那些相对分子质量达到约10000的高分子,它的强度、韧性、抗化学侵蚀才能得到很好的发展。其次,从两种不同聚合物的平均相对分子质量的相对值,有可能得出相对分子质量分布的宽窄的知识,因为它们的重均相对分子质量(M_w)和数均相对分子质量(M_n)的比率是可测的。表1-25表明了该比率(M_w / M_n)与聚合物的合成条件的关系。最后,各种相对分子质量对相对分子质量范围末端的少量级分非常敏感。M_n对存在的少量低相对分子质量级分特别敏感,而 M_w 对少量高相对分子质量级分特别敏感。它们对 M_w 及 M_n 的影响列于表1-25。

表1-25 少量高、低相对分子质量聚合物对 $\overline{M}_w$ 和 $\overline{M}_n$ 的计算值的影响

所加成分		计 算 值		
量	相对分子质量	$\overline{M}_n$	$\overline{M}_w$	$\overline{M}_w / \overline{M}_n$
按数量加20%	10000	85000	98000	1.15
按重量加20%	10000	40000	85000	2.1
按数量加20%	1000000	250000	700000	2.8
按重量加20%	1000000	118000	250000	2.1
按数量各加20%	10000,1000000	216000	695000	3.2
按重量各加20%	10000,1000000	46000	216000	4.7

注:计算值内所指出的样品加到 $M=100000$ 的单分散样品得到。

就无规聚合物而言,必须把它们的尺寸或体积与质量区别开。尺寸与质量间不一定存在简单关系,它们的相对数值随分子结构以及实验的变量,如聚合物-溶剂相互作用力不同而变化。为了获得有关相对分子质量分布的知识,而不只是对几种平均相对分子质量进行比较,就必须应用某种分级方法,将一个样品中的相对分子质量级分分开,并测定各级分的重量和相对分子质量。从这些数据能画出分布曲线及计算平均相对分子质量。分离和测定可以分开进行,也可以结合进行。结合进行的例子是凝胶渗透色谱(GPC)。相对分子质量的分离在经典的分级中依赖于溶解度,在GPC中依赖于分子尺寸。

(1)数均相对分子质量

数均相对分子质量虽是一个简单的计数平均数，它等于用原子质量单位除以样品中的分子数，即　$M_n = W/N$。N 是样品的分子数总和，第 i 种成分的分子数为 N_i，W 同样是 W_i 的总和。这样，数均分子量的定义式可写为：

$$\overline{M}_n = \frac{\sum N_i M_i}{\sum N_i} \tag{1-1}$$

关于数均相对分子质量的计算方法有两种：根据端基分析的化学或物理方法；根据测量某一项依数性如蒸气压降低、冰点下降、沸点升高、渗透压的方法。端基分析用于计算链端基的化学反应。能应用端基分析的主要要求是，需要知道聚合物是线型的，即每个分子仅有两个端基；被测定的基团是占据链的两个末端，还是只占据一个末端；末端基总数可以计算出来。末端基数目与相对分子质量的计算关系是简单的。由于渗透压方法简单，加上它的重要性，获得了广泛应用。相对分子质量几万以上的聚合物的 M_n，用这个方法才能正确地测定。这方法的上限与能测出的渗透压最小高度有关，为相对分子质量 $500000 \sim 1000000$，下限与所用膜的透过性有关，因样品及膜不同而不同，大致为 $10000 \sim 50000$。

（2）重均相对分子质量

重均相对分子质量定义为：

$$\overline{M}_w = \sum w_i M_i = \frac{\sum c_i M_i}{c} = \frac{\sum N_i M_i^2}{\sum N_i M_i} \tag{1-2}$$

已经证明，从光散射和平衡超离心实验可测得重均相对分子质量。由于超离心法大多用于生物物质，对无规线团的合成聚合物用得不多，所以光散射法是测定聚合物重均相对分子质量的重要方法。光散射实验所测量的是聚合物溶液和其溶剂间散射光强度的差。研究表明，散射光强度既与浓度（聚合物一般如此），也与入射光与散射光之间的角度有关。

（3）分子尺寸及特性黏数

因为大多数合成高聚物具有无规线团性质，分子尺寸的概念与其质量有重要差别。术语"尺寸"只描述分子占有的用线型长短或体积表示的空间量。这样定义的单个分子线团的尺寸因布朗运动引起构象变化而随时间变化。类似地，相同质量和结构的分子，尺寸不同，所以"尺寸"只能用平均性质来描述。描述聚合物线型大小的两个平均尺寸参数是均方末端距 r^2 及均方旋转半径 s^2。均方末端距容易了解，均方旋转半径定义为链的链段与链的重心的均方距。至于聚合物溶液，则一般体积参数是流体力学体积，即根据链特殊的性质（如它使溶液的黏度增加）所表现出应占有的体积。对于线型聚合物，这些量有一定的关系，如 $r^2 = 6s^2$。测量分子尺寸的一个方法，即稀溶液黏度实验。表 1-26 为溶液黏度的定义。

表 1-26　溶液黏度的定义

普通名称	推荐名称	符号与定义式
相对黏度	黏度比	$\eta_r = \eta/\eta_0 \approx t/t_0$
增比黏度	—	$\eta_{sp} = \eta_r - 1 = (\eta - \eta_0)/\eta_0 \approx (t - t_0)/t_0$
比浓黏度	黏度值	η_{sp}/c
比浓对数黏度	对数黏度值	$\ln\eta_r/c$
特性黏度	极限黏度值	$[\eta] = (\eta_{sp}/c)_{c\to0} = [(\ln\eta_r)/c]_{c\to0}$

相对黏度 η_r 近似表示溶液流经时间 t 和溶剂流经时间 t_0 之比。严格地说，$\eta_r = \eta/\eta_0$，而溶液和溶剂的黏度与相应流经时间约成正比，可以表示成时间之比。增比黏度可以看作溶液黏度超过溶剂黏度的相对增量，而比浓黏度是单位浓度的增比黏度。比浓黏度仍依赖于浓度 c，所以要将它外推到 $c = 0$。不仅比浓黏度可以外推，比浓对数黏度也可外推到 $c = 0$。把定义式中的对数项展开，并观察当 $c \to 0$ 时的行为，容易证明两个量外推到同一截距，称为特性黏度 $[\eta]$。其单位是浓度单位的倒数，即 dL/g。

4. 溶解性及溶液制备

溶解性或者不溶性研究是聚合物评价的基础之一。高度的抗溶剂性即不溶于多数的常用溶剂的聚合物在最终使用上常常是人们希望的，但是不溶性也意味着研究其分子结构的困难性。溶液是分子溶解分散在溶剂中形成的，判定聚合物-溶剂混合物是否是真溶液常常是很困难的。但显然，首先通过视觉观察确保没有不溶性物质是必要的。有时溶剂和溶胀聚合物的折射率可能很相似，未分散颗粒很难被发现。如果聚合物分散成若干分子的微观聚集体，那就更难以将这种分散与真溶液区分开。光散射因为与温度存在函数关系，作定量研究是有用的。

聚合物的溶解过程是复杂的，受到动力学和热力学的制约。至少包括三步：首先，聚合物进入到溶剂中但是没有明显的相互作用发生。其次，溶剂分子通过扩散作用进入聚合物，使聚合物开始溶胀，如果聚合物能被完全分开则溶胀速度很快。这常常是决定溶解速度的步骤。由于吸收了溶剂，聚合物的体积增加，由于聚合物分子扩散速度比较低，进入溶剂相的聚合物分子是很少的。最后，溶胀的聚合物粒子破碎，单一的聚合物分子扩散开，直到形成真溶液。体系成为单一均匀相。搅拌可以促进溶解。假如聚合物的相对分子质量非常高，溶解的最后一步是很慢的。

聚合物的许多结构参数影响聚合物溶解的难易和速度。

（1）化学结构

这是决定聚合物溶解度的主要参数。"相似者相溶"的经验规律大致上是可用的，溶解度参数这一概念的引入，可以对这一经验规律将作定量讨论。从热力学的观点看，当溶质和溶剂的混合自由能 $\Delta G = \Delta H - T\Delta S$ 小于 0 时才能溶解。很多年来，ΔH 和 ΔS 都被认为是正值，但有些时候在某种环境下有些也可以是负值，这些是不常见的。混合焓 ΔH 可以表示成：

$$\Delta H = V_1 V_2 (\delta_1 - \delta_2)^2 \tag{1-3}$$

式中，V_1，V_2 分别表示溶剂和聚合物的体积分数；$\delta_1 - \delta_2$ 分别表示溶剂和聚合物的溶解度参数。通过 δ_1 和 δ_2 可以预测聚合物在某溶剂中的溶解性，如果 $\delta_1 - \delta_2$ 小于 1.7～2.0，那么聚合物和溶剂可以认为是相容的，除此之外，溶解度参数也可以应用于判断聚合物之间的相容性。

上述判断在没有聚合物-溶剂相互作用力的情况下是有效的但是由于很多溶剂具有与聚合物形成氢键的趋向，所以可能需要更多的参数表征。

（2）相对分子质量

聚合物相对分子质量增加，溶解度减小，这是大多数聚合物分级方案的基础，这些关系请参看有关教科书。与化学组成相比，相对分子质量对溶解度的影响通常比较小。

（3）结晶度

晶态聚合物必须克服聚合物间的相互作用力和晶体内的晶格能才能溶解，所以它是一类很难溶解的物质。除高极性溶剂（如聚酰胺在室温下能溶于间甲酚这样的高极性溶剂中）外，晶态聚合物通常只在高于或接近于其熔点时溶解，聚乙烯是一典型例子。

（4）交联

交联聚合物仅溶胀而不溶解（除非发生降解）。

为了简单有效地测试溶解性，可以把少量聚合物对不同结构的一组普通溶剂进行试验。典型的一组溶剂示于表 1-27。使用这些溶剂必须非常小心，因为大多数有机物有毒、有腐蚀性或容易燃烧。因为溶解是一个慢过程，在进行观察前，聚合物-溶剂混合物应至少静置 24h。将混合物加热到溶剂沸点 10～15min，

表 1-27　常用的典型溶剂

丙酮	二甲基亚砜
四氯化碳	异丙醇
环己酮	二氯甲烷
二甲基乙酰胺	氯苯
二甲基甲酰胺	硝基苯
甲苯	四氢呋喃
二甲苯	四氯化萘

可加速溶解。注意：有机溶剂绝不能用明火加热！

5. 热性能

如果选出任何聚合物单一性能中最重要的特性，那么可以毫不怀疑的是它们的热性能。因为没有其他种类物质其性能作为温度的函数有像聚合物这样的特征变化。聚合物的大部分实际应用如加工等也利用它们的独特的热性能。一般主要从三个方面对聚合物的热性能进行估价：一是一般的研究方法；二是日常生活中非常重要的阻燃性问题；三是利用聚合物的热降解或热裂解进行分析。这些性质通过各种方法比较容易半定量地至少是定性地加以测定和应用。试验方案可以根据拥有的仪器、需要结果的精确性、测试的时间和对所感兴趣的项目等来进行调整和修改。很多热性能可以很快地通过简单的仪器测出，如热台、显微熔点仪、热台显微镜等，通过这些仪器用几毫克的量就可以在 10～20min 时间内得到如下的热信息。

（1）热塑性

可以很快地区分热塑性和热固性的差异。在不降解的前提下，热塑性聚合物可以被反复地加热和冷却而不影响流动性和塑性。热固性聚合物则很快固化成为不可塑化的物质。

（2）软化温度

用镊子将一个小样品放置于一个程序升温的热台（1～5℃/min）上就可以对聚合物的软化温度和范围以及熔融的本质如高度黏性、高度弹性等作一个较好的评价，这些考虑适用于无定形和结晶聚合物。一般而言，软化点和软化温度范围主要针对于无定形聚合物或者低结晶聚合物。

（3）结晶熔点

结晶或半结晶聚合物的熔融温度范围通常比非晶聚合物窄。然而即使结晶物质也有一个熔融前的软化过程。在温度高于熔点时熔体的流动性表现出明显的增加，与之不同的是非晶聚合物在软化点后的流动性随着温度的提高慢慢增加。在不降解的前提下，反复的熔融、冷却或退火可以提高半结晶聚合物的熔点和结晶的完整性。此外，结晶聚合物在其熔点以上快速冷却将形成无定形玻璃态聚合物。在温度升至适当的程度可以观测到熔点。

（4）热稳定性

当聚合物在升温过程中出现变黑、气体溢出、变脆、流动性不可逆的增加或降低就是不稳定的证据，但是注意不要被热固性反应所迷惑。热降解的起始温度可以对聚合物的加工和使用温度上限的选择起指导作用。

（5）流动温度

聚合物的加工温度可以通过在适当压力下将样品在热的金属表面拖行而留下溶解痕迹观察判断。这时的温度称为聚合物的流动温度或大致的加工温度。简单的流动实验可以采用熔融指数仪进行测试，为聚合物的流动性和加工性提供一些定量数据。

（6）光学性质

除观察表明发生了降解或存在杂质的颜色变化之外，对材料的透明或不透明性也应作出评价。

（7）成丝特性

用镊子从熔融的本体中拉丝，冷却到室温后，可以洞察和估计样品的相对分子质量：如果纤维丝可以冷拉说明相对分子质量足够高，足以保证其具有良好的力学性能。

（8）黏结性质

用干净玻璃棒或金属铲蘸少量熔化的聚合物，冷却后，观察把聚合物从玻璃棒或铲上除去的难易，能获得样品黏结性能的启示。

均一性：观察样品随温度变化而产生的透明性变化可以判断多相组分的存在。但是需要注意的是结晶聚合物在熔点附近会出现透明性的突然降低。

（9）DSC/DTA

以上所涉及的某些数据可以通过 DSC 或 DTA 定量的得到，如软化点、玻璃化转变温度、熔点、分解温度等，所需的样品及分析用时间相似。

（10）可燃性

在降解之前，固态的聚合物是不会燃烧的。维持燃烧的先决条件是从聚合物中产生某种挥发性气体或燃料。当足够高的热气流对着聚合物时，会发生降解产生挥发性物质。如果挥发性物质的主要组分是不可燃的，聚合物也不会燃烧，如聚氯乙烯和其他含氯烯烃在降解时产生HCl，聚丙烯酸降解时产生二氧化碳和水，都不会燃烧。但是多数聚合物可以燃烧降解，所以必须加入添加剂保持阻燃性。很多观察现象可以判断物质的阻燃性。一般而言，如果聚合物在200℃以下熔融，其基本上是可燃的，因为燃烧速度是通过聚合物的熔融达到的；如果聚合物产生的挥发性气体含有脂肪族、烯烃类或醇类物质，或是在氧氛围下加热到400℃以上很少有碳残余物存在，说明其也是可燃的。相反，如果在较低温度下有大量残余物；在400℃以上保持热稳定性或熔融温度很高；在400℃下降解物质中含有大量的不可燃气体、二氧化碳、水、氯化氢等则说明聚合物是阻燃的。

燃烧聚合物可以提供其识别的线索：很多聚合物在燃烧时都产生大量的单体物质，这其中有些聚合物如苯乙烯、甲基丙烯酸甲酯具有典型的气味可以快速分辨。

（11）高温分解

现代分析技术之一的气相色谱可以用来分离和分辨挥发性物质。它在聚合物中的应用局限于残余单体、溶剂、增塑剂及有机小分子物质如缩聚反应副产物的分析。但当聚合物的可控高温分解体系与气相色谱相连接时，此一技术不但可以用于聚合物的分析也可以研究聚合物的热稳定性和降解特性。依据聚合物的结构特点，他们分解时可以有几种不同的方式：解聚到单体，解聚到链段或单体的副产物，或因无规断裂成小碎片。解聚成单体的聚合物有聚苯乙烯、PMMA、聚异丁烯、其他聚甲基丙烯酸酯类。PVC 和聚醋酸乙烯酯也可以解聚，但分别产生大量的氯化氢和醋酸。随机分解断裂的聚合物包括聚丙烯酸酯和聚乙烯醇、聚酯、聚氨酯、聚酰胺、聚乙烯等。如果这些信息用于分析聚合物，需要注意控制降解温度和速率，因为这些条件的变化可以导致分解碎片含量比率的变化。通常在 400～800℃时热裂解最迅速，获得的分解产物总量最大。

6. 稳定性及抗老化性

有很多不同的试验用于评价聚合物的稳定性及老化性。重点放在可以快速得到结果的方法上。在众多用于评价稳定性的测试性能中主要有重量、黏度、溶解度、色泽、熔点、脆性、伸长等。这些可测量的变量都能用来估价聚合物的稳定性。在试验中，通常研究其中两个变量就足以得出所需要的结论。

上述测试需要将样品压制成薄膜或薄片。在实验室中需要有可加热并有一定压力的小型压力机。在薄膜压制过程中还可以得到有关流动性和加工性等与稳定性有关的线索。操作起来也不困难，一般只需要 2～3g 样品就可以进行测试。

（1）化学稳定性

聚合物在化学试剂中的稳定性可以通过将压制的试样条浸入冷水、沸水、10％醋酸溶液、氯化钠溶液、硫酸、氢氧化钠、有机溶剂等溶液中浸泡至预定时间。观察样品重量、柔韧性变化。

（2）环境稳定性

聚合物暴露在外界环境如阳光、湿度、雨天等条件下的稳定性可以在实际的情况下精确测定，但是需要很长的时间。长期以来人们都在寻找一种可以代替外界环境的快速试验方法。如气候仪采用碳或氙弧灯可以模拟太阳辐射，但测出的结果与外界环境仍有差异。简单的分析可以由聚合物由于外界气候和紫外线引起的颜色、色泽及相关力学性能如拉伸强度、伸长率变化进行判断。

（3）热稳定性

聚合物的热稳定性可以通过高温炉在一定的氛围和温度下进行分析。可以观察样品的重量、颜色、溶解性的变化。聚合物的热性能可以在实验室鼓风烘箱中加热样品来定性地估价。120℃加热几小时，可作为筛选最低实用性材料的方法，而能经受180℃加热的材料则是特别感兴趣的材料。热稳定性试验可以用薄膜或粉末样品进行。通常追踪重量、色泽及溶解度的变化。其中差示扫描量热仪、热重分析是现代最常用的热稳定分析技术。

7. 力学性能

聚合物被广泛应用的原因之一是由于具有良好的力学性能。在几种不同的拉伸速率下的拉伸性能测试可以在短时间内获得很多信息。通常采用的拉力机为 IINSTRON 拉力机，按照 ASTM 或 GB 标准进行拉伸性能测试所得出的数据就可以和文献数据进行比较。但如果需要完整的表征和评价聚合物性能还需要在不同温度下进行的其他试验。聚合物的应力-应变曲线提供了很多力学行为的重要线索。如图 1-12 所示，材料可以分为橡胶态、玻璃态或介于两者之间的状态。组分和结构的变化对应力-应变曲线和聚合物的性能都会产生很大的影响。

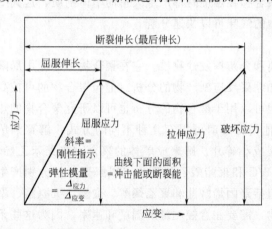

图 1-12 典型的应力-应变曲线

进行拉伸性能测试可以获得室温和不同拉伸速度（如 5mm/min，50mm/min，500mm/min）下的应力-应变曲线，在每一个曲线中可以获得六种数据：弹性模量（由曲线的初始斜率可以获得）；屈服强度；断裂强度；屈服伸长率；断裂伸长率；断裂能可以由应力-应变曲线下面的面积获得。表 1-28 列出了应力-应变曲线的特征和聚合物性能的关系。

表 1-28 应力-应变曲线的特征与聚合物性能的关系

聚合物特征	应力-应变曲线特征			
	模量	屈服应力	最终强度	断裂伸长
软，弱	低	低	低	中
软，韧	低	低	屈服应力	高
硬，脆	高	无	中	低
硬，强	高	高	高	中
硬，韧	高	高	高	高

因为聚合物在受冲击下的行为是很重要的，所以在高速（500mm/min）拉伸下测定聚合物的力学行为是很有必要的。应力-应变曲线的相关特性是断裂能或断裂功用来表示聚合物的柔韧性。尽管断裂功随着拉伸速率的变化显著，但在这些速度下进行的测试还是远低于冲击速率。采用落重冲击试验定量分析则结果的精确度提高20％。更有意义的冲击性能和韧性数据来自于专门的冲击试验测试（ASTM D256），如悬臂梁冲击试验机或简支梁冲击试验机。

第七节　现代聚合物表征技术及方法简介

当前，高聚物材料对国民经济的作用日益重要。它不仅在各种领域中获得应用，而且生产量上已经接近传统的金属材料，成为人类日常生活和发展工业不可缺少的材料。所以先进国家常以高聚物的产量作为工业发达标志之一。高聚物材料发展之所以如此迅速是取决于它有良好的性能，目前它的原料——石油和煤仍然蕴藏丰富，同时在生产技术和加工工艺上已经非常成熟，效率很高。但是也应当指出，目前高聚物材料并非已经尽善尽美了，它还有很大的潜力可挖。为了进一步提高它的性能，必须对其结构以及结构与性能的关系进行深入细致的了解才有可能实现改进。由于高聚物的结构形态非常复杂，而且它的不同结构所反映出的性能也是各异的。因此必须借助很多方法和手段来观察测定。本节将介绍一些常用的现代聚合物分析和表征手段。

1. 示差扫描量热法

示差扫描量热（DSC）仪是一种比较新颖和高效的热分析技术。由于技术上的进步和采用计算机控制，赋予了新型 DSC 操作简便、分辨率高、定量性好等优点，因而在聚合物特性的表征和研究中的应用愈来愈广泛。

（1）DSC 的基本原理

当物质的物理状态发生变化（例如结晶、熔融或晶型转变等），或者起化学反应，往往伴随着热学性能如热焓、比热容、热导率的变化。示差扫描量热（DSC）法就是通过测定其热学性能的变化来表征物质的物理或化学变化过程的。目前，常用的示差扫描量热仪分为两类，一类是功率补偿型 DSC 仪，如 Perkin-Elmer 公司生产的各种型号的 DSC；另一类是热流型DSC，如德国耐驰公司和美国 TA 公司的型号。两类 DSC 仪的工作原理以及仪器构造差异较大，现分别介绍如下。

① 功率补偿型 DSC

图 1-13 为功率补偿型 DSC 的热分析控制原理图。试样和参比物分别放置在两个相互独立的加热器里。这两个加热器具有相同的热容及热导参数，并按相同的温度程序扫描。参比物在所选定的扫描温度范围内不具有任何热效应。因此记录下来的任何热效应就是由试样变化引起的。

功率补偿型 DSC 的工作原理建立在"零位平衡"原理之上，可以把 DSC 仪的热分析系统分为两个控制环路，其中一个环路作为平均温度控制，以保证按预定程序升高（或降低）样品和参比物的温度。第二个环路的作用是保证当样品和参比物之间一旦出现温度差（由于样品的放热反应或吸热反应）时，能够调节功率输入以消除其温度差。这就是零位平衡原理。通过连续不断地和自动地调节加热器的功率，总是可以使样品池温度和参比物池温度保持相同。这时，有一个与输入到样品的热

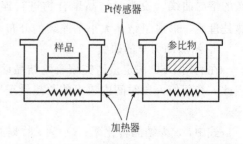

图 1-13　功率补偿型 DSC 热分析控制原理

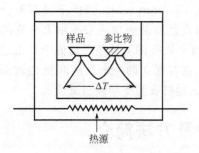

图 1-14　热流型 DSC 结构示意图

流和输入到参比物的热流之间的差值成正比的信号 dH/dt 被馈送到记录仪中。同时记录仪还记录样品和参比物的平均温度。最终就得到热流率 dH/dt 为纵坐标、时间或温度为横坐标的 DSC 谱图。

② 热流型 DSC

热流型 DSC 的热分析系统与功率补偿型 DSC 的差异较大，如图 1-14 所示。样品和参比物同时放在同一康铜片上，并由一个热源加热。康铜片的作用为给试样和参比物传热及作为测温热电偶的一极。铬镍合金线与康铜片组成的热电偶记录试样和参比物的温差，而镍铝合金线和铬镍合金钱组成的热电偶测定试样的温度。可见，热流型 DSC 的热分析系统实际上测定的量是样品温度与参比物温度的温度差。显然，热流型 DSC 不能直接测定试样的热焓变化量。若要测定试样的热焓，需要利用标准物质进行标定，求出温差与热焓之间的换算关系后，才能求出热焓值。新型的热流型 DSC 仪都带有计算机分析系统，使换算过程简便易行，仪器精度和分辨率都有提高。

(2) DSC 法在聚合物研究中的应用

① 玻璃化转变过程的研究

非晶态聚合物的玻璃化转变是与链段微布朗运动解冻有关的一种松弛现象。由于被玻璃化转变前后聚合物的比热容发生变化，因此在 DSC 热谱图上表现为基线向吸热方向的偏移，如图 7-3 所示。在玻璃化转变区有四个特征点：A、B、C 和 D。A 点为比热容变化起始点；B 点为外推起始点；C 点为比热变化量为一半的点；D 点为"异常"峰的峰顶。从 DSC 热谱图上确定 T_g 的方法通常有两种，一是选取玻璃态基线外延线与转变区外延线的交点温度，即图 1-15 的 B 点温度；另一种方法是取比热变化量的一半值对应的温度，即 C 点温度。玻璃化转变现象是热力学非平衡过程，其性质是动力学转变。因此在用 DSC 法测定非晶态聚合物的 T_g 时，受升降温速率和试样热历史的影响。

② 结晶聚合物的研究

a. 结晶过程对熔融过程的影响

在结晶过程中结晶温度和压力条件对晶型、微晶大小等的影响很大，对等规聚甲基丙烯酸甲酯的结晶温度和熔点的关系研究表明：随着结晶温度增高熔点也相应地增高。在较高的温度下形成的晶体比在较低温度下形成的晶体稳定。将乙烯-丁二烯共聚物试样放置 DSC 仪内，在熔点以下每隔一定温度间隔，按一定速率升至预定温度热处理若干时间，随即急速冷却，然后作 DSC 曲线，得到具有多重熔点的熔融曲线，说明对结晶聚合物进行连续的重复的不同

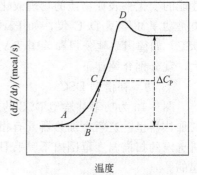

图 1-15　玻璃化转变的典型曲线

热处理后，形成了结晶大小不连续的分布，因而熔融时就出现若干不连续熔融峰。

b. 结晶动力学的研究

在利用 DSC 法定量研究聚合物结晶动力学时，假设结晶过程中放热速率正比于结晶速率。因此，在任何一段时间内放出的总热量正比于已结晶物质的量，有：

$$\alpha = Q_t / Q_\infty \qquad (1-4)$$

式中，α 为结晶转化率；Q_t 为 t 时刻放出的总热量；Q_∞ 为全部结晶过程放热量。对 DSC 法测定的放热速率积分，可以求得转化率 α。即：

$$\alpha = \int_0^t \left(\frac{\mathrm{d}H}{\mathrm{d}t}\right)\mathrm{d}t \Big/ \int_0^\infty \left(\frac{\mathrm{d}H}{\mathrm{d}t}\right)\mathrm{d}t \tag{1-5}$$

一般情况下聚合物等温结晶的转化率符合 Avrami 结晶动力学公式。

$$1-\alpha = \exp(-kt)^n \tag{1-6}$$

式中，k 是结晶速率常数；n 是与晶体成核和生长过程有关的整数，对方程取两次对数，可得：

$$\lg[-\lg(1-\alpha)] = n\lg\left(\frac{t}{2.303}\right) + \lg\left(\frac{k}{2.303}\right) \tag{1-7}$$

作线性图就可求得 k 和 n。

③ 多相体系的研究

a. 多相体系相容性的研究

若两种聚合物在混合后生成稳定均匀的混合物，其自由能对浓度的二阶微分应为正值，这就是多相体系是否相容的热力学依据。可是，实际上相容性的定义是建立在聚合物多相体系的实验测试基础上。DSC 法确定多相体系相容性的方法是考察各组分的 T_g 或 T_m 的变化。

对于原组分为非晶态聚合物的多相体系，若两组分相容，多相体系只有一个玻璃化转变温度，其值介于原组分的 T_g 之间，并随着两组分相对含量变化而变化。对于不相容的多相体系，有两个与原组分的 T_g 基本上相同的玻璃化转变温度。部分相容性多相体系的玻璃化转变就比较复杂，不仅出现原组分的 T_g 转变，也有相容部分的 T_g 转变，而且各个转变的温度区域变宽。目前，尚未发现两组分都结晶而且相容的共混物。但已经发现少数几对结晶聚合物与非晶态聚合物形成的相容性共混物。

b. 多相体系的定量研究

对于不相容的非晶态多相体系，有两个玻璃化转变。利用 DSC 法定量测定不相容多相体系组分含量的基础是测定各组分在玻璃化转变的比热容变化 ΔC_p。对于共混物中某一组分的含量 x 可按式(1-8)计算：

$$x = \Delta C_p^{\mathrm{blend}} / \Delta C_p^{\mathrm{parent}} \tag{1-8}$$

式中，$\Delta C_p^{\mathrm{blend}}$ 为共混物中某组分在 T_g 转变区域的比热变化量；$\Delta C_p^{\mathrm{parent}}$ 为原组分的变化量。在进行定量分析时，实验条件的选择应遵守下面三点。首先是加热速率应等于或小于冷却速率。其次，在测试前应将试样加热到两组分中最高的玻璃化转变温度以上的温度，以消除取向或其他热历史的影响。再者，试样所含的稀释剂或增塑剂应尽量除去，因为它们会降低 T_g 或使转变区变化，导致难于确定 ΔC_p 值。

相容性非晶态共混物的 T_g 与两组分的相对含量密切相关。Fox 方程是最简单最常用的公式。

$$1/T_g = \omega_1/T_{g1} + \omega_2/T_{g2} \tag{1-9}$$

式中，ω_1 和 ω_2 分别是两组分的重量分数；T_g，T_{g1} 和 T_{g2} 分别为共混物和两组分的玻璃化转变温度。

对于不相容的部分结晶共混物，结晶组分的含量可按式(1-10)进行计算：

$$x = \Delta Q_f^{\mathrm{blend}} / \Delta Q_f^{\mathrm{parent}} \tag{1-10}$$

式中，$\Delta Q_f^{\mathrm{blend}}$ 为共混物中结晶相的熔融热；$\Delta Q_f^{\mathrm{parent}}$ 为纯结晶聚合物的熔融热。对于相容的部分结晶共混物，定量研究比较困难。

④ 固化反应过程的研究

a. 固化反应热的测定

环氧树脂、不饱和聚酯、酚醛树脂等在固化过程中发生了激烈的化学反应，生成高度交联的、不溶不熔的聚合物。DSC 法就是通过跟踪反应热过来研究固化过程的。固化反应的反应热应是一个定值，不随实验条件而变化。但是，实际测定时发现它受到固化温度、加热速率等实验条件的影响。精确地测定反应热是对固化反应进行合理的动力学分析的基础。

b. 等温固化法研究固化过程

利用 DSC 法研究固化过程的基础建立在反应放热速率正比于化学反应速率的假设之上。因此，在任何时刻放出的总热量正比于反应消耗的反应物量，反应过程中转化率 α 与 t 时刻放出热量的关系为：

$$\alpha = \Delta H_t / \Delta H_{RXN} \tag{1-11}$$

方程的微分式为：

$$\frac{d\alpha}{dt} = \frac{d\Delta H_t / dt}{\Delta H_{RXN}} \tag{1-12}$$

式中，$d\alpha/dt$ 为反应放热速率，可从 DSC 法测定的数据求得。该方程是分析固化动力学过程的基本方程。方法是在选定的固化温度下，在 DSC 仪中直接测定放热速率 $d\Delta H_t/dt$ 随时间 t 的变化规律。这种方法的优点为能直接从实验数据求得反应速率。

c. 动态法研究固化过程

所谓动态法是以温度为变量从某一温度按一定的速率程序升温，测量在升温过程中反应物热量的变化。大多数情况下，在研究固化动力学时动态法与恒温法基本相同，即建立在准确测定固化反应热的基础上。但实验表明，这些方法的精度会受到基线偏离和副反应的影响。

2. 红外光谱分析

(1) 基本原理简介

虽然 FTIR 作为仪器只是近年来才出现的，但其基本的光学理论却是根据 1891 年 Michlson 提出的干涉仪原理。对于一般色散型双光束红外光谱仪，光源射出的多色光经过样品和参比后，由旋转的折光器控制，交替地到达单色器（棱镜或光栅），每个瞬间都只有很小波长间隔的光线通过狭缝而到达检测器。转动单色器使不同波长的光（通常足 $4000 \sim 400 \text{cm}^{-1}$）依次通过狭缝。波长间隔 $\Delta\nu$ 即光谱的分辨率由狭缝宽度所控制：狭缝越小，$\Delta\nu$ 越小，分辨率高，但扫描时间越长。狭缝越大，扫描越快，但分辨率降低。图 1-16 是 Michlson 干涉仪的光路图。干涉仪包含了两个相互垂直的平面镜：一个固定镜和一个作等速往复运动的移动镜。一个劈光器固定在与这两面镜子成 45°处。射到劈光器的光线一部分可以通过它，另一部分则反射。为了便于讨论假定通过劈光器和由它反射的光强是相等的。当光源射来的光线到达劈光器时，便分成相等的两束光线，一束反射到固定镜，另一束透射到移动镜。这两束光线再反射回劈光器后到达检测器。到达检测器的这两束光线要发生干涉或者相互增强，或是相互削弱，取决于它们的光程差（x）及光的波长。

根据傅立叶变换关系，从固定镜和移动镜到达检测器的两束光产生的干涉图，可以计算出光谱，随着快速电子计算机的发展，到 20 世纪 70 年代开始获得了实际应用。在实际使用的 FTIR 中，移动镜的移动距离是有限的，因而光程差 x 也就是有限的。设光程差的极限值为 X_{max}，从 FTIR 仪获得的实际光谱，其分辨率（定义为 $R = \nu/\Delta\nu$）和 X_{max} 有密切的关系。从数学上可以推论。

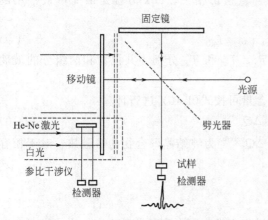

图 1-16　Michlson 干涉仪的光路图

$$R = 2\nu X_{max} \tag{1-13}$$

从式（1-13）可见，FTIR 仪所得到谱图的分辨率与移动镜的最大移动距离成正比。

（2）FTIR 在高聚物研究中的应用

由于 FTIR 具有高分辨率、高信噪比、高灵敏度、高输出能、高准确性和速度快等优点，同时 FTIR 仪上的计算机又可对谱图进行各种处理和运算，还可和力学试验仪器及其他分析仪器例如热分析仪、气相色谱、液相色谱和凝胶色谱等联用，因而在高聚物研究中获得广泛应用，使得许多在色散型红外光谱仪上不能进行的试验得以进行，并开辟了许多新的研究课题。

① 端基、添加剂及其他少量成分的鉴定

端基分析对于测定分子链的平均聚合度和支化度是很重要的，例如聚乙烯中甲基含量可用来测定其支化度。但是，用来测定甲基含量的（CH₃）谱带与 CH₂ 的面外摇摆运动的双重谱带重叠。用 FTIR 测定低支化度的线型聚乙烯的 FTIR 谱图，并把它与聚乙烯试样的 FTIR 谱图相减，就能从（CH₃）差示谱带的高度计算甲基的浓度。

许多聚合物含有少量添加剂如增塑剂、抗氧剂、填充剂等，这些少量添加剂的鉴定一直是繁琐的工作，因为在分析鉴定前，往往需要进行分离和提纯。应用 FTIR 差示光谱或比例光谱技术，就可将聚合物谱图从含有少量添加物的混合谱图中减去。这样，勿需分离就可鉴定少量添加剂的化学组成和结构。

② 构象及有序态的鉴定

测定熔融后淬火及退火的半结晶聚合物试样或在相同温度下测定试样的 FTIR 光谱然后进行光谱的差减，就可以得到该聚合物不同构象或有序态的光谱。如研究淬火及不同退火时间所得聚乙烯试样的 FTIR 光谱。发现淬火试样的 $1346 cm^{-1}$ 谱带比退火试样的弱。而 $1340 cm^{-1}$ 是伸直链聚乙烯晶体所没有的谱带，它可归属于溶液生长单晶中的折叠表面的构象。因此，退火使得这种折叠构象增加了。

在不同温度测定聚合物的 FTIR 光谱可用于研究聚合物构象和结构随温度的变化，并测定不同构象与结构间的能量差。但是，这时既要考虑温度引起聚合物构象和结构的变化，也要考虑到温度本身引起的谱带频率和吸光系数的变化。

③ 表征聚合物分子间的相互作用

如果两种聚合物是完全不相容的，其共混物的红外光谱应该是两种纯组分光谱之和。虽然在实际上，由于共混物折射率的改变，其光谱与纯组分光谱的加和比较仍存在微小的变化。如果共混物两组分是相容或部分相容的，则两种聚合物分子间存在着相互作用，并使共混物的光谱比纯组分光谱的加和要发生相当的变化。这种变化，比起折射率的改变引起的变化要大，因而可以从共混物和纯组分的差示光谱，研究共混体系的相容性及相分离。

氢键是重要的一种分子内或分子间相互作用。氢键与非氢键的比例与聚合物的构象、立规结构、晶型等以及两相分离程度有密切关系。氢键与非氢键谱带强度的变化反映了两者平衡浓度的差异与变化。通过氢键谱带的位置、强度、形状及与温度的关系，可以研究聚酰胺、聚氨酯及多肽、蛋白质等生物高分子的构象、晶型等随温度的变化。

④ 聚合物的表面和界面的研究

FTIR 是研究聚合物表面和界面的有效方法。许多工作集中在研究与金属、玻璃等表面黏结的聚合物的性质、结构、取向以及形成的化学键变化，以及偶联剂与聚合物的相互作用，水分对黏结界面的影响以及黏结剂的水解稳定性等。例如运用 FTIR-ATR 技术可以定量地测定含硅的聚氨酯的表面层中二甲基硅烷的含量以及聚氨酯多嵌段共聚物的表面和本体在组成或形态（相分离程度）方面的差异。

⑤ 研究聚合反应和聚合物的化学反应

用 FTIR 获得谱图的速度比色散型 IR 仪快两个数量级，很适于研究 1～600s 内完成的化学反应。而且，其磁盘储存量大，可储存 100～2500 张高分辨率的红外光谱图，并可在几秒钟内完成检索并可进行谱图的差减、比例等运算。此外，FTIR 仪灵敏度高，又可同时分析反应物与产物。因此，利用 FTIR 可以有效地研究聚合反应动力学。例如测定反应物的异氰酸酯基（N—C—O）及不同产物的（C—O）谱带随时间的变化，来研究异氰酸酯的聚合反应动力学和反应机理。

⑥ 研究聚合物的应力-应变、应力松弛、蠕变、断裂、疲劳等力学现象的分子机理

这是 FTIR 研究高聚物的一个很活跃的领域，近年来有许多文章讨论这方面的研究结果。样品在应力作用下，很容易在 FTIR 光谱上观察到一些谱带发生了小的频率位移，强度和形状也有了变化。但是与光谱的变化相应的结构变化和机理的解释却远为复杂。在研究聚丙烯承受应力时，某些谱带由于分子键的应变造成了向低波数位移，并在谱带的低波数一侧出现拖尾的现象。有学者认为谱带的频率和强度的变化是由于应力作用下发生构象的转变所致；也有学者认为谱带在应力作用下向低波效位移是由于分子间相互作用的减弱而导致振动力常数减小所达成的。近年来发展的时间分辨技术，可以获得在几十微妙的时间间隔内的一张试样扫描光谱。这样，就可以跟上高聚物在动态形变循环过程中结构和取向的变化。

3. 凝胶渗透色谱（GPC）

凝胶渗透色谱（GPC）主要应用于高聚物和蛋白质的分离，可用来分离相对分子质量从几百万到 100 这样一个宽相对分子质量范围的分子。已用于测定高聚物的相对分子质量分布和测定高聚物中低相对分子质量添加剂，也用于制备分馏以及样品的快速提纯。

（1）凝胶色谱理论

凝胶色谱分离机理至今看法仍不统一，现有①体积排除，②限制扩散，③流动分离，④热力学理论，⑤溶解分离等理论。目前多数观点倾向于体积排除理论。该理论认为固定相是多孔性固体，其孔径大小与样品组分分子的大小相似，根据样品分子大小的差异而形成分离，其中足够小的分子可以渗入到多孔性填料的内部，中等大小的分子进入填料中一部分孔穴，而较大的分子不能进入任何孔穴，只能通过填料颗粒之间空隙流出柱外，因此是最大的分子首先被洗脱出来，然后较小者依次流出，即按分子大小而被分离。图 1-17 表明了分子在溶液中的"大小"及其保留体积之间的关系，这是由分子大小控制的简单分离机理所能预期的，如果假定高聚物分子扩散进入填料微孔所需的时间小于分子花费在微孔附近的时间，则分离过程将完全不受扩散过程的影响。在这些条件下给定溶质的淋出体积 V_e 取决于方程：

$$V_e = V_z + KV_p \tag{1-14}$$

式中　V_z——柱子的空隙体积；

V_p——粒子的总的孔体积；

K——分配系数，即可接近的粒子孔体积与粒子的总孔体积之比。

巨大的难以进入凝胶的大分子将留在流动相中而使 $K=0$，所有这样的分子都在 $V=V_z$ 时被洗出，不能分离的另一极端是可自由出入固定相的小分子，因为 $K=1$，所以在 $V_e = V_z + V_p$ 时洗脱。因此如果分子小到能自由

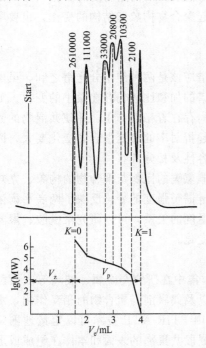

图 1-17　分子在溶液中的"大小"及其保留体积之间的关系

出入凝胶，则它们的分离也是不可能的。只有溶质大小处于$0<K<1$的范围，有效分离才是可能的。这一范围取决于柱填料的选择、填充的方法、柱的数目和仪器的操作条件。当在色谱终端，溶液流过检测器、监控流出液中试样的浓度时，由检测器面由绘出的输出信号曲线就是从注射瞬间开始的试样浓度对流过柱子的溶剂体积曲线图。由于 GPC 的分离并不依赖于流动相和固定相间相互作用力，所以没有必要去使用梯度淋洗装置，同时，在凝胶色谱中试样在色谱柱中的保留时间（以保留体积来表示）不会超出色谱柱中溶剂的总体积并且试样的保留时间是可以粗略预计的。试样的保留时间反映了它们的某种分子体积，因而也就提供了一些分子结构的数据，有利于未知物的鉴定。因此 GPC 技术一出现就在高聚物的相对分子质量和相对分子质量分布测定方面得到了重要的应用。

（2）实验技术

① 仪器设备

GPC 仪器设备与其他 HPLC 的仪器非常相似。GPC 用的粒子一般内径为 7～10mm，柱长为 600～1200mm，根据需要可由几根柱串联起来使用，在 GPC 使用过程中，溶剂的脱气很重要，这可将溶剂放入超声波仪中除去气泡。因为许多市售的重要聚合物特别是聚烯烃类只在温度超过 130℃时才溶解，所以 GPC 仪器的柱烘箱和检测器系统必须能够在这一温度操作。用于 GPC 的检测器分为浓度检测器和相对分子质量检测器两类。

a. 浓度检测器

浓度检测器是连续地检测色谱液淋出各级分的含量，它的种类很多，有示差折光检测器（RI）、紫外检测器（UV）、红外检测器（IR）以及称重法等。

示差折光检测器：是通过连续地测定淋出液的折射率变化来测定样品浓度，只要被测样品与淋洗剂折射率不同均能检测，它是一种通用型的、也是凝胶色谱中必备的检测器。

紫外吸收检测器：常用于检测共聚物组分及相对分子质量分布，它是非通用型检测器，仅能检测具有紫外吸收的样品。

红外吸收检测器：示差折光检测器虽然是通用型检测器，但受环境因素影响大，尤其对高温体系要求控制精度高。紫外吸收检测器虽然对芳香烃和羰基吸收谱带具有高的灵敏度，而且受环境因素影响小，但却不适用于聚烯烃的检测。红外吸收检测器可以弥补以上两种检测器的不足之处。

b. 相对分子质量检测器

相对分子质量检测方法有两种，即间接法和直接法。

间接法即体积指示法：由于凝胶色谱法是按分子尺寸大小来分离，对给定色谱柱来说，一定大小的分子必然在一定体积时淋出，如果用已知相对分子质量的标样标定好色谱线得一系列相对分子质量与淋出体积的关系，对未知试样只要测得淋出体积，用上述的相对分子质量与淋出体积的关系即可表示该试样的相对分子质量。但用淋出体积表示相对分子质量的凝胶色谱法是相对法，即备用标准样品制作标定曲线方能测定未知样品的相对分子质量分布。标准样品制备较困难，能否直接检测淋出物的相对分子质量，则具有非常重要的意义。

直接检测相对分子质量的方法：目前已采用的有自动黏度计和小角激光散射光度计（LALLS）作为凝胶色谱的相对分子质量检测器，能直接测定淋出液的重均相对分子质量，无需标定曲线，是真正的绝对方法。

② 柱的填料

有许多填充物能适用于凝胶色谱，已用过的凝胶不下数十种。按其材料来源、制备方法和使用性能的不同，可有各种分类方法。根据凝胶的材料来源，可以把它们分成有机凝胶和无机凝胶两大类。这两类凝胶在装柱方法、使用性能上各有差异。一般说，有机凝胶要求湿法装柱，柱效较高，但热稳定性、机械强度、化学惰性差、凝胶易老化，对使用条件要求苛刻；无机凝胶除微粒凝胶外都可用干法装柱，柱效差一些，但在长期使用中性能稳定，对使用条件要求不苛刻易于掌握，不过要注意避免吸附。根据凝胶的制备方法又可把有机凝胶分成均匀、半均匀和非均匀三种。均匀凝胶无论是通过交联线形高分子制备或用单体和交联剂共聚，都是均相共聚的产物。前者交联度取决于线形高分子的相对分子质量和交联剂的含量，后者交联度只取决于交联剂的含量。在溶剂中凝胶溶胀形成一种由互相交联着的高分子链段组成的网络孔，干燥时高分子链段收缩形成紧密堆积，因此干胶不贡献可测的孔度，凝胶也由于结构的均匀而是透明的，均匀凝胶的交联度比较低。半均匀凝胶有一定的机械强度，渗透极限在 50000 聚苯乙烯相对分子质量，不很溶胀，干胶有不大的孔度，呈乳白色半透明。非均匀凝胶即使是干胶也有很大的孔度，凝胶的结构是很不均匀的，凝胶呈白色不透明。由于孔洞可以很大，因此渗透极限可高于一千万聚苯乙烯相对分子质量。无机凝胶按其孔的结构应归于非均匀凝胶。根据凝胶使用的强度性质又把凝胶分成软胶、半硬胶和硬胶三大类。根据凝胶对溶剂的适用范围，还可以把凝胶分类成亲水性、亲油性和两性凝胶。亲水性凝胶主要应用于生化体系的分离和分析。亲油性凝胶应用于合成高分子材料的分离和分析。早期用于凝胶色谱的填料都是些低交联度、多孔、半刚性的有机高聚物，只能在相对低的流速和压力下使用，因此它是一种比较慢的分离技术（分析时间几小时）。近年来发展了高效凝胶色谱，它与凝胶色谱的区别只在于可在高压条件下使用，用 10～20min 即可完成。这是由于发展了微粒填料，大大提高了色谱柱的分离效率。

③ 柱的标定

凝胶色谱不是一个绝对的测定方法，对给定色谱柱需要用标准样品来标定其淋出体积和分子尺寸大小间的关系。目前常用的标定方法如下。

a. 窄分布标样标定法

用窄分布标样来标定色谱柱是目前最常用的方法，如能用相对分子质量不同的真正的单分散标样来标定，那是最理想的，但是目前还不能合成真正的单分散试样，因此只能用相对分子质量分布比较窄的标样来代替。这些标祥应有可靠的相对分子质量数据。它们的 M_w/M_n 值应小于 1.1。标定一根色谱柱需要至少有七八个窄分布标样分别按相对分子质量范围配制成 0.05%～0.3% 的溶液，然后分别进样，从峰值找到各标样的淋出体积，以标样相对分子质量的对数对淋出体积作图即得标定曲线。此法的优点为可以清楚地给出色谱柱的适用范围，标定曲线的形状、曲线的线性范围和直线斜率等，对评价填料和色谱柱有重要参考价值。

b. 宽分布标样标定法

窄分布标样标定法虽然有很多优点，但是它最大的困难在于需要制备相对分子质量分布很窄的试样。因此目前很多人建议用一个或二个相对分子质量分布经精确测定的宽分布标样来标定色谱柱。如此在实验方面是简单了，但计算上却繁琐。因此，虽然有不少文献报道此法。尚不能取代窄分布标样法。

c. 普适标定法

用标样的相对分子质量数据来标定色谱柱可得到 $\lg M$ 和 V_e 之间的关系，但色谱柱的淋出体积真正反映的是试样的流体力学体积。因而 $\lg M$ 和 V_e 的标定关系只能用于测定与标样相同的试样，因为不同类型的高聚物当相对分子质量相同时，它们的流体力学体积并不相同。如果标定曲线用流体力学体积来标定，则此标定曲线就是普适的。可以用一种标样标定后来测定另一种试样的流体力学体积。Benoit 等提出 $[\eta] M$ 为表征流体力学体积的参数（$[\eta]$ 为特性黏数），用标样的 $[\eta] M$ 来标定色谱柱的方法叫做普适标定。从普适标定曲线得到的数据是各淋出体积所代表的 $[\eta] M$。所以如果要得到相对分子质量，还需要用黏度计测定各淋出体积

$[\eta]$。如果试样和标样在工作溶剂中的特性黏数-相对分子质量方程已知分别为：

$$[\eta_1] = k_1 M_1^{a_1}$$
$$[\eta_2] = k_2 M_2^{a_2} \tag{1-15}$$

就可以通过下列换算得到试样的 $\lg M$-V_e 标定曲线，因在相同淋出体积时，则：

$$[\eta_1] M_1 = [\eta_2] M_2 \tag{1-16}$$

由此可推出：

$$\lg M_2 = \frac{1}{\alpha_2 + 1} \lg\left(\frac{k_1}{k_2}\right) + \left(\frac{\alpha_1 + 1}{\alpha_2 + 1}\right) \lg M_1 \tag{1-17}$$

以上两式即可把标样的 $\lg M$-V_e 标定曲线转换成试样的 $\lg M$-V_e 标定曲线而直接应用，这种方法的适用性已得到相当多实验工作者的支持。其适用性包括一些支化高聚物、接枝共聚物和刚性高聚物。但是从理论上来看，高聚物的流体力学体积应和分子链形态有密切关系。很难设想普适标定对一些分子形态差别很大的试样仍能用。对线型和无规线团形状的高聚物普适标定有相当适用性，对具有长支链的高聚物其普适性已经有一定程度的保留。至于对棒状刚性高聚物来说，目前还没有足够证据来证明它的普适性，所以在具体对象应用普适标定时还需要注意这点。

④ 溶剂的选择

凝胶色谱中所用的溶剂必须能溶解样品、润湿填料，且要防止吸附作用。当采用软性凝胶时，溶剂也必须能溶胀凝胶。另外溶剂的黏度是要着重考虑的问题，因为高黏度将限制扩散作用，并损害分离度。溶剂亦应与检测器相匹配，不破坏填料、不腐蚀仪器，且沸点应比使用温度高 25~50℃。最常用的有机溶剂有四氢呋喃、1,2,4-三氯苯、邻二氯苯、甲苯等。

⑤ 色谱图的解析

从实验得到的色谱图一般纵坐标是浓度检测器的讯号，横坐标是淋出体积，根据试样和实验条件的不同，色谱图可以有各种形状，当柱效足够高而试样是较低相对分子质量化合物的混合物时，则可得到和一般色谱一样分离较好的多峰色谱图。如果试样是一个多分散的高聚物，则色谱图是一个分布较宽的峰，这个峰是由各个组分的个别峰叠加而成，一个典型的高聚物的色谱图如图 1-18 所示。

曲线上垂直的标记线是体积标记器的讯号，高聚物试样的凝胶色谱图经过适当处理可以换算成相对分子质量分布图，并由此可以计算出各种平均相对分子质量。在作试样间相对分子质量分布的比较时，如果各色谱图是在同一仪器、柱组和实验条件下测定的，那么原始色谱图即可拿来比较。如果仪器、柱组和实验条件有差别，就需要把原始色谱图进行归一化，然后用归一化的色谱图进行比较。所谓归一化是指把原始色谱图中的纵坐标转换成重量分数，如需要得到相对分子质量分布曲线和计算试样的各种平均相对分子质量时，对色谱图要作如下处理。

确定色谱图的基线：基线通常可以连接色谱峰前后的基线而成，当主峰后有杂质峰时，应连主峰前和杂质峰后的基线而成。基线的确定对试样的相对分子质量计算影响很大，需要慎重确定。基线不易确定时应重复实验。

色谱图的归一化：基线确定后，把色谱峰下的淋出体积等分成 20 个以上的等分。用尺量出这些淋出体积处的纵坐标高度 H_i。这些 H_i 正比于各该组分的重量浓度，把所有的 H_i 加和以后得到 $\sum H_i$。它正比于被测试样的总浓度，每个淋出体积处高度除以 $\sum H_i$ 后它的商 $H_i / \sum H_i$ 就等于各该淋出体积处组分占总试样的重量分数。以 $H_i / \sum H_i$ 对

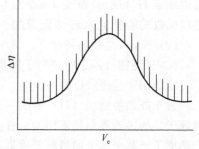

图 1-18 典型的高聚物的色谱图

V_e（或 $\lg M$）作图，就得到归一化后的色谱图。

计算各种平均相对分子质量：色谱图经过归一化和进行必要的改正和坐标转换后就是一个相对分子质量分布图，就可以根据定义计算各种平均相对分子质量。

（3）凝胶色谱的应用

由于聚合物的物理性质与其平均相对分子质量积相对分子质量分布密切相关，所以以凝胶渗透色谱成了一个快速鉴定聚合物高、低相对分子质量成分的唯一的分析工具。凝胶渗透色谱能用作表示聚合物之间差别的一种定性工具，或用作计算聚合物的平均相对分子质量和相对分子质量分布的一种定量工具。关于凝胶色谱在高聚物材料的生产及研究工作中的应用可概括为以下四方面。

a. 用于高聚物生产过程中聚合工艺的选择，聚合反应机理的研究以及控制和监视聚合过程。

b. 在高聚物材料的加工及使用过程中用于研究相对分子质量及相对分子质量分布与加工使用性能的关系，助剂在加工和使用过程的作用以及老化机理的研究。

c. 用于分离和分析高聚物材料的组成、结构以及高聚物单分散试样的制备。

d. 用于小分子物质方面的分析，如在石油及表面涂层工业方面的应用。

4. 核磁共振

核磁共振现象于 1946 年发现以来，NMR 技术发展之快、应用范围之广与光学光谱如 UV、FTIR 等相比毫无逊色。它对解决高聚物的微结构、序列分布、立体规整性、数均序列长度、组成分分析、相变等问题有其独到之处。

（1）核磁共振基本原理

① 原子核的自旋与磁矩

原子核除具有电荷和质量外，某些核还有自旋角动量，其大小与核自旋量子数 I 有关，只有 $I \neq 0$ 的核才有核自旋角动量。一原子 x 的 I 与其原子序数 Z 和质量 m 有关。此外，核还有磁矩 μ，它与 I 的关系为：

$$\mu = \gamma(h/2\pi)I \tag{1-18}$$

式中，γ 为核的旋磁比；h 为普朗克常数。

② 核磁共振条件

有外加恒磁场 H 时，核磁矩 μ 与 H 发生相互作用。将为数众多的相同核组成的体系置于外磁场 H 中，则其某些核处于低能级，而另一些该处于高能级，它们在不同能级间的分布服从玻耳兹曼分配定律，低能级的核数比高能级的为多。若在垂直于 H 的方向施加一频率为 ν 的射频场 H_1。当满足：

$$\Delta E = h\nu \tag{1-19}$$

时，则处于低能级的核会从射频场吸收能量跃迁至高能级去，即产生所谓的 NMR 吸收。人们可以固定 H（或 ν）改变 ν（或 H）来观察 NMR 吸收。通常是固定 ν 改变 H。而且所测 HMR 是以吸收的能量相对 H 来记录的。

（2）NMR 谱线的特征

NMR 谱图有四个特征对于解析很有用：谱线位置、谱线强度、谱线分裂、谱线宽度。

① NMR 的谱线位置

置于外加静磁场（H）中的一聚合物试样中所有质子（例如 CH_3、CH_2 和 CH 基团中的氢原子）的进动频率是不同的。任何一个质子的精确频率值取决于它的化学环境（就是说，一个碳原子上某个质子的屏蔽程度取决于键合在该碳原子上的其他质子团的诱导效应）。由于这个缘故，频率的移动被称为化学位移。

两个不同的质子团在谱图上有不同的化学位移位置。化学位移由磁场强度及射频的大小决定。一组核的进动频率（吸收位置）很难用绝对频率单位来测量。通常测量的是与参照物的频率差。最常用的参照物是四甲基硅（TMS）。TMS是化学惰性的、各向磁同性的，又容易挥发（沸点27℃），由于最后这个性质很容易把它从试样扣除去。它溶于大多数有机溶剂但不溶于水。TMS可以作内标加到试样溶液中去（1%质量）。即使浓度低，TMS也能给出又强又窄的单吸收峰，而且其吸收位于比几乎所有其他质子更高的场强处。

化学位移可以用下述几种单位表示（如图1-19）。

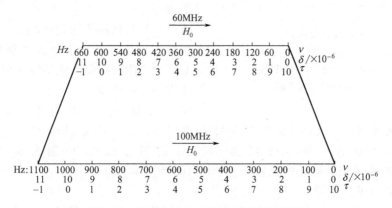

图 1-19　60MHz 和 100MHz 的 NMR 标度

a. 频率单位

频率 ν 的大小用 Hz 表示。当化学位移以 Hz 为单位，必须对所用的射频加以说明。

b. 无量纲单位

这时化学位移的值 δ 与使用的射频无关。将化学位移的频率值除以所使用的射频再乘以 10^{-6} 即得 δ，它的单位可以写成 ppm（10^{-6}）。

c. τ 单位

$$\tau = 10 - \delta。 \tag{1-20}$$

当外加静磁场（H）的场强为 14092G 时，四甲基硅烷（TMS）的质子正好在 60MHz 共振（在这一点 $\delta = 0$ 而 $\tau = 10$，参见图1-19）。其他质子的信号位置相对于 TMS 来测量。

化学位移受几种因素的影响，如：ⅰ 屏蔽和去屏蔽作用。与分子中各种电负性有关。ⅱ van der Waals 去屏蔽作用。与处于立体阻碍位置的基团有关。由于静电斥力，位阻基团的电子云有排斥质子周围电子云的倾向。ⅲ 各向异性作用。与 π 电子的存在有关，如在烯基、羰基、芳香环等之中。

② NMR 谱线强度

谱线强度的意义是信号的总强度，是试样在共振时吸收的总能量。NMR 谱线强度就是一条 NMR 吸收曲线下的面积。

谱图中每个 NMR 信号下的面积正比于该基团中氢原子的数目。在 NMR 谱仪上通过对每一信号积分自动地测出峰面积，积分值在图上标绘成一条连续线，检测到一个信号就出现一个台阶。台阶高度与峰面积成正比。宽峰的积分准确性比窄峰差。一个混合物的质子 NMR 的积分线迹能够提供有关各组分相对含量的信息。当混合物的组分很难分离或不能分离时，用这种技术作定量分析是特别有用的。

③ NMR 谱线的分裂

磁核能级的分裂是将一个含磁核的体系暴露于磁场内导致能级数目增多的现象。NMR 谱线的分裂是由相邻质子间的自旋偶合作用而引起的，并且与这些邻近质子所能具有的自旋取向

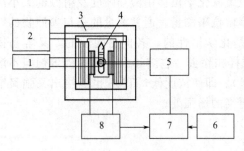

图 1-20　NMR 仪结构示意图

1—射频发生器；2—磁铁电源；3—磁铁；

4—试样管；5—射频接收器；6—计算机；

7—数据记录仪；8—扫描发生器

数有关。这种现象称作自旋-自旋分裂或自旋偶合。在一个 NMR 信号中看到的一组质子的谱线数目（多重性）与这些邻近质子数目无关。却与相邻基团中质子的数目有关。$(n+1)$ 规则有助于求出一组质子发出的信号的多重性，n 是的相邻质子的个数。

（3）NMR 的仪器装置

NMR 仪由下列部件组成，如图 1-20 所示。

① 磁铁

有一个穿过试样的均匀磁场是对一台 NMR 仪的基本要求。为了补偿主磁铁磁场的任何不均匀性，必须使用附加线圈。这些线圈可以调谐而得到一个特别稳定的磁场。

用于 NMR 仪的磁铁有几种类型：（a）场强 14000G 的永久磁铁——仪器通常称为 60MHz 的仪器；（b）场强 21000G 的电磁铁——仪器通常称为 100MHz 的仪器；（c）场强 51000G 的超导磁铁——通常称为 220MHz 仪器；（d）装备更高场强的磁铁的仪器还有 600MHz 和 800MHz。

② 射频源（RF 发射器）

这是一个被控制在单一频率的晶体振荡器，射频功率馈入一个线圈内，试样就放在这个线圈内。

③ 射频接收器（RF 接收器）

对 NMR 信号检测、放大和滤波。

④ 扫描发生器

用于改变磁场强度。扫描发生器的输出与一个示波器或 X-Y 记录仪的 x 轴上线迹同步。可调的电感线圈叫扫描线圈。

⑤ 探头（双线圈式的）

是安装在磁铁的极隙中。并用来容纳试样。RF 接收器线圈的方向是它的轴向垂直于主磁场，也垂直于振荡器线圈的轴（图 1-21）。试样管放在一台轻涡轮机上。一般经调节的喷射气流产生 30Hz 左右的稳定自旋速度。

⑥ 数据记录系统

示波器及 X-Y 记录仪与扫描发生器的输出同步。在 NMR 上附加一台计算机可以作信号累计平均的运算。

（4）高分辨 NMR 在高分子研究中的应用

NMR 作为一种工具在高聚物研究中应用甚广，如相对分子质量测定、组成分析、动力学过程、结晶度、相变等。但最为突出之处，是对高聚物链的立体规整性、链节不同取向的衔接（如头-头、头-尾键接等），链节序列分布及微结构的确定。而高分辨 NMR 在聚合物表征方面的应用主要包括：

① 研究聚合物链的构型；

② 研究聚合物链的构象；

③ 研究聚合物和共聚物中的序列分布和立构规整性；

④ 鉴别聚合物的混合物、嵌段共聚物、交替共聚物和无规共聚物；

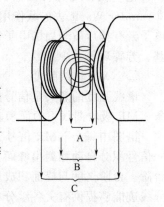

图 1-21　磁铁极隙中试样
和线圈位置

A—接收器；B—振荡器；
C—扫描发生器

⑤ 研究螺旋-线团转变；

⑥ 研究聚合物溶液中的分子相互作用；

⑦ 研究聚合物膜中的扩散；

⑧ 研究聚合物的相容性和聚合物的共混物；

⑨ 研究聚合物的交联；

⑩ 研究烯烃类聚合时链增长的机理。

5. X射线衍射和散射方法

（1）X射线衍射原理

① 基本原理及高聚物衍射特点

X射线衍射基本原理是当一束单色X射线入射到晶体时，由于晶体是由原子有规则排列成的晶胞所组成，而这些有规则排列的原子间距离与入射X射线波长具有相同数量级，故由不同原子散射的X射线相互干涉叠加，可在某些特殊方向上产生强的X射线衍射。衍射方向与晶胞的形状及大小有关。衍射强度则与原子在晶胞中排列方式有关。

用X射线衍射方法对高聚物进行结构分析，获得的信息远比低分子物质少得多。原因：a. 至今尚未培养出适合于X射线衍射用的0.1mm以上单晶（生物高分子情况例外），因此常常使用单轴取向聚合物材料，用单晶回转法获取纤维图。但由此法试图得到三维反射数据很困难的，除非使用双轴取向样品或固态聚合产物。b. 随衍射角增加，衍射斑点增宽，强度迅速下降。这是由于在聚合物样品中共存着晶区及非晶区，晶区仍包含有无序部分，晶区微晶尺寸一般在30nm以内。c. 随微晶取向不完善性的增加，在纤维图上衍射斑点渐增宽并成为一个弧。d. 可观察到独立反射点的数目是有限的（多者200，一般在30～100），而低分子单晶常常是多于1000。由于上述诸原因，迄今，高聚物X射线结构分析主要是采用尝试法。然而近年来数种方法已被提出并获得成功。

② Bragg方程及Polanyi方程

若把晶体空间点阵结构看成一簇平面的原子点阵结构（图1-22），衍射X射线可以看作在这簇平面点阵（面网）上的反射，则可推导出晶体反射的Bragg（布拉格）条件。由图可知，X射线通过两个相邻的平面后，其光程差：

$$\Delta = \overline{MB} + \overline{BN} = 2d\sin\theta \tag{1-21}$$

虽然把S当成反射，但它的本质仍是X射线通过晶体后发生的衍射线，所以通过两相邻平面X射线光程差Δ，一定是波长λ的整数倍，即：

$$2d\sin\theta = n\lambda, \quad n = 1, 2, 3, \cdots \tag{1-22}$$

式中，d是原子面网间距（晶面间距）；θ是X射线束与平面间夹角；λ是X射线波长。可见一束X射线入射在一个晶体面网上，只有满足上述Bragg条件才有可能产生"反射"。

再假设波长为λ的一束X射线，垂直入射在一维直线点阵上，结构单元为点原子，其周期为I[图1-23(a)]，当满足Polanyi（坡兰尼）条件的方向[式(1-23)]，由点阵点可产生强的X射线衍射，即：

$$I\sin\phi_m = m\lambda, \quad m = 0, 1, 2\cdots \tag{1-23}$$

式中，m，ϕ_m，λ均为常数，即衍射线空间轨迹是以直线点阵为轴，以$2(90° - \phi_m)$为顶角的圆锥面[图1-23(b)]。

当使用圆筒照相机获得高聚物纤维图后，可利用式(1-23)计算纤维等同周期。ϕ_m由式（1-24）求得

$$\tan\phi_m = \frac{S_m}{r} \tag{1-24}$$

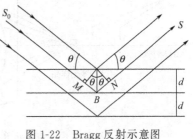

图1-22 Bragg反射示意图

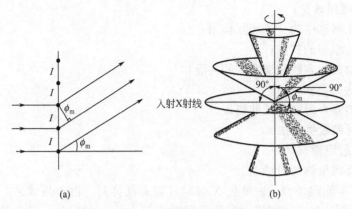

(a)   (b)

图 1-23　Polanyi 反射条件及空间轨迹

r 为圆筒照相机半径，S_m 为 0 层与第 m 层层线间距。对许多晶态高聚物，用 X 射线测得等同周期后，便可判断分子链的构象属性：伸展（平面锯齿形）、螺旋或滑移面对称型。

（2）实验方法

① 照相法

照相法是用底片摄取样品衍射图像的方法，在高聚物研究中常使用平面底片法，圆筒底片法，德拜-谢乐（Dobye-Schorror）粉末法。各种照相法都有自己的特点。

a. 平面底片法

最常使用照相机是平面底片照相机，或称平板照相机。使用一定波长 X 射线；如 CuKα 辐射，若使用的是无规取向高聚物多晶样品，所得到的结果如图 1-24 所示许多同心圆环，又称为德拜-谢乐环，显然只有入射 X 射线满足 Bragg 条件特定的 θ 角，面间距为 d 的原子面网时，才会引起 n 次反射，此时每个圆环代表一个（hkl）面网，衍射圆轨迹为以入射 X 射线为轴 2θ 为半顶角圆锥（图 1-24）。

由图 1-24 得：

$$\theta = \frac{1}{2}\tan^{-1}(x/L) \tag{1-25}$$

式中，x 是衍射环半径；L 系样品至底片间距离。由 Bragg 公式，d 是衍射平面间距，即：

$$d = \frac{\lambda}{2\sin\left[\frac{1}{2}\tan^{-1}(2x/2L)\right]} \tag{1-26}$$

λ 系入射 X 射线波长，代入相应晶系的面间距计算公式中，可粗略算出晶胞参数。

b. 圆筒底片法（回转晶体法）

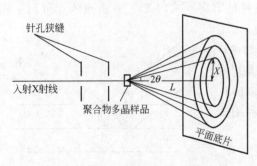

图 1-24　平面底片照相法示意图

底片沿着圆筒相机壁安装，使纤维轴与圆筒形底片轴一致，入射 X 射线垂直于纤维轴，结果得到衍射斑点排列在一些平行直线上（称层线）。若纤维是高度取向，应该和绕着纤维轴回转一个单晶体具有相同的效果，衍射斑点分布在水平层线上。但实际上，由于高聚物材料取向不完全，衍射斑点沿着德拜-谢乐环形成弧状，这样图形常称为纤维图。

由于入射 X 射线是垂直于纤维轴，纤维轴和

链轴方向一致（常常是 σ 轴），则有

$$c(S-S_0)=l\lambda \tag{1-27}$$

或

$$c\cos\gamma=l\lambda \tag{1-28}$$

式中，l 是层线数，当 $l=0$ 时，圆锥成为一平面与圆筒底片相截，称为赤道线，指数为 $hk0$，赤道线上面是第一层线，指数为 $hk1\cdots$

由图 1-25 得：

$$\cot\gamma=y/r_F \tag{1-29}$$

式中，r_F 是圆筒底片半径；y 是直接在底片上测得层线高，故纤维等同周期 c，即：

$$c=\frac{l\lambda}{\cos[\cot^{-1}(y/r_F)]}=\frac{l\lambda}{\sin[\tan(y/r_F)]} \tag{1-30}$$

② 德拜-谢乐法

通常所说的粉末法，如不另加说明，均指此法。此法用单色 X 射线，用本体或模压高聚物试样，当高聚物样品量非常少时，常常用此法。试样若是本体粉末，可填充入一个 $\phi1.5\sim2$mm 的薄壁玻璃管内，模压板材（无取向）可剪割成 $\phi1$mm 左右试样条，将上述制备好样品安装在照相机中心轴上，使试样旋转时其旋转轴正与照相机中心轴线一致。然后在暗室将一窄的照相机底片沿德拜-谢乐相机壁安装，方法有：(a) 正装；(b) 反装；(c) 偏装（图 1-26）。粉末衍射图的形成可用图 1-27 说明。图中Ⅰ，Ⅱ，Ⅲ为前反射，$0°<2\theta<90°$，同轴圆锥；Ⅳ，Ⅴ背反射，$90°<2\theta<180°$，同轴圆锥。

窄条底片截 $0°<2\theta<90°$ 圆锥弧时情况。测出各衍射线对的 4θ 角对应的弧间距，可按式 (1-31) 算出各谱线的 θ 值，

$$\theta=\frac{S}{4r}\times\frac{360°}{2\pi}=\frac{S}{4r}\times57.3°=\frac{S}{2}(°) \tag{1-31}$$

$$（或\ \theta=\frac{S}{2c}\times180°）$$

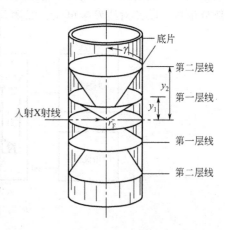

图 1-25　衍射圆锥形层线

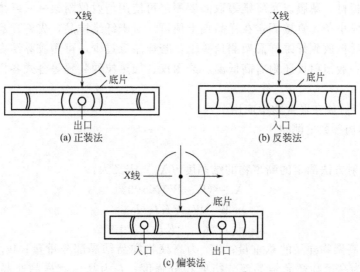

图 1-26　德拜-谢乐相机底片安装法

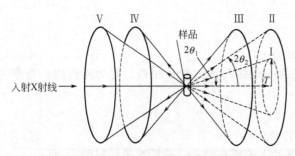

图 1-27　无规取向高聚物多晶样品粉末衍射圆锥示意

式中，r 为相机半径；c 为相机周长，在底片上测量得 S 值单位为 mm。因高聚物晶粒较小（常称微晶），谱线宽化，测量时只能读每条线中心值，取多次平均值。

（3）实验仪器——衍射仪

近二十年来，由于各种辐射探测器（计算器）广泛应用，出现了一种专用仪器——X射线衍射仪用计数器方法记录衍射强度，在许多领域中已经代替照相法记录多晶样品衍射图。衍射仪测量具有快速、方便、准确等优点。其组成框图（图 1-28）由三部分组成：①X射线发生单元；②测角仪；③X射线衍射强度检测。

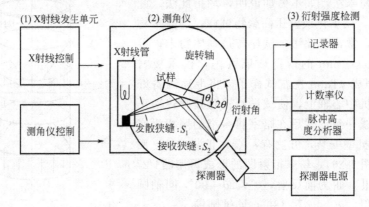

图 1-28　X射线衍射仪组成框图

一般测量时可选择发散狭缝 1°，接收狭缝 0.15～0.30mm，满足下面条件时，可得较满意的衍射图形。

$$T \leqslant \frac{10R}{S} \text{（s）} \tag{1-32}$$

式中，T 为时间常数；R 为接受狭缝；S 为扫描速度。

取向高聚物板材，薄膜以及纤维等取向度测定可使用衍射仪附架——纤维样品架。对于板材，薄膜可剪割成小条，直接固定在样品夹上便可。对于纤维样品，先将样品紧密地卷绕在一个金属架上，然后再放到纤维样品架测角头上，若样品量过少，可用胶黏结在框架上，再送到测角头上测试。一般衍射仪还附有高低温、绘图仪、加热拉伸装置等各式各样供不同目的使用的附件。

（4）X射线衍射仪在聚合物中应用

① 聚集态结构参数的测定

a. 结晶度

用 X 射线衍射方法测定的高聚物的结晶度（X_0）定义为：

$$X_0 = (W_0/W) \times 100\% \tag{1-33}$$

而

$$W_a/W_0 = KI_a/I_0 \tag{1-34}$$

故

$$X_0 = [I_0/(I_0 + KI_a)] \times 100\% \tag{1-35}$$

式中，W 为高聚物样品的总重量；W_0 为高聚物样品结晶部分重量；W_a 为高聚物样品非晶部分重量；I_0 为高聚物样品结晶部分衍射积分强度；I_a 为高聚物样品非晶部分衍射积分强度；K 为高聚物样品结晶和非晶部分单位重量的相对散射系数。

图 1-29 是聚乙烯的 CuK_α 衍射曲线，根据上述结晶度计算公式：

$$X_0 = \frac{I_{110} + 1.39 I_{200}}{0.75 K I_a + I_{110} + 1.39 I_{200}} \times 100\% \qquad (1\text{-}36)$$

$$I_0 = I_{110} + 1.39 I_{200}$$

式中，K 值取 1。

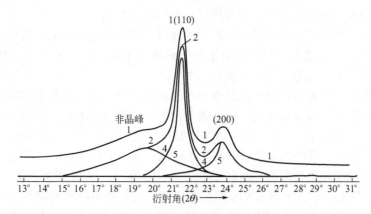

图 1-29　聚乙烯 X 射线衍射曲线

上述分解衍射曲线的方法，仅适用于结晶峰与非晶峰可以分离的少数高聚物。但多数高聚物其结晶峰与非晶峰是重叠在一起的，使非晶峰的选取成为不定，结晶度的计算变得复杂。

b. 取向度

研究高聚物取向度的通常方法有 X 射线衍射法和光学方法。用光学方法可测量整个分子链或链段的取向，而用 X 射线衍射法可测量微晶（晶区分子链）的取向。非晶区分子链的取向，则由两种方法测定的结果加以换算得出。

在许多实验室，常采用下面经验公式计算取向度（π）。

$$\pi = \frac{180° - H}{180°} \times 100 \qquad (1\text{-}37)$$

H 为沿赤道线上 Debye 环（常用最强环）的强度分布曲线的半高宽，用度表示（见图 1-30）。完全取向时 $H = 0°$，$\pi = 100$。无规取向时，$H = 180°$，$\pi = 0$。

② 微晶大小

高聚物材料的物性除与其结晶度，取向度有密切关系外，还常常与其微晶大小有关，而聚合物材料加工成型及热处理过程，常常影响这个值的大小，故微晶尺寸的测量也是非常重要的。根据 X 射线衍射方法测量微晶大小的理论，当高聚物微晶尺寸接近入射 X 射线波长时，衍射线条宽化，随着微晶尺寸的减小，衍射线条越来越弥散。一般说来当微晶大小在 25Å 以下时，就不对入射 X 射线产生相干的散射，仅仅是产生背景散射。当高聚材料有序结构只具有这样大小或更小，一般认为是非晶态高聚物。微晶大小与衍射线增宽之间关系，与习惯上应用于低分子谱线增宽原理无原则区别。

$$L_{hkl} = \frac{K\lambda}{\beta\cos\theta} \qquad (1\text{-}38)$$

此式一般称为谢乐（Schorrer）方程，式中，L_{hkl} 系垂直于（hkl）晶面的微晶尺寸，Å；λ 为入射 X 射线的波长，Å；θ 为布拉格角；β 为纯衍射线增宽（用弧度表示）。

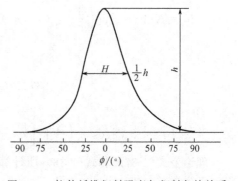

图 1-30　拉伸纤维衍射强度与衍射角的关系

6. 小角光散射方法

(1) 光散射的基本简介

高聚物的光散射方法就是利用高聚物对光的散射现象来获得其内部结构状况的信息。在通常的研究中，散射光往往集中在很小的散射角范围内，例如小于5°或10°，因此这一方法亦被称作小角光散射（Small Angle Light Scattering，或简称 SALS）方法。但在实际中并不绝对地局限于很小的角度，角度范围取决于所用样品和所研究的问题。

光波在物体中的散射是一个内容十分广阔的领域。这里讨论的 SALS 方法只限于高聚物在可见光范围内的 Rayleigh 散射，也就是由于物体内极化率或折射率的不均一性引起的弹性散射。散射光的频率和入射光的频率是完全相同的。

在进行小角光散射研究时，把样品放在一个偏振系统中，调整起偏镜和检偏镜的相对取向以获得全面的散射信息。经常采用的散射方式有两种，即检偏镜和起偏镜的方向相互平行和相互垂直两种状况。前者叫 V_v 散射，检测到的是偏振方向与入射光的偏振方向相同的那部分散射；后者是 H_v 散射，它反映的是偏振方向与入射光的偏振方向垂直的那部分散射。对有宏观取向的样品还可以改变样品与偏振系统的相对取向，进行 H_h 和 V_h 散射方式的研究。

SALS 方法的特点是适合于较大尺寸结构的研究，这从研究高聚物结构与性能关系的角度来说是很有用的。这是因为一些对宏观物理性能响较大影响的形态结构如球晶结构和微区结构等，其尺寸大小往往在微米数量级，它们一般也有足够的极化率（或折射率）反差，因此使用 SALS 方法进行研究是非常合适的。此外，与其他方法相比，SALS 方法在设备上可简可繁，所需的费用一般是较低的，因此比较容易推广应用。

(2) 光散射的基本理论

① 模型法

a. 圆球模型

最简单的模型就是一个极化率为 α 的均匀各向同性圆球处于一个极化率为 α_s 的均匀各向同性的介质中。但高聚物结晶时往往生成球晶结构。它是由一些晶片从中心沿径向往外生长而成。晶片间还存在有未能进入晶区的非晶状态物质。对于球晶当然不能用各向同性圆球来模拟。Stein 等最先用均匀各向异性圆球模型来讨论球晶的散射。在这个模型中，圆球内任一体元处的光学特性均可用同一个极化率的旋转椭球来表征，其旋转对称轴与圆球半径的方向一致。半径方向和切线方向的极化率值分别用 α_r 和 α_t 表示。在入射光电场 E 作用下距圆球中心 r 处体元的诱导偶极矩可写成：

$$M=(\alpha_r-\alpha_t)(Er_0)r_0+\alpha_t E \tag{1-39}$$

式中，r_0 是 r 方向上的单位向量。

基于此模型，Stein 等提出了如下的散射光强公式：

$$I_{V_v}=K_1V^2\cos^2\rho_1\left(\frac{3}{u^3}\right)^2\left[(\alpha_t-\alpha_s)(2\sin u-u\cos u-Siu)+(\alpha_r-\alpha_s)(Siu-\sin u)+\right.$$

$$\left.(\alpha_r-\alpha_t)\frac{\cos^2\frac{\theta}{2}}{\cos\theta}\times\cos^2\mu(4\sin u-u\cos u-3Siu)\right]^2 \tag{1-40}$$

$$I_{H_v}=K_1V^2\cos^2\rho_2\left(\frac{3}{u^3}\right)^2\left[(\alpha_t-\alpha_r)\frac{\cos^2\frac{\theta}{2}}{\cos\theta}\sin\mu\cos\mu(4\sin u-u\cos u-3Siu)\right]^2 \tag{1-41}$$

理论公式(1-37) 和式(1-38) 所计算出来的结果与球晶散射实验结果一般相符比较好的，因而得到广泛应用。

b. 棒状模型

在一些高聚物中有时会生成棒状的结晶结构。为了说明这种体系的光散射，人们发展了各种棒状模型，并取得了不少进展。

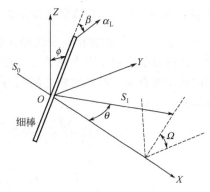

图 1-31　各向异性无限细棒散射示意

为了方便起见，讨论二维的互不相干的各向异性细棒的散射。设一长为 L 的无限细的各向异性棒位于样品平面 yz 内，入射光在 z 轴方向偏振，沿 x 轴垂直射入样品平面（图 1-31）。棒轴与 z 轴间夹角为 ϕ，棒内体元的光轴与棒轴的夹角为 β。棒内体元极化率旋转椭球的纵向和横向极化率分别为 α_1 和 α_t 的，周围介质极化率为 α_ε。我们可以算出取向无规的各向异性无限细棒体系的 V_v 及 H_v 散射光强：

$$I_{V_v} = K_2 L^2 \int_0^x (\delta \cos^2 \phi' + \alpha'_1) \left[\frac{\sin\left(\frac{k_s \alpha L}{2}\right)}{\left(\frac{k_s \alpha L}{2}\right)} \right]^2 \mathrm{d}\phi \tag{1-42}$$

$$I_{H_v} = K_2 L^2 \int_0^x \delta^2 \sin^2 \phi' \cos^2 \phi' \left[\frac{\sin\left(\frac{k_s \alpha L}{2}\right)}{\left(\frac{k_s \alpha L}{2}\right)} \right]^2 \mathrm{d}\phi \tag{1-43}$$

与各向异性圆球的结果相比，各向异性棒散射图像的特点是散射光强随散射角增大而单调下降，并不出现极大值。我们可以利用这一差别来区别贡献散射的是球晶还是棒状晶。

② 统计法

当结构状况无法用一个确切的模型来描述时，人们就用统计方法来处理其散射问题。这往往是一些有序程度不高的体系，其内部的结构状况是用反映极化率起伏的统计参量来描述的。

a. 各向同性物系体系

这里用两个统计参量来描绘物体内各点极化率围绕极化率的平均值起伏变化这一变化状况，一个是极化率的均方起伏。设体元 i 处的极化率值为 α_i，极化率的平均值为 α，则 i 处极化率的起伏 $\eta_i = \alpha_i - \alpha$，而物体的均方起伏是对物体内各点处起伏的平方值进行平均的结果。由此可以知道，$\overline{\eta^2}$ 是一个反映起伏量大小，也就是物体内各点处结构差异程度的一个统计参量。对一个绝对均匀的体系，各点处的极化率值都是一样的，因此 $\overline{\eta^2} = 0$。

另一描述结构状况的量是相关函数 $\gamma(r)$，$\gamma(r)$ 随 r 增大而减小的快慢程度反映了物体内一个极化率值在空间的平均延续程度，因而可看作是物体内部结构尺寸大小的一种描述。对一个绝对均匀的物体 $\gamma(r)$ 恒等于 1。

由上述两个统计参量，我们可得：

$$I_{V_v} = K_3 V_0 \overline{\eta^2} \int_0^\infty \gamma(r) \frac{\sin hr}{hr} r^2 \mathrm{d}r \tag{1-44}$$

进而求出散射光强度。

b. 各向异性物系体系

对于内部存在着光学各向异性结构的物体，各点处的极化率不再是个标量，要用张量表示，其理论处理比较复杂。

我们假定这时体元的光学特性可用单轴晶体来模拟，其极化率可用轴向和垂直轴向的极化

率值 $\alpha_{/\!/}$ 和 $\alpha_\perp$ 表征。光散射可以是由于各点处平均极化率 $\alpha_i=\frac{1}{3}(\alpha_{/\!/}+2\alpha_\perp)$ 的起伏、各向异性值 $\delta_i=(\alpha_{/\!/}-\alpha_\perp)$ 的起伏以及光轴 α（$\alpha_{/\!/}$ 的方向）的空间取向方向的起伏所贡献的。计算中假定了几种起伏之间不存在相关性。在讨论光轴 α 的取向相关时，又假定了这种相关性只与两体元间的距离有关，而和它们之间相对位置的方向无关。这一特点叫做取向起伏的无规相关。这样得到：

$$I_{V_v} = K_4 \left\{ \overline{\eta}^3 \int_0^\infty \gamma(r)\frac{\sinh r}{hr}r^2\,\mathrm{d}r + \frac{4}{45}\delta^2 \int_0^\infty f(r)\left[1+\frac{\overline{\Delta}^2}{\delta^2}\psi(r)\right]\frac{\sinh r}{hr}r^2\,\mathrm{d}r \right\} \tag{1-45}$$

$$I_{H_v} = K_4\,\frac{1}{15}\delta^2 \int_0^\infty f(r)\left[1+\frac{\overline{\Delta}^2}{\delta^2}\psi(r)\right]\frac{\sinh r}{hr}r^2\,\mathrm{d}r \tag{1-46}$$

由式(1-45) 和式(1-46) 可得散射光强。

（4）SALS 的实验方法

① 仪器

SALS 方法所用的仪器装置通常由光源、偏振系统、样品台和记录系统组成（图 1-32）。目前一般采用激光器做光源，例如小型的 He-Ne 气体激光器（6328Å）即可适用。可采用偏振片作起偏镜和检偏镜，它们应能分别绕入射光方向转动调节以适应 V_v、H_v 等不同条件下的测量。为了保证能在足够大的散射角范围内进行工作，检偏镜的尺寸应尽可能大些（例如直径达 8cm）。样品台一般与显微镜所用的载物台相似，保证样台可方便地做二维的平移和转动。必要时还可倾斜，做非垂直入射条件下的研究。

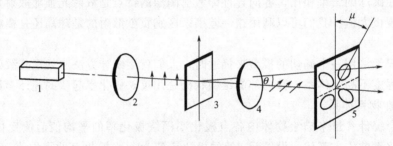

图 1-32　照相法 SALS 装置示意图
1—激光光源；2—起偏镜；3—样品；4—检偏镜；5—照相底片

② 实验技术

a. 样品制备

一般说来，薄膜状样品是可用于光散射研究的。但制备合适的样品，对得到好的实验效果还是十分重要的。首先，样品的厚薄是要注意的。厚薄的选择要根据样品的透明程度，一般认为样品的透光度应在 80％以上为宜。样品太厚时，不只透过光和散射光太弱，而且由于多次散射现象，散射图像会变得弥散而不利于分析研究。

为了获得清晰的图像，试样的表面应尽量平整。若有表面散射干扰测量效果时，可选用与试样具有相近折射率的浸渍液滴加在试样表面上，也可用两盖玻片把涂有浸渍液的试样夹在中间。试样在浸渍液中应不溶解和不溶胀。常用的有硅油、香柏油等。在研究纤维样品时，纤维应尽可能平行排列。此外，一定要用浸渍液消除表面散射的干扰。

b. 图像的斑点性

在 SALS 实验中有时会发现散射图像是由许多斑点组成的。当斑点粗大时，图像的质量就变得很差，难以从中取得合理的数据。

因此在实际测量中，若采用过细的入射光束，会由于散射出现斑点性而使图像质量下降。

c. 双折射效应对散射的影响

当样品存在宏观取向时，样品和偏振系统的相对取向对散射图像会有很大影响。对球晶散射的研究表明，当球晶处于一个均匀的单轴取向的介质中，若让其取向方向与偏振镜方向成45°夹角，则双折射效应的影响最大。不只是强度值有影响，散射图形也会随双折射量的增加而明显变化。

在一般的光散射理论处理中均不考虑双折射效应的影响，因此在研究取向样品时需要转动样品使其光轴方向和入射光的偏振方向平行或垂直，以消除双折射的影响。在有些情况下，由于样品内部取向的不均匀性，完全消除这种影响是不可能的。在这种情况下对散射结果的讨论应十分小心，要充分估计到双折射的影响。

d. 散射角的测定和修正

散射角是散射测量中最基本的参数之一。散射角是通过测定观测点到入射光中心斑点的距离和样品底片间距离来计算的。在原理类似的光电记录设备上角度测定的方法是同样的。由于实际操作中样品到检测面的垂直距离有时不易测准，因此为了得到散射角的数值，也常用标准样品标定的办法。

在散射的理论讨论中，散射方向或散射角等都是对在散射样品中的散射光而言的，而实际观察到的都是在样品表面折射后出来的散射光，因此在工作时需按 Snell 定律进行修正以获得真正的散射角 θ：

$$\sin\theta = \frac{n'}{n_s}\sin\theta' \doteq \frac{1}{n_s}\sin\theta' \tag{1-47}$$

式中，θ' 是实际测到的散射角；n_s 和 n' 分别是样品和空气的折射率。

e. 散射强度的测定

不管是进行理论的检验还是表征试样的内部结构状况，准确地得到真正的散射强度数据是十分重要的。

光电记录法得到的是一个与单位时间内进入检测器截面积 A 的光能量有关的电讯号 $T(\theta)$。$T(\theta)$ 中往往包括了散射光能量以外的一些其他效应的贡献，例如中心透过光的影响，仪器中的杂散光以及电子仪器本身的本底讯号。由于散射光强度总是很弱的，所以扣除这些效应是必需的。中心透过光应设法挡去，其他部分则作为背景扣除，剩余部分才是真正与进入截面积 A 的散射光强度成正比的讯号 $T_s(\theta)$：

$$T_s(\theta) = T(\theta) - T_b(\theta) \sim AI_s(\theta) \tag{1-48}$$

或

$$T_s(\theta) = KS(\theta)AI_s(\theta) \tag{1-49}$$

$S(\theta)$ 可通过对具有均匀散射的标准样品进行测定来获得，这样，按式(1-47) 就可以得到比例与散射光强的相对强度了。

$$\frac{T(\theta) - T_b(\theta)}{S(\theta)} \sim I_s(\theta) \tag{1-50}$$

有了不同角度下散射的相对强度就可以根据散射理论得到引起散射的结构的大小和形状。

（5）SALS 方法在高聚物研究中的应用

① 高聚物的结晶形态

由于用模型法处理球晶的散射获得很大成功，加以球晶是结晶性高聚物中极为普遍和重要的形态结构，因此对球晶结构的表征和研究是应用 SALS 方法最为广泛的一个方面。

在许多工作中人们用 SALS 方法测定球晶的大小以研究各种因素，诸如加工历史、高聚物的相对分子质量、成核剂和结晶条件等对球晶生长的影响。

近年来在不少工作中人们用 SALS 方法研究了共混物，共聚物体系中结晶性组分的结晶过程和形态。对多嵌段共聚物研究发现，在结晶组分的链段平均长度是 2～3 个单体单元的情况下它们仍能结晶并形成球晶结构，并给出典型的球晶散射图像。对这些体系来说影响结晶形态的一个重要因素是组分间微相分离速度和结晶性组分结晶速率的比值。比值越大，越易于生成大的结晶结构。

共混物中另一组分的存在对结晶形态是会有影响的，对于二组分均可结晶的共混高聚物，往往由于组分间不易区别而造成结构形态表征的困难，而光散射法则有时可以发挥它特有的长处。

根据球晶散射理论还可以由散射结果来获得球晶内体元光轴取向状况的资料，从而有助于判断球晶内分子链的堆砌方式。

球晶内晶片螺旋状扭转生长形成的环状结构也可以用光散射方法来表征。这时在较大的散射角位置上可以看到衍射环。利用 Bragg 公式可以定出环状结构的螺距。

不少高聚物在一定条件下会形成大小达到光波波长尺寸的棒状结晶结构，可以用光散射方法加以研究。

② 形变过程的研究

高分子材料受到拉伸形变时，球晶结构的变化合影响散射图像，因此可以用散射方法研究球晶的变形。

可以用光散射方法研究应力诱导结晶或取向状态下结晶时的形态结构。

③ 非晶态高聚物

同样可用光散射方法研究非晶态高聚物的结构状况。橡胶的性能除取决于交联点的密度外，还和交联点是否均匀分布有很大关系，但后者很难从实际测量中获得。可用光散射方法来表征这种交联网结构上的不均匀性。为了增加反差，先以溶剂使试样溶胀，溶剂和高聚物的折射率应有很大差别。交联点密度不同的区域溶胀程度不同，从而形成具有较大折射率反差的微区结构。测定样品由于溶胀引起的多余散射光强，可用统计理论得到表征样品结构不均一性的尺寸大小和交联点密度的均方起伏。对一些不同平均交联点密度的聚丁二烯样品用苯溶胀后测定 V_v 散射，得出交联点密度起伏的相关距离在 5000Å 左右，而相对均方起伏则随交联程度的增加而增大。

④ 高分子液晶

液晶中往往存在一些光波波长尺寸范围的有序微区，因此亦可用光散射方法加以研究。SALS 方法对研究液晶的相态转变是一种很灵敏有效的手段。除合成高分子外，生物高分子溶液往往能形成液晶。例如脱氧核糖核酸（DNA）的水溶液在浓度较大时即呈现明显的液晶行为。散射图像表明，液晶中存在着光波波长尺寸的各向异性棒状微区结构。DNA 溶液能生成液晶是因为分子链在溶液中形成双分子螺旋构象的缘故。光散射结果也表明，电离辐射和加热等破坏双分子螺旋构象的因素均能使其液晶的有序程度下降。

7. 电子显微镜

（1）电子显微镜的基本原理

电子显微镜是一种电子光学微观分析仪器。这种仪器是将聚焦到很细的电子束打到试样上待测定的一个微小区域，产生不同信息，加以收集、整理和分析，得出材料的微观形貌、结构和化学成分等有用资料的仪器。随着人们对电子与物质的交互作用和产生各种信息的认识不断深入及仪器设计和制造不断改进，使研究材料结构的电子束显微分析的手段越来越完善。

电子束显微分析仪如透射电镜（TEM）、扫描电镜（SEM）和电子探针分析（EPA）等都是人们观察、认识和研究材料微观世界的一种有效的"眼睛视力借助器"。它们大多采用电子束作为产生被测信息的激发源，借助分析材料的微观形貌、微观结构和微区化学成分。

① 电子束与固体物质的相互作用

当一束聚焦的高速电子沿一定方向轰击样品时，电子与固体物质中的原子核和核外电子发生作用，产生很多信息。有二次电子、背散射电子、俄歇电子，还有吸收电子、透射电子。电子透过薄样品时，可以使能量受到损失，称为透射电子能量损失。还可产生柯塞尔（Kossel）效应、菊石线（Kikuehi），另外还有 X 射线、阴极荧光、产生电动势等。这些信息都是电子与样品的相互作用产生的，当电子束入射到样品上时，由于受到原子的库仑电场的作用，入射电子的方向发生变化，称为散射。原子对电子的散射又可分为弹性散射和非弹性散射。弹性散射时，电子只改变方向，能量基本不变；非弹性散射时，电子不仅改变方向，能量也有不同程度的损失，转变为热、光、X 射线、二次电子等。

此外，还应指出，入射电子在大块样品内产生的各种信息的深度和广度是不同的。电子光学仪器的空间分辨率（成像时能分辨的两点之间最小距离或微区成分分析时能分析的最小微区）都和电子与物质的交互作用有关。

② 电子的波长

根据近代物理学理论，电子具有波粒二重性，电子作为波的性质，其重要特征是电子的波长。当电子的加速电压相当高时，电子的运动速度很快，使其进入相对论的范畴内，另外还遵循德布罗意假说。

当电子被电势 V 加速时，获得动量 P，可用 $P=mv$ 表示，其中，m 是电子的质量；v 是电子的速度。

另外，动量 P 又遵循德布罗意公式，$\lambda=\dfrac{h}{P}$，其中，h 是普朗克常量，λ 为电子的波长。

当电子的加速电压超过 100kV 时，要考虑相对论效应。当电压较低时，不必考虑相对论修正，此时 λ 可表示为：

$$\lambda=\frac{1.226}{\sqrt{V}} \tag{1-51}$$

透射电镜中电子的波长与分辨率关系很大，近代发展的高压电镜就是为了提高分辨率。另外也便于观察厚样品。

③ 分辨率

电子光学仪器的分辨率指的是下述两重意义。一是对成像而言，分辨率系指观察时能够分清两个点的中心距离的最小尺寸，称为分辨率或仪器的分辨能力。二是指对分析微区成分时，能够分析的范围的最小尺寸。

为了突破光学显微镜在分辨率等方面的局限性，人们发明了利用电子束为光源的电子显微镜。众所周知，电子的波长比光波短得多，可以大大提高分辨率。

电子显微镜的分辨率，一方面取决于电子的波长，即取决于电镜所采用的加速电压；另一方面取决于电镜中的球差系数。加速电压越高，则电子的波长越短，应当达到的分辨率越高。但是，必须注意，与此同时球差系数变大，所以必须综合全面考虑才行。

电子显微镜的分辨率由式（1-52）决定：

$$\delta=BC_s^{1/4}\lambda^{3/4} \tag{1-52}$$

式中 B 是常数，一般在 $0.56\sim0.43$ 之间；C_s 是球差系数。近代电子显微镜的分辨率为 $1\sim2\text{Å}$（晶格分辨率）。

④ 电子显微镜的衬度形成原理

每张电子显微镜照片，都是用明暗不同来形成像的，当电子束通过样品时，尤其是通过薄样品时，由于电子与样品的相互作用，电子通过样品后其状态发生变化，即电子发生散射、衍射和干涉等物理过程产生的。一般说来，用于透射电镜的样品必须很薄，避免电子被样品吸收。电镜像的反差，即衬度有散射衬度、衍射衬度和位向衬度三种。

a. 散射衬度

这是由于样品对入射电子的散射而引起的，它是非晶态形成衬度的主要原因。当一束电子通过样品时，由于受到样品中元素的原子核和核外电子的电场的作用，使入射电子运动的速度和方向都发生变化，这就是前面所谈的电子的散射。可以想象如果样品的厚度不同，或者元素组成不同，某一个微小区域较厚，或者原子密度大，那么电子在这一区域受到散射的概率大，被散射掉的电子较多，散射的角度也较大。因此，通过样品的数目较少。反之，如果样品某一微小区域较薄，或者原子密度小，那么电子散射部分较小，而且散射角也小。这样，通过电子的数目较多。可以说，总的散射率与样品的厚度和密度的乘积成正比，此乘积叫做"质量厚度"。由于样品各部位"质量厚度"不同引起散射，在底片上所形成的衬度叫散射衬度。

b. 衍射衬度

这是样品对电子的衍射引起的，是晶体样品的主要衬度。当入射电子束通过一个厚度均匀的薄样品之后，由于样品中包括不同方向的晶粒，或者存在缺陷，入射电子束对一个晶粒的某一组晶面满足布拉格衍射条件，电子将和晶面按一定角度发生反射，这样就使发生反射的晶粒的透射电子较少，而另外一个晶粒不满足布拉格条件，没有反射电子，因而透射电子较多。对比之下产生的衬度叫衍射衬度。

c. 位向衬度

系指由于电子波的干涉所产生的，是超薄样品和高分辨像的衬度来源，可以观察原子像和分子像。

（2）透射电子显微镜的构造

透射电子显微镜主要由三部分组成，即电子光学部分、真空部分和电子学部分。

电子显微镜的电子光学系统的核心是磁透镜。光学显微镜是以玻璃透镜使光束聚焦，而由电子显微镜则是以磁透镜使电子束聚焦。由于电子显微镜的放大倍数很高，所以对磁透镜的要求很高，一是要短焦距，二是高放大率。

电子光学系统是电子显微镜的主体，它可以说是一个透镜组。电镜的上端是电子枪部分，下端是观察和照相部分，中间则为成像系统，还有样品室。

图 1-33 是近代透射电镜电子光学部分结构示意图。它的上部是由电子枪和第一聚光镜、第二聚光镜组成的照明系统。它的作用是提供一个亮度高、尺寸小的电子束。电子束的亮度取决于电子枪，电子束直径的尺寸则取决于聚光镜。电子枪发射电子，是电镜的照明光源，它在电镜中是十分重要的。电子枪又分为灯丝阴极、栅压、加速阳极三部分。灯丝通过电流后发射出电子，栅极电压比灯丝负几百伏，作用是使电子会聚，改变栅压可以改变电子束尺寸；加速阳极系统可以具有比灯丝高5万伏甚至数十万伏的高压，其作用是使电子加速，从而形成一个高速运动的电子束。

聚光镜是使电子束聚焦到所观察的试样上，通过改变聚光镜的激励电流，可以改变聚光镜的磁场强度，从而控制照明强

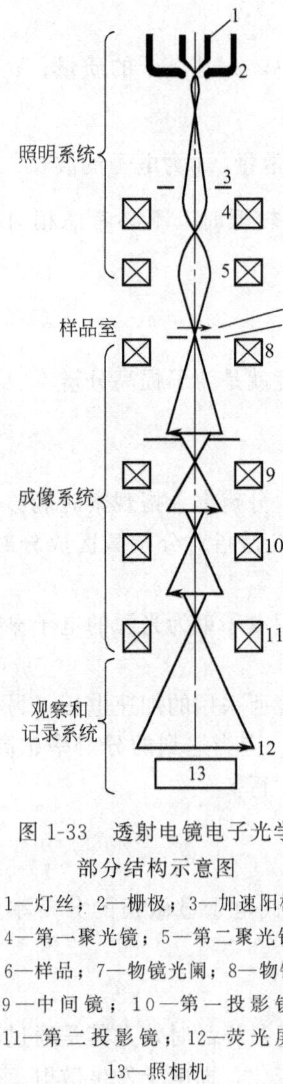

图 1-33　透射电镜电子光学
部分结构示意图

1—灯丝；2—栅极；3—加速阳极；
4—第一聚光镜；5—第二聚光镜；
6—样品；7—物镜光阑；8—物镜；
9—中间镜；10—第一投影镜；
11—第二投影镜；12—荧光屏；
13—照相机

度及照明孔径角大小。现代电镜一般采用两个聚光镜，以便获得一个尺寸小的电子束。

样品室在照明系统下面，样品室是放置被观察样品的，可以使样品沿 x, y 方向移动，也可沿 z 向升降，现代电镜在样品室中有防污染装置。此外为了在多方面应用的需要，还专门配有低温样品台、加热样品台、拉伸样品台等。

样品室下面是成像系统。它是由物镜、中间镜、投影镜组成。物镜也是电镜的重要部分，它的作用是形成样品的第一级放大像，并对对象进行聚焦。物镜中还有一个可变光阑和物镜消像散器。其作用是减少物镜像散、提高分辨率。中间镜和投影镜的作用是把物镜形成的第一级放大像再进行二级或三级放大，从而产生最终放大像。中间镜激励电流的改变可以改变中间镜磁场的强度，从而改变中间镜的放大倍数，在电镜的设计中采用改变中间镜的放大倍数来改变总放大倍数。

电镜的下端是观察系统与记录系统，把最终像投影在荧光屏上进行观察，下面有自动摄像系统，记录放大成像。

② 真空系统

电子显微镜的真空系统由机械泵（前级真空泵）、扩散泵（高真空泵）、真空管道和阀门以及空气干燥器、冷却装置、真空指示器等组成。现代电镜的真空系统都是自动控制的，带有保护装置，可防止由于突然停水、停电所造成的事故。

透射电镜应当具有 10^{-7} torr 的真空度。透射电镜的真空度是标志其质量的关键问题之一。对高真空度的要求主要是解决样品的污染率问题，现代高性能的电镜为了研究清洁的表面，甚至将真空度提高 $10^{-8} \sim 10^{-9}$ torr。

③ 电子学系统

透射电镜由于高分辨率的要求，必须具有高度稳定的电子学系统。现代透射电镜的高压稳定度为 2×10^{-6}/min，物镜电流稳定度为 1×10^{-6}/min。这就是说电压如果为 100kV，则在 1min 之内其波动量约为 0.2V 之内，这样高的要求，使得现代电镜的电子学系统的设计十分复杂，对电器元件的要求也相当高。

电子学系统一般包括下面几部分：

a. 交直流电源部分；

b. 高压电源部分：高压变压器，高压稳定器；

c. 透镜电源部分：透镜电流稳压器，控制台；

d. 束偏转及消像散器控制部分；

e. 真空系统控制电源；

f. 安全系统、辅助系统电源。

现代分析电镜配有扫描附件和能谱分析附件的，还有相应部分的电子学系统。

（3）扫描电子显微镜的成像原理和构造

① 仪器

扫描电镜是研究固体材料表面三维结构形态的有效工具。对粗糙的样品表面也可以构成细致的图像，分辨率可达 <60Å，景深长，富有立体感，放大倍数连续可变，可放置大块样品直接进行观察。此外，扫描电镜配有 X 射线分光仪等微区成分分析装置时，尚可直接探测样品表面微区的化学成分，进行定性或定量的元素分析。当配置有不同功能的样品台时，还可使样品处于各种试验环境下直接进行观察（如力学试验或高低温条件下样品的破坏形态等）。

图 1-34 是扫描电子显微镜示意图。上面是电子枪及透镜系统，其作用是形成很细的电子束；中间的扫描线圈是使电子束在样品上逐点扫描，以便使电子束轰击样品表面，使其发射出二次电子、背散射电子、X 射线等；信号探测器是接收从样品发出的上述信号。这些信号经放

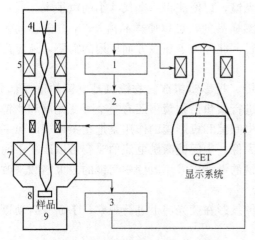

图 1-34 扫描电镜结构示意图

1—扫描电源；2—放大装置；3—信号放大器；

4—电子枪；5—第一聚光镜 6—第二聚光镜；

7—物镜；8—样品室；9—真空系统

大后送到显像管上，形成二次电子信号。由于样品高低不平，从样品表面发出的二次电子信号随形貌不同而变化，由于显像管和电镜镜筒中的扫描线圈受同一扫描发生器控制，所以是严格同步的，因此样品上每一点的二次电子信号与显像管上的亮度的强弱是一一对应的。在样品上电子束扫描区域可以控制，扫描区域越小，则放大倍数越大。

另外，扫描电镜的背散射电子像的分辨率约为二次电子像分辨率的 10 倍，其成分分析的区域更大些。

总的说来，扫描电子显微镜的结构与透射电子显微镜的结构相类似，也可分为电子光学部分、真空部分和电子学部分，如图 1-34 所示。

（3）电子显微分析研究高聚物的结构

① 研究高聚物大分子的形状和聚集态结构

a. 高聚物非晶态的结构

这里介绍电镜观察非晶态高聚物时，发现许多非晶态高聚物中存在大小为 3～10nm 的"球粒结构"和局部有序区域。基于电镜观察到许多非晶态高聚物中存有球粒结构，Yeh 等认为在非晶高聚物中有局部有序性并提出了"折叠链缨状胶束粒子模型"，简称"两相球粒模型"。这个模型的球粒，由两个主要结构单元组成，粒子相和粒间相；而粒子相又分为有序微区和粒界区。

b. 高聚物晶态结构

用电镜可以观察到高聚物的各种结晶形态。

折叠链晶片：结晶高聚物在通常条件下从不同浓度的高聚物溶液中或熔融体中结晶时，可以生成单晶、树枝晶、球晶等。这些晶体的最小结构单元是具有折叠链晶片结构，它取决于不同的结晶条件，可以得到不同的结晶形态。

高聚物串晶：高聚物在应力（剪切应力和拉伸应力等）作用下结晶时，往往生成一长串"似串珠状"的晶体称为高聚物串晶。高聚物串晶只有伸直链结构的中心线，其周围间隔地生长着折叠链的晶片。因此，它是由伸直链和折叠链两种结构单元组成的多晶体。结晶时随应力的增大，而使所生成的晶体中伸直链组分的含量不断增加，晶体的熔点也增加。这种具有串晶结构的高聚物材料具有更优良的力学性能。

高聚物伸直链晶体：高聚物在剪切应力作用下结晶时可生成具有部分伸直链的纤维状多晶体。当应力越大时，则形成的伸直链的晶体越多。若在几千至几万大气压下结晶时，则可以得到完全伸直链的晶体。

② 研究纤维和织物的织构及其缺陷特征

纤维状的高聚物是高度取向的大分子所组成，它具有高度各向异性的物理力学性能。它们的基本结构单元是多重原纤，或微纤束，或微纤，这些基本结构单元沿纤维轴择优取向。大分子链在三维空间的排列及其各级超分子结构形态，对纤维的性能有很大影响。应用电镜研究纤维的各级超分子结构形态及其结晶的微观形态，对弄清楚纺丝工艺与所得纤维的结构和性能关系有着重要意义。长期以来，人们在这领域进行了大量研究工作，为找寻纤维成形的最佳工艺条件及提高纤维的性能提供了科学的依据。此外，电镜还广泛用于检测纤维织物的质量及其所含添加物（如颜料、改性剂、不同纤维混编等）的分布状态与编织工艺关系。

电镜还可成功地用于研究纤维的断裂特征，从而有助于进一步弄清楚各种纤维的断裂机理，纤维在应用或成形工艺过程断裂的原因，以便改进工艺和编织条件及提高产品性能。

电镜成功地被用于研究从各种高聚物纤维（聚丙烯腈、黏胶、酚醛等）转化为各种碳纤维过程结构的变化与工艺条件的关系；并弄清楚各种碳纤维结构特征与性能的关系。

特别应指出的，近年来广泛应用透射电镜对各类碳纤维的横截面和纵截面的超薄切片进行各个部位的微观结构形态及其选区电子衍射，从而进一步弄清楚碳纤维微观结构异相的特征，与其性能和碳化工艺及原料特性之间的关系。

③ 研究高聚物多相复合体系的结构

电镜广泛被用于各种聚合物及其共混物的结构，以及它们断口形态特征与其力学行为关系。

然而，大量在实际上应用着的高聚物材料都是一种多相复合体系。为了使高聚物材料得到增韧、增强或功能化，常常在高聚物材料中含有各种添加剂或填料；或采用不同高聚物之间共混、接枝或嵌段聚合、或形成互贯网络复合物；或用各种纤维增强制得复合材料。这些异质异相的复合材料的性能不仅取决于复合体系中各组分的结构，而且还取决于各相的分布等织构特征，然而其织构状态还与复合工艺及其制品设计有密切关系。为此，在这领域里，人们长期从化学上的分子设计和物理上的织构设计及制品结构的工程设计方面进行了大量的研究工作，电镜被广泛应用于该领域各相结构及其分布和相之间界面状态的研究，为提高高聚物多相复合体系的性能和找寻制品的最佳工艺条件提供了科学依据。

电镜同样用于研究碳纤维增强金属或陶瓷复合材料的织构形态。由于碳纤维在高温易被氧化及与基体浸润性较差。因此，在与金属基体复合前，碳纤维均需预先进行特殊的表面处理（如先镀上金属薄层）。

此外，电镜还广泛用于复合材料的各种故障结构分析，以及研究高聚物材料作为涂层、胶黏剂、薄膜时，形成高聚物膜的结构及其黏结状态。

8. 表面分析能谱

所谓表面分析是指对物体几万埃（Å）以内的表面层结构组成的检测，有时甚至要求几个单分子层的情报。因此过去许多所谓的表面分析方法是微米级的表面层，并不能真正表征表面结构。但是限于当时的分析技术水平，也只能把它们当作表面分析来看待。而现在随着仪器的发展进步，已经有了真正的表面分析技术。

（1）几种重要的表面分析能谱的原理及仪器

① 光电子能谱（ESCA）

a. X 射线光电子能谱（XPS）的基本原理

当具有一定能量的光照射物质时，入射光子把全部能量转移给物质原子中某一个束缚电子。如果该能量足够克服该束缚电子的结合能时，剩余的能量就作为该电子的动能使之逸出原子成为光电子。这个过程就是光电效应。XPS 利用这个效应，以一束固定能量的 X 射线来激发分析试样的表面，而检测其光电子。

根据爱因斯坦光电定律，对于电子在原子中的结合能 E_B 应服从下列关系，即：

$$E_B = h\nu - E_k \tag{1-53}$$

式中，$h\nu$ 为入射光子的能量；E_k 为光电过程中，电子克服结合能后所获得的动能。所以在已知 $h\nu$ 的情况下，测定 E_k 即可知道 E_B。如前所述，E_k 的测定是可以借助电子分析器和检测装置来实现的。

如图 1-35 所示，射到样品原子 K 层的入射光 $h\nu$ 被分成四个部分。首先是克服 K 层电子的

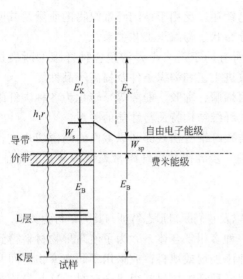

图 1-35　XPS 的能量关系（非导电体）

结合能 E_B，把电子提升到该原子的费米能级。其次是用于克服环境对电子逸出的阻碍作用（如晶体场作用），称之为试样的功函数 W_s。另外还要消耗一部分在图内未曾表示出来的，由于动量守恒原理，当原子受到冲击时将带走部分反冲能量 E_r。但这一项由于原子比光电子质量大很多，所以一般可忽略不计。最后剩余的就是逸出表面的电子动能 E_k'。即

$$h\nu = E_B + W_s + E_r + E_k' \tag{1-54}$$

式中 $E_B + W_s$ 为相对于自由电子能级而言的结合能。由于固体试样和能谱仪器分析器系不同的材料构成，其功函数有差别。因此试样与谱仪入口处之间有接触电位差，从而使具有 E_k' 的电子通过分析器入口空间时将受到它的影响，即加速或减速。所以光电子进入谱仪的分析器后由 E_k' 变成 E_k，此 E_k 即实测的电子动能。即：

$$E_k = E_k' + (W_s - W_{sp})$$

（式中 W_{sp} 为仪器功函数）

将此式代入式(1-54)，则：

$$E_k \approx h\nu - E_B - W_{sp} \tag{1-56}$$

由于每种谱仪的功函数为定值（一般约为 4eV 左右），所以可用校正系数来求得准确的 E_B 值。

在气体试样情况，光电子由气态原子或分子中逸出，同时在样品室与谱仪系同一种材料的情况下可以忽略功函数项，式(1-56)可简化为：

$$E_k = h\nu - E_B \tag{1-57}$$

b. 电子的振起（shake up）和振离（shake off）

在光电效应的过程中还伴随着电子振起和振离两种过程，如图 1-36 所示。即当一个内层光电子发射时，原子的有效电荷发生突变，从而引起电离或单极激发。这样就会使该原子的外壳层电子从它所在的轨道上，跃进到外层束缚能级的激发态轨道上。这时在 XPS 谱图上主峰的低动能一侧出现一系列小峰，称之为振起伴峰。伴峰和主峰之间的能量差表示这个带有内层空穴的离子的基态和激发态的能量差。

如果外层电子不是被激发到外层的束缚能级上，而是跃迁到自由态，即发生电离效应称之为振离。此时在能谱图上主峰低动能一侧出现平滑的连续谱而使基线发生变化。一般情况下振起伴峰是能够清楚地观察到的。

c. 化学位移

化学位移是指某种原子与另一种原子结合成键时，由于连接的两种原子电负性不同，使该原子处于不同的电荷分布的环

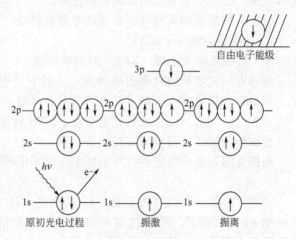

图 1-36　光电 1s 电子发射时引起的振激与振离过程示意

境中，从而影响了它的内层电子的结合能。由于原子内层电子的结合能受到核内外电荷分布的影响，因此在光电子能谱上可以观察到谱峰的位移。实际这种位移除了上述的由于成键的化学影响外，还可能受到物理环境的影响。这些物理影响例如试样所受的压力、热效应和表面注入电荷等。所以谱峰出现的位移有化学位移和物理位移之分。虽然物理位移也能提供一些物理作用的信息，但作为化学分析目的而言，却是应该设法消除的干扰因素。只有化学位移才是提供化学结构情报极为有用的数据。

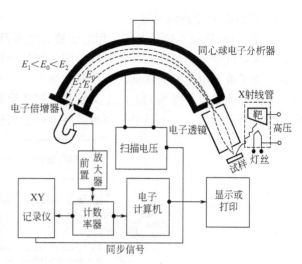

图 1-37　XPS 谱仪的结构示意图

d. XPS 的仪器构造

如图 1-37 所示，由 X 射线管作为激发源（某些高分辨仪器还带有单色器以降低线宽）。X射线经过铝窗后照射到分析室内的试样上。由于操作的需要，样品托台可以在 X、Y、Z 三个方向上作移动调节。某些仪器的样品台可以同时放置几个试样，依次进行测定以提高效率。考虑到试样表面常需要进行净化所以还设有氩离子枪进行离子刻蚀处理，同时这种刻蚀还可以进行试样的深度层次的分析。另外在样品台上有加热和冷却装置以满足实验的要求。由试样激发出来的光电子，经过电子透镜组聚焦并减速后经入口光阑送入电子能量分析器。分析器可以采用同心半球式或同轴镜筒式，亦可用减速场式。能量分析器与扫描电压连接，以达到能量分析的作用，通过分析器分辨出的各种不同的电子依次经出口光阑进入电子倍增器转变成电讯号，并经前置放大器、鉴别器、多道分析器最后送到记录仪和打印机，得到谱图曲线或数字数据。为了使多道分析器与电子能量分析器的扫描同步，均由同一电源供给扫描电压。为了使数据的可靠性增加，可以与电子计算机联用，以实现多次重复扫描使信号逐次累加，由于随机变化的噪声互相抵消，可提高信噪比。此外通过电子计算机还可以具有纠正基线、峰面积积分和分峰的功能，使仪器效能大大提高。

② 俄歇电子能谱（AES）

a. 基本原理

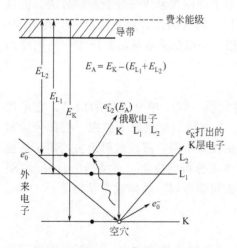

图 1-38　俄歇电子产生的能量关系

如图 1-38 所示，当原子核内层电子（例如 K 层）的某一电子受到激发（可用高能电子或光子来激发）而逸出后留下一个空穴。这时外层（例如 L_1 层）的一个电子进入内层填补空穴，由于它的能量降低而释放出多余能量（以光辐射的形式给出）。这个多余的能量如果被 L_2 层上的某一电子所接受而又使之获得足够的动能而逸出，此逸出电子即称为俄歇电子。由于这种能量传递关系是由各种原子特征所决定的，因此俄歇电子带有所属原子的特征，根据其能量大小可识别。其能量关系为：

$$E_A = E_K - (E_{L_1} + E_{L_2}) \tag{1-58}$$

式中，E_A 为俄歇电子的动能；E_K、E_{L_1}、E_{L_2} 分别表示 K、L_1、L_2 层的电子结合能。

b. 俄歇电子能谱的构造

如图 1-39 所示，AES 谱除了用电子枪和电透镜产生电子束源外，其他部分基本上与 XPS 相似。所以目前不少商品仪器均考虑用同一能量分析器和其配套设备同时用作 XPS 和 AES 的测定。由于俄歇电子的能量低，信号非常微弱，有时需要借助放大的技术来解决。

近来在俄歇电子能谱的基础上又发展了扫描俄歇电子显微镜（SAM），它的基本形式与扫描电子显微镜相似，只不过是检测由试样上产生的俄歇电子而已。

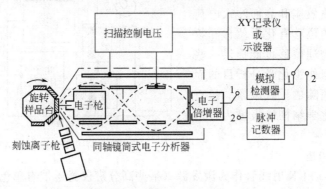

图 1-39　AES 谱仪的构造示意图

③ 低能和高能电子衍射（LEED，RHEED）

LEED 和 RHEED 是研究固体物质的表面晶体结构的方法，一般仅限于单晶物质。其基本原理与 X 射线衍射和电子衍射相同。其特点在于能获得晶体表面结构的信息，如晶体和晶胞参数等。由于单晶的表面与本体常具有一定的差别，所以这两种方法有其独到之处，可作为其他衍射方法的补充。按理，这两种方法不属于能谱之列，但由于它常与能谱联用（特别是 LEED），这样可以发挥各种方法的优势，互相补充。例如 LEED 和 RHEED 不能反映单晶存在的杂质的化学组成，如果与 AES 联用则可以得知，从而便于解释晶体受杂质的影响。

④ 二次离子质谱（SIMS）

SIMS 是用 Ar、Xe 等惰性气体电离产生重离子来轰击样品表面，把打出试样的碎片连同轰击时弹射出去的原激发离子一同送入质谱计，进行质量分离与检测，最后得到质谱。它的原理除了采用离子枪轰击激发以外，其余与质谱仪完全相同，可以参阅质谱有关的文献。SIMS 一般采用四极质谱计，因为它结构简单，而且体积较小。SIMS 是一种非常灵敏的表面分析方法，它对于碱金属的分析灵敏度特别高，另外它也是针对表面同位素成分分析的好方法。但是由于对它得到的质谱解释有困难，从而限制它的应用范围。现代的综合能谱仪上常附有 SIMS 的装置，说明它有一定的重要性。对 SIMS 质谱图的利用，一般仍采取从已知标准样品取得的标准谱图与未知试样谱图对照来加以识别判断。

⑤ 离子散射谱（ISS）

ISS 是进行物体最表层分析的重要手段，它能获得物质一两个单分子层的信息。它采用 He、Ne 等惰性气体经电离后产生的离子束射到试样上，与试样表层的原子碰撞，把部分能量转移给这些表层原子后又散射出去。由于各种试样原子的质量不同，所以散射出去的离子的能量亦不同。但是 ISS 不提供化学键的信息，但它也可以用来分析同位素。必须指出，进行 ISS 测定的样品必须尽可能平整。分析的对象一般为金属、无机非金属、晶体或非晶物质。

（2）电子能谱的应用

① XPS 在聚合物表面结构研究上的应用

XPS 技术，已被公认为研究固态聚合物的结构与性能最好的技术之一。它不但可以研究简单的均聚物，而且可以研究共聚物、交联聚合物和共混聚合物。此外在许多值得重视的工艺技术方面亦日益得到重要的应用，例如对黏结、聚合物降解以及聚合物中添加剂的扩散、聚合物表面化学改性、等离子体和电晕放电表面改性等工艺的应用。这些方面已显示出良好的应用前景。

② 应用 XPS 研究黏结界面

黏结是一种很普通的界面现象，它在许多方面得到应用：比如涂料在被涂件表面附着就是一个界面黏结的问题。又如复合材料工业，材料的复合工艺质量与增强剂及基体间界面黏结质量有关。因此深入了解界面的情况，对提高黏结质量是很重要的。

XPS 在黏结界面研究中的应用如下所述。

a. 黏结界面相互作用的研究：包括金属与聚合物界面间相互作用的研究；固体表面酸-碱相互作用的研究。

b. 偶联剂的偶联作用的研究。

c. 黏结点破坏区域的确定。

d. 黏结点湿热老化破坏机理的研究。

③ 应用 XPS 研究特种表面

a. XPS 在研究表面改性中的应用

包括表面氧化、表面磷化、表面氟化、惰性气体等离子体改性表面。

b. 聚合物的添加剂扩散的研究

9. 高聚物测定及表征方法的展望

(1) 高聚物测定方法的发展趋势

目前，针对高聚物的专用方法极少（例如小角激光光散射），由于高聚物的特殊性需要发展更多的专用仪器和方法。

发展用于高聚物新的测试方法有下列几个途径。

① 继续把在其他领域中成功应用的方法移植到高聚物测定中来。这是一个见效甚快的途径，但是常常需要加以改进，或增添附加装置以适应高聚物的测定。例如裂解色谱来源于气体色谱，本来它是无法对高聚物固体试样进行分析的，但加了裂解装置把高聚物打成碎片，即可获得有用的信息。

② 根据已建立的物理原理和效应，设计成新的分析测定方法。可以看到新的分析测定方法的基本原理都是利用了某种物理效应，传统的化学分析方法已经远远不能适应复杂的体系和精密的要求。甚至有许多物理效应是很久以前就发现和确定了的，但是由于当时技术条件的限制不能成为有用的方法；但是随着技术的进步，今天已经成为强有力的分析测定手段。例如光电子能谱是基于爱因斯坦 1905 年就发现的光电效应。1928 年拉曼发现光的散射中，除了弹性的瑞利散射外还有非弹性的拉曼散射，所以目前有了激光拉曼光谱。在技术迅速发展的今天应该还有不少物理效应可以应用，设计出崭新的方法来。

③ 由于对分析功能和精度的要求愈来愈高，出现把现有方法综合起来使用的趋向。这样可以把各种方法的特点集中起来，起到取长补短的作用。例如色谱-质谱联用、色谱-红外联用等。由于色谱具有很强的分离能力，但定性能力很差。如果与质谱、红外等定性能力很强的仪器联用，必然具有很大的分析威力。又如热重和差热分析与质谱联用，则可以在程序升温的过程中伴随着发生的热反应同时又分析出反应产物。由此可见，仪器的联用是一种很有发展前途的方式。

④ 能在各种环境条件下进行分析测定，常能得到更有用的信息。这就需要改进原有的各种仪器，使之在试样架周围装置加热、冷却、真空或通入各种气氛，甚至可以使试样处在各种

受力状态下进行测定，以便动态地观察到试样在各种条件下所发生的变化。由于高聚物的结构与性能对环境的影响非常敏感，所以更有针对性的意义。现在已有很多仪器附有这种装置，如红外光谱样品池可以加热或冷却，可以连续地观察到由于温度的影响，高聚物发生环化、分解、交联等化学结构上的变化和结晶、晶体熔融和晶型的聚集态结构的变化。又如在红外二向色性光谱仪中配有拉伸装置可以用于高聚物薄膜在拉伸过程中取向的情况。在新型的透射和扫描电子显微镜中也附有加热、冷却样品台和施加载荷的装置，直接观察高聚物试样结构形貌的变化过程。

⑤ 近年来在各种分析测定的仪器设计中都考虑了电子计算机技术的配合，特别是微型计算机飞速发展更推动了这种趋势。计算技术的数学关系能使分析仪器的效能大大提高。例如傅里叶干涉红外光谱利用迈克尔逊干涉仪把从光源来的信号变成干涉图，然后把此干涉图的信号送到电子计算机，进行傅里叶变换的数学处理还原成光谱。这样可以大大加快光谱的扫描速度，同时也大大提高了分辨能力。如果没有电子计算机的配合，单从干涉图是看不到光谱的。傅里叶转换方法同样也应用于核磁共振波谱。

电子计算机还可以用来进行数据处理。如对峰面积的积分、自动校正由于仪器本身原因造成的基线偏移、以多次累加的方式改善信号的信噪比，最重要的是能把谱图中重叠的峰分开，这是利用电子计算机的存储、运算以及数-模或模-数转换的功能。除此之外，电子计算机还可以用来控制仪器的自动操作，还可以利用电子计算机的外围存储装置（如磁盘、磁带等）把已测定过的各种试样的数据储存起来，形成小型数据库，可以随意取出再现，方便了与未知试样的核对工作。所以，电子计算机不仅提高了数据的精度，而且大大方便了操作。

(2) 几种新的分析表征方法

下面列举几种可用于高聚物的新分析测定方法，目的在于说明物理原理通过新技术的配合最终发展成为具体的分析测定方法。

① 光声光谱

a. 原理

光声光谱来源于1880年贝尔发现的光声效应。所谓光声效应是当一束受周期调制的交变光照射在物体上时，物体将吸收部分光能转变成热能。如果物体是放置在一个密闭的体系中，则放出的热会使周围气体膨胀而增加了压力，而此压力将随交交光的周期发生相应的变化。因此，如果用一个微音器与此密闭体系相连动，则压力的周期变化即转换成声信号。

光声光谱基本上与吸收光谱一致，因为它的本质是物体吸收了某些波长的光从而产生热，根据热量的大小相应地表示在光谱上的吸收率，从而形成谱图。

b. 光声光谱仪及其应用

目前光声光谱已经有商品化的仪器。光声光谱已逐步试用于高聚物试样，如对高聚物的鉴别。根据光声光谱能够进行深度分析的特点，可用于测定经表面处理后的高聚物试样来评价处理方法，或者研究高聚物的表面老化和测定老化深度。此外也可用来测定高聚物的热导率，和高聚物与不同气体之间的热导率。随着仪器的推广将会出现更多用于高聚物的研究工作。

② 中子散射法

a. 原理

随着高能物理研究的进展，出现了加速器和反应堆，从而提供了中子源并由此发展了中子散射法。中子是中性粒子，所以不受磁场和电场的影响，而只会由于与其他粒子碰撞而发生偏折。因此它的穿透能力是强大的，只会被非常厚的壁垒所终止。中子穿入原子和核发生下列相互作用。

ⓐ 弹性散射（弹性碰撞）。这是一种主要的行为，它使中子减速。互相碰撞的中子和核的

总动能和总动量不变，不会发生电磁波辐射损失。

ⓑ 非弹性散射（非弹性碰撞）中子与原子核碰撞时，此系统有能量的损失，即以电磁波辐射的形式耗散。

ⓒ 捕获反应。当中子进入原子时被核吸收，从而变为高能态的核，然后吸收的多余能量又以放出一个质子而消失。

b. 中子散射的测定方法

目前已发展了两种中子散射谱仪。

ⓐ 飞行时间谱仪　仪器的结构如图 1-40 所示。一束由反应堆来的中子束通过一片放在液氮中的铍-铋滤色片，使之成为能量为 5.3MeV 单一能量的中子束照射到试样上，然后向各个方向散射、散射的中子被一旋转的准直器所分割，结果分成若干能量不同的散

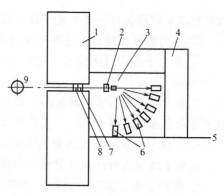

图 1-40　中子散射飞行时间谱仪示意图
1—反应堆屏蔽板；2—试样；3—旋转准直器；
4—可移动屏蔽板；5—反应器平台面；6—
BF$_3$ 检测器；7—铋滤波器；8—铍滤波器；
9—反应堆源

射束，分别被分配在各个角度上的一系列 BF$_3$ 比例计数器所接收。中子由分割准直器飞抵某检测器的时间，用电子通道时间分析器记录。此时间的长短即标志该散射中子能量的大小。因此从散射中子的能量与入射中子能量的差值即可得到在各角度上散射试样的振动能。

ⓑ 三轴中子散射谱仪　如图 1-41 所示，由反应堆来的一束中子，通过准直器射到晶体单色器上，形成波长为 λ 的单色中子束从单色仪来的中子束照射在试样上以后又以 φ 角散射出来，于是再用另一块扫描的分析单色晶体来接收，最后用 BF$_3$ 检测器测定在各角度上的中子强度，即可以扫描角度对强度作图而得到散射谱。

c. 中子散射在高聚物中的应用

中子散射方法由于受到中子源装置的限制，只能在有反应堆的地区进行，因此研究工作的广泛性受到影响。但是又由于它具有很多特点而引起人们的兴趣。目前已经有下列应用于高聚物方面的报道。

ⓐ 测定高聚物链正常的分子振动和分子链间的协同振动。

ⓑ 测定高聚物中子散射截面积，作为一种表征参数。

ⓒ 测定高聚物在玻璃态、橡胶态以及在溶液中（特别是采用小角中子散射 SANS 法时）的分子构象。

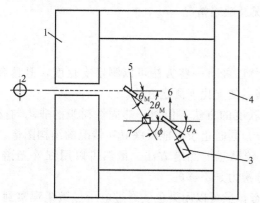

图 1-41　三轴中子散射谱仪示意图
1—反应堆屏蔽；2—反应堆源；3—BF$_3$ 检测器；
4—可移动屏蔽；5,6—晶体单色器；7—试样

ⓓ 表征高聚物交联网结构。

③ 正电子湮灭分析

a. 原理

正电子湮灭是一种新方法，它是由于在同位素的研究中发现了正电子才发展起来的。电子有两类，即众所周知的负电子（e$^-$）和陌生的正电子（e$^+$）。正电子能被分子中的负电子所湮灭，随即放射出两个湮灭光子。由于湮灭光子能提供正负电子在湮灭时的信息，所以测量湮灭电子可以得到试样的物理和化学结构的情报。

b. 实验方法

正电子湮灭分析一般有三种方法。

ⓐ 角相关技术：这是基于正-负电子对在湮

灭时总功能转换为两个湮灭光子这一事实出发的。

ⓑ 多普勒展宽技术：这种技术是用多普勒效应来测量湮灭电子对的能量分布。

ⓒ 正电子寿命测试技术：这种方法是利用正电子源在发生一个正电子时必然伴随着放射一个光子。

正电子湮灭分析所用的样品，也不受固体、液体和几何形状的限制。但出于由源发出的正电子必须全部在试样中湮灭，所以样品必须有足够的厚度，其面密度应大于 $0.1g/cm^2$。

c. 正电子湮灭分析在高聚物中的应用

正电子湮灭分析已在高聚物中获得多种用途，现分述如下。

ⓐ 可用正电子湮灭时间和角分布关系法来研究四氟乙烯、聚乙烯等烯类高聚物的自由体积受温度、压力、结晶度、密度、辐照和电场等影响。

ⓑ 可以用来测定高聚物玻璃化转变温度 T_g。因为在寿命时间与温度作图的曲线上将出现转折点，此即 T_g 温度。

ⓒ 用寿命时间法可以研究聚氯乙烯的热裂解。

ⓓ 寿命时间谱还可以研究在辐射引发下一些单体的固相聚合反应。因为聚合过程的进展对寿命谱形状的影响很大。

④ 扫描超声显微镜

a. 原理

扫描超声显微统是利用声波在不同物体中传播速度不同的原理来实现的。声传导速度与物质的密度有关，密度大传导速度快。因此只要被观察物体各组成部分的密度有差别，即可构成图像。

b. 扫描超声显微镜的实验装置

扫描超声显微镜已经在实验室中试制出来。由于尚存在声聚焦束斑不够细，从而分辨力不太理想，还有待于进一步改进。目前尚无定型商品仪器。

c. 扫描超声显微镜用于高聚物测定的设想

由于扫描超声显微镜尚处于研制阶段，所以目前尚未看到应用于高聚物方面的研究报道。但是根据它的原理和特点，估计将会在下列方面获得应用。

ⓐ 部分结晶高聚物的晶区与非晶区的分布情况，高聚物晶体的形态。

ⓑ 高聚物合金的相容性情况，分散相的结构形态及分散相在连续相中的分布情况。

ⓒ 高聚物复合材料增强剂在基体中的分布情况及缺陷情况。

（3）高聚物在测定方法上存在的问题

高聚物在测定方法上存在的问题如下。

① 支化度对线型高聚物的性能影响很大，显然已经有一些方法可以测定支化度，但具有很大的局限性，而且准确性很差，迄今尚无令人满意的支化度测定方法。

② 虽然对橡胶类高聚物已有较好的测定其交联度的方法，但对于热固性树脂的非均匀交联网的结构及交联度的表征尚没有建立较好的方法，同时也没有能反映真实情况的结构图像。

③ 对于不熔不溶高聚物的化学结构也缺乏比较满意的测定方法。虽然可以用红外光谱、拉曼光谱和固体核磁共振波谱得到一些信息但是分辨力是不够的。

④ 对于高聚物合金的分散相的分布及结构形态，虽可以用染色法通过电子显微镜观察到，但是对一些无法染色的高聚物合金，尚有困难。虽然可以用化学的方法，引入可染色的基团，但往往会影响原来的结构形态。这就需要像扫描超声显微镜一类的设备。

⑤ 高聚物复合材料的界面的化学和物理结构，还没有有效的表征和测定方法。

第八节　聚合物的设计合成

在长期的研究中，人们认识到，高分子材料的性能是由复杂的结构体系和加工技术所决定的。20世纪80年代，美国国家研究委员会在其发表的《90年代的材料科学与材料工程》中指出："性质、结构与成分、合成与加工、使用性能，以及它们之间的密切关系确定了材料科学与工程这一领域"。多年以来，人们一直是按正向进行材料的合成与加工，即先通过新的聚合机理和加工技术，合成出一种新的聚合物，再研究这种聚合物的结构及相关性能，最后由聚合物的性能去开发其所能应用的领域。随着人们对高分子材料性能要求的不断提高，按传统方法制备出的聚合物已不能满足实际需要，到20世纪末，人们根据有机合成，特别是受药物设计合成成功的启发，提出了实行高分子设计合成的概念。所谓高分子的设计合成，是指按特定的使用要求和性能，设计出具有此种性能聚合物的结构，再有目的地合成出具有此种结构的聚合物，也就是常说的"逆向开发"。

实现高分子设计合成，需要掌握已积累的高分子结构与性能、合成与结构、性能与加工等的各种相互关系的大量理论、实验数据和规律。先采用数理统计方法推断出能满足指定性能的高分子结构模型；再根据高分子结构选择适宜的单体、反应机理及聚合方法，确定合成工艺路线、工艺参数、加工方法及加工工艺参数等；对所得高分子材料进行性能分析测试，以验证是否合乎目标产物要求，并进行信息反馈；对合成及加工进行调整，直至合成出满意的目标产物。

高分子分子设计可通过以下几种方法实施：直接组合法，即由几种具有预定结构和反应活性的分子，通过反应拼合成目标分子。逻辑中心法，即将目标分子分解成由几种前体组成，而前体又可进一步分解，这样一直分解到可合成出的前体为止（如图1-42所示）。以上两种方法主要是从分子、基团水平上通过数据库等大量数据，结合现代理论进行高分子设计。模型和模拟法，通过已积累的相关数据和规律，建立一个适当的数学模型，依靠模型进行目标高分子的设计。这种方法主要是借助可靠的先进理论，通过计算机图形学进行设计。

进行高分子设计合成，首先是以目标产物的性能为出发点，推断出具有此种性能聚合物的大分子结构。就目前高分子科学现状和所达到的水平看，距实现上述目标尚有很大差距。在对聚合物结构与性能关系的掌握上，目前所积累的信息大多是定性的、经验性的或半定量的，因而只能对某种结构或物性进行局部的分子设计，随着分析测试手段的不断精细化，量子化学、分子力学、分子生物学的发展，数学

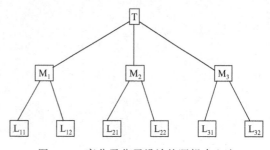

图1-42　高分子分子设计的逻辑中心法

及计算机的引入，人们对聚合物结构与性能间关系将逐步进入定量化。

下一步工作是对所确定的大分子结构进行分割，以确定所使用的单体，是用一种单体进行均聚还是几种单体的共聚。目前单体主要来源于石油化工，从长远角度看，应加大从煤炭、农业、生物等领域选择单体。

再下来是聚合机理的选择，在某些情况下可能只有一种机理可以使用，但很多情况是某种结构的聚合物可采用的聚合机理不只一种，这时就面临一个最佳化的选择。

对于逐步聚合来说，由于反应存在于单体所带官能团之间，因此只要能合成出相应结构的单体，一般可以方便地得到所需结构的聚合物。这也是近年来多数新的聚合物是通过逐步聚合

实现的原因。对于连锁聚合来说，可供选择的余地要大一些。首先要根据单体的结构确定其所适用的聚合机理。对带有强推电子基团的单体，如异丁烯、乙烯基醚等，只能采用阳离子聚合；对带有强吸电子基团的单体，如硝基乙烯、二氰基乙烯等，则原则上宜采用阴离子聚合；对多数烯类单体，则可采用多种聚合机理进行合成。

相对于其他连锁聚合反应而言，自由基聚合由于单体来源广、反应条件温和而在科学研究和工业上得到广泛应用，其不足在于对聚合物各种指标，如相对分子质量及分布、微观结构、立体结构、序列结构等的控制不理想，因而要想得到更加精致的聚合物需选用其他的聚合机理。目前进行设计合成最佳的是阴离子聚合，尤其对共轭烯烃类单体。对立构规整聚合物来说，则应首选配位聚合。

共聚合是得到更多理想聚合物的有效手段，由于单体本身活性不同，加上共聚合中存在的序列结构问题，使得共聚合机理的选择要比均聚合时繁杂得多。从目前研究水平看，多局限于二元共聚，仍以自由基共聚应用最多，尤其在无规共聚、接枝共聚方面。对嵌段共聚，则一般采用阴离子共聚。

其他的聚合机理，如开环聚合、基团转移聚合、易位聚合等，各有特色，一般对单体的选择性较强，当条件允许时可以选用。

由于对特定结构聚合物的要求越来越高，单一的通过一种聚合历程已不能满足这一需要。人们正努力将不同的聚合机理结合起来，如通过一种机理合成出特定结构的聚合物，再以此聚合物为大分子单体或大分子引发剂，采用另一种机理继续反应得到最终产物。再一个趋势是采用大分子反应，通过对已有聚合物进一步的有机反应、无机反应、生物化学反应等得到所需的聚合物。

从高分子发展的历史和今后的发展方向都可以看出实验和理论的重要性。牢固地掌握理论，熟练地把握实验技术，自如地进行实验设计，对每一个高分子科学工作者都是极其重要的。

第二部分 实 验

第一节 基础实验

实验1 膨胀计法测定甲基丙烯酸甲酯本体聚合反应速率及有机玻璃棒的制备

一、目的要求

1. 掌握膨胀计的使用方法。

2. 掌握膨胀计法测定聚合反应速率的原理。

3. 测定甲基丙烯酸甲酯本体聚合反应平均聚合速率,并验证聚合速率与单体浓度间的动力学关系。

4. 掌握三段本体聚合法制备有机玻璃棒的基本原理和方法。

二、基本原理

1. 聚合机理

甲基丙烯酸甲酯的本体聚合是按自由基聚合反应历程进行的,其活性中心为自由基。自由基聚合是合成高分子化学中极为重要的反应,其合成产物约占总聚合物的60%、热塑性树脂的80%以上,是许多大品种通用塑料、合成橡胶和某些纤维的合成方法。甲基丙烯酸甲酯的自由基聚合反应包括链引发、链增长和链终止,当体系中含有链转移剂时,还可发生链转移反应。其聚合历程如下:

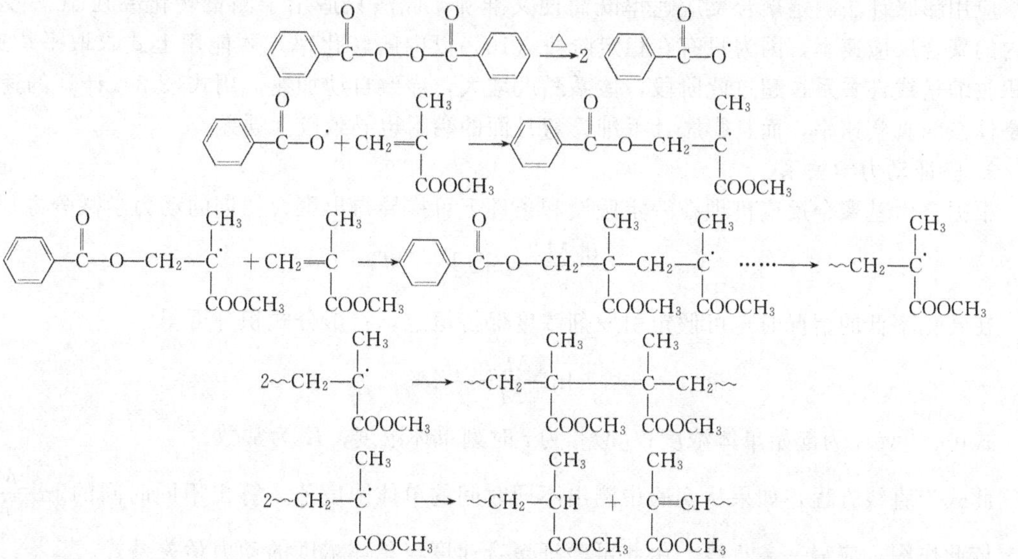

自由基聚合反应通常可采用本体、溶液、悬浮、乳液聚合四种方式实施。其中,本体聚合是不加其他介质,只有单体本身在引发剂或催化剂、热、光作用下进行的聚合,又称块状聚合。本体聚合纯度高、工序简单,但随着转化率的提高,体系黏度增大,聚合热难以散出,同

时长链自由基末端被包裹，扩散困难，自由基双基终止速率大大降低，致使聚合速率急剧增大而出现自动加速现象，短时间内产生更多的热量，从而引起分子量分布不均，影响产品性能，更为严重的会引起爆聚。因此甲基丙烯酸甲酯的本体聚合一般采用三段法聚合，而且反应速率的测定只能在低转化率下完成。

2. 反应速率的测定

在聚合过程中，不同的聚合体系和聚合条件具有不同的反应速度，聚合速度测定对工业生产和理论研究具有重要意义。聚合反应速率的测定一般可分为化学方法和物理方法两大类。化学方法是在聚合反应过程中，用化学分析的方法测定生成的聚合物量和残存的单体量。物理方法则是利用聚合反应过程中某物理量的变化测定聚合反应速率，这些参数必须正比于反应物或产物的浓度。

本实验采用膨胀计法测定聚合反应速率，基于单体密度小于聚合物密度，在聚合过程中体系体积不断缩小，当一定量单体聚合时，体积的变化与转化率成正比。如果将这种体积的变化置于一根直径很小的毛细管中观察，测试灵敏度将大大提高，这种方法就叫膨胀计法。

若以 ΔV 表示聚合反应 t 时刻的体积收缩值，则转化率为：

$$C = \frac{\Delta V}{V_0 K} = \frac{\pi r^2 h}{V_0 K} \tag{2-1}$$

$$K = \frac{d_p - d_m}{d_p} \times 100\% \tag{2-2}$$

式中，V_0 为聚合体系起始体积；K 为单体全部转化为聚合物时的体积变化率；r 为毛细管半径；h 为某时刻聚合体系液面下降高度；d_p 为聚合物密度；d_m 为单体密度。

聚合反应速率为：

$$R_p = \frac{d[M]}{dt} = \frac{[M]_2 - [M]_1}{t_2 - t_1} = \frac{C_2 [M]_0 - C_1 [M]_0}{t_2 - t_1} = \frac{C_2 - C_1}{t_2 - t_1}[M]_0 \tag{2-3}$$

因此，通过测定某一时刻聚合液面下降高度，即可计算出此时刻的体积收缩值和转化率，进而做出转化率与时间关系曲线，取直线部分斜率，即可求出平均聚合反应速率。

应用膨胀计法测定聚合反应速率既简便又准确，此法只适用于测量转化率在 10% 反应范围内的聚合反应速率，因为只有在稳定阶段（10% 以内的转化率）才能用上式求取平均速率，体积收缩呈线性关系，超过此阶段，体系黏度增大，导致自动加速，用式(2-3) 计算的速率已不是体系的真实速率，而且膨胀计毛细管弯月面的黏附也导致较大误差。

3. 验证动力学关系

根据自由基聚合反应机理在一定假设和条件下可推导得出聚合初期的动力学微分方程：

$$-\frac{d[M]}{dt} = k[I]^{0.5}[M] \tag{2-4}$$

在转化率低的情况时，可假定引发剂浓度保持恒定，将微分式积分可得：

$$\ln \frac{[M]_0}{[M]} = Kt \tag{2-5}$$

式中，$[M]_0$ 为起始单体浓度；$[M]$ 为 t 时刻单体浓度；K 为常数。

此式为直线方程，如果从实验中测出不同时间的单体浓度值，算出不同时间的 $\ln \frac{[M]_0}{[M]}$ 数值，依此作图，应得一条直线，由此可验证聚合速度与单体浓度的动力学关系式。

已知 t 时刻反应掉的单体量为：

$$C[M]_0 = \frac{\Delta V}{V_0 K}[M]_0 \tag{2-6}$$

t 时刻体系中剩下的单体量为：

$$[M] = [M]_0 - \frac{\Delta V}{V_0 K}[M]_0 = [M]_0 \left(1 - \frac{\Delta V}{V_0 K}\right) \tag{2-7}$$

则

$$\frac{[M]_0}{[M]} = \frac{1}{\left(1 - \dfrac{\Delta V}{V_0 K}\right)} \tag{2-8}$$

$$\ln \frac{[M]_0}{[M]} = \ln\left(\frac{1}{\left(1 - \dfrac{\Delta V}{V_0 K}\right)}\right) \tag{2-9}$$

因此测出不同时间的体积收缩值 ΔV 就可算出 $\ln \dfrac{[M]_0}{[M]}$ 值，作 $\ln \dfrac{[M]_0}{[M]}$ 与 t 关系图，即可验证甲基丙烯酸甲酯聚合初期聚合反应速率与其浓度的一级线性关系。

三、主要试剂与仪器

1. 主要试剂

名　称	试　剂	规　格	用　量
单体	甲基丙烯酸甲酯(除阻聚剂)	聚合级	14mL
引发剂	过氧化二苯甲酰(精制)	化学纯	(0.13±0.005)g

2. 主要仪器

膨胀计 [内径已标定，$r=(0.2\sim0.4)$mm，如图 2-1 所示]，恒温水浴装置（控温精度 0.1℃）一套，25mL 磨口锥形瓶一个，1mL 和 2mL 注射器各一只，称量瓶一只，20mL 移液管一只，分析天平（最小精度 0.1mg）一台；试管一支，恒温振荡器一台，恒温水槽（控温精度 1℃）一台，电热烘箱一台。

四、实验步骤

（一）甲基丙烯酸甲酯本体聚合反应速率的测定

1. 在分析天平上称取 0.13g 已精制的过氧化二苯甲酰放入洗净烘干的 25mL 磨口锥形瓶中，再用移液管取 14mL 甲基丙烯酸甲酯加入锥形瓶中，摇匀溶解。

2. 按膨胀计上的标号查出其半径，然后在膨胀计毛细管的磨口处均匀涂抹真空油脂（磨口上沿往下 1/3 范围内），将毛细管口与聚合瓶旋转配合，检查是否严密，防止泄漏，再用橡皮筋固定好，用分析天平精称 m_1，另外再称一个小称量瓶备用。

3. 取下膨胀计上的毛细管，用注射器吸取 $1\sim2$mL 已配好的单体和引发剂溶液缓慢加入聚合瓶至磨口下沿往上 1/3 处（注意不要将磨口处的真空油脂冲入单体溶液中），再将毛细管垂直对准聚合瓶，平稳而迅速地插入聚合瓶中，使毛细管中充满液体。然后仔细观察聚合瓶和毛细管中的溶液中是否残留有气泡以及毛细管中的溶液液面，如有气泡或液面太低，必须取下毛细管并将磨口重新涂抹真空油脂再配合好，然后将聚合瓶和毛细管用橡皮筋固定好，用滤纸把膨胀计上溢出的单体吸干，再用分析天平称重 m_2。

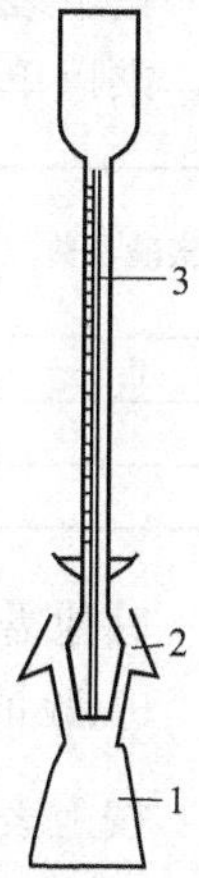

4. 将膨胀计放入已恒温的 (50±0.1)℃恒温水浴中，水面在磨口上沿以下。此时膨胀计毛细管中的液面由于受热而迅速上升，用 1mL 注射器将毛细管零刻度以上的溶液吸出，放入预先称量好的称量瓶中。仔细观察毛细管中液面高度的变化，当反应物与水浴温度达到平衡时，毛细管液面不再上升，准确调至零点，记录此时刻液面高度，即为反应的起始点。将抽出的液体称重，记为 m_3。

图 2-1　毛细管膨胀计
1—聚合瓶；
2—毛细管；
3—磨口

5. 反应初期，由于体系混有少量杂质，使聚合反应的链引发不能立即开始，毛细管中的液面高度在短时间内保持不变，此时即开始记录数据，每隔 5min 记录一次，这段时间称为诱导期。过了诱导期，液面开始下降，随着反应进行，液面高度与时间呈线性关系。大约经过 60min，转化率达 10% 即可停止反应。

6. 从水浴中取出膨胀计，将聚合瓶中的聚合物倒入回收瓶，在小烧杯中用少量丙酮浸泡，用洗耳球不断将丙酮吸入毛细管中反复冲洗，至毛细管中充满丙酮后迅速流下，干燥即可。

（二）有机玻璃棒的制备

在聚合速率测定进行了大约 30min 后，将放有剩余聚合液的 25mL 磨口锥形瓶放入 80℃ 恒温振荡器中进行预聚，仔细观察变化，待预聚物呈黏稠状且黏度稍大于甘油时（此时转化率约 10%，需用时 20～30min），将预聚物沿管壁缓慢倒入试管中（事先可将一小工艺品或图片放入试管内可制得有机玻璃工艺品），操作时注意不要产生气泡。然后放入 45℃ 恒温水浴中聚合 8h，使转化率达到 75%～80%。最后将试管放入烘箱中在 95～100℃ 聚合 8h，即可得到透明度高、表面光洁的圆柱形有机玻璃棒。

五、结果与讨论

1. 实验参数

（1）毛细管半径 r：实验前采用水银法标定。

（2）聚合体系起始体积 V_0(mL)　　$V_0 = m/d_m$

式中，d_m 为单体密度，$d_m(50℃) = 0.94 g/mL$；m 为膨胀计中聚合液质量，g，$m = m_2 - m_1 - m_3$。

（3）体积变化率 K　　$K = \dfrac{d_p - d_m}{d_p} \times 100\%$

式中，d_p 为聚合物密度，$d_p(50℃) = 1.179 g/mL$。

（4）单体起始浓度 $[M]_0$(mol/L)　　$[M]_0 = \dfrac{m/M}{V} = \dfrac{V \times d_m}{M} \times \dfrac{1}{V} \times 10^3 = \dfrac{d_m}{M} \times 10^3$

式中，M 为甲基丙烯酸甲酯相对分子质量。

2. 测定聚合速率

按下表记录数据，计算各参数，绘制转化率（C）与聚合时间 t 关系图，线性回归求得斜率，乘以单体浓度即得聚合初期反应速率。

实验参数	t	T	h	ΔV	C	$\ln \dfrac{1}{\left(1 - \dfrac{\Delta V}{V_0 K}\right)}$
单位	s	℃	cm	mL	%	

其他需记录的参数包括：r(mm)，m_1(g)，m_2(g)，m_3(g)。

3. 验证动力学关系式

按上表求出最后一项，做出 $\ln \dfrac{1}{\left(1 - \dfrac{\Delta V}{V_0 K}\right)}$ 与 t 关系图，求出直线斜率进行验证。

4. 思考题

（1）甲基丙烯酸甲酯在聚合过程中为何会产生体积收缩现象？本实验测定聚合速率的原理是什么？如果测定时水浴温度偏高，对实验结果和图形有何影响？

（2）若采用偶氮二异丁腈作引发剂，聚合速度将如何改变？实验过程中有何现象发生？

（3）为什么要依次采用80℃、45℃、100℃的三段聚合工艺制备有机玻璃棒？

六、实验拓展

1. 采用折射率法亦可测定聚合速率。称取15mg偶氮二异丁腈溶于15mL甲基丙烯酸甲酯单体中，溶解，用注射器迅速注入已用氮气驱氧的2mL安培瓶中，立即熔封，检查是否漏液，一共制备13支。然后将所有安培瓶放入70℃的恒温水槽的烧杯中，开始计时，每隔5min取出一只安培瓶，摇动并迅速用冷水冷却，打开安培瓶，取出一滴聚合混合液置于阿贝折射仪棱镜上，测定折射率，测定结束后立即用丙酮清洗棱镜，再进行下一个样品的测试。按下式计算转化率：

$$C=\frac{1.0638(n_p-1.4147)}{0.2156n_p-0.2395}$$

式中，n_p 为所测得的聚合混合液的折射率。

2. 实验室制备有机玻璃板的方法

① 制模

取三块 40mm×70mm 硅玻璃片洗净并干燥。把三块玻璃片重叠，并将中间一块纵向抽出约30mm，其余三断面用涤纶绝缘胶带封牢。将中间玻璃抽出，作灌浆用。

② 预聚合（制浆）

称取 0.03g BPO 和 30g 甲基丙烯酸甲酯加入三口烧瓶中，搅拌溶解，水浴加热至 80～90℃预聚合，反应 0.5～1h 后体系黏度与甘油状类似时，迅速冷却至室温。

③ 灌浆

将冷却的黏液慢慢灌入模具中，垂直放置 10min 赶出气泡，然后将模口包装密封。

④ 后聚合

将灌浆后的模具在 50℃的烘箱内进行低温聚合 6h，当模具内聚合物基本成为固体时升温到 100℃，保持 2h。

⑤ 脱模

将模具缓慢冷却到 50～60℃，撬开硅玻璃片，得到有机玻璃板。

七、背景知识

1. 聚甲基丙烯酸甲酯具有优良的光学性能，密度小，力学性能好，耐候性好。在航空、光学仪器、电器工业、日用品等方面用途广泛。甲基丙烯酸甲酯通过本体聚合方法可以制得有机玻璃，由于分子链中有庞大侧基存在，为无定形固体，其最突出的性能是具有高度的透明性，它的比重小，制品比同体积无机玻璃轻巧得多，同时又具有一定的耐冲击性与良好的低温性能，是航空工业与光学仪器制造工业的重要原料，主要用作航空透明材料（如飞机风挡和座舱罩等）、建筑透明材料（如天窗和天棚等）、仪表防护罩、车辆风挡、光学透镜、医用导光管、化工耐腐蚀透镜、设备标牌、仪表盘和罩盒、汽车尾灯灯罩、电器绝缘部件及文具和生活用品。悬浮法制得的聚甲基丙烯酸甲酯的分子量比浇铸型的低，可以注射、模压和挤出成型，主要用于制交通信号灯罩、工业透镜、仪表控制板、设备罩壳和假牙、牙托、假肢及其他模制品。

2. 甲基丙烯酸甲酯是一种活性高而易于均聚和共聚的单体。工业上通常采用本体浇铸法和悬浮法制它的均聚物。由于甲基丙烯酸甲酯本体聚合时具有易产生凝胶效应、易爆聚、体积收缩率大等特点，所以工业上采用90℃预聚、40～70℃聚合、120℃后聚合的三段聚合工艺，生产 8～12mm 厚的有机玻璃的典型配方为：单体 100 份、偶氮二异丁腈 0.025 份、邻苯二甲酸二丁酯 5 份、硬脂酸 0.2 份、甲基丙烯酸 0.1 份。悬浮法制备聚甲基丙烯酸甲酯采用逐步升温法，由常温逐步升至90℃，典型配方为：单体 70 份；软水 420 份；聚甲基丙烯酸钠 18

份；过氧化苯甲酰 0.54 份；聚乙烯醇 0.025 份。此外，甲基丙烯酸甲酯还可与其他烯类单体或丙烯酸酯类单体产生共聚，以溶液或乳液聚合方式生产，用于涂料、胶黏剂等精细化工行业。

八、注意事项

1. 测定动力学用的甲基丙烯酸甲酯必须是新蒸馏的。

2. 在操作过程中，当未用皮筋将毛细管和聚合瓶固定时，一定要将它们分别放好，以防摔碎。另外，尽量不要用手拿聚合瓶，这样会使聚合液受热，毛细管液面波动较大。

3. 若聚合液多次从聚合瓶和毛细管相互接触的磨口处泄漏，则应更换新的膨胀计。

4. 在 80℃ 制备有机玻璃棒时一定要密切观察后期的黏度变化，当黏度稍大于甘油时应迅速转至试管中，否则会发生爆聚。

实验 2 苯乙烯的悬浮聚合

一、目的要求

1. 了解苯乙烯自由基聚合的基本原理。

2. 掌握悬浮聚合的实施方法，了解配方中各组分的作用。

3. 了解分散剂、升温速度、搅拌速度对悬浮聚合的影响。

二、基本原理

苯乙烯在水和分散剂作用下分散成液滴状，在油溶性引发剂过氧化二苯甲酰引发下进行自由基聚合，其反应历程如下：

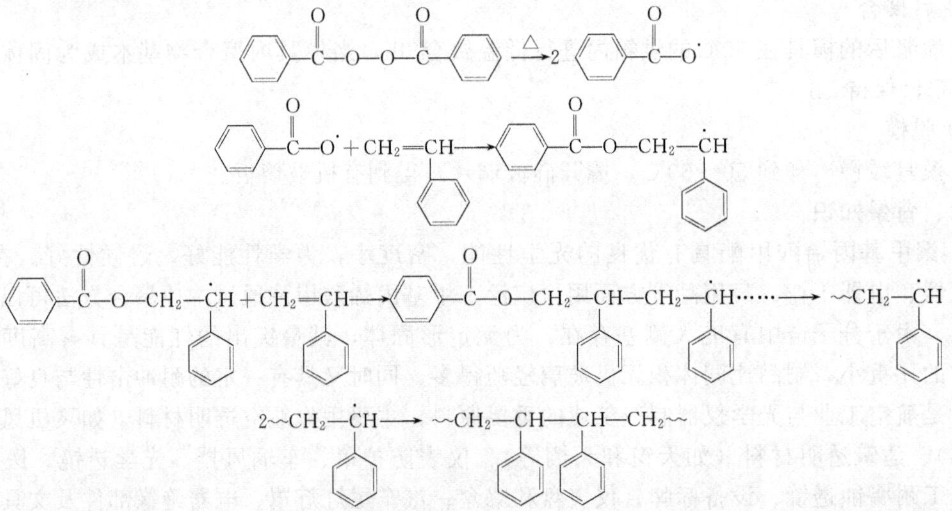

悬浮聚合是由烯类单体制备高聚物的重要方法，由于水为分散介质，聚合热可以迅速排除，因而反应温度容易控制，生产工艺简单，制成的成品呈均匀的颗粒状，故又称珠状聚合，产品不经造粒可直接加工成型。

苯乙烯是一种比较活泼的单体，容易进行聚合反应。苯乙烯在水中的溶解度很小，将其倒入水中，体系分成两层，进行搅拌时，在剪切力作用下单体层分散成液滴，界面张力使液滴保持球形，而且界面张力越大形成的液滴越大，因此在作用方向相反的搅拌剪切力和界面张力作用下液滴达到一定的大小和分布。而这种液滴在热力学上是不稳定的，当搅拌停止后，液滴将凝聚变大，最后与水分层，同时聚合到一定程度以后的液滴中溶有的发黏聚合物亦可使液滴相黏结。因此，悬浮聚合体系还需加入分散剂。

悬浮聚合实质上是借助于较强烈的搅拌和悬浮剂的作用，将单体分散在单体不溶的介质（通常为水）中，单体以小液滴的形式进行本体聚合，在每一个小液滴内，单体的聚合过程与本体聚合相似，遵循自由基聚合一般机理，具有与本体聚合相同的动力学过程。由于搅拌和悬浮剂作用，单体被分散成细小液滴，因此悬浮聚合又有其独到之处，即散热面积大，防止了在本体聚合中出现的不易散热的问题。由于分散剂的采用，最后的产物经分离纯化后可得到纯度较高的颗粒状聚合物。

三、主要试剂和仪器

1. 主要试剂

名　称	试　剂	规　格	用　量
单体	苯乙烯	除去阻聚剂	15g
油溶性引发剂	过氧化二苯甲酰	CP，重结晶精制	0.3g
分散剂	聚乙烯醇	1799 水溶液 1.5%	20mL
分散介质	水	去离子水	130mL

2. 主要仪器

聚合装置一套（包括：250mL 三口烧瓶一只，电动搅拌器一套，冷凝管一只，0～100℃温度计一只，加热套一套。如图 2-2 所示）；水泵一台；分析天平一台；表面皿一个；吸管一只；20mL 移液管一只；布氏漏斗一个；100mL 锥形瓶一个；100mL 量筒一个。

四、实验步骤

1. 安装装置　按图安装好实验装置，为保证搅拌速度均匀，整套装置安装要规范。尤其是搅拌器，安装后用手转动要求无阻力，转动轻松自如。本装置采用调压器，通过改变电压的方式来控制电机转速和加热温度，进而达到控制搅拌速度和聚合物温度的目的。

2. 加料　用分析天平准确称取 0.3g 过氧化二苯甲酰放入 100mL 锥形瓶中，再用移液管按配方量取苯乙烯加入锥形瓶中，轻轻振荡，待过氧化二苯甲酰完全溶解后加入三口烧瓶。再用量筒取 20mL 1.5% 的聚乙烯醇溶液加入三口烧瓶，最后用 130mL 去离子水分别冲洗锥形瓶和量筒后加入三口烧瓶中。

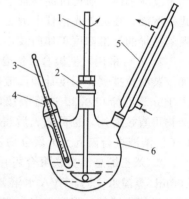

图 2-2　聚合实验装置图
1—搅拌器；2—聚四氟密封塞；
3—温度计；4—温度计套管；
5—冷凝管；6—三口烧瓶

3. 聚合　通冷凝水，启动搅拌并控制在一恒定转速，在 20～30min 内将温度升至 85～90℃，开始聚合反应。在反应一个多小时以后，体系中分散的颗粒变得发黏，此时一定要注意控制好搅拌速度。在反应后期可将温度升至反应温度上限，以加快反应，提高转化率。当反应 1.5～2h 后，可用吸管取少量颗粒于表面皿中进行观察，如颗粒变硬发脆，可结束反应。

4. 出料及后处理　停止加热，一边搅拌一边用冷水将三口烧瓶冷却至室温，然后停止搅拌，取下三口烧瓶。产品用布氏漏斗过滤，并用热水洗数次。最后产品在 50℃ 鼓风干燥箱中烘干，称重，计算产率。

五、结果与讨论

1. 每隔 15min 记录一次加热和搅拌电压、搅拌速度、聚合温度，其中升温、取样、颗粒变硬的时间和温度也要记录下来。

2. 根据所得产物质量计算反应产率。

3. 思考题

（1）结合悬浮聚合的理论，说明配方中各组分的作用。如将此配方改为苯乙烯的本体或乳液聚合则需作那些改动，为什么？

（2）分散剂作用原理是什么？其用量大小对产物粒子有何影响？

（3）悬浮聚合对单体有何要求？聚合前单体应如何处理？

（4）根据实验体会，指出在悬浮聚合中应特别注意哪些问题，采取什么措施？

六、实验拓展

1. 苯乙烯与甲基丙烯酸甲酯可发生悬浮共聚合，其共聚物是制备透明高抗冲性塑料 MBS 的原料之一，在恒比点附近投料可得组成均匀的共聚物。将 65mL 蒸馏水和 50g 浆状硫酸镁加入装有搅拌器、温度计和回流冷凝管的 250mL 三口瓶中，搅拌，加热至 95℃，使浆状硫酸镁均匀分散并活化约 0.5h，停止搅拌，逐步冷却至 70℃。一次性向反应瓶中加入含有引发剂的单体混合液（14g 甲基丙烯酸甲酯，16.5g 苯乙烯，0.3g 过氧化二苯甲酰），控制搅拌速度使单体分散呈珠状，反应温度保持在 70～75℃ 之间反应。然后吸取少量反应液滴入清水中，若有白色沉淀产生，则可以开始缓慢升温至 95℃ 再反应 3h，使珠状产物进一步硬化。结束反应，将反应液的上层清液倒出，加入适量稀硫酸，调 pH 至 1～1.5，此时有大量气泡产生，静置一段时间后，倾去上层酸液，用大量蒸馏水冲洗余下的珠状产物至中性，过滤，干燥，即得产品。将产物分别经氯仿溶解和在乙醇-苯（95∶5）混合液中沉淀，重复 4～6 次以除去引发剂和未反应单体，所得沉淀物置于烘箱中 60℃ 干燥至恒重。然后将样品配制成不同浓度的二硫化碳溶液，在红外光谱仪上测定 $650～750cm^{-1}$ 范围内的红外谱图，由 $699cm^{-1}$ 处的吸光度查聚苯乙烯的标准浓度工作曲线，求得共聚物共聚组成。

2. 亦可采用乳液聚合方法合成聚苯乙烯。将 0.3g 十二烷基磺酸钠和 125g 去离子水依次加入装有搅拌器、温度计和回流冷凝管的 250mL 三口瓶中，搅拌并升温，待完全溶解后，加入 10g 苯乙烯和 0.3g 过硫酸铵，升温至 85～90℃ 反应 1.5h，冷却至 30～40℃ 时即可出料。产物可直接应用，也可破乳后得到固体产品：将乳液倒入烧杯，边搅拌边加 20～30mL 饱和 $CaCl_2$ 溶液进行破乳至无聚合物析出，抽滤，热水冲洗，干燥。

3. 苯乙烯悬浮交联聚合可用于制备离子交换树脂骨架共聚物。在 250mL 三口瓶中加入 100mL 蒸馏水、5% PVA 水溶液 5mL，数滴甲基酚蓝溶液（水溶性阻聚剂），缓慢升温至 40℃ 后停止搅拌。将事先在小烧杯中混合并溶有 0.4g BPO、40g St 和 10g DVB 的混合物倒入三口瓶中。开动搅拌器，缓慢加速，直到油珠大小合格为止，再以 1～2℃/min 的速度升温至 70℃，并保温 1h，再升温到 85～87℃ 反应 1h。在此阶段一定要稳定搅速，以防止小球不均匀和发生黏结。当小球定型后升温到 95℃，继续反应 2h。停止搅拌，在水浴上煮 2～3h，将小球用热水、蒸馏水各洗 2 次以除去 PVA，在 60℃ 烘箱中干燥 3h，再用 30～70 目标准筛过筛即得轻度交联的离子交换用基体树脂白球。

七、背景知识

1. 苯乙烯自 1930 年工业化以来已有 70 多年的历史，由于它有很高的介电性能，在电器工业中有着广泛的应用，尤其是它的高频绝缘性能优异，因此它是很好的高频材料。由于其具有良好的透明性和力学强度及耐热性，因此在许多工业部门和日用品中也是用途极为广泛的一种高分子材料，它已成为世界上仅次于聚乙烯和聚氯乙烯的第三大塑料品种。采用自由基悬浮法合成的聚苯乙烯称为发泡级聚苯乙烯（EPS），最典型的配方是：100 份单体、200～300 份水、0.3～0.4 份过氧化二苯甲酰、0.02～0.045 份聚乙烯醇和 1 份滑石粉，在 85℃ 下反应 8h，而后在 105～110℃ 下熟化 4h，即可得相对分子质量 4 万～5 万的聚苯乙烯。产物用低沸点烃类发泡剂（如石油醚、戊烷、卤代烃等）浸渍制成可发性珠粒，当其受热至 90～110℃ 时，体积可增大 5～50 倍，成为泡沫塑料。泡沫聚苯乙烯热导率低，吸水性小，防震性好，抗老化，且具有较高的抗压强度和良好的力学强度，加工方便，成本较低。聚苯乙烯泡沫塑料制品可在建筑工业作顶层和隔层，冷藏工业作隔热材料及包装业作防震隔离材料。

2. 苯乙烯类树脂按结构可划分成 20 多种，主要有通用级聚苯乙烯（GPPS）、发泡级聚苯乙烯（EPS）、高抗冲聚苯乙烯（HIPS）等。用于挤塑或注射成型的通用级聚苯乙烯主要采用自由基连续本体聚合或加有少量溶剂的溶液聚合法生产，相对分子质量 100000～400000，相对分子质量分布 2～4，具有刚性大、透明性好、电绝缘性优良、吸湿性低、表面光洁度高、易成型等特点。高抗冲聚苯乙烯是由苯乙烯与顺丁橡胶或丁苯橡胶通过本体-悬浮法自由基接枝共聚而制成，它拓宽了通用级聚苯乙烯的应用范围，广泛用作包装材料，在仪表、汽车零件以及医疗设备方面占有很大的市场，尤其在家用电器方面有取代 ABS 树脂的趋势。此外，还可用苯乙烯制备离子交换树脂（苯乙烯-二乙烯基苯共聚物）、AAS 树脂（丙烯酸丁酯-丙烯腈-苯乙烯共聚物）、MS 树脂（苯乙烯-甲基丙烯酸甲酯共聚物）。

八、注意事项

1. 开始时，搅拌速度不宜太快，避免颗粒分散的太细。

2. 保温反应一个多小时时，由于此时颗粒表面黏度较大，极易发生黏结。故此时必须十分仔细地调节搅拌速度，千万不能使搅拌停止，否则颗粒将黏结成块。

3. 悬浮聚合的产物颗粒的大小与分散剂的用量及搅拌速度有关，严格控制搅拌速度和温度是实验成功的关键。为了防止产物结团，可加入极少量的乳化剂以稳定颗粒。若反应中苯乙烯的转化率不够高，则在干燥过程中会出现小气泡，可利用在反应后期提高反应温度并适当延长反应时间来解决。

实验 3　丙烯酸的反相悬浮聚合

一、目的要求

1. 了解丙烯酸自由基聚合的基本原理。

2. 了解反相悬浮聚合的机理、体系组成及作用。

3. 了解反相悬浮聚合的工艺特点、掌握反相悬浮聚合的基本实验操作方法。

二、基本原理

本实验采用 $K_2S_2O_8$-$NaHSO_3$ 氧化-还原引发体系进行丙烯酸的自由基聚合。主要反应式为：

$$S_2O_8^{2-} + SO_3^{2-} \longrightarrow SO_4^{2-} + SO_4^- \cdot + SO_3^- \cdot$$

$$R \cdot + CH_2=CHCOOH \longrightarrow RCH_2\underset{|}{\overset{}{C}}H \cdot + CH_2=CHCOOH \longrightarrow \sim CH_2\underset{|}{\overset{}{C}}H \cdot$$
$$\qquad\qquad\qquad\qquad\qquad COOH \qquad\qquad\qquad\qquad\qquad COOH$$

$$2\sim CH_2\underset{|}{\overset{}{C}}H \longrightarrow \sim CH_2CH_2 + \sim CH=CH$$
$$\qquad COOH \qquad\qquad COOH \qquad COOH$$

本实验采用反相悬浮聚合。关于油溶性单体的悬浮聚合原理，在实验 2 中已有详尽论述。很明显，对于像丙烯酸这样的水溶性单体，如要采用悬浮聚合法合成，则不宜再用水做分散介质，而要选用与水溶性单体不互溶的油溶性溶剂做分散介质。相应地，引发剂也应选用水溶性的，以保证在水溶性单体小液滴内引发剂与单体进行均相聚合反应。与实验 2 中常规的悬浮聚合体系相对应，人们习惯上将上述聚合方法称为反相悬浮聚合。除上述体系组成的不同外，在悬浮剂的选择上亦有一定的差别。对于正常的悬浮聚合体系，一般选择非离子型的水溶性高分子化合物，如聚乙烯醇、明胶等，或非水溶性无机粉末为悬浮剂。对于油包水型的反相悬浮聚合体系，上述悬浮剂对水溶性液滴的保护则要弱得多，为此，反相悬浮聚合多采用复合型悬浮剂，即加入一些保护作用更强的 HLB 值为 3～6 的油包水型乳化剂组成复合型悬浮剂或只用上述乳化剂做悬浮剂。总体看，反相悬浮聚合的基本特点与正常的悬浮聚合相似，可参照正常悬浮聚合进行配方设计、反应条件确定和聚合工艺控制。

三、主要试剂和仪器

1. 主要试剂

名　称	试　剂	规　格	用　量
单体	丙烯酸	聚合级	12.6g
水溶性引发剂	$K_2S_2O_8$-$NaHSO_3$	AR	0.01～0.02mol
悬浮剂	Span60	CP	1.75g
分散介质	环己烷	CP	85mL

2. 主要仪器

三口瓶（250mL）；球型冷凝管；恒温水浴；搅拌马达及搅拌器；温度计（0～100℃）；锥形瓶（50mL）；移液管（15mL）。

四、实验步骤

1. 按图 2-2（见实验 2）安装好聚合反应装置，要求安装规范、搅拌器转动自如。

2. 用分析天平准确称取 1.75g 的 Span60，放入三口瓶中。加入 50mL 环己烷，通冷凝水，开动搅拌，升温至 40℃，直至 Span60 完全溶解。

3. 用分析天平准确称取 $K_2S_2O_8$ 5.4g、$NaHSO_3$ 1.2g 放于 50mL 锥形瓶中，用移液管移取丙烯酸 12mL，加入到锥形瓶中，轻轻摇动，待引发剂完全溶解于丙烯酸中后将溶液倒入三口瓶，再用 35mL 环己烷冲洗三口瓶后，将环己烷倒入三口瓶。

4. 通冷凝水，维持搅拌转速恒定，升温至 45℃，开始聚合反应。

与正常的悬浮聚合相同，在整个聚合反应过程中，既要控制好反应温度，又要控制好搅拌速度。反应进行一个多小时后，体系中分散的颗粒由于转化度的增加而变得发黏，这时搅拌度的微小变化（忽快忽慢或停止）都会导致颗粒粘在一起，或自结成块、或粘在搅拌上，致使反应失败。

反应 2.5h 后，升温至 55℃继续反应 0.5h，结束反应。

5. 维持搅拌原有转速，停止加热，将恒温水浴中热水换为冷水，将反应体系冷却至室温后停止搅拌。

6. 产品用布氏漏斗滤干，再用环己烷洗涤数次，洗去颗粒表面的分散剂，在通风情况下干燥，称重并计算产率。

7. 回收布氏漏斗中的环己烷。

五、结果与讨论

1. 对比反相悬浮聚合与正常悬浮聚合的体系组成、作用原理。

2. 根据实验现象与纪录，讨论反相悬浮聚合的机理与工艺控制特点。

3. 参比此体系，再设计一个采用反相悬浮聚合法合成聚丙烯酸的体系。

4. 参照本实验设计两个合成聚丙烯酸钠的实验。

六、实验拓展

1. 一点法测定聚合物黏均分子量

原理：对于线型柔性链高聚物，在良溶剂中如果存在 $\kappa=1/3$ 且 $\kappa+\beta=1/2$，则：

$$[\eta]=\frac{[2(\eta_{sp}-\ln\eta_r)]^{\frac{1}{2}}}{C}$$

$$[\eta]=3.38\times10^{-3}M^{0.43}$$

试样配制：准确称取 0.02g 干燥后的聚丙烯酸于 50mL 容量瓶中，加蒸馏水溶解并稀释至刻度。将聚丙烯酸水溶液和 4mol/L 的 NaOH 溶液各取 25mL 混合均匀，放置 10min 后置于恒温水浴中（30℃±0.05℃）备用待测。

流出时间测定：选用 1.00mol/L 的氯化钠溶液在 30℃ 的流经时间为 100～130s 范围内的乌氏黏度计，用待测的聚丙烯酸试样溶液 10mL 左右润洗乌氏黏度计 3 次，倒掉润洗液。取约 10mL 聚丙烯酸试样溶液加入乌氏黏度计，将乌氏黏度计放入 30℃（±0.05℃）的恒温水浴中，恒温 15min，分别测定试样的流经时间 t（s）和 1.00mol/L 的氯化钠溶液的流经时间 t_0（s）。则试样溶液的相对黏度为：

$$\eta_r = \frac{t}{t_0} \qquad \eta_{sp} = \frac{t - t_0}{t_0}$$

2. 应用实验

聚丙烯酸可用作絮凝剂。其作用的一般性原理是，溶解于水中的高分子链可同时吸附多个悬浮在水中的微粒表面，通过"架桥"方式将两个或多个微粒联在一起，从而导致微粒聚沉，即絮凝。

准确称取 0.02g 干燥后的聚丙烯酸溶解在 50mL 无离子水中；

称取 25g 泥土，在 250mL 量筒内配制成 240mL 的自来水溶液，搅拌后迅速加入聚丙烯酸水溶液 6mL，补充自来水到 250mL 刻度处摇匀静置。

记录开始静置至溶液分层所需时间 t_1 和溶液澄清所需时间 t_2。

与不加聚丙烯酸水溶液泥土水溶液静置至溶液分层所需时间 t_1' 和溶液澄清所需时间 t_2' 对比，分析絮凝效果。

3. 如将丙烯酸（或聚丙烯酸）与氢氧化钠反应，则可制成聚丙烯酸盐，同样为一种性能优异的凝聚剂。

七、背景知识

1. 丙烯酸为无色液体，有刺激气味。相对密度 1.05，熔点 12.1℃，沸点 140.9℃。酸性较强，有腐蚀性。溶于水、乙醇和乙醚，化学性质活泼。

2. 丙烯酸类聚合物主要包括聚丙烯酸（盐）、聚甲基丙烯酸（盐）及其共聚物，是一类很重要的水溶性高分子。这类聚合物不管是酸的形式、盐的形式，还是含有酯基的聚合物，都是很有价值的化学品或助剂。

丙烯酸聚合物由于可以溶于水，因此可作为增稠剂广泛用于需要提高水溶液黏度的场合，如加入水-乙二醇混合物，可增大液体黏度以代替石油润滑剂；加入涂料以调节乳胶漆的黏度等。丙烯酸类聚合物的另一大用途是做絮凝剂，用于污水处理、食品添加剂等。丙烯酸-丙烯酰胺类共聚物作为悬浮分散剂可广泛用于采油，如配制钻探用泥浆、注入油层以提高采油率等。利用丙烯酸聚合物有很好成膜性的特点，可用于纺织、皮革、印刷等领域。此外，低分子量的丙烯酸聚合物可作为助洗剂制备无磷洗衣粉，交联后做高吸水树脂等。

3. 丙烯酸聚合物可通过多种方法制备。除本实验采用的反相悬浮聚合法外，工业上多采用水溶液聚合法，最简单的配方是 10 份单体、90 份水、0.2 份水溶性引发剂（如制备低分子量的可加 1.5 份水溶性引发剂）。此外，也可通过聚丙烯酸酯、聚丙烯酰胺、聚丙烯腈等聚合物的水解来制备。

八、注意事项

1. 反相悬浮聚合由于油为分散相，因而分散剂对单体液滴的保护作用远弱于正常悬浮聚合体系，为此需要更仔细的操作，尤其是对搅拌稳定性的控制有更高的要求。

2. 开始时，搅拌速度不宜太快，避免颗粒分散的太细。

3. 保温反应一个多小时时，由于此时颗粒表面黏度较大，极易发生黏结。故此时必须十分仔细地调节搅拌速度，千万不能使搅拌停止，否则颗粒将黏结成块。

实验4　醋酸乙烯酯的乳液聚合

一、目的要求
1. 掌握实验室制备聚醋酸乙烯酯乳液的方法。
2. 了解乳液聚合的配方及乳液聚合中各个组分的作用。
3. 参照实验现象对乳液聚合各个过程的特点进行对比、认证。

二、基本原理

在乳液聚合中，有两种粒子成核过程，即胶束成核和均相成核。醋酸乙烯酯是水溶性较大的单体，28℃时在水中的溶解度为 2.5%，因此它主要以均相成核形成乳胶粒。所谓均相成核即水相聚合生成的短链自由基在水相中沉淀出来，沉淀粒子从水相和单体液滴吸附乳化剂分子而稳定，接着又扩散入单体，形成乳胶粒的过程。

醋酸乙烯酯乳液聚合最常用的乳化剂是非离子型乳化剂聚乙烯醇。聚乙烯醇主要起保护胶体作用，防止粒子相互合并。由于其不带电荷，因此对环境和介质的 pH 值不敏感，但是形成的乳胶粒较大。而阴离子型乳化剂，如烷基磺酸钠 $RSO_3Na(R＝C_{12}\sim C_{18})$ 或烷基苯磺酸钠 $RPhSO_3Na(R＝C_7\sim C_{14})$，由于乳胶粒外负电荷的相互排斥作用，使乳液具有较大的稳定性，形成的乳胶粒子小，乳液黏度大。本实验将非离子型乳化剂和离子型乳化剂按一定比例混合使用，以提高乳化效果和乳液的稳定性。非离子型乳化剂使用聚乙烯醇和OP-10，主要起保护胶体作用；而离子型乳化剂选用十二烷基磺酸钠，可减小粒径，提高乳液的稳定性。

醋酸乙烯酯胶乳广泛应用于建材纺织涂料等领域，主要作为胶黏剂使用，既要具有较好的粘接性，而且要求黏度低，固含量高，乳液稳定。聚合反应采用过硫酸盐为引发剂，按自由基聚合的反应历程进行聚合，主要的聚合反应式如下：

$$-O-SO_2-O-O-SO_2-O- \xrightarrow{\triangle} 2 \ -O-SO_2-O\cdot$$

$$R\cdot+CH_2{=}CH \longrightarrow RCH_2\overset{|}{C}H\cdot+CH_2{=}CH \longrightarrow \sim CH_2\overset{|}{C}H\cdot$$
$$\overset{|}{OCOCH_3} \qquad \overset{|}{OCOCH_3} \qquad \overset{|}{OCOCH_3} \qquad \overset{|}{OCOCH_3}$$

$$2\sim CH_2\overset{|}{C}H\cdot \longrightarrow \sim CH_2\overset{|}{C}H_2+\sim \overset{|}{C}H{=}CH$$
$$\overset{|}{OCOCH_3} \qquad \overset{|}{OCOCH_3} \qquad \overset{|}{OCOCH_3}$$

为使反应平稳进行，单体和引发剂均采用分批加入的方法。本实验分两步加料进行反应。第一步加入少许的单体、引发剂和乳化剂进行预聚合，可生成颗粒很小的乳胶粒子，即种子。第二步，继续滴加单体和引发剂，在一定的搅拌条件下使其在原来形成的乳胶粒子上继续长大。由此得到的乳胶粒子，不仅粒度较大，而且粒度分布均匀。这样保证了胶乳在高固含量的情况下，仍具有较低的黏度。种子乳液聚合技术可以制备具有核壳结构的高分子乳液，根据聚合两步所用单体的性质、加料方式以及引发剂的性质等可以设计乳胶粒子的形态和结构如正向核壳、反向核壳、半球型壳、草莓型、海岛型等，近年此方面的研究工作有很大的进展。

三、主要试剂和仪器
1. 主要试剂

名　称	试　剂	规　格	用　量
单体	醋酸乙烯酯	聚合级(d:0.9345)	64.2mL
乳化剂	聚乙烯醇	工业级(1788 号)	5.0g
	十二烷基磺酸钠	AR	1.0g
	OP-10	AR(20％水溶液,d:0.98)	5mL
引发剂	过硫酸铵	AR(2％水溶液)	5mL
邻苯二甲酸二丁酯		AR(d:1.0455)	5mL
去离子水			90mL

2. 主要仪器

如图 2-3 所示，250mL 四口瓶一只；球形冷凝管一只；温度计一支；搅拌器一套；100mL 滴液漏斗一只；加热水浴一套。

四、实验步骤

1. 实验装置如图 2-3 所示，四口瓶中装好搅拌器、回流冷凝管、滴液漏斗和温度计。根据配方准确量取各种试剂。首先加入 5.0g 聚乙烯醇和 90mL 去离子水。开动搅拌，加热水浴，使温度升至 80℃，将聚乙烯醇完全溶解。

2. 降温至 68~70℃，加入 1g 十二烷基磺酸钠，搅拌下使其完全溶解，然后加入 5mL 的 OP-10、2.5mL 引发剂和 21.4mL 醋酸乙烯酯。反应 30min 后，加入另一半引发剂，并开始滴加剩余单体 42.8mL。滴加速度控制在 30~40 滴/min，滴加时注意控制反应温度不变。

3. 单体滴加完后，继续反应 0.5h，再加入 5.0mL 邻苯二甲酸二丁酯，搅拌 20min。

4. 将反应体系降至室温，出料。

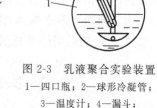

图 2-3　乳液聚合实验装置
1—四口瓶；2—球形冷凝管；
3—温度计；4—漏斗；
5—搅拌马达及搅拌器

五、结果与讨论

1. 醋酸乙烯酯乳液聚合体系与理想的乳液聚合体系有何不同？从成核过程、聚合过程和产品特点等方面进行比较。

2. 可以采用那些方法将固体聚合物从聚合物乳液中分离出来？

3. 聚合过程中为什么要严格控制单体滴加速度和聚合反应温度？

4. 不同组的实验结果会有较大差异，分析产生的可能原因。

六、实验拓展

1. 固含量测定

在已称好的铝箔中加入 0.5g 左右试样，（精确至 0.0001g）放在平面电炉上烘烤至恒重。按下式计算固含量：

$$固含量 = \frac{m_2 - m_0}{m_1 - m_0} \tag{2-10}$$

式中，m_0 为铝箔重；m_1 为干燥前试样重＋铝箔重；m_2 为干燥后试样重＋铝箔重。

2. 转化率的测定

$$转化率 = \frac{m_c - S m_b / m_a}{G m_b / m_a} \times 100\% \tag{2-11}$$

式中，m_c 为取样干燥后的样品重量；S 为实验中加入的乳化剂、引发剂、增塑剂总重量；m_a 为四口瓶内乳液体系总重量；m_b 为取样湿重量；G 为实验中醋酸乙烯酯单体加入总重量。

七、背景知识

1. 醋酸乙烯酯性质。无色液体。性易变。不溶于水。沸点 71~73℃。高度易燃，应远离火种存放。使用时应避免吸入蒸汽。

2. 醋酸乙烯酯的聚合可采用溶液、乳液、本体等聚合方法。采用何种方法决定于产物的用途。如果作为涂料或胶黏剂，多采用乳液聚合方法。聚醋酸乙烯酯胶乳具有水基漆的优点，即黏度较小，而分子量较大，不用易燃的有机溶剂，俗称乳白胶或白胶，是主要的胶黏剂之一，无论木材纸张织物均可使用。如果要进一步醇解制备聚乙烯醇，则采用溶液聚合，这就是维尼纶合成纤维工业所采用的方法。

3. 聚醋酸乙烯酯乳液，于1930年在德国实现工业化生产，它是无公害、低成本和高性能的水性胶黏剂，且具有胶接强度高、固化速度快、生产工艺简单、使用方便等优点。醋酸乙烯酯的均聚物，玻璃化温度约为28℃，低温下发脆，为此，常采用外加增塑剂的方法改进其使用性能，也可采用与具有柔性的单体共聚的方法加以改进，如与丙烯酸酯或甲基丙烯酸酯类单体共聚。此外，为提高胶乳的粘接强度和耐水性能等，还可采用比较简单的共混方法来改进性能，如与酚醛树脂或脲醛树脂共混。

八、注意事项

1. 引发剂溶液加入时应注意尽量减少损失，否则会出现加入引发剂而不进行聚合的现象，有条件时可用适量的注射器量取和加入。

2. 聚合温度应控制在实验要求范围内，不宜偏高或偏低，偏低时会看不到明显的聚合发生；偏高时会出现明显的沸腾现象，如果控制不当可能发生冲料，尤其是种子合成阶段，应备好冷却水，反应体系出现沸腾时适当进行降温处理。

3. 聚合反应后期体系黏度会变大，此时应适当提高搅拌的转速。

实验5 丙烯酰胺的反相乳液聚合

一、目的要求

1. 了解丙烯酰胺自由基聚合的基本原理。
2. 了解反相乳液聚合的机理、体系组成及作用。
3. 了解反相乳液聚合的工艺特点、掌握反相乳液聚合的基本实验操作方法。

二、基本原理

丙烯酰胺为一种水溶性单体，本实验采用BPO引发剂进行自由基聚合。主要反应式为：

$$C_6H_5COO\text{-}OOCH_5C_6 \longrightarrow 2C_6H_5COO\cdot$$

$$C_6H_5COO\cdot + CH_2{=}CHCONH_2 \longrightarrow C_6H_5COO\text{-}CH_2CH\cdot + CH_2{=}CHCONH_2 \longrightarrow \sim CH_2CH\cdot$$
$$\underset{CONH_2}{|} \qquad\qquad\qquad\qquad \underset{CONH_2}{|}$$

$$2\sim CH_2CH\cdot \longrightarrow \sim CH_2CH_2 + \sim CH{=}CH$$
$$\underset{CONH_2}{|} \qquad \underset{CONH_2}{|} \qquad \underset{CONH_2}{|}$$

关于乳液聚合原理，在实验4中已有详细论述。很明显，对于像丙烯酰胺这样的水溶性单体，如要采用乳液聚合法合成，则不宜再用水做分散介质，而要选用与水溶性单体不互溶的油溶性溶剂做分散介质。相应地，引发剂也应选用油溶性的，以保证引发剂在油相分解形成自由基后扩散进水溶性胶束内引发单体进行聚合反应。与实验4中常规的乳液聚合体系相对应，人们习惯上将上述聚合方法称为反相乳液聚合。除上述体系组成的不同外，在乳化剂的选择上亦有一定的差别。对于正常的乳液聚合体系，一般选择HLB值为8～18的水包油型乳化剂，而对于反相乳液聚合体系，则多选择HLB值为3～6的油包水型乳化剂。总体看，反相乳液聚合的基本特点与正常的乳液聚合相似，可参照正常乳液聚合进行配方设计、反应条件确定和聚合工艺控制。

三、主要试剂和仪器

1. 主要试剂

名　称	试　剂	规　格	用　量
单体	丙烯酰胺	聚合级	10g
油溶性引发剂	BPO	AR	5g
乳化剂	Span 60	CP	0.02g
分散介质	石油醚	沸点 90～120℃	75mL

2. 主要仪器

三口瓶（250mL）；球型冷凝管；恒温水浴；搅拌马达及搅拌器；温度计（0～100℃）；锥形瓶（20mL、50mL）；移液管（25mL）；分液管。

四、实验步骤

1. 按图 2-2（见实验 2）安装好聚合反应装置，要求安装规范，搅拌器转动自如。

2. 用分析天平准确称取 0.02g 的 Span 60，放入。加入 50mL 石油醚，通冷凝水，开动搅拌，升温至 40℃，直至 Span 60 完全溶解。

3. 丙烯酰胺 10g，用移液管移取 22mL 无离子水，加入到锥形瓶中，轻轻摇动至完全溶解后加入三口瓶中，搅拌 10min。

4. 用分析天平准确称取 BPO 5g 放于 20mL 锥形瓶中，加入 15mL 石油醚，待引发剂完全溶解后加入三口瓶中，再用 10mL 石油醚冲洗三口瓶后，将石油醚倒入三口瓶。

5. 通冷凝水，维持搅拌转速恒定，升温至 70℃，开始聚合反应。反应 2h 后，在冷凝管与四口瓶间加装分液管，升温至分散介质-水混合液沸点，回收分液管下部由体系中分馏出的水，当出水量达 18mL 后，结束反应。

6. 维持搅拌原有转速，停止加热，将恒温水浴中热水换为冷水，将反应体系冷却至室温后停止搅拌。

7. 产品用布氏漏斗滤干，在通风情况下干燥，称重并计算产率。

8. 回收布氏漏斗中的石油醚。

五、结果与讨论

1. 对比反相乳液聚合与正常乳液聚合的体系组成、作用。

2. 根据实验现象与纪录，讨论反相乳液聚合的机理与工艺控制特点。

3. 参比此体系，再设计一个采用反相乳液聚合法合成聚丙烯酰胺的体系。

六、实验拓展

1. 一点法测定聚合物黏均分子量：

原理　参实验 3 相关部分。

试样配制：称取 0.05～0.10g 均匀的粉状聚丙烯酰胺试样（准确到 0.0001g）到 100mL 容量瓶中。加入 48mL 蒸馏水，经常轻摇直至试样全部溶解。用移液管准确加入 50mL 浓度为 2.00mol/L 的氯化钠溶液，放在 30℃（±0.05℃）恒温水浴中。恒温后，用蒸馏水准确稀释至刻度，摇匀。用干燥的砂芯漏斗过滤，得到试样浓度约为 0.0005～0.0010g/mL，氯化钠浓度为 1.00mol/L 的氯化钠溶液，放在恒温水浴中备用。

选用 1.00mol/L 的氯化钠溶液在 30℃ 的流经时间为 100～130s 范围内的乌氏黏度计，分别测定试样的流经时间 t（s）和 1.00mol/L 的氯化钠溶液的流经时间 t_0（s）。则试样溶液的相对黏度为：

$$\eta_r = \frac{t}{t_0} \qquad \eta_{sp} = \frac{t - t_0}{t_0} \qquad [\eta] = \frac{[2(\eta_{sp} - \ln\eta_r)]^{\frac{1}{2}}}{C}$$

则：$[\eta] = 3.73 \times 10^{-4} M^{0.66}$

2. 应用实验

聚丙酰胺可用作絮凝剂。作用原理参见实验 3 相关部分。

准确称取 0.02g 干燥后的聚丙烯酰胺溶解在 50mL 去离子水中；

称取 25g 泥土，在 250mL 量筒内配制成 240mL 的自来水溶液，搅拌后迅速加入聚丙烯酰胺水溶液 6mL，补充自来水到 250mL 刻度处摇匀静置。

记录开始静置至溶液分层所需时间 t_1 和溶液澄清所需时间 t_2。

与不加聚丙烯酰胺的泥土水溶液静置至溶液分层所需时间 t_1' 和溶液澄清所需时间 t_2' 对比，分析絮凝效果。

七、背景知识

1. 丙烯酰胺为无色透明片状晶体，无臭，有毒，相对密度 1.12，熔点 84~85℃，沸点 125℃。溶于水、乙醇、微溶于苯、甲苯。

2. 聚丙烯酰胺（PAM）是一类重要的水溶性聚合物，调节聚合物分子量及引入各种离子基团，可以得到不同性能的、应用广泛的系列聚合物。

聚丙烯酰胺是目前世界上应用最广、效能最高的有机高分子絮凝剂。由于聚合物中残余单体有一定毒性，因而多用于工业废水处理，如染色、造纸、金属冶炼加工等领域。引入离子基团做成阳离子型或阴离子型 PAM，则更利于在某些领域使用，如阳离子型 PAM 主要絮凝带负电荷的胶体，具有除浊、脱色等功能；而阴离子型 PAM 由于具有良好的粒子絮体化性能，更宜于用在矿物悬浮物的沉降分离。聚丙烯酰胺的另一大用途是作采油用添加剂，如用作钻井液、压裂液、聚合物驱油等，如在大庆油田，平均每注入 1t 聚合物，可增产原油 150t 以上，提高采收率 10%。此外，PAM 在建筑、土壤改良、纺织、液体输送等方面亦有广泛用途。

3. 聚丙烯酰胺可通过多种方法合成，除本实验采用的反相乳液聚合法外，工业上主要采用水溶液聚合法，通常单体浓度在 10% 左右（再高需用特殊设备），采用过氧类和偶氮类引发剂，反应时间 4~8h。此外，也可采用本体聚合或反相悬浮聚合法。

八、注意事项

1. 反相乳液聚合由于油为分散相，因而乳化剂对胶束的保护作用远弱于正常乳液聚合体系，为此需要更仔细的操作。

2. 在实验第 2 步，要保证乳化剂充分溶解。在实验第 3 步，可适当加大搅拌时间，以保证预乳化效果。

3. 反应 2h 后体系升温至分散介质-水混合液沸点阶段，为防止暴沸，升温速度以 1℃/2mim 为宜，并注意观察体系状态。

4. 由于 PAM 为水溶性聚合物，因此反应后期要进行脱水，一般脱水量在加水量的 70%~80% 即可保证 PAM 在出料时不发生结块现象。

实验6 异丁烯的阳离子聚合

一、实验目的

1. 深入理解阳离子聚合机理，掌握阳离子聚合的特点。

2. 学习异丁烯阳离子聚合方法。

3. 了解异丁烯阳离子聚合引发体系的组成。

4. 学习低温聚合的操作技术。

二、实验原理

可以进行阳离子聚合的单体主要有三种：①含有供电子基团的单体，如异丁烯和烷基乙烯基醚；②共轭二烯烃，如苯乙烯、丁二烯和异戊二烯等；③环状单体，如四氢呋喃。其中异丁烯是最典型的阳离子聚合单体。

阳离子聚合反应包括链引发、链增长、链终止三个基元反应。以四氯化钛/水引发异丁烯为例，各步基元反应如下。

1. 链引发

$$TiCl_4 + H_2O \longrightarrow H^+(TiCl_4OH)^-$$

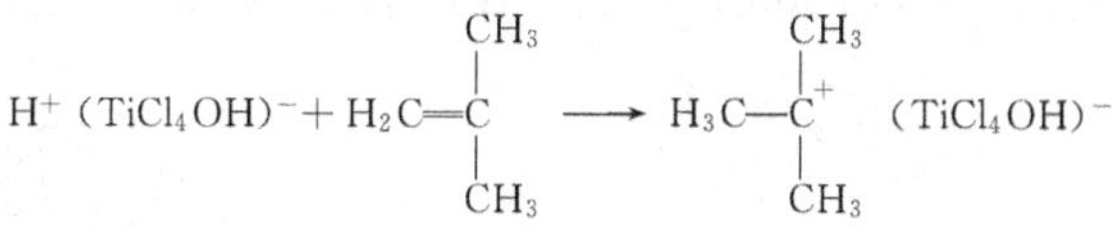

2. 链增长

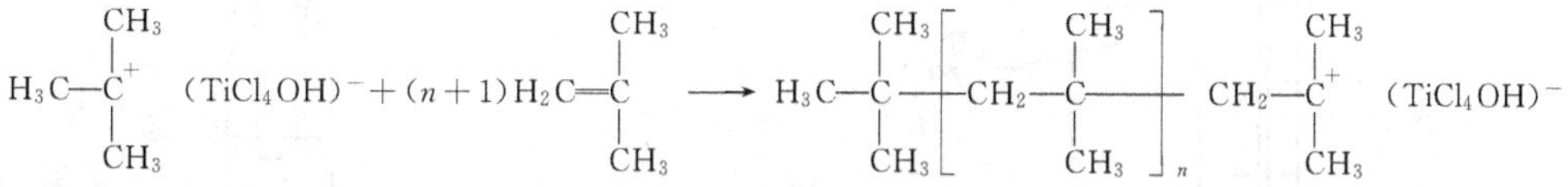

3. 链终止

阳离子聚合反应中的链终止反应主要是终止增长链，而不终止动力学链，也就是链转移反应，如：

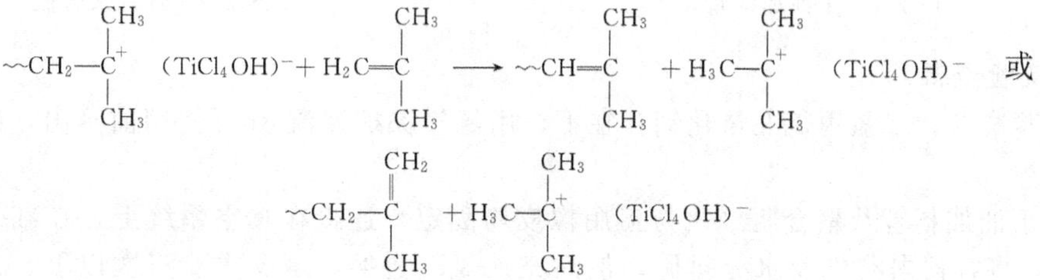

阳离子的链转移反应形式多样，影响因素复杂，而且链转移反应十分容易发生，如向单体、引发剂、溶剂的链转移及链的重排等。链转移反应严重地影响了聚合物的相对分子质量，降低温度是控制链转移反应、提高聚合物相对分子质量的有效方法。聚合温度在室温至0℃，只能得到相对分子质量几百到几千的产物，随着聚合反应温度降低，所得产物的相对分子质量升高，在−100℃左右，聚异丁烯的相对分子质量可以达到几百万。

阳离子聚合中的引发体系分为两部分：主引发剂和共引发剂。其中，主引发剂是在体系中提供阳离子活性中心的试剂，如体系中所含的微量水和其他如氯化氢等杂质，也可以为外加的活泼的卤化物、醇等。共引发剂为 Lewis 酸，如：三氯化铝、四氯化钛、三氟化硼等，两者经反应形成阳离子活性中心：

$$BF_3 + H_2O \longrightarrow H^+(BF_3OH)^-$$

水既可以是聚合反应的引发剂，同时也是聚合反应的终止剂，这完全取决于体系中水的含量。当体系中仅含有微量的水时，它是引发剂。所以异丁烯阳离子聚合所用的试剂必须经过干燥处理，经过处理后的单体在溶剂中依然会含有微量的水分，这就足够用于引发聚合反应。当体系中水的含量过多时，水就会破坏 Lewis 酸而成为一种终止剂使聚合终止。

异丁烯聚合的主要特点是反应速度非常快，产生大量的热。工业上常用的调节聚合反应速度的方法是控制共引发剂的加入速度。聚合方法常采用溶液聚合或淤浆聚合。

三、主要仪器和试剂

1. 主要试剂

名 称	试 剂	规 格	用 量
单体	异丁烯	聚合级	1g
引发剂	四氯化钛	AR	0.2mL
溶剂	二氯甲烷	AR	
终止剂	甲醇	AR	2mL
冷浴	干冰＋甲醇		

2. 主要仪器

丁油加料管 700mL 一支（如图 2-4 所示）；管状聚合瓶 100mL 一支（如图 2-5 所示）；注射器 0.5mL 一支、5mL 一支；烧杯 700mL 一支；保温瓶 1000mL 一支；净化体系。

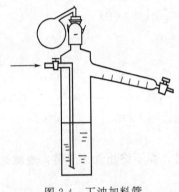

图 2-4　丁油加料管

图 2-5　管状聚合瓶

四、实验步骤

1. 实验准备。二氯甲烷在氢化钙存在下，用氮气保护回流 8h，使用前蒸出，储存于吸收瓶中备用。

2. 将丁油加料管及聚合瓶（瓶与盖用橡皮筋固定）连接在真空系统上，在红外灯加热下进行抽排，将容器内空气及水分排除，然后充入氮气置换，至少重复三次以上。在氮气保护下，取下聚合瓶、加料管、陈化液配制瓶，冷却备用。

3. 用氮气将二氯甲烷压入丁油加料管中，放入冰水中冷却，将异丁烯气体从钢瓶中慢慢放出，经过氧化铝、氧化钡、氧化钙干燥塔后，通入丁油加料管中。配制成异丁烯的二氯甲烷溶液。浓度为 5g/100mL。

4. 聚合。用管状聚合瓶取配制好的异丁烯溶液 20mL。将聚合瓶放入盛有干冰甲醇保温瓶中，在 −40℃ 的冷浴内恒温。用干净的注射器抽取 0.2mL 四氯化钛注入反应瓶中，剧烈摇动反应瓶。然后在冷浴中反应 15min。用注射器抽取甲醇 2mL，加入反应瓶中，摇动，终止反应。

5. 后处理。将终止后的反应溶液倒入烧杯中，不断向烧杯中加入甲醇直至白色的聚合物沉淀出来。倒出上层的溶液。将所剩的聚合物在 60℃ 的真空烘箱中干燥至恒重。测定产率。

五、结果与讨论

1. 本实验所用的引发体系是什么？

2. 如果将聚合单体改为苯乙烯，聚合反应条件会有什么不同？

3. 在实验过程中，冷浴是如何实现的？在操作中应注意些什么？

六、实验拓展

丁基橡胶的合成

1. 主要原料

单体：异丁烯，异戊二烯；

溶剂：氯甲烷；

催化剂：三氯化铝。

2. 参考配方剂典型工艺条件

原料名称	配比/%（质量分数）	典型工艺条件	
异丁烯	97.0	聚合温度/℃	−100～−96
异戊二烯	3.0	釜内操作压力/kPa	240～380
氯甲烷	70～65	单体浓度/%	30～35
三氯化铝（引发剂/单体）	0.05～0.03	单体转化率/%	70～80

七、背景知识

1. 丁基橡胶是世界第四大通用合成橡胶品种，是制造轮胎内胎的最好胶种。IIR 的突出特点是气密性好，可使 IIR 内胎具有较高的空气保持率，在稳定的充气压力下能够长时间地保持不变形，从而使轮胎外胎磨耗均匀，轮胎使用寿命延长，驾驶稳定性和安全性增加，外胎滚动阻力减小，节约燃料。IIR 优良的耐热性、耐候性及耐臭氧老化性使 IIR 内胎具有极佳的耐高温性和耐降解性，耐用程度和储存寿命均优于天然橡胶内胎。

IIR 的卤化改性产品卤化 IIR（HIIR）不仅保持了 IIR 原有的优良性能，还进一步改进了 IIR 的某些特性，如加快了硫化速度，改进了与其他橡胶的相容性，提高了自粘性和互粘性等，特别适合制作无内胎轮胎的内衬气密层和医用药品瓶塞。HIIR 可划分为氯化 IIR 和溴化 IIR。

目前，世界上只有美国、德国、俄罗斯和意大利拥有 IIR 的生产技术，总计有生产装置 11 套。世界 IIR 的生产被美国 Exxon 化学公司和德国 Bayer 公司垄断。

2. 丁基橡胶的生产方法：淤浆法和溶液法

（1）淤浆法 氯甲烷为稀释剂，H_2O-$AlCl_3$ 为引发体系，在低温下（−100℃左右）将异丁烯和少量异戊二烯通过阳离子共聚合而得。该生产技术有美国 Exxon 和德国 Bayer 公司所垄断。

（2）溶液法 烃类溶剂（如异戊烷），烷基氯化铝-H_2O 的络合物为引发剂，−90～−70℃异丁烯与异戊二烯共聚而得。该技术由俄罗斯陶里亚蒂合成橡胶公司与意大利 Pressindustra 公司合作开发，目前，世界上仅俄罗斯的一家工厂采用溶液法。

八、注意事项

1. 配制冷浴液（干冰＋甲醇）时，需佩带手套、眼镜，避免冷浴液冻伤。

2. 将聚合瓶放入盛有干冰甲醇保温瓶中（或取出）时，要小心缓慢进行，不要与保温瓶的玻璃口接触，避免保温瓶内胆由于与聚合瓶温差大而发生炸裂。

实验7 丁二烯的配位聚合

一、实验目的

1. 深入了解配位聚合的基本原理。

2. 通过本实验了解丁二烯单体在 Ni-Al-B 三种催化剂存在下，以抽余油为溶剂制备顺丁橡胶的实验室方法。

3. 了解配位聚合的配方计算。

二、实验原理

Ni-Al-B 三组分催化剂之间的反应，根据各组分之间的配比及反应条件，产物有所不同：

1. Al-B 间的反应

当 Al/B＝1 时，

$$Al(iC_4H_9)_3 + BF_3OEt_2 \longrightarrow Al(iC_4H_9)_2F + BF_2(iC_4H_9) + Et_2O$$

如延长陈化反应时间，还可继续进行反应，得到 $Al(iC_4H_9)F_2$、$AlF_2B(iC_4H_9)_2$ 等产物，如使 $Al/B = 1/3$ 反应，能较快地得到 AlF_3，其反应如下：

$$AlR_3 + 3BF_3Et_2O \longrightarrow AlF_3 + 3BF_2R + Et_2O$$

试验及生产实践都证明 $Al/B = 1/3$ 时，催化活性较高，说明 AlF_3 可能是活性中心组成部分。

2. Ni-Al 间反应

若用 $[R'COO]$ 表示环烷酸根，其反应如下：

$$\underset{iC_4H_9}{\overset{iC_4H_9}{Al\!-\!iC_4H_9}} + Ni^{2+}[R'COO]_2^- \longrightarrow \underset{iC_4H_9}{\overset{O-COR'}{Al\!-\!iC_4H_9}} + Ni^+[R'COO]^- + iC_4H_9$$

同样，$Ni^+[R'COO]^-$ 再与铝剂反应：

$$\underset{iC_4H_9}{\overset{iC_4H_9}{Al\!-\!iC_4H_9}} + Ni^+[R'COO]^- \longrightarrow \underset{iC_4H_9}{\overset{O-COR'}{Al\!-\!iC_4H_9}} + Ni[iC_4H_9] \longrightarrow Ni + iC_4H_9$$

使 Ni^+ 变成 Ni^0。

3. Ni-B 间反应

有人用乙酰丙酮镍与三氟化硼乙醚络合物进行反应，证实发生如下变换和络合反应

$$Ni(acac)_2 + 2BF_3OEt_2 \longrightarrow Ni[BF_3(acac)]_2 + 2Et_2O$$

4. π 络合物的形成：丁二烯与单独的 Al、B、Ni 无化学反应。但是在配制陈化液时，如果加入少量丁二烯，则可以提高催化剂活性和催化剂稳定性，这一事实被认为是由于丁二烯分子中 π 键上的电子与镍（Ni^+ 或 Ni^0）配位形成所谓 π 络合物。

丁二烯上四个电子与镍络合，所以要占据两个空轨道，称做"双座配位"，有人认为进行双座配位时，可得到顺式-1,4 结构的聚丁二烯，如进行单座配位，只能得到反式 1,4 或 1,2 结构聚合物。

三、主要仪器和试剂

1. 主要试剂

名　称	试　剂	规格	名　称	试　剂	规格
单体	丁二烯	聚合级	溶剂	抽余油	聚合级
催化剂	三异丁基铝	聚合级	终止剂和沉淀剂	乙醇	AR
	环烷酸镍	聚合级	防老剂	2,6-二叔丁基-4-甲基苯酚	AR
	三氟化硼乙醚络合物	聚合级			

抽余油：是炼油厂将芳烃抽取后剩余部分的馏分，主要为碳六碳七组分，沸程为 $60\sim120℃$，常温常压下是无色透明液体，相对密度为 $0.67\sim0.65$。水值 $<20\times10^{-6}$。

三异丁基铝：聚合反应催化剂，由活性铝粉与异丁烯和氢气在加压下合成，其中含有 $Al(iC_4H_9)_2H$ 及 $Al(iC_4H_9)H_2$。通常为了安全起见，用抽余油将其稀释到一定浓度。其化学性质极为活泼，在空气中强烈冒烟分解，放出大量热而自燃，遇到水、醇、酸等即发生分解，同时放出大量热和异丁烷，剧烈时甚至发生爆炸。对人体有强烈的腐蚀作用，因此，在使用时必须将其稀释到安全浓度以下，一般为 $20g/L$，转移时要用干燥氮气保护，必须隔绝空气。

环烷酸镍：聚合反应的主催化剂。

三氟化硼乙醚络合物：BF_3 是起催化剂作用的部分，在抽余油中溶解性较差。常温常压下是气体，为便于液相加料，并增加其在溶剂中的溶解性，将其与乙醚洛合，形成三氟化硼的乙醚络合物。三氟化硼的乙醚络合物为无色透明液体，易溶于苯、甲苯，在抽余油中的溶解性较

小，暴露在空气中立即生成白色烟雾。

2. 主要仪器

加料管 700mL 一个（见图 2-4）；吸收瓶 1000mL 一个；Al-Ni 陈化瓶 100mL 一个；聚合瓶 100mL 一个（见图 2-5）；烧杯 700mL 一个；表面皿一个；止血钳五把；注射器 5mL 三只、20mL 二只。

四、配方计算

1. 设计丁二烯的丁油溶液浓度为 15g/100mL 溶液，要配制 400mL 的丁二烯丁油溶液，需加丁油多少毫升，丁二烯多少克？

2. 设计：取丁二烯　12g（丁油中丁二烯浓度［丁］＝15g/100mL）

Ni/丁＝1.0×10^{-4}（摩尔比）、Al/丁＝0.6×10^{-3}（摩尔比）、B/丁＝1.0×10^{-3}（摩尔比）

抽余油相对密度 $d = 0.67$，丁二烯相对密度 $d = 0.63$、［Ni］＝1g/L，［Al］＝2g/L，［B］＝4.52g/L

$M_{Ni} = 58$，$M_{Al} = 27$，$M_{BF_3O(OC_2H_5)_2} = 142$

计算要补加的丁油

五、实验步骤

1. 容器预处理　将丁油加料管、陈化瓶、聚合瓶连接在真空系统，在红外灯加热下进行抽排，将容器内空气及水分排除，然后充入氮气置换，至少重复三次以上。在氮气保护下，取下聚合瓶、加料管、陈化液配制瓶，冷却备用。

2. 丁油的配置　为了便于丁二烯加料，先将丁二烯在低温下吸收到抽余油中，配制 400mL 浓度为 15g/100mL 的溶液。方法是先用吸收瓶取定量的抽余油，然后将吸收瓶放入冰水浴中，用称重法吸收气化的丁二烯至预定值，装置图见实验 6。

3. 催化剂 Al-Ni 陈化液的配制　用注射器取计量 6 倍的 Ni 加到陈化液瓶中，再将计量 6 倍的 Al 慢慢加入，观察颜色的变化，在室温下陈化 10min 后加入聚合瓶中。

4. 聚合　根据计算量依次向聚合瓶中加丁油、Al-Ni 陈化液、B、最后补加丁油，摇动均匀后放入 40℃恒温水浴中。观察聚合液黏度，当摇动聚合瓶有小气泡产生，且不立即消失，表明发生聚合。通常反应时间在 30～90min，依反应情况而定。

5. 胶液的后处理　聚合停止后向瓶中加入防老剂 2,6-二叔丁基苯酚乙醇溶液 2mL。将胶液倒入烧杯中，在搅拌下慢慢加入乙醇，使聚合物析出。将聚合物放在表面皿上，在 40℃的真空干燥箱中干燥至恒重，测定单体转化率。

六、结果与讨论

1. Ni、Al、B 三种催化剂如何储存及转移？

2. 聚合用玻璃仪器为何要反复进行抽排处理？聚合用的原料应如何处理？

3. 催化剂的配制过程中，为什么需要陈化？

七、实验拓展

催化剂的配制

二烯烃配位聚合是一个复杂的过程，影响因素很多，其中催化剂的组成、比例、用量及陈化方式等对聚合物的分子量、催化活性、转化率及凝胶含量都有很大影响。

1. 催化剂配比及用量

汽油为溶剂，Ni/丁二烯物质的量之比为 $(1.0 \sim 1.5) \times 10^{-4}$，Al/Ni 的物质的量之比为 10 左右，Al/B 物质的量之比为 0.3～0.7。

2. 催化剂的陈化

Ni/Al 陈化，B 单加。将 Ni-Al-丁二烯（少量）溶解于一定量的抽余油溶剂中，陈化反应

1h，B 溶解于抽余油中。

在聚合时，催化剂的加料顺序采用先加 Ni-Al-丁二烯配制液，然后 B-抽余油溶液单加。

八、背景知识

1. 聚丁二烯包括溶液聚合和乳液聚合，其中溶聚法聚丁二烯包括：

高顺式聚丁二烯橡胶（顺式 96%～98%，钴、镍、稀土催化剂）；

低顺式聚丁二烯橡胶（顺式 35%～40%，锂催化剂）；

超高顺式聚丁二烯橡胶（顺式 98%以上）；

低乙烯基聚丁二烯橡胶（乙烯基 8%，顺式 91%）；

中乙烯基聚丁二烯橡胶（乙烯基 35%～55%）；

高乙烯基聚丁二烯（乙烯基 70%以上）；

低反式聚丁二烯橡胶（反式 9%，顺式 90%）；

反式聚丁二烯橡胶（反式 95%以上，室温为非橡胶态）。

2. 丁二烯聚合采用的引发剂主要有 Li 系（丁基锂）、Ti 系（如，三烷基铝-四碘化钛-碘-氯化钛）、Co 系（一氯二烷基铝-氯化钴）、Ni 系（三异丁基铝-环烷酸镍-三氟化硼乙醚络合物）等多种类型。其用于丁二烯聚合后的产物结构和性能差别较大。

3. 顺丁橡胶是目前仅次于丁苯橡胶的世界第二大通用合成橡胶。它具有弹性好、耐磨性强和耐低温性能好、生热低、滞后损失小、耐屈挠性、抗龟裂性及动态性能好等优点，但也有拉伸强度较低、撕裂强度差、抗湿滑性不好、加工性能差、生胶的冷流倾向大的缺点。这些缺点可以通过和其他橡胶并用等方法来弥补。

4. 顺丁橡胶可用于制造轮胎、耐磨制品（如胶鞋、胶辊）、耐寒制品和防震制品，也可用作塑料的改性剂。顺丁橡胶可与多种橡胶并用，制造乘用汽车轮胎时，可与丁苯橡胶并用，并用量为 35%～50%；制作载重汽车轮胎胎面时，常与天然橡胶并用，并用量为 25%～50%；用于重载越野汽车轮胎胎面时，天然橡胶 75 份，顺丁橡胶 25 份较好。用于胶布时，一般与丁苯橡胶并用，并用量为 15%～30%。用于制造轮胎胎侧时可与氯丁橡胶并用，以提高耐低温性能。顺丁橡胶也可以与氯磺化聚乙烯并用。

九、注意事项

1. 在冰水浴中用吸收瓶吸收气化的丁二烯时，要小心缓慢进行，避免保温瓶或吸收瓶发生炸裂。

2. 配制催化剂 Al-Ni 陈化液时取过量试剂，为避免计量误差，并可供多组或多人实验。

实验 8　四氢呋喃阳离子开环聚合

一、目的要求

1. 加深对离子型开环聚合原理的理解。

2. 掌握开环聚合的实验室操作。

二、实验原理

环醚类单体的阳离子开环聚合的引发剂主要有质子酸（如 H_2SO_4、$HClO_4$ 等）和 Lewis 酸（如 BF_3、$AlCl_3$、$SnCl_4$ 等）。四氢呋喃的聚合活性较低，用一般的引发剂引发只能得到相对分子质量为几千的聚合物，而且聚合速率较低。以往增加四氢呋喃聚合速率的方法是在体系中加入一些活性较大的环醚作为促进剂，如环氧乙烷。Lewis 酸和环氧乙烷反应，生成更活泼的仲和叔氧离子，继而引发活性小的 THF 单体聚合。

近年来，发展了一种用高氯酸银-有机卤化物为引发体系的聚合方法，可制得分子量较高的聚四氢呋喃，而且聚合速度也有所提高。

与高氯酸银配合引发四氢呋喃开环聚合的有机卤化物有氯苄、溴苄、溴丙烯、甲酰氯等，其引发、增长过程在为：

加入苯胺等碱性化合物，可使聚合终止。

与自由基聚合相比，离子型聚合的速度要快得多，因此，常常在低温下进行。

三、主要试剂和仪器

1. 主要试剂

名 称	试 剂	规 格	用 量
单体	四氢呋喃	AR	100mL
引发剂	溴苄	AR	0.4mL
	高氯酸银	AR	0.5g
溶剂	苯胺	AR	5mL
硅胶密封胶			

2. 主要仪器

盐水瓶 100mL 三只；翻边橡皮塞三只；注射器 25mL 一只；烧杯 150mL 一只；微量注射器 0.5mL 一只；注射针头长、短各三只；布氏漏斗 80mL 一只；低温冰箱；硅胶干燥器；离心机；恒温水浴槽；真空装置；真空烘箱；氮气球。

四、实验步骤

1. 从干燥器中取出两只干燥好的盐水瓶，迅速塞上翻口塞。再取出另一只迅速称入 0.5g 高氯酸银，塞上翻口塞。每只盐水瓶上插上一长一短两只针头。将氮气球出气管与长针头连接，通氮气排氧至少 15min。

2. 在氮气保护下，用注射器取 25mL 四氢呋喃注入装有高氯酸银的盐水瓶，然后拔去针头，用硅胶密封针眼，摇动，使充分溶解。同样在通氮气下向另一只盐水瓶中也注入 25mL 干燥的四氢呋喃，再用微量注射器移入 0.4mL 溴苄。拔去针头，用硅胶密封针眼，摇动使溶解。

3. 用注射器从上述两个瓶中各吸取 15mL 四氢呋喃溶液，通氮气下加入另一只空的盐水瓶中。然后拔去针头，用硅胶密封针眼，摇匀。体系立即产生溴化银沉淀。

4. 将盐水瓶放入 -15℃ 冰箱中进行聚合反应。经过 40h 后取出，加入 5mL 苯胺和 30mL 四氢呋喃。经常摇动，使其溶解。

5. 将已溶解均匀的聚四氢呋喃溶液转入离心机中，离心除去溴化银。溶液再经布氏漏斗抽滤。

6. 将滤液转入烧杯中，置于 80℃ 恒温水浴中蒸出四氢呋喃，得白色蜡状固体。然后放入 40℃ 真空烘箱中干燥至恒重。

五、结果与讨论

1. 假如将实验中的助引发剂改成溴丙烯，试计算溴丙烯的用量。

2. 如果希望通过四氢呋喃阳离子开环聚合得到端基为羟基的聚醚，工艺上可采取什么措施。

3. 假定本实验的聚合反应中，引发速率远远大于增长速率，并且相对分子质量随转化率逐步增加，试计算当单体 100％ 转化时的相对分子质量。

4. 阳离子开环聚合的特点。

六、实验拓展

聚氨酯泡沫的制备

将聚醚、发泡剂、泡沫稳定剂、催化剂与异氰酸酯混合并发泡：

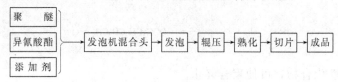

七、背景知识

环氧乙烷、环氧丙烷或四氢呋喃开环聚合制备多羟基聚醚，又称聚醚多元醇。低分子量的端羟基聚醚或聚酯是制备聚氨酯的主要原材料之一。

实验 9　碱催化己内酰胺的开环聚合

一、实验目的

掌握 MC-尼龙的实验室制备及成型方法，并了解阴离子开环聚合原理。

二、实验原理

聚酰胺是分子链结构的重复单元中含有酰胺基团。

$$+C-NH+ \quad (O)$$

的一类高分子化合物的总称。它可以做纤维，也可以做塑料，商品名通常为尼龙。聚己内酰胺（尼龙6）是其主要品种之一。

己内酰胺的水催化聚合中，水可以看作一种很弱的碱（当然也可以看作为弱酸）。由此想到如用强碱（NaOH、KNH$_2$、CaH$_2$、Na、K 等）来催化引发，将会缩短聚合时间。但事实却相反，分析其反应机理如下：

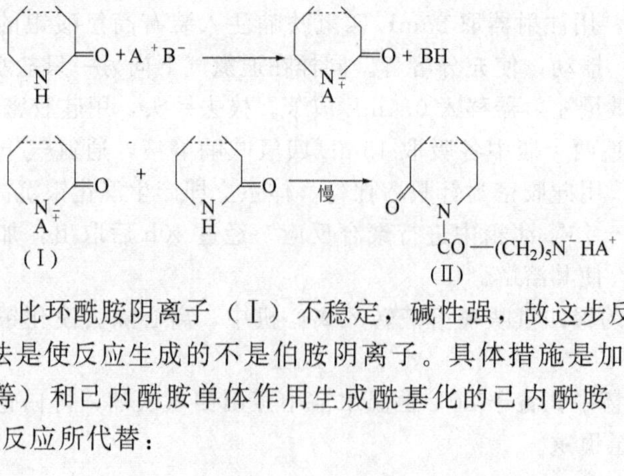

伯胺阴离子（Ⅱ）比环酰胺阴离子（Ⅰ）不稳定，碱性强，故这步反应很难进行。要解决这一问题，可行的办法是使反应生成的不是伯胺阴离子。具体措施是加一些酰基化试剂（酰氯、酸酐、异氰酸酯等）和己内酰胺单体作用生成酰基化的己内酰胺（Ⅲ）。这样反应就为（Ⅰ）和（Ⅲ）之间的反应所代替：

（Ⅰ）　　　　　　　（Ⅱ）　　　　　　　（Ⅲ）

生成的（Ⅲ）也是酰胺阴离子，所以反应易于进行。

接下去（Ⅲ）和单体发生交换反应，再生（Ⅰ）和（Ⅳ）[（Ⅳ）即类似于（Ⅲ）]：

（Ⅲ）　　　　　　　　　　　　　　　（Ⅰ）　　　　　　　（Ⅳ）

（Ⅰ）和（Ⅳ）又继续反应，如此反复使链不断增长：$n\,NH(CH_2)_5C \longrightarrow \left[NH(CH_2)_5C\right]_n$

这样的链增长机理是比较特殊的。这项研究应用于生产实际时，得出一种用碱催化的快速聚合方法，此法用于制造尼龙 6 塑料，通常称为浇铸尼龙（MC 尼龙）。浇铸尼龙比一般尼龙聚合时间大大缩短（约 1h 即可完成），相对分子质量也较高（可达 $3.5×10^4 \sim 7×10^4$），力学性能良好，常用于浇铸机械零件如齿轮、轴承和机床导轨等。

三、主要试剂和仪器

1. 主要试剂

名　称	试　剂	规　格	用　量
单体	己内酰胺	化学纯	100g
催化剂	NaOH	化学纯	两粒
交联剂	TDI	化学纯	0.2mL
助剂	乙醚	化学纯	少量
脱膜剂	硅油	工业级	少许

2. 主要仪器

250mL 三口烧瓶；温度计；玻璃防爆球形管；真空泵；大试管；注射器；加热油浴；烘箱。

四、实验步骤

在装有温度计、玻璃防爆球形管、连接真空泵系统的 250mL 三口烧瓶中加入 100g 己内酰胺。打开真空泵，稳定后油浴加热 70～100℃约 30min，待单体全部熔化并排除部分水分后放空。加入 2 粒 NaOH，继续抽真空，加热，待 NaOH 熔解完毕，可升温至 120℃。NaOH 熔完后不久即可出现爆沸现象，约 20min，使温度达到 150℃以上。根据经验，下述标志可作为判断干燥与否的相对控制标准。

1. 有水分时，"气"泡是小泡，无水分时"气"泡是大泡。

2. 有水分时瓶内一般无响声，干燥后则有像碎瓷片碰撞声。

3. 有水分时，连接三口瓶的玻璃防爆球形管内无液体回流，无水分时有液体回流。

干燥的同时，将成型模具涂少许硅油的乙醚溶液作脱膜剂，吹干乙醚，配好塞子，预热到 150～160℃。确实干燥后放空，取下三口瓶，用注射器迅速注入 0.2mL 的 TDI，迅速摇匀，立即浇入模具中，塞紧塞子，让其于 150～160℃保温 30min，移开热源，自然冷却至室温后取出，就得到 MC-尼龙产物。

五、实验结果与讨论

1. 试解释钠盐干燥的几个经验指标。

2. 为什么要充分排除水分？它的存在对聚合物有何影响？

3. 浇铸时应注意那些事项？

六、实验拓展

己内酰胺的合成如下所述。

环己酮肟的制备：将20g醋酸钠置于250mL三角烧瓶中，加水60mL，使醋酸钠溶解，此时若有不溶物质需过滤除去。再加入14g(0.2mol)羟胺盐酸盐使溶解，略微加热此溶液使其达到35~40℃。分批加入15mL环己酮，每次约2mL，边加边摇动，即有白色环己酮肟晶体析出。若此时环己酮肟结晶呈白色小球状，则表示反应未完全，尚有环己酮存在，需继续振摇。待加完后，用橡皮塞塞住瓶口，激烈振摇2~3min，环己酮肟呈白色粉状结晶析出。冷却后抽气过滤，并用少量水洗涤晶体，抽干后在滤纸上将晶体压干，放在空气中晾干。纯环己酮肟为白色晶体，熔点89~90℃。

环己酮肟重排制备己内酰胺。在一个800mL烧杯中放置10g环己酮肟及80%硫酸20mL，转动烧杯使两者很好混溶。用小火加热，当开始有气泡产生时（约在120℃）立即移去烧杯下的火焰。此时发生放热反应，温度自行上升（可达160℃），反应在几秒钟内即可完成。待稍冷后，将此溶液倒入一个装有搅拌器、温度计、滴液漏斗的250mL三颈瓶中，并在冰-盐浴中冷却。当溶液温度下降至0~5℃时，自滴液漏斗中小心缓慢地滴入24%氢氧化钾溶液，（此时温度应控制在10℃以下，以避免己内酰胺在温度高时发生水解），直至溶液对石蕊试纸呈碱性（通常约需加24%氢氧化钾溶液130mL，在70~80min内加完）。

在中和过程中有硫酸钾析出，抽气过滤除去后，滤液倒入分液漏斗中，每次用20mL氯仿萃取，共萃取五次。固体硫酸钾用10mL氯仿洗两次，合并氯仿溶液，用5mL水洗涤，以除去氯仿层中的碱性。然后在水浴上蒸除氯仿，产物可用减压蒸馏方法纯化。在用油泵减压前，应先用水泵减压以蒸除残余氯仿。己内酰胺在127~133℃/7mmHg或者139~140℃/12mmHg下沸腾，可得己内酰胺6~7g。纯己内酰胺的熔点68~70℃。己内酰胺易吸潮，应储存在密闭的容器中。

七、背景知识

尼龙是最常见的人造纤维。1940年用尼龙织造的长统丝袜问世时大受欢迎，尼龙从此一举成名。此后在第二次世界大战期间，尼龙被大量用于织造降落伞和绳索。不过尼龙最初的用途是制造牙刷的刷毛。尼龙属于聚酰胺，在它的主链上有氨基，具有极性，会因氢键的作用而相互吸引。所以尼龙容易结晶，可以制成强度很高的纤维。

尼龙分尼龙66、尼龙6、尼龙1010等。其实尼龙6和尼龙66，区别不大。之所以两种都生产，只是因为杜邦公司发明尼龙66后申请了专利，其他的公司为了生成尼龙，才发明出尼龙6来。尼龙6是聚己内酰胺，我国商品名称锦纶，其产量仅次于尼龙66，工业上由己内酰胺开环聚合制成，产量超过1000000t。

1938年德国的I. G. Farbenindustrie公司的Paul Schlack开发出聚ε-己内酰胺。1939年，这种初期纤维便作实验工厂规模生产，而自第二次世界大战起，由ε-己内酰胺制造尼龙6的生产，已在许多国家中发展，特别是在欧洲、日本，并且产量仅次于尼龙66。尼龙6的一般特性，与尼龙66的类似，主要差别是尼龙6有较低的熔点、较大的吸湿性及优良的染色性能。

尼龙6用于制造轴承、齿轮等制件。它比尼龙66具有更高的冲击强度。尼龙6作为工程热塑性塑料，因其具有强度高、重量轻的特点而用于制造家具的脚轮，具有耐水、耐油的特性。

实验 10　高抗冲聚苯乙烯的制备

一、目的要求

1. 熟悉本体悬浮法制备高抗冲聚苯乙烯（HIPS）的原理并掌握操作技能。
2. 比较高抗冲聚苯乙烯和聚苯乙烯的抗冲击性能。
3. 了解自由基聚合制备接枝共聚物的方法。

二、基本原理

高抗冲聚苯乙烯的制备过程如下：

顺丁橡胶溶解在苯乙烯单体中形成均相透明的橡胶溶液，在适当条件下进行本体聚合。聚合发生以后，在苯乙烯均聚的同时，引发剂分解形成的初级自由基或苯乙烯的链自由基向橡胶链的烯丙基氢发生转移，从而生成大分子自由基，大分子自由基再引发苯乙烯进行聚合，形成顺丁橡胶和苯乙烯的接枝共聚物。当苯乙烯的转化率超过 $1\%\sim2\%$ 时，由于聚合物的不相容性，聚苯乙烯从橡胶相中析出，肉眼可以看到体系由透明变得微浑。此时聚苯乙烯的量少，是分散相，分散在橡胶溶液相中。继续聚合，随着苯乙烯的转化率的增大，体系越来越浑浊，同时黏度也越来越大，以至出现"爬杆"现象。当聚苯乙烯体积分数接近或大于橡胶相的体积分数时，在大于临界剪切速率的搅拌下，发生相反转，聚苯乙烯溶液由原来的分散相转变成连续相，而橡胶溶液由原来的连续相转变为分散相。由于此时聚苯乙烯的苯乙烯溶液黏度比原橡胶溶液黏度为小，故在相转变的同时，体系黏度出现突然的下降，原来的"爬杆"现象消失。刚发生相转变时，橡胶粒子不规整且很大，并有团聚的倾向。在剪切力的作下，继续聚合，使苯乙烯的转化率不断增加，体系黏度又重新上升，同时橡胶粒子逐渐变小，形态也逐渐完好和稳定，如图 2-6 所示。

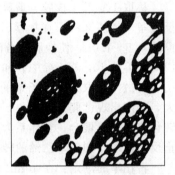

图 2-6　高抗冲聚苯乙烯的电子显微镜照片（3000×）
（白色部分为聚苯乙烯；黑色部分为聚丁二烯）

以上这一过程，是在本体阶段进行的，称为本体预聚阶段。在此阶段，苯乙烯的转化率约为 $20\%\sim25\%$。此时体系黏度变得很大，不利于搅拌和传热。因此，为了散热和设备的方便，其余的聚合采用悬浮聚合直至苯乙烯全部转化为聚苯乙烯为止。

三、主要试剂和仪器

1. 主要试剂

名　称	试　剂	规　格	用　量
单体	苯乙烯	聚合级	190g
顺丁橡胶		工业级	12g
引发剂	过氧化二苯甲酰	AR	0.55g
分散剂	聚乙烯醇	AR(2%水溶液)	20mL
阻聚剂	对苯二酚	AR	30mg
分子量调节剂	叔十二硫醇	AR	0.1g
分散介质	去离子水		300mL

2. 主要仪器

锚式搅拌器；500mL 玻璃反应釜（如图 2-7 所示）；注塑机；悬臂式冲击实验仪等。

四、实验步骤

1. 本体预聚合

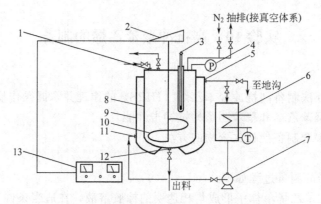

图 2-7　高抗冲聚苯乙烯本体预聚合装置

1—进料口；2—搅拌电机；3—温度计；4—压力表；5—出水口；6—恒温水浴；7—水泵
8—聚合釜；9—水浴夹套；10—搅拌桨；11—进水口；12—出料口；13—控速箱

称取 12g 顺丁橡胶，剪碎后溶于装有 170g 苯乙烯的玻璃反应釜，待橡胶充分溶胀后装好反应釜（如图 2-8）、搅拌器、冷凝器等装置，调节水浴温度至 70℃，通氮气，开动搅拌缓慢搅拌 0.5～1.0h，使橡胶充分溶解。升温至 75℃，调节转速为 120r/min 左右，加入 0.18g 的 BPO（溶于 10g 苯乙烯中）和 0.1g 叔十二硫醇，注意观察实验现象，反应约 0.5h，体系由透明变得微浑，取样测苯乙烯的转化率，并在相差显微镜上观察。继续聚合，体系黏度逐渐变大，随之出现"爬杆"现象，待此现象一消失（标志相转变完成），立即取样测单体苯乙烯的转化率。继续聚合，至体系为乳白色细腻的糊状物，反应时间约 5h，转化率大于 20%，停止反应，取样测定苯乙烯的转化率。

转化率的测定：在 10mL 小烧杯中放置 5mg 对苯二酚，连同烧杯在分析天平上称其质量（m_1），在此烧杯中加入预聚体约 1g，称量（m_2），此预聚体中加少量 95% 乙醇，在真空干燥箱中烘干，称重（m_3）。

$$聚苯乙烯转化率 = \frac{(m_3 - m_1) - (m_2 - m_1) \times w\%}{(m_2 - m_1) - (m_2 - m_1) \times w\%} \times 100\% \tag{2-12}$$

式中，w 为溶液中橡胶的质量分数。

2. 悬浮聚合

实验反应装置如图 2-7，向反应釜中加入 250mL 水，20mL 的 2% 的 PVA 溶液，通氮气升温至 85℃后，将上述预聚体分成 2 份，取一份加入 0.37g 的 BPO（溶于 10g 苯乙烯中）。混匀后，在搅拌的情况下加入三口瓶中。此时预聚体被分成珠状。聚合约 4～5h 后，粒子开始下沉，再升温熟化：95℃下反应 1h，100℃下反应 1h。停止反应，冷却，出料，用 60～70℃的热水洗涤三次，冷水洗涤两次，初步干燥后再在 50～60℃的真空烘箱中烘干。

3. 强度测试

将聚苯乙烯及高抗冲聚苯乙烯各加工 10 根有缺口和无缺口的合格样条，比较其冲击强度。

五、实验拓展

本体聚合过程中取样用相差显微镜观察微观的相分离结构。

六、结果与讨论

1. 结合产物的微相结构，说明 HIPS 高抗冲性能的由来。

2. 还有哪些方法能提高聚苯乙烯的抗冲击性能。

3. 在接近相转变前后为什么要控制搅拌速度和保持反应温度不变？

七、背景知识

1. 自由基接枝聚合制备接枝共聚物主要有以下几种方法。

（1）链转移机制的接枝聚合

这是最古老最常用的制备接枝共聚物的方法。在单体的存在下，自由基引发剂形成初级自由基或链自由基，与聚合物主链作用，在主链上产生活性中心，引发单体聚合形成接枝链。该方法的缺点是接枝的效率很低。

（2）聚合物双键上的接枝聚合

1,3-二烯烃聚合物中主链或侧基的碳碳双键是潜在的接枝点，双键旁边的烯丙基氢也能通过链转移反应形成自由基，进行接枝聚合。

（3）由大分子单体合成接枝共聚物

大分子单体与其他单体共聚时，可形成梳状的接枝共聚物。

（4）在聚合物的主链或侧基上直接形成接枝点，引发接枝聚合

此法可大大提高接枝效率。

2. 聚苯乙烯是具有良好的光学性能、优异的电学性能和加工流动性能的通用塑料，然而由于它的脆性却大大限制了它的适用范围。因此人们尝试各种方法对聚苯乙烯进行改性或利用其制备新的材料。如将聚苯乙烯与橡胶进行共混来改进性能；采用溶液聚合或乳液聚合将苯乙烯与丁二烯进行共聚制成丁苯橡胶；采用活性阴离子聚合制备 SBS 热塑性弹性体等。

3. 在高抗冲聚苯乙烯中，脆性的聚苯乙烯中引入了韧性的接枝橡胶，就构成了既有一定亲和力又不完全互容的两个相：聚苯乙烯相和橡胶相。依靠适当的聚合工艺，可以控制橡胶粒子的大小，并使其均匀分散在聚苯乙烯连续相中。这种分散的橡胶相，表现为包藏有聚苯乙烯的网络的特殊结构，成为"蜂窝结构"。这种结构使得分散相的体积分数比橡胶自身的体积分数增加了 3～5 倍，因而强化了橡胶增韧的效果，同时由于包藏有聚苯乙烯，分散相的模量比纯橡胶有明显的增长，从而保证最终产品的模量不致因为有橡胶分散相而下降很多。因此，用此种方法得到的高抗冲聚苯乙烯模量和抗冲击性能，远高于用橡胶和聚苯乙烯共混得到的产品。高抗冲聚苯乙烯各种性能与橡胶含量、颗粒大小、分子量等参数密切相关。

4. 高抗冲聚苯乙烯产品抗弯曲性能好，抗冲强度高，具有良好的加工性能，用于奶酪盒、盖、线轴、冰箱零件、空调机箱、食品包装、收音机和电视机壳、办公用品、玩具、衣架、家具零件等。

八、注意事项

1. 获得高性能的 HIPS 的关键在于相转变的控制，只有 HIPS 的相结构为"蜂窝结构"，并均匀分散在聚苯乙烯的连续相中，才能获得良好的增韧效果。因此在相转变发生前后的一段时间内，要特别注意控制好搅拌速度，并正确判断相转变是否发生，一定要在相转变完成一段时间后，苯乙烯的转化率达到一定程度（大于 20%）时再终止本体预聚合，否则产品性能很差。

2. 产物中残留着顺丁橡胶上的双键，不耐老化，一般在聚合物粒子干燥前，应加入适量抗氧剂。

实验 11　苯乙烯-顺丁烯二酸酐的交替共聚

一、目的要求

1. 了解苯乙烯与顺丁烯二酸酐发生自由基交替共聚的基本原理。

2. 掌握自由基溶液聚合的实施方法及聚合物析出方法。

3. 学会除氧、充氮以及隔绝空气条件下的物料转移和聚合方法。

二、基本原理

顺丁烯二酸酐由于空间位阻效应在一般条件下很难发生均聚，而苯乙烯由于共轭效应很易均聚，当将上述两种单体按一定配比混合后在引发剂作用下却很容易发生共聚，而且共聚产物具有规整的交替结构，这与两种单体的结构有关。顺丁烯二酸酐双键两端带有两个吸电子能力很强的酸酐基团，使酸酐中碳碳双键上的电子云密度降低而带部分的正电荷，而苯乙烯是一个大共轭体系，在正电性的顺丁烯二酸酐的诱导下，苯环的电荷向双键移动，使碳碳双键上的电子云密度增加而带部分的负电荷。这两种带有相反电荷的单体构成了受电子体（accepter）-给电子体（donor）体系，在静电作用下很容易形成一种电荷转移络合物，这种络合物可看作一个大单体，在引发剂作用下发生自由基共聚合，形成交替共聚的结构。如下式所示。

$$M_1 + M_2 \longrightarrow M_1 M_2 \text{（配位化合物）}$$

$$\sim M_1 M_2 \cdot + M_1 M_2 \text{（配位化合物）} \longrightarrow \sim M_1 M_2 M_1 M_2 \cdot$$

另外，由 e 值和竞聚率亦可判定两种单体所形成的共聚物结构。由于苯乙烯的 e 值为 -0.8，而顺丁烯二酸酐的 e 值为 2.25，两者相差很大，因此发生交替共聚的趋势很大。在 $60^\circ C$ 时苯乙烯（M_1）-顺丁烯二酸酐（M_2）的竞聚率分别为 0.01 和 0，由共聚组成微分方程可得：

$$\frac{d[M_1]}{d[M_2]} = 1 + r_1 \frac{[M_1]}{[M_2]} \tag{2-13}$$

当惰性单体顺丁烯二酸酐的用量远大于易均聚单体苯乙烯时，$r_1 \dfrac{[M_1]}{[M_2]}$ 趋于零，共聚反应趋于生成理想的交替结构。

两单体的结构决定了所生成的交替共聚物，不溶于非极性或极性较小的溶剂，如四氯化碳、氯仿、苯、甲苯等，而可溶于极性较强的四氢呋喃、二氧六环、二甲基甲酰胺、乙酸乙酯等。鉴于上述特点，制备苯乙烯-顺丁烯二酸酐交替共聚物采用溶液聚合和沉淀聚合两种方法。本实验选用乙酸乙酯作溶剂，采用溶液聚合的方法合成交替共聚物，而后加入工业酒精使产物析出，此方法只适用于实验室制备。

三、主要试剂和仪器

1. 主要试剂

名　称	试　剂	规　格	用　量
单体	苯乙烯	除去阻聚剂，纯度99%	0.6mL
单体	顺丁烯二酸酐	AR	0.5g
引发剂	过氧化二苯甲酰	CP，重结晶精制	0.05g
溶剂	乙酸乙酯	CP	15mL
沉淀剂	工业酒精	工业级	15~20mL

2. 主要仪器

真空抽排装置一套（包括　油泵一台，安全瓶一只，干燥塔三个，氮气包一个，多口真空连接管一只）；恒温振荡器一台；分析天平一台；药匙一支；水泵一台；100mL 磨口锥形瓶一个；磨口导气管一个；医用乳胶管（$\phi 10 \times 5mm$）若干；溶剂加料管一支；1mL 注射器一支；止血钳 2 把；布氏漏斗一个；100mL 烧杯一个；表面皿一个。

四、实验步骤

1. 用分析天平称取 0.5g 顺丁烯二酸酐和 0.05g 过氧化二苯甲酰放入锥形瓶中（如实验 6 图 2-5 所示），插上导气管，将其连接在真空抽排装置上，进行抽真空和充氮气操作以排除瓶内空气，反复三次后，在充氮情况下将瓶取下，用止血钳夹住出料口。

2. 用加料管量取 15mL 乙酸乙酯，在保证不进入空气的情况下加入到已充氮的锥形瓶中，充分摇晃使固体溶解。再用注射器将 0.6mL 苯乙烯加入到锥形瓶中，充分摇匀。

3. 将锥形瓶放入 80℃恒温振荡器中，在反应 15min 之内注意放气三次，以防止聚合瓶盖被冲开。1h 后结束反应。

4. 将聚合瓶取出，冷却至室温。然后将聚合液倒入烧杯内，一边搅拌一边加入工业酒精，出现白色沉淀至聚合物全部析出。用布氏漏斗在水泵上抽滤，产物置于通风柜中晾干，称量，计算产率。

五、结果与讨论

1. 记录反应物实际加入量，每隔 10min 记录一次反应情况。

2. 根据所得产物质量计算反应产率。

3. 思考题

（1）说明苯乙烯-顺丁烯二酸酐交替共聚原理并写出共聚物结构式？如何用化学分析法和仪器分析法确定共聚物结构？

（2）如果苯乙烯和顺丁烯二酸酐不是等物质的量投料，如何计算产率？

（3）比较溶液聚合和沉淀聚合的优缺点？

六、试验拓展

1. 苯乙烯-顺丁烯二酸酐交替物也可通过沉淀聚合法合成：在装有搅拌器、回流冷凝管、温度计和滴液漏斗的 250mL 三口瓶中加入 12g 顺丁烯二酸酐和 100mL 二甲苯，加热至 80℃全部溶解。将 13g 苯乙烯，0.25～0.35g 过氧化二苯甲酰和 50mL 二甲苯混合摇匀后自滴液漏斗中在 30～40min 内滴加入反应瓶中，温度不超过 90℃，从出现白色沉淀聚合物时算起，在 100～105℃下反应 2h 左右，即可停止反应，冷却、过滤，用石油醚洗涤、干燥，即得白色粉末状交替共聚物。该法工艺简单、产率高、分子量大，但是二甲苯的毒性很大，易造成对人身和环境的污染。

2. 可通过测定酸值确定共聚组成：精确称取 0.10g 交替产物，在锥形瓶中用丙酮溶解，加 4 滴酚酞指示剂，用 0.1mol/L 的 NaOH 标准溶液滴定至终点，再加入 2mL 0.1mol/L 的 NaOH 溶液，塞住瓶口，放置 10min 后用 0.1mol/L 的 H_2SO_4 标准溶液反滴至无色，并做一空白实验。酸值计算公式如下：

$$酸值 = \frac{(V_1 M_1 - V_2 M_2 + 空白) \times 56.1}{W}$$

式中，M_1，M_2 分别为 NaOH 和 H_2SO_4 标准溶液物质的量浓度，mol/L；V_1，V_2 分别为 NaOH 和 H_2SO_4 标准溶液的体积，mL；W 为样品重，mg。

3. 苯乙烯-顺丁烯二酸酐交替物经水解可制成溶于水的树脂，该树脂可用作表面活性剂、光亮剂和成膜剂等，无毒安全。其制备方法很简单：称取 0.5g 5% 的 NaOH 水溶液 3mL 加入试管中，将试管放入 80℃恒温水浴中，不时用搅拌棒搅拌，至聚合物完全溶解，将产品倒入表面皿中，放入 80℃烘箱中干燥即得。

4. 顺丁烯二酸酐还可与苯并呋喃反应生成交替共聚物：聚 [2,3(2,3-二氢苯并呋喃二基)-4-(2,5-二氧代一氧杂环戊二基)]。将顺丁烯二酸酐、氯苯、苯并呋喃和偶氮二异丁腈在氮气保护下加入两口烧瓶中，混合均匀，在恒温油浴中振荡反应，在这一过程中，共聚物逐渐分离出来，最后得到浅黄色的被溶剂溶胀的紧密块状聚合物。然后将反应物倒入甲苯中沉淀，用多孔漏斗在氮气保护下过滤，先后用甲苯和无水乙醚洗涤，减压干燥，即得白色粉状的交替共聚物。

七、背景知识

1. 苯乙烯-顺丁烯二酸酐交替共聚物可广泛应用于石油钻井、石油输送、水处理、混凝土、涂料、印刷、造纸、印染、纺织、胶黏剂、化妆品等工业，作为分散/乳化剂、印刷油墨黏结剂、增稠剂、皮革改性剂、纺织品整理剂及助染剂等。它可进一步与丁醇（或乙醇）进行开环酯化反应，得到的改性共聚物对金属有良好的黏结性能，可广泛用于集成电路和印刷线路中。另外，其磺化产物（SS/MA）是一种性能全面的阻垢分散剂。

2. 除苯乙烯（St）∶马来酸酐（MA）=1∶1时可得到1∶1的交替共聚物 [SMA]$_n$ 外，St和MA的比例分别为2∶1和3∶1时，只要采用恰当的聚合方法，也可得到2∶1和3∶1的交替共聚物，其通式可分别表示为 [S-S-MA]$_n$ 和 [S-S-S-MA]$_n$。但当苯乙烯过量较多，并改变其他条件如在高温、极性介质条件下，采用本体、溶液、乳液及本体-悬浮聚合等方法可以得到无规的 SMA 共聚物，这是 20 世纪 70 年代后期发展起来的一种新型的热塑性工程塑料，可广泛应用于汽车、家用电器、日用品及涂料、胶黏剂、造纸等行业。

实验 12 苯乙烯-丁二烯-苯乙烯嵌段共聚

一、实验目的
1. 学习阴离子聚合的实验原理及反应特征。
2. 学习三步加料法合成 SBS 的实验操作技术。
3. 掌握相对分子质量设计的计算方法，并合成预定相对分子质量的三嵌段 SBS 共聚物。

二、实验原理
阴离子聚合是连锁式聚合反应的一种，包括链引发、链增长和链终止三个基元反应。

1. 链引发

苯乙烯在引发剂作用下发生负离子加成反应，形成负离子末端，称为活性中心。以正丁基锂为例，其反应如下：

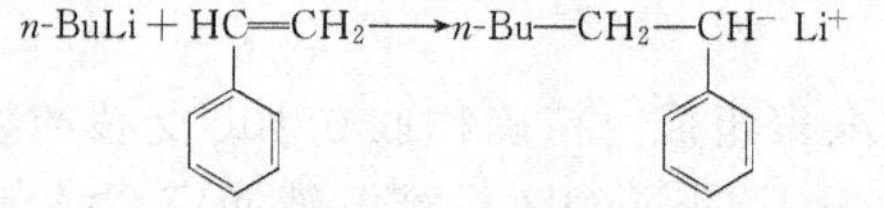

2. 链增长

引发反应生成的活性中心继续与单体加成，逐渐形成聚合物链：

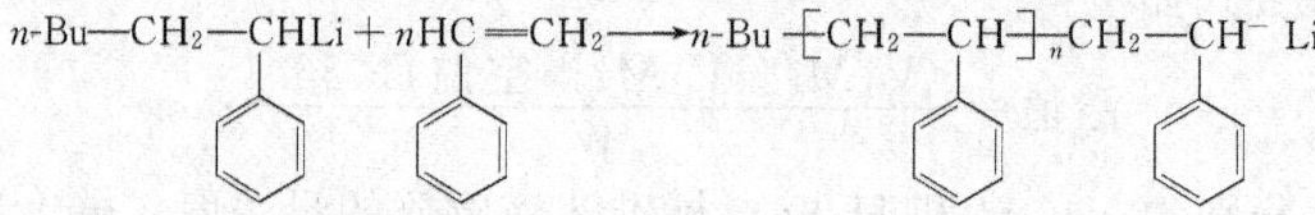

3. 链终止

阴离子活性中心非常容易与水、醇、酸等带有活泼氢和氧、二氧化碳等物质反应，而使负离子活性中心消失，聚合反应终止：

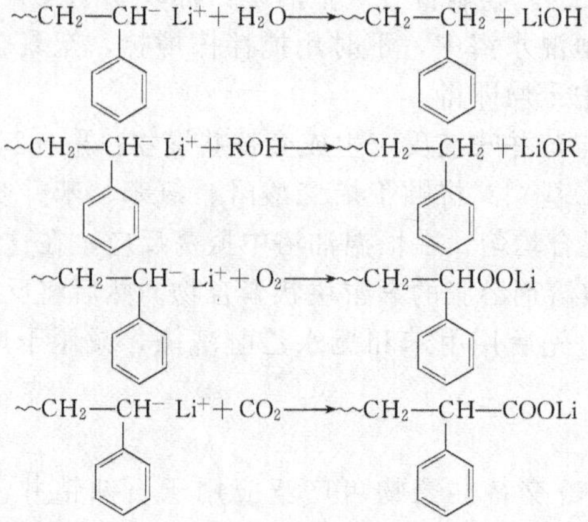

使终止反应的物质可以通过净化原料、净化体系从聚合反应体系中除去，终止反应可以避免，因此阴离子聚合可以做到无终止、无链转移，即活性聚合。在活性聚合体系中，聚合反应可以不停地进行下去，直至单体的转化率达到100%，如果再加入新的单体，增长反应可以继续进行，如果所加入的新单体与所聚合的单体是相同种类的，形成的聚合物是均聚物，如果是不同种类的单体，形成的聚合物就是共聚物。工业上三嵌段共聚物SBS的合成就是利用正丁基锂为引发剂，苯乙烯、丁二烯、苯乙烯三步加料法生产的。

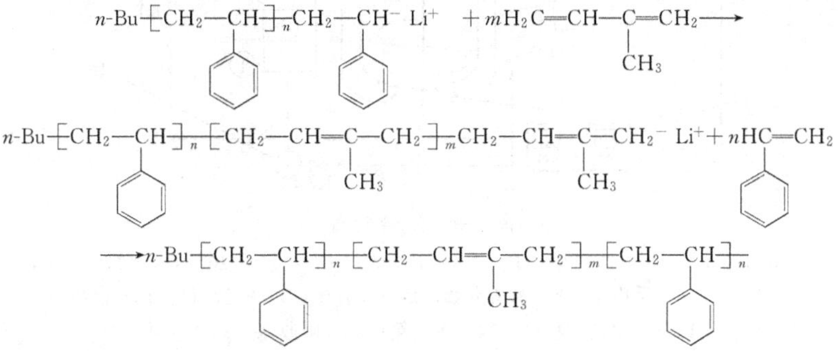

$$n\text{-Bu}\{CH_2-CH\}_n CH_2-CH^- Li^+ + mH_2C=CH-C=CH_2 \longrightarrow$$
（以下为反应式结构）

$$n\text{-Bu}\{CH_2-CH\}_n\{CH_2-CH=C-CH_2\}_m CH_2-CH-C=CH_2^- Li^+ + nHC=CH_2$$

$$\longrightarrow n\text{-Bu}\{CH_2-CH\}_n\{CH_2-CH=C-CH_2\}_m\{CH_2-CH\}_n$$

三、主要仪器和试剂

1. 主要试剂

名　称	试　剂	规　格	名　称	试　剂	规　格
单体	苯乙烯	聚合级	溶剂	环己烷	AR
	丁二烯	聚合级	终止剂沉淀剂	乙醇	CP
引发剂	正丁基锂	自制	防老剂	2,6-二叔丁基-4-甲基-苯酚	CP
极性添加剂	四氢呋喃	AR			

2. 主要仪器

吸收瓶1000mL；加料管（加料装置如图2-8所示）；注射器30mL（一支）、1mL（一支）；注射针头9#；聚合釜500mL（聚合装置如图2-9所示）；乳胶管$\phi5\times10$；玻璃管$\phi5$；称量瓶$\phi40$；止血钳等。

3. 配方计算

设计：单体浓度8%

苯乙烯/丁二烯＝30/70

相对分子质量＝10万

总投料量：20g

正丁基锂浓度为0.8mmol/mL（实验中可不同）

[THF]/[活性中心]＝2

计算：三嵌段单体重量比如下。

苯乙烯：丁二烯：苯乙烯＝15：70：15

第一段苯乙烯加料量　$20\times15\%=3$（g）

相对分子质量　$15\%\times100000=15000$

第二段丁二烯加料量　$20\times70\%=14$（g）

相对分子质量　$70\%\times100000=70000$

第三段苯乙烯加料量　$20\times15\%=3$（g）

相对分子质量　$15\%\times100000=15000$

活性中心＝$3/15000=14/70000=3/15000=2\times10^{-4}$ mol＝0.2mmol

则，正丁基锂加入的毫升数　$V=0.2/0.8=0.25$（mL）

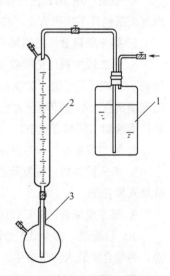

图2-8　加料装置

1—溶剂瓶；2—加料管；

3—丁二烯吸收瓶

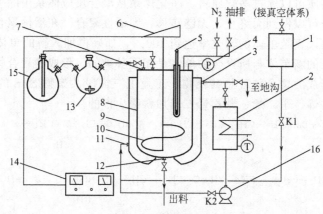

图 2-9 聚合装置

1—冷水箱；2—恒温水浴箱；3—出水口；4—压力表；5—温度计；6—搅拌电机；
7—进料口；8—反应釜；9—水浴夹套；10—搅拌桨；11—进水口；12—出料口；
13—引发剂进料口；14—控速箱；15—吸收瓶；16—水泵

THF 的量＝0.25×2＝0.5（mmol）

$W_{THF}＝0.5mmol×72.1g/mol＝0.036g$

$V_{THF}＝0.036/0.883＝0.041（mL）$

四、实验步骤

1. 开动聚合釜　抽真空、充高纯氮气，反复三次；在氮气保护下用活性聚苯乙烯清洗聚合釜，开启加热泵加热循环水至60℃。

2. 净化　将加料管、吸收瓶接入真空体系，用检漏剂检查体系，保证体系不漏。然后抽真空、用煤气灯烘烤，充氮，反复三次，待冷却后取下。

3. 第一段加料　配制苯乙烯的环己烷溶液，用注射器将计量的苯乙烯溶液和四氢呋喃迅速加入聚合瓶，并用止血钳封住针孔。

4. 杀杂　用1mL注射器抽取正丁基锂，逐滴加入聚合瓶中，同时密切注意颜色的变化，直至出现淡茶色且不消失为止，将聚合液加入聚合釜。

5. 第一段聚合　迅速加入计量的引发剂，60℃反应30min。

6. 第二段加料　把吸收瓶取下，加入定量溶剂，然后将吸收瓶放入冰水浴中，用称重法吸收气化的丁二烯至预定值。取50mL溶液于聚合瓶中，加入两滴2-乙烯基吡啶，滴加正丁基锂至溶液中出现橘黄色且不立即褪色为止。按比例用正丁基锂对吸收瓶中计量的丁二烯丁油溶液进行杀杂，然后将溶液加入到聚合釜中。

7. 第二段聚合　60℃反应90min。

8. 第三段加料　重复苯乙烯溶液的配置和杀杂步骤，在丁二烯反应90min后，将苯乙烯丁油溶液加入聚合釜。

9. 第三段聚合　60℃反应30min。

10. 后处理　将少量聚合液、2,6,4防老剂放入工业乙醇中，搅拌，将聚合物沉淀。倾去上层清液，将聚合物放入称量瓶中，在真空干燥箱中干燥。

五、结果与讨论

1. 用两步法合成SBS的路线是什么？

2. 聚合反应中是否会形成均聚物和两嵌段共聚物？为什么？

1. 两步混合加料法合成 SBS

与三步加料法相比，两步混合加料法是在第二步加入丁二烯的同时把另一半苯乙烯也加入到聚合釜中，直到聚合结束。

2. 偶联法合成 SBS

偶联法是先用单锂引发剂制备双嵌段 SBLi，再加入偶联剂制成线型三嵌段 SBS 或者星型多臂 SBS。偶联法是合成 SBS 的有效方法，制备线型 SBS 常有的双官能度偶联剂有：二氯乙烷、二溴乙烷、二碘甲烷等，制备星型 SBS 常用的偶联剂为三氯硅烷和四氯硅烷。

七、背景知识

1. 苯乙烯-丁二烯-苯乙烯嵌段共聚物是一种热塑性弹性体（thermoplastic elastomer，TPE）是一种具有类似于橡胶的力学行性能及使用性能，又能按照热塑性塑料进行加工和回收的材料，又称为第三代橡胶。

2. SBS 主要有四大用途：橡胶制品、树脂改性剂、胶黏剂和沥青改性剂。在橡胶制品方面，SBS 模压制品主要用于制鞋业，挤出制品主要为胶管和胶带；作为树脂改性剂，少量 SBS 分别与聚丙烯、聚乙烯、聚苯乙烯共混，可明显改善制品的低温性能和抗冲击性能；SBS 用于胶黏剂，具有高固体物质含量、快干、耐低温的特点；SBS 作为建筑沥青和道路沥青的改性剂，可明显改善沥青的耐候性和耐附载性能。

八、注意事项

1. 对阴离子聚合而言，微量水或空气都将使活性中心失活，为此，体系和试剂的净化是保证实验成功的关键。

2. 取料用的注射器在使用前需用高纯氮吹扫。

3. 为保证各段反应完全，可适当延长反应时间。

实验 13 自由基共聚合竞聚率的测定

一、目的要求

1. 了解自由基共聚合的机理。

2. 掌握自由基共聚合竞聚率的测定方法。

二、基本原理

由两种或两种以上单体通过共同聚合而得到的聚合物称为共聚物。依不同单体形成的不同结构在大分子链上的排布情况（即序列结构），共聚物可分为无规共聚物、嵌段共聚物、交替共聚物和接枝共聚物四类，如从立体结构看，当单体以不同的立体规整状态嵌段聚合而成则称为立体规整嵌段共聚物。

共聚物在物理性质上与同种单体的均聚物有较大不同，其差异很大程度上依赖于共聚物的组成及序列结构。一般来说，无规共聚物或交替共聚物的性质在同种单体均聚物性质之间，而嵌段或接枝共聚物则具有同种均聚物的性质。

共聚物的组成及序列结构在很大程度上取决于参与共聚的单体的相对活性。对于常见的由两种单体 M_1 和 M_2，参与的二元自由基共聚体系，存在有四种增长反应：

$$\sim M_1 + M_1 \xrightarrow{k_{11}} \sim M_1 M_1 \cdot$$

$$\sim M_1 + M_2 \xrightarrow{k_{12}} \sim M_1 M_2 \cdot$$

$$\sim M_2 + M_2 \xrightarrow{k_{22}} \sim M_2 M_2 \cdot$$

$$\sim\!M_2 + M_1 \xrightarrow{k_{21}} \sim\!M_2 M_1 \cdot$$

进而可以导出共聚物中两种单体含量之比与上述四个速度常数以及共聚单体浓度的关系式：

$$\frac{d[M_1]}{d[M_2]} = \frac{\dfrac{k_{11}}{k_{12}}\dfrac{[M_1]}{[M_2]}+1}{1+\dfrac{k_{22}}{k_{21}}\dfrac{[M_2]}{[M_1]}} = \frac{r_1\dfrac{[M_1]}{[M_2]}+1}{r_2\dfrac{[M_2]}{[M_1]}+1} \tag{2-14}$$

式(2-14)中，$r_1 = k_{11}/k_{12}$，$r_2 = k_{22}/k_{21}$，定义为单体 M_1 和 M_2 的竞聚率。竞聚率是共聚合的重要参数，因为它在任何单体浓度下都支配共聚物的组成。参数 r_1 和 r_2 是独立的变量，r_1 表示自由基 $M_1 \cdot$ 对单体 M_1 及单体 M_2 反应的相对速率；r_2 表示自由基 $M_2 \cdot$ 对单体 M_2 及单体 M_1 反应的相对速率。

通过简单的数学换算，式(2-14)可以改写成种种更有用的形式。比如以 F 代替 $d[M_1]/d[M_2]$，并将单体 M_2 的竞聚率写成单体 M_1 的竞聚率 r_1 的函数形式，可得到方程(2-15)：

$$r_2 = \frac{1}{F}\left(\frac{[M_1]}{[M_2]}\right)^2 r_1 + \left(\frac{[M_1]}{[M_2]}\right)\left(\frac{1}{F}-1\right) \tag{2-15}$$

据此，可从实验数据求出单体的竞聚率 r_1 与 r_2，式(2-15)中 F 以及 $[M_1]$、$[M_2]$ 都可由实验测出（在转化率很低时，单体浓度可以投料时的浓度代替），对于每一组 F 及单体浓度值，我们都可以根据方程(2-15)作出一条直线。因方程(2-15)中 r_1 与 r_2 都是未知数，作图时需首先人为地给 r_1 规定一组数值，然后按方程(2-15)算出相应于各 r_1 时的 r_2，再以 r_2 对 r_1 作图，便能得出一条直线。如果在不同的共聚单体浓度下做实验，我们就能得到若干条具有不同斜率和截距的直线。这些直线在图上相交点的坐标便是两单体的真实竞聚率 r_1 和 r_2。

相似地，若将方程(2-15)写成式(2-16)的形式：

$$\left(\frac{[M_1]}{[M_2]}\right)\left(\frac{1}{F}-1\right) = r_2 - \frac{1}{F}\left(\frac{[M_1]}{[M_2]}\right)^2 r_1 \tag{2-16}$$

因此，只要由实验测的不同 $[M_1]$ 与 $[M_2]$ 时的 F 值便可由作图法求出共聚单体的 r_1 与 r_2 值。为精确起见，实验常常是在低转化率下结束。这时 $[M_1]$ 与 $[M_2]$ 可由投料组成决定，剩下的工作就只有共聚物中两共聚单体成分含量的比 F 值测定了。

有许多方法可以测定共聚物中的各单体成分的含量。本试验介绍用紫外分光光度法共聚物组成的原理和方法。

用紫外光谱测定共聚物组成，先用两个单体的均聚物作出工作曲线。其过程是将两均聚物按不同配比溶于溶剂中制成一定浓度的高分子共混溶液，然后用紫外分光光度计测定某一特定波长下的摩尔消光系数。在该波长下共混溶液的摩尔消光系数，与两均聚物之摩尔消光系数 K_1 与 K_2 应有如下关系式：

$$K = \frac{x}{100}K_1 + \frac{100-x}{100}K_2 = K_2 + \frac{K_1-K_2}{100}x \tag{2-17}$$

摩尔消光系数为 K_1 的均聚物在共混物中的摩尔百分含量以 $x/100$ 表示，另一均聚物的百分含量为 $(100-x)/100$，其摩尔消光系数为 K_2。由含不同 x 值得共混物的 K 值对 x 作图所得直线即为工作曲线。今假定共聚物中两单体成分的含量及摩尔消光系数的关系满足上式，则可由在相同的实验条件下测得的共聚物消光系数 K 从工作曲线上找到该共聚物的组成 x 值。

三、主要试剂和仪器

1. 主要试剂

名称	试剂	规格	用量	名称	试剂	规格	用量
单体	苯乙烯	AR		溶剂	氯仿	AR	10mL
单体	甲基丙烯酸甲酯	AR		沉淀剂	甲醇	CP	
引发剂	偶氮二异丁腈	AR	200mg				

2. 主要仪器

试管 15×200nm 5 支；翻口塞 5 个；注射器 10 支；恒温水浴一台；紫外分光光度计一台。

四、实验步骤

1. 用紫外分光光度计测定苯乙烯和甲基丙烯酸甲酯两单体在自由基共聚合时的竞聚率，制备一组配比不同的聚苯乙烯和聚甲基丙烯酸甲酯的混合物的氯仿溶液，溶液中聚合物组成单元的摩尔比如下所示。

样品	PMMA	PS	消光系数	样品	PMMA	PS	消光系数
1	0	100		4	60	40	
2	20	80		5	70	30	
3	40	60		6	100	0	

用紫外分光光度计测定波长为 265nm 处的摩尔消光系数，根据测定结果作出工作曲线。

2. 取五个 15mm×200mm 试管，洗净，烘干，塞上翻口塞，再翻口塞上插入两根注射针头，一根通氮气，一根作为出气孔，将 200mg 偶氮二异丁腈溶解在 10mL 甲基丙烯酸甲酯（MMA）中作为引发剂。

用注射器在编好号码的五个试管中分别加入如下数量的新蒸馏的 MMA 和苯乙烯（见下表）

用一只 1mL 注射器向每个试管中注入 1mL 引发剂溶液，将五只试管同时放入 80℃ 恒温水浴中并记录时间。从 1 号到 5 号五个试管的聚合时间分别控制为 15min、15min、30min、30min、15min。

试管号	单体 MMA/mL	单体 St/mL	试管号	单体 MMA/mL	单体 St/mL
1	3	16	4	13	6
2	7	12	5	19	—
3	11	8			

用自来水冷却每支由水浴中取出的试管，倒入 10 倍量的甲醇中将聚合物沉淀出来。聚合物经过过滤抽干后溶于少量氯仿，再用甲醇沉淀一次，将聚合物过滤出来并放入 80℃ 真空烤箱中干燥至恒重。

将所得各聚合物样品制成约 10^{-3} mol/L 氯仿溶液，在 265nm 波长下测定溶液的吸光度 K，对照工作曲线求出各聚合物的组成，然后按照式(2-15)式(2-16)用作图法求 r_1 与 r_2。

五、结果与讨论

1. 表 2-1 比较了用不同方法测得的几个苯乙烯与甲基丙烯酸甲酯的共聚物样品中甲基丙烯酸甲酯的百分含量值。

表 2-1 不同方法测定苯乙烯-甲基丙烯酸甲酯共聚物中甲基丙烯酸甲酯百分含量

样品	共聚物中 MMA 的百分含量/%				
	元素分析	红外法	紫外法	核磁	折射率
1	74.4	74.0	78.5	73.5	72.8
2	58.1	53.0	57.7	—	57.0
3	42.2	41.0	48.5	40.4	41.5
4	23.0	23.5	18.7	24.1	21.5

2. 从表中看出，不同的测出的竞聚率有所不同，叙述测定共聚合单体竞聚率的各种方法并对照它们的优缺点。

3. 思考题

(1) 苯乙烯与甲基丙烯酸甲酯两共聚单体在自由基共聚合与离子型共聚合中表现出不同的竞聚率，请解释其原因。

(2) 为什么某些不能均聚的物质能参加共聚合？

(3) 从讨论中提出的单体和自由基的空间和极性要求以及它们的相对活性，估计下列单体对乙烯在进行自由基共聚合时的竞聚率值：苯-乙酸乙烯酯、苯乙烯-甲基丙烯酸甲酯、丙烯酸甲酯-顺丁烯二酸酐、氯乙烯-丙烯腈。比较你的估计值与实验测定的数值。实验测定的数值可从聚合物手册（Polymer Handbook）中查出。

(4) 阿尔弗雷-普赖斯方程中的 Q 和 e 相当于什么参数？高 Q 值和低 Q 值之间有什么结构上的差别？正 e 值和负 e 值之间有什么结构上的差别？

六、实验拓展

用红外光谱法测定共聚物组成时，假定共聚物中某单体成分的含量 c 与该成分在某红外光谱上的吸收波长上的吸收率 A 的关系符合 Beer 定律：

$$A = \varepsilon b c$$

式中，b 为样品厚度；ε 为所测成分的摩尔吸收系数，ε 可由该单体的均聚物共聚物样品同一波长上的吸收率 A 和均聚物中单体结构单元的物质的量浓度求得。于是 b 和 ε 为已知，只要测定各共聚物样品在同一波长的吸收 A 便可算出共聚物中该单体的摩尔浓度 c。

用红外光谱法测定苯乙烯和甲基丙烯酸甲酯两单体在自由基共聚合时的竞聚率。

共聚物样品制备同上述试验 1，其中样品 5 为 MMA 之均聚物。

将各个样品制成浓度为 0.25g/10mL 的聚合物氯仿溶液。

将样品溶液放在红外光谱专用液体池中，在参考池中放入溶剂氯仿，用红外光谱仪测定样品在 5.7μm 处的吸收。参照图 2-10 确定各试样的吸收。

根据各样品（均聚物及共聚物）的吸收和式(2-17)求出各样品的组成。

七、背景知识

竞聚率及其测定技术的进展如下所述。

竞聚率对于研究共聚反应具有重要意义，通过竞聚率，可以确定最佳聚合条件，从而为生产实践提供指导。一般的化工手册提供的都是常见单体的竞聚率，对于一些特殊单体，则需通过实验进行测定。常用的竞聚率测定方法主要有元素分析法、红外光谱法、双波长紫外分光光度法、核磁共振等，由于仪器自身的原因，每种测定方法的结果也不尽相同。

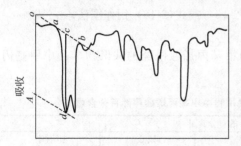

图 2-10 样品红外光谱吸收示意图

（连接 ab，作峰高 cd，连接 c 与 o 点，通过 d 点作 co 的平行线与吸收轴相交于 A 点，A 点所标吸收值即为样品在该吸收峰处的吸收）

1. 气相色谱法（GC）

气相色谱法（GC）是分离和定量的有力工具，适合于具有蒸气压的液体、气体化合物的定性定量分析，也可用来研究聚合动力学及竞聚率的测定。Guyot 等人首先应用 GC 来研究聚合过程，Jones 和 Harmood 等应用 GC 测定研究了 St/MMA 共聚体系（溶剂为甲苯），在不同转化率下取样分析，用积分组成方程求算竞聚率。R. Vander Meer 等人也用 GC 方法，以溶剂作内标进行竞聚率的测定。用 GC 方法测定竞聚率，可不必将共聚物分离出来，由测定剩余单体组成推算共聚物组成求算竞聚率。两种不同结构的单体对，大都能用 GC 测定，还可用于气态单体的共聚体系的研究，具有普适性。如在低转化率下可准确求算竞聚率，则 GC 分析无疑将是适用性最广的方法。

2. 核磁共振（1HNMR）法

竞聚率的测定是根据共聚物的 1HNMR 谱图。在低转化率下得到的共聚物经纯化后，用 1HNMR 测定其组成，用总峰面积和单体单元或聚合物中氢的峰面积计算共聚物组成。根据单体转化率和单体或共聚物的组成，用 EVM（Error-in-Variable Method）法来计算其竞聚率。

实验 14 聚己二酸乙二醇酯的制备

一、目的要求

1. 通过聚己二酸乙二醇酯的制备，了解平衡常数较小的单体聚合的实施方法。
2. 通过测定酸值和析出水量，了解缩聚反应过程中反应程度和平均聚合度的变化。
3. 掌握缩聚物相对平均分子质量的影响因素及提高相对平均分子质量的方法。

二、基本原理

缩聚反应是由多次重复的缩合反应逐步形成聚合物的过程，大多数属于官能团之间的逐步可逆平衡反应，其中聚酯就是平衡常数较小（$K=4\sim10$）的反应之一。影响聚酯反应程度和平均聚合度的因素，除单体结构外，还与反应条件如配料比、催化剂、反应温度、反应时间、去水程度有关。配料比对反应程度和分子量的影响很大，体系中任何一种单体过量都会降低反应程度；采用催化剂可大大加快反应速度；提高温度也能加快反应速度，提高反应程度，同时促使反应产生的低分子产物尽快离开反应体系，使平衡向着有利于生成高聚物的方向移动。因此，水分去除越彻底，反应越彻底，反应程度越高，分子量越大。为了除去水分可采用升高体系温度、降低体系压力、加速搅拌、通入惰性气体等方法，本实验中采用了前三种方法。另外，反应未达平衡前，延长反应时间亦可提高反应程度和分子量。本实验由于实验设备、反应条件和时间的限制，不能获得较高分子量的产物，只能通过测定反应程度了解缩聚反应的特点及其影响因素。

聚酯反应体系中由于单体己二酸上有羧基官能团存在，因而在聚合反应中有小分子水排出。

$$nHO(CH_2)_2OH+nHOOC(CH_2)_4COOH\longrightarrow$$
$$H[O(CH_2)_2OOC(CH_2)_4CO]_nOH+(2n-1)H_2O$$

通过测定反应过程中的酸值变化或出水量来求得反应程度，反应程度计算公式如下：

$$p=t \text{ 时刻出水量/理论出水量}$$

$$p=（初始酸值-t \text{ 时刻酸值}）/初始酸值$$

在配料比严格控制在官能团等物质的量时，产物的平均聚合度与反应程度的关系如式（2-18）所示，据此可求得平均聚合度和产物分子量。

$$X_n=1/(1-p)$$

在本实验中，外加对甲苯磺酸催化，催化剂浓度可视为基本不变（即 $[H^+]$ 为一常数），因此该反应为二级，其动力学关系为：

$$-dc/dt=k[H^+]C^2=kC^2$$

积分代换得：

$$X_n=1/(1-p)=kC_0t+1 \tag{2-18}$$

式中　t——反应时间，min；

　　C_0——反应开始时每克原料混合物中羧基或羟基的浓度，mmol/g；

k——该反应条件下的反应速度常数，g/（mmol·min）。

根据式 2-18，当反应程度达 80% 以上时，即可以 X_n 对 t 作图求出 k，验证聚酯外加酸的二级反应动力学。

三、主要试剂和仪器

1. 主要试剂

名 称	试 剂	规 格	用 量
单体	己二酸	CP	1/3mol
单体	乙二醇	CP	1/3mol
催化剂	对甲苯磺酸	CP	60mg

其他包括乙醇-甲苯（1∶1）混合溶剂，酚酞，0.1mol/L 的 KOH 水溶液，工业酒精。

2. 主要仪器

聚合装置一套（包括 250mL 三口烧瓶一只，电动搅拌器一套，冷凝管一只，0～300℃ 温度计一只，锅式电炉一套，分水器，毛细管，干燥管，如图 2-11 所示）；真空抽排装置一套（包括水泵一台，安全瓶一个），250mL 锥形瓶若干，20mL 移液管，碱式滴定管，量筒。

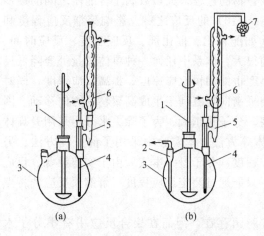

图 2-11 己二酸乙二醇酯的聚合装置
1—搅拌器；2—毛细管；3—三口瓶；4—温度计；
5—分水器；6—冷凝管；7—干燥管

四、实验步骤

1. 按图 2-11(a) 安装好实验装置，为保证搅拌速度均匀，整套装置安装要规范。

2. 向三口瓶中按配方顺序加入己二酸、乙二醇和对甲苯磺酸，充分搅拌后，取约 0.5g 样品（第一个样）用分析天平准确称量，加入 250mL 锥形瓶中，再加入 15mL 乙醇-甲苯（1∶1）混合溶剂，样品溶解后，以酚酞作指示剂，用 0.1mol/L 的 KOH 水溶液滴定至终点，记录所耗碱液体积，计算酸值。

3. 用电炉开始加热，当物料熔融后在 15min 内升温至 160℃±2℃ 反应 1h。在此段共取五个样测定酸值：在物料全部熔融时取第二个样，达到 160℃ 时取第三个样，此温度下反应 15min 后取第四个样，至 30min 时取第五个样，至第 45min 取第六个样。第六个样后再反应 15min。

4. 然后于 15min 内将体系温度升至 200℃±2℃，此时取第七个样，并在此温度下反应 30min 后取第八个样，继续再反应 0.5h。

5. 将反应装置改成减压系统 [图 2-12(b)]，即在加上毛细管，并在其上和冷凝管上各接一只硅胶干燥管，继续保持 200℃±2℃，真空度为 100mmHg，反应 15min 后取第九个样，至此结束反应。

6. 在反应过程中从开始出水时，每析出 0.5～1mL 水，测定一次析水量，直至反应结束，应不少于 10 个水样。

7. 反应停止后，趁热将产物倒入回收盒内，冷却后为白色蜡状物。用 20mL 工业酒精洗瓶，洗瓶液倒入回收瓶中。

五、结果与讨论

1. 按下式计算酸值。

$$酸值（mgKOH/g 样品）=(V×c×0.056×1000)/样品质量（g）$$

式中，V 为滴定试样所消耗的 KOH 水溶液的体积；c 为 KOH 的摩尔浓度。

2. 按下表记录酸值，计算反应程度和平均聚合度，绘出 p-t 和 X_n-t 图。

反应时间/min	样品重量/g	消耗的 KOH 溶液的体积/mL	酸值/(mgKOH/g 样品)	反应程度	平均聚合度

3. 按下表记录出水量，计算反应程度和平均聚合度，绘出 p-t 和 X_n-t 图。

反应时间/min	出水量/mL	反应程度	平均聚合度

4. 思考题

（1）说明本缩聚反应实验装置有几种功能？并结合 p-t 和 X_n-t 图分析熔融缩聚反应的几个时段分别起到了哪些作用？

（2）与聚酯反应程度和分子量大小有关的因素是什么？在反应后期黏度增大后影响聚合的不利因素有哪些？怎样克服不利因素使反应顺利进行？

（3）如何保证等物质的量的投料配比？

六、实验扩展

低相对分子质量端羟基聚酯的合成。

相对分子质量为 2000～3000 的端羟基聚酯可用于合成聚酯型聚氨酯的原料。利用本实验装置，将配方中乙二醇的用量适当过量，即可得到低相对分子质量端羟基聚酯。

以 N_A 和 N_B 分别表示—COOH 和—OH 官能团的数量，按下式计算合成相对分子质量为 3000 的端羟基聚酯的反应物用量：

$$\overline{X}_n=\frac{1+\gamma}{1+\gamma-2\gamma P} \qquad \gamma=N_A/N_B$$

反应结束后，用滴定法测定羟基物质的量，进一步计算出聚合物的相对分子质量。

（提示：羟基的测定可参见实验 31）

七、背景知识

1. 聚己二酸乙二醇酯的熔点较低，只有 50～60℃，不宜用作塑料和纤维。以对苯二甲酸代替二元脂肪酸来合成聚酯，在主链中引入芳环，可提高刚性和熔点，这使得聚对苯二甲酸乙二醇酯即涤纶成为重要的合成纤维和工程塑料。一般按分子量（黏度）大小用在三个方面：高黏度（1.0 以上）的树脂用作工程塑料，制成一般的摩擦零件如轴承、齿轮、电器零件等；黏度在 0.72 左右的用作纺织纤维；黏度稍低的（0.60 左右）用于制薄膜如电影胶片的片基材料、录音磁带和电机电器中的绝缘薄膜等。

2. 影响缩聚反应产物相对平均分子质量的因素包括平衡常数、反应程度、残留小分子浓度和表示两官能团相对过量程度的当量系数，平衡常数越大、反应程度越高、残留小分子浓度越低和当量系数越趋于一，缩聚反应产物相对平均分子质量越高。其中对于某一特定体系当量系数是最重要的因素。在实际工业化生产中要做到两官能团等当量非常困难，以聚对苯二甲酸乙二醇酯（PET）的缩聚为例，早期对苯二甲酸不易提纯，采用直接缩合不易得到分子量较高的产物，为了保证原料配比精度，采用酯交换法（DMT 法）合成聚对苯二甲酸乙二醇酯：先将对苯二甲酸与甲醇反应生成对苯二甲酸二甲酯（DMT），再将 DMT 提纯至 99.9％以上，然后将高纯度的 DMT 与乙二醇进行酯交换生成对苯二甲酸二乙二醇酯（BHET），最后以 Sb_2O_3 为催化剂，在 270～280℃和 66～133Pa 条件下进行熔融缩聚即得。随着技术发展，

1963 年开始用高纯度的对苯二甲酸直接与乙二醇反应制备，该法为直接酯化法（TPA 法），省去了对苯二甲酸二甲酯的制造和精制及甲醇的回收，降低了成本。另外，还可采用对苯二甲酸直接与环氧乙烷反应制备聚对苯二甲酸乙二醇酯（EO 法）。

3. 除本实验中采用的直接由二元醇和二元酸反应制取聚酯外，还可由 ω-羟基羧酸自身缩合得到，或由二元酰氯和二元醇通过 Schotten-Baumann 反应来合成。而酯交换反应是合成聚酯的最实用的反应。

实验 15 尼龙 66 的制备

一、目的要求
1. 掌握熔融缩聚的基本方法。
2. 了解影响缩聚反应的因素。
3. 了解逐步聚合反应分子量的控制原理和方法。

二、基本原理
尼龙 66 缩聚反应为逐步聚合反应

$$n\mathrm{NH_2(CH_2)_6NH_2} + n\mathrm{HOOC(CH_2)_4COOH} \longrightarrow \mathrm{H[NH(CH_2)_6NH-CO(CH_2)_4CO]_nOH} + (2n-1)\mathrm{H_2O}$$

这个缩聚反应是一种可逆的逐步平衡反应。根据聚合体系具体情况不同，聚合反应程度和聚合物的相对分子质量的控制方法也不同。

1. 对于单体官能团等量的反应体系，如果要提高产物聚合度，必须使平衡向右移动，即不断地除去反应所生成的水，理论上讲聚合度可以达到无穷。

2. 如果一种官能团过量，没有其他杂质，己二酸和己二胺的物质的量分别为 m 和 n，当反应程度很大时，理论上产物的数均聚合度 $(DP)_n = n/(m-n)$。当 $m=n$ 时，即为上述 1. 中的情况。

3. 如果等物质的量之比的己二胺与己二酸反应，且体系中除单官能团物质外，没有其他杂质，当 $P \to 1$ 时，有：

$$(DP)_n = n/m' \tag{2-19}$$

式中　m'——体系中单官能团物质的物质的量。

在尼龙 66 的生产过程中，就是利用上述方法来控制聚合度的。

三、主要仪器和药品
1. 主要试剂

名　称	试　剂	规　格
单体	尼龙 66 盐	聚合级
相对分子质量调节剂	己二酸	聚合级
	月桂酸	AR

2. 主要仪器

试管；电热套；调压变压器；氮气净化系统；温度计；玻璃四通等。

四、实验步骤
1. 用称量纸分别称取 7g 尼龙 66 盐三份。
2. 称取 0.16g 己二酸和月桂酸各一份（精确到 0.0002g）。
3. 将它们分别与一份尼龙 66 盐充分混合，剩下的一份尼龙盐中不放添加物，然后将这三份尼龙 66 盐分别装入三根试管中，做好标记。

4. 分别用一玻璃毛细管插入试管底部，作为氮气入口，以短玻璃管头作为氮气出口，并用微量的氮气排除试管中的空气，氮气出口用玻璃四通并联起来插入水中。

5. 将试管插入电热套中开始升温（变压器调至 $100\sim120V$）。尼龙 66 盐达熔点时，增大氮气流量（约 $30mL/min$），缓慢升温，控制电压在 $80\sim100V$。在 $260\sim280℃$ 保持 $1.5h$ 左右，直到试管壁上没有水分为止。

6. 反应完成后，将试管用坩埚钳夹住。转动试管，一方面观察和比较三个试管中产物的黏度；另一方面使产物在试管壁上结成薄膜。待试管冷却后方可断去氮气。将冷却了的试管用重物敲碎，取出产物（可留作测相对分子质量用）。

五、结果与讨论

1. 在反应过程中为什么要通氮气？

2. 为什么在尼龙 66 盐熔融后产生大量水分，而随着反应的进行反而看不到水分了呢？

3. 描述三个试管中聚合物的黏度差异，并解释原因。

六、实验拓展

为保证高的相对分子质量，要求原料有严格的配比。为此，尼龙 66 的合成通常先将原料己二酸和己二胺制成尼龙 66 盐，然后再进行聚合。尼龙 66 盐的制法是将己二酸和己二胺分别溶于乙醇中，于 $60℃$ 下将己二胺醇溶液滴入己二酸溶液中搅拌，使之中和成盐，pH 值控制在 $6.7\sim7$ 时进行冷却、结晶、离心过滤得尼龙 66 盐。也可用水为溶剂，但对原料纯度要求高。

七、背景知识

1. 尼龙（nylon）又称聚酰胺，英文名称 polyamide（简称 PA），是分子主链上含有重复酰胺基团—ENHCO于 的热塑性树脂总称。包括脂肪族 PA 和芳香族 PA。其中，脂肪族 PA 品种多，产量大，应用广泛，其命名由合成单体具体的碳原子数而定。

2. 尼龙 66 盐主要用于生产尼龙 66 纤维和尼龙 66 工程塑料，它自问世以来，尼龙树脂与尼龙纤维同步发展。以己二酸和己二胺为原料的尼龙 66 的综合性能好，具有强度高、刚性好、抗冲击、耐油及化学品、耐磨和自润滑等优点，尤其是硬度、刚性、耐热性和蠕变性能更佳，而且原料易得，成本低，因而广泛应用到工业、服装、装饰、工程塑料等各种领域。

实验 16　低分子量环氧树脂的制备

一、目的要求

1. 深入了解逐步聚合的基本原理。

2. 熟悉双酚 A 型环氧树脂的实验室制法。

3. 掌握环氧值的测定方法。

二、基本原理

环氧树脂是指含有环氧基的聚合物，它有多种类型。工业上考虑到原料来源和产品价格等因素，最广泛应用的环氧树脂是由环氧氯丙烷和双酚 A（4,4-二羟基二苯基丙烷）缩合而成的双酚 A 型环氧树脂。

环氧树脂具有良好的物理与化学性能，它对金属和非金属材料的表面具有优异的粘接性能。此外它的固化过程收缩率小、并且耐腐蚀、介电性能好、机械强度高、对大部分碱和溶剂稳定。这些优点为它开拓了广泛的用途，目前已成为最重要的合成树脂品种之一。

以双酚 A 和环氧氯丙烷为原料合成环氧树脂的反应机理属于逐步聚合，一般认为在氯化钠存在下不断进行开环和闭环的反应。反应方程式如下：

$$(n+2) \; CH_2\text{—}CH\text{—}CH_2Cl + (n+1) \; HO\text{—}\underset{\underset{CH_3}{|}}{\overset{\overset{CH_3}{|}}{C}}\text{—}OH$$

$$\xrightarrow{(n+2)\,NaOH} \; CH_2\text{—}CH\text{—}CH_2\text{—}O\left[\text{—}\underset{\underset{CH_3}{|}}{\overset{\overset{CH_3}{|}}{C}}\text{—}O\text{—}CH_2\text{—}CH\text{—}CH_2\right]_n$$

$$\text{—}O\text{—}\underset{\underset{CH_3}{|}}{\overset{\overset{CH_3}{|}}{C}}\text{—}O\text{—}CH_2\text{—}CH\text{—}CH_2 + (n+2) \; NaCl + (n+2) \; H_2O$$

线形环氧树脂外观为黄色至青铜色的黏稠液体或脆性固体,易溶于有机溶剂中,未加固化剂的环氧树脂具有热塑性,可长期储存而不变质。其主要参数是环氧值,固化剂的用量与环氧值成正比,固化剂的用量对成品的机械加工性能影响很大,必须控制适当。环氧值是环氧树脂质量的重要指标之一,也是计算固化剂用量的依据,其定义是指 100g 树脂中含环氧基的物质的量。分子量越高,环氧值就相应降低,一般低分子量环氧树脂的环氧值在 0.48～0.57 之间。

三、主要试剂和仪器

1. 主要试剂

名　称	试　剂	规　格	用　量
单体	双酚 A(4,4-二羟基二苯基丙烷)	AR	34.2g
单体	环氧氯丙烷	AR	42g
催化剂	氢氧化钠	AR	12g
溶剂	苯	AR	150g
	盐酸	AR	2mL
	丙酮	AR	100mL
	氢氧化钠标准溶液	AR	1mol/L
	酚酞指示剂	AR	
	乙醇溶液	CP	0.1%

2. 主要仪器

250mL/24mm×3 标准磨口三颈烧瓶一个;300mm 球形冷凝器一支;300mm 直形冷凝器一支;滴液漏斗 60mL 一个;250mL 分液漏斗一个;100℃、200℃温度计各一支;接液管一个;250mL 具塞锥形瓶四个;100mL 量筒一个;容量瓶 100mL 一个;800mL 烧杯两个;50mL 烧杯一个;10mL 刻度吸管一支;15mL 移液管一支;50mL 碱式滴定管一支;100mL 广口试剂瓶一个;电动搅拌器一套;油浴锅(含液体石蜡)一个。

四、实验步骤

1. 将三颈瓶称重并记录。将双酚 A 4.2g(0.15mol) 和环氧氯丙烷 42g(0.45mol) 依次加入三颈瓶中,按图 2-12(a) 装好仪器。用油浴加热,搅拌下升温至 70～75℃,使双酚 A 全部溶解。

2. 用 12g 氢氧化钠加 30mL 去离子水,配成碱液。用滴液漏斗向三颈瓶中滴加碱液,由于环氧氯丙烷开环是放热反应,所以开始必须加得很慢,以防止反应浓度过大凝成固体而难以分散。此时反应放热,体系温度自动升高,可暂时撤去油浴,使温度控制在 75℃。分液漏斗使用前应检查盖子与活塞是否是原配,活塞要涂上凡士林,使用时振动摇晃几下后放气。

3. 滴加完碱液,将聚合装置改成如图 2-12(b) 所示。在 75℃下回流 1.5h(温度不要超过 80℃),体系呈乳黄色。

4. 加入去离子水 45mL 和苯 90mL,搅拌均匀后倒入分液漏斗中,静止片刻。待液体分层

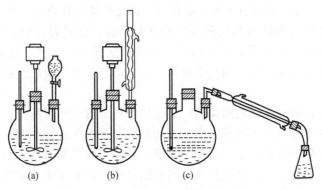

图 2-12　低分子量环氧树脂的聚合装置

后，分去下层水层。重复加入去离子水 30mL、苯 60mL 剧烈摇荡，静止片刻，分去水层。用 60～70℃温水洗涤两次，有机相转入图 2-12(c) 的装置中。

5. 常压下蒸馏除去未反应的环氧氯丙烷。控制蒸馏的最终温度为 120℃得淡黄色黏稠树脂。

6. 将三颈烧瓶连同树脂称重，计算产率。所的树脂倒入试剂瓶中备用。

7. 配制盐酸-丙酮溶液。将 2mL 浓盐酸溶于 80mL 丙酮中，均匀混合即成（现配现用）。

8. 配制 NaOH-C_2H_5OH 溶液。将 4g NaOH 溶于 100mL 乙醇中，用标准邻苯二甲酸氢钾溶液标定，酚酞作指示剂。

9. 环氧值的测定。取 125mL 碘瓶两只，在分析天平上各称取 1g 左右（精确到 1mg）环氧树脂，用移液管加入 25mL 盐酸丙酮溶液，加盖，摇匀使树脂完全溶解，放置阴凉处 1h，加酚酞指示剂三滴，用 NaOH-C_2H_5OH 溶液滴定。同时按上述条件做两次空白滴定。

五、结果讨论

1. 环氧值（mol/100g 树脂）E 按式(2-20)计算：

$$E=\frac{(V_1-V_2)N}{1000W}\times100=\frac{(V_1-V_2)N}{10W} \tag{2-20}$$

式中，V_1 为空白滴定所消耗的 NaOH 溶液，mL；V_2 为样品测试消耗的 NaOH 溶液，mL；N 为 NaOH 溶液的体积摩尔浓度；W 为树脂质量。

相对分子质量小于 1500 的环氧树脂，其环氧值的测定用盐酸-丙酮法。（分子量高的用盐酸-吡啶法。）反应式为：

$$\sim CH-CH_2 + HCl \xrightarrow{\text{丙酮}} \sim CH-CH_2-Cl$$

过量的 HCl 用标准的 NaOH-C_2H_5OH 液回滴。

2. 思考题

（1）在合成环氧树脂的反应中，若 NaOH 的用量不足，将对产物有什么影响？

（2）环氧树脂的分子结构有何特点？为什么环氧树脂具有优良的黏结性能？

（3）为什么环氧树脂使用时必须加入固化剂？固化剂的种类有那些？

六、实验拓展

黏结试验：用丙酮擦拭两块铝板，用干净的表面皿称取环氧树脂 4g，加乙二胺约 0.3g 用玻璃棒调和均匀后，取少量涂于两块铝板端面，胶层要薄而均匀（约 0.1mL），把两块铝板对准胶面合拢，用螺旋夹固定，放置固化，测定黏结强度。

七、背景知识

环氧树脂的抗化学腐蚀性、力学、电性能都很好，对许多不同的材料有突出的黏结力。使用温度范围为 90～130℃，可通过单体、添加剂和固化剂等选择组合，生产出适合各种要求的产品。环氧树脂的应用可大致分为涂覆和结构材料两类。涂覆材料包括各种涂料，如家用电器、仪器设备，飞机的舵及折翼，油、汽和化学品输送管道等。层压制品用于电器和电子工业，如线路板基材和半导体元器件的封装材料。此外，它还是用途广泛的胶黏剂，有"万能胶之称"。

环氧树脂涂料是一种性能优良的涂料，其主要特点是耐化学药品性，保色性，附着力和绝缘性很好，但耐候性不佳，由于羟基的存在，如处理不当易造成耐水性差。另外，该涂料是双组分，用前调整，在储存与使用上不方便。目前，环氧树脂涂料作为一种优良的耐腐蚀涂料，广泛用于化学工业，造船工业，也用作金属结构的底漆，但不易作为高质量的户外及高装饰性涂料。环氧树脂也用作粉末涂料的基料树脂，还可以作为热固性环氧粉末涂料和环氧聚酯粉末涂料。环氧树脂除了单独使用外，还常常用来改善其他聚合物的性能。如对酚醛树脂、脲醛树脂、密胺树脂、聚酰胺、聚氯乙烯、聚酯树脂等均有改性作用。

实验 17　酸催化法酚醛树脂的合成

一、目的要求
1. 了解缩聚合反应的特点及反应条件对产物性能的影响。
2. 掌握在苯酚存在下测定甲苯含量的方法。

二、基本原理
酚醛树脂是最早实现工业化的树脂，它具有很多优点，如抗湿、抗电、耐腐蚀，模制器件有固定形状、不开裂等，是现代工业中应用广泛的塑料之一。

本实验是在酸性催化剂存在下，使甲醛与过量苯酚缩聚而得到热塑性酚醛树脂，其反应如下：

继续反应生成线型大分子：

线性酚醛树脂相对分子质量在 1000 以下，聚合度约 4～10。

三、主要试剂和仪器
1. 主要试剂

名　称	试　剂	规　格	用　量
单体	苯酚	AR	50g
单体	甲醛	AR	41g
催化剂	盐酸	AR	1mg

2. 主要仪器

聚合装置一套（见实验 2 中图 2-2，包括 250mL 三口烧瓶一个，电动搅拌器一套，冷凝管一只，0～100℃温度计一支，加热套一个），表面皿，吸管，20mL 移液管，布氏漏斗，锥形瓶。

四、实验步骤

1. 酚醛树脂的合成

将 50g 苯酚及 41g 甲醛溶液在 250mL 三口瓶中混合。然后固定在固定架上，装好回流冷凝器及搅拌器、温度计，在加热套中缓缓加热，使温度保持 60℃±2℃。取 3g 试样，加 1.0mL 盐酸，反应即开始。每隔 30min 用滴管取 2～3g，放入预先称量好的 150mL 锥形瓶中，分别进行分析。

反应经 3h 后，将反应瓶中的全部物料倒入蒸发皿中。冷却后倒去上层水，下层缩合物用水洗涤数次，至呈中性为止。然后用小火加热，由于有水存在，树脂在开始加热时起泡沫。当水蒸气蒸发完后，移去煤气灯（防止烧焦），倒在铁皮上冷却，称重。

2. 甲醛含量测定

将近 3g（准确称量）产物放在 250mL 锥形瓶中，加 25mL 蒸馏水，加 3 滴酚酞，用 NaOH 标准溶液滴定至呈红色（为什么？）。再加 50mL 1mol/L 的 Na_2SO_3 溶液，为了使 Na_2SO_3 与甲醛反应完全，混合物应在室温下放置 2h，然后用 0.5mol/L HCl 溶液滴定至退色为止。

五、结果讨论

1. 分析甲醛含量的方法是根据甲醛与亚硫酸钠作用生成氢氧化钠的量来计算甲醛含量，其反应如下：

$$HCHO + Na_2SO_3 + H_2O \longrightarrow H\underset{SO_3Na}{\overset{\overset{\displaystyle H}{|}}{\underset{|}{C}}}OH + NaOH$$

甲醛含量之测定如下所述。

甲醛百分含量按式（2-21）计算：

$$X\% = \frac{0.03VN \times 100}{W} \qquad\qquad (2\text{-}21)$$

式中　X——甲醛含量，%；

　　　V——滴定消耗的盐酸体积，mL；

　　　N——盐酸的摩尔浓度；

　　　W——样品重，g；

　　　0.03——相当于 1mL 1mol/L 盐酸溶液的甲醛含量，g。

2. 思考题

（1）根据分析结果计算不同时间甲醛的转化率，以时间对甲醛浓度作图。

（2）计算苯酚、甲醛加料量之比，苯酚过量的目的何在？

六、实验拓展

两步碱催化法制备水溶性酚醛树脂。在合成过程中原料官能度的数目，两种原料的摩尔比以及催化剂的类型对生成树脂有很大影响。为了得到具有体型结构的高聚物，两种原料的官能度总数应不少于 5。由于醛类物质为 2 官能度的单体，因此要求所用的酚必须有 3 个可以反应的活性点。苯酚和间苯二酚都是羟基取代的苯衍生物，在与甲基进行亲电取代反应时，反应主要发生在酚羟基的邻对位，所以苯酚和间苯二酚都可以使用。

合成工艺如下所述。

按苯酚：甲醛=1:3（摩尔）称取适量的苯酚，倒入三口烧瓶，加热至 50℃，使其熔融成液体；按苯酚和甲醛纯物质总量 5% 的比例称取催化剂，并将其分为 3.5% 和 1.5% 两份，先将

3.5%的催化剂氢氧化钠加入已熔融好苯酚的三口烧瓶,剩余的1.5%备用;将三口烧瓶恒温50℃,搅拌反应20min后,把已称好的甲醛80%倒入三口烧瓶,升高三口烧瓶温度至60℃,继续搅拌反应50min;将剩余1.5%的氢氧化钠加入三口烧瓶,升高三口烧瓶温度至70℃,恒温继续搅拌反应20min;最后加入剩余20%的甲醛,升高反应温度至90℃,并恒温继续搅拌反应30min。反应终止后得到的产品为透亮棕红色,并完全溶于水。进一步在0.094MPa真空度50℃下减压脱水,可以得到固含量82%的水溶性酚醛树脂。

七、背景知识

酚醛树脂塑料是第一个商业化的人工合成聚合物,早在1909年就由Bakelite公司开始生产。它具有高强度和尺寸稳定性好、抗冲击、抗蠕变、抗溶剂和湿气性能良好等优点。大多数酚醛聚合物都需要加填料增强。通用级酚醛塑料常用云母、黏土、木粉或矿物质粉、纤维素和短纤维素来增强。而工程级酚醛则要用玻璃纤维、弹性体、石墨及聚四氟乙烯来增强,使用温度达150~170℃。

酚醛聚合物大量的用作胶合板和纤维板的胶黏剂,也用于黏结氧化铝或碳化硅做砂轮,还用做家具、汽车、建筑、木器制造等工业的胶黏剂。作为涂料也是它的另一重要应用,如酚醛清漆,将它与醇酸树脂、聚乙烯、环氧树脂等混合使用,性能也很好。含有酚醛树脂的复合材料可用于航空飞行器,它可以做成开关、插座机壳等。

酚醛树脂具有优良的绝缘,耐热,耐老化,耐化学腐蚀性等性能,还可用于电子、电器、塑料、木材纤维等工业,由酚醛树脂制成的增强塑料还是空间技术中使用的重要电子材料。

实验18 不饱和聚酯树脂的合成及其玻璃纤维增强塑料的制备

一、实验目的

1. 掌握不饱和聚酯树脂的聚合机理和制备方法。
2. 掌握玻璃纤维增强塑料(玻璃钢)的制备方法。

二、基本原理

由二元羧酸和二元醇经过缩聚反应而生成的聚合物称为聚酯。当聚酯分子结构中含有非芳香族的不饱和键时,又被称为不饱和聚酯。通常情况下缩聚反应结束后,趁热加入一定量的活性单体配制成一定黏度的液体树脂,称为不饱和聚酯树脂。纤维增强塑料中,热固性树脂的应用品种很多,其中不饱和聚酯树脂的用量最大。

不饱和聚酯是由不饱和二元酸或其酸酐与多元醇经缩聚反应制得的聚合物。二元酸或酸酐主要有:顺丁烯二酸、反丁烯二酸、顺丁烯二酸酐。醇主要包括:乙二醇、1,2-丙二醇、丙三醇等。最常用的不饱和聚酯是由顺丁烯二酸酐和1,2-丙二醇合成的,其反应机理如下:

酸酐开环并与羟基加成:

形成的羟基酸可进一步进行缩聚反应,如羟基酸分子间进行缩聚:

或者羟基酸与二元醇进行缩聚反应:

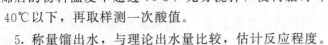

在实际生产中，为了改进不饱和聚酯最终产品的性能，常常加入一部分饱和二元酸（或其酸酐），如邻苯二甲酸酐，一起共聚。

三、主要仪器和试剂

1. 主要试剂

名　称	试　剂	规格	名　称	试　剂	规格
单体	顺丁烯二酸酐	AR	其他	对苯二酚	AR
	邻苯二甲酸酐	AR		二甲苯胺	AR
	1,2-丙二醇	AR		邻苯二甲酸二辛酯	AR
	苯乙烯	AR		氢氧化钾-乙醇溶液	自制
引发剂	过氧化苯甲酰	AR		玻璃纤维方格布	
				聚丙烯薄膜	

注：顺丁烯二酸酐有毒，不要接触皮肤。顺丁烯二酸酐及邻苯二甲酸酐易吸水，称量时要快，以保证配比准确。

2. 主要仪器

250mL 磨口四颈瓶一只；300mm 球形冷凝器一只；300mm 直形冷凝器一只；100mL 油水分离器一只；蒸馏头一只；150℃、200℃温度计各一只；250mL 广口试剂瓶一只；250mL 锥形瓶二只；加热、控温、搅拌装置（一套）；平板玻璃；烧杯；刮刀；CO_2 钢瓶。

四、实验步骤

不饱和聚酯树脂的合成

1. 将干净的玻璃仪器按实验装置图 2-13 安装好，并检查反应瓶磨口的气密性。

2. 在 250mL 四颈瓶中依次加入顺丁烯二酸酐 9.8g、邻苯二甲酸酐 14.8g、丙二醇 9.2g。加热升温，并通入氮气保护。同时在蒸馏头出口处接上直形冷凝管，并通水冷却。用 25mL 已干燥称重的烧杯接受馏出的水分。

3. 30min 内升温至 80℃，充分搅拌，1.5h 后升温至 160℃，保持此温度 30min 后，取样测酸值。逐渐升温至 190～200℃，并维持此温度。控制蒸馏头温度在 102℃ 以下。每隔 1h 测一次酸值。酸值小于 80mgKOH/g 后，每 0.5h 测一次酸值，直到酸值达到（40±2）mgKOH/g。

4. 停止加热，冷却物料至 170～180℃ 时加入对苯二酚和石蜡，充分搅拌，直至溶解。待物料降温至 100℃ 时，将称量好的苯乙烯迅速倒入反应瓶内，要求加完苯乙烯后的物料温度不超过 70℃，充分搅拌，使树脂冷却到 40℃ 以下，再取样测一次酸值。

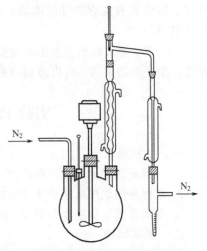

图 2-13 不饱和聚酯树脂合成装置

5. 称量馏出水，与理论出水量比较，估计反应程度。

五、结果与讨论

1. 实验过程中，不断检测酸值的目的是什么？为什么？

2. 如果将实验中所用的 CO_2 气体改成 N_2，可否？有什么异同点？

3. 实验中强调的几个温度，如 102℃、70℃、40℃，其必要性是什么？

4. 苯乙烯的作用是什么？如果不用苯乙烯，玻璃钢的性能会有什么变化？

六、实验拓展

玻璃纤维增强塑料的制备如下所述。

1. 在烧杯中，将不饱和聚酯树脂 100 份，过氧化苯酰-邻苯二甲酸二辛酯糊 4 份，二甲苯胺 0.01 份，混合并搅拌均匀，备用。

2. 裁剪 100mm×100mm 的玻璃布十块，备用。

3. 在光洁的玻璃板上，铺上一层玻璃纸，再铺上一层玻璃布，用刮刀刷上一层树脂，使之渗透，小心驱逐气泡，再铺上一层玻璃布，反复此操作，直到所需厚度，最后再铺上一层玻璃纸，驱逐气泡，并压上适当的重物。

4. 放置过夜，再于 100～150℃ 烘 2h，产品俗称玻璃钢（FRP）。

酸值测定方法

精确称取 1g 左右树脂，置于 250mL 锥形瓶，加入 25mL 丙酮，溶解后加入 3 滴酚酞指示剂，用浓度为 0.1mol/L 的氢氧化钾-乙醇标准溶液滴定至终点。酸值由式（2-24）计算得到：

$$酸值 = \frac{56.1NV}{W} \ (mgKOH/g) \tag{2-22}$$

式中　N——氢氧化钾-乙醇标准溶液的浓度，mol/L；

　　　V——消耗的氢氧化钾-乙醇标准溶液的体积，mL；

　　　W——样品的质量，g。

七、背景知识

不饱和聚酯由二元不饱和酸、二元饱和酸的混合物与接近等物质的量的二元醇或环氧化合物，经缩聚反应合成的线形低分子聚合物。由于不饱和聚酯分子中含有不饱和双键，在自由基引发剂的作用下可以发生自由基聚合，形成体型结构。在工业中，多加入乙烯基单体，形成具有聚合活性的溶液，然后浸渍玻璃纤维，最后固化成玻璃纤维增强塑料制品，俗称玻璃钢。

不饱和聚酯玻璃钢主要用来制造小型船舶、浴缸、容器等。生产大型制件，可采用喷涂的方法；生产小型制品，可以玻璃纤维短绒为填料，直接加热模压成型。

实验 19　界面缩聚制备尼龙 610

一、目的要求

1. 了解界面缩聚的原理和特点。
2. 掌握界面缩聚反应的实施方法。
3. 掌握界面缩聚法制备尼龙 610 的实验方法。

二、基本原理

界面聚合是缩聚反应特有的一种实施方法，将两种单体分别溶解于互不相容的两种溶剂中，然后将两种溶液混合，缩聚反应在两种溶液界面上进行，通常在有机相一侧进行，聚合产物不溶于溶剂，在界面析出。这种方法，在实验室和工业上有应用，例如聚酰胺、聚碳酸酯等的合成。

界面缩聚具有以下特点：①界面缩聚是一种非均相缩聚反应，反应速率受单体扩散速率控制；②对单体纯度和配比要求不严，反应只取决于界面处反应物的浓度；③单体具有高的反应活性，聚合物在界面迅速生成，其分子量与总的反应程度无关；④反应温度低，一般在 0～50℃，可避免因高温而导致的副反应。

在缩聚反应过程当中，为使聚合反应不断进行，要及时将生成的聚合物移走；同时为了提高反应效率，可以采用搅拌的方法提高界面总面积；反应过程有酸性物质生成，要在体系中加入适量的碱中和；有机溶剂的选择要考虑溶剂仅能溶解低分子量的聚合物，而使高分子量的聚合物沉淀。

界面缩聚由于需要单体活性高，溶剂消耗量大，且设备利用率低，因此实际应用并不多。

本实验，由癸二酰氯和己二胺界面缩聚反应制备尼龙610，反应式为：

$$n ClOC(CH_2)_8 COCl + n NH_2(CH_2)_6 NH_2 \longrightarrow \text{—}[NH(CH_2)_6 NH\text{—}OC(CH_2)_8 CO]_n\text{—} + 2n HCl$$

实验采用不搅拌体系，同搅拌体系的原理相同，但所得聚合物的形态、产率、分子量及分子量分布有些差异。

三、主要仪器和药品

1. 主要试剂

名称	试剂	规格	用量	名称	试剂	规格	用量
单体	癸二酰氯	新蒸馏	2.2mL(10mmol)	其他	NaOH	AR	1g
	己二胺	新蒸馏	1.5g(12.9mmol)		2%HCl溶液		50mL
溶剂	CCl$_4$	AR	50mL		水		

2. 主要仪器

250mL 锥形瓶、250mL 烧杯各一个；100mL 烧杯 2 个；玻璃棒一支；镊子一把。

四、实验步骤

1. 在 100mL 烧杯中加入 1.5g 己二胺、1g 氢氧化钠和 50mL 去离子水，搅拌使固体溶解，配成水相。

2. 量取 2.2mL 癸二酰氯加入干燥的 250mL 锥形瓶中，加入 50mL 无水 CCl$_4$，摇荡使溶解配成有机相。

3. 将有机相倒入干燥的 250mL 烧杯中，然后将玻璃棒插到有机相底部，沿玻璃棒慢慢地将水相倒入，立刻就能观察到在界面上生成聚合物膜。

4. 用镊子将膜小心提起，并缠绕在玻璃棒上，转动玻璃棒，将持续生成的聚合物拉出。

5. 将所得聚合物放入盛有 50mL 的 2% 盐酸溶液中浸泡，然后用水洗涤至中性，最后用去离子水洗，压干，于 80℃ 真空干燥，计算产率。

五、结果与讨论

1. 按照实验过程设计实验图并画出。

2. 为什么在水相中要加入 NaOH？聚合产物为什么要在 HCl 溶液中浸泡？

3. 在反应过程中，如果停止拉出聚合物，缩聚反应将发生如何变化？如果停止几个小时后再将聚合物拉出，反应还会继续进行吗？

4. 如何测定聚合反应的反应程度和分子量大小？

六、实验扩展

将单体癸二酰氯改为对苯二甲酰氯进行界面缩聚，定性分析二种聚合物由于结构上的差异而导致性能上的不同。

七、背景知识

聚酰胺俗称尼龙（nylon），英文名称 polyamide（简称 PA），是分子主链上含有重复酰胺基团—[NHCO]—的热塑性树脂总称。包括脂肪族 PA，脂肪-芳香族 PA 和芳香族 PA。其中，脂肪族 PA 品种多，产量大，应用广泛。尼龙中的主要品种有尼龙 6 和尼龙 66，占绝对主导地位，其次是尼龙 11、尼龙 12、尼龙 610、尼龙 612，另外还有尼龙 1010、尼龙 46、尼龙 7、尼龙9、尼龙13，新品种有尼龙61，特殊尼龙MXD6。

尼龙610为半透明、乳白色结晶型热缩性聚合物，性能介于PA6和PA66之间，相对密度小，具有较好的机械强度和韧性；吸水性小，因而尺寸稳定性好；耐强碱，耐有机溶剂，但也溶于酚类和甲酸中；属于自熄性材料；但在高温（≥150℃）、卤水、油类和强外力冲击下，易变形，甚至断裂，所以在使用时要改性，改性方法有接枝、共聚、共混、原位聚合、填充和交联等。

尼龙610在机械、汽车、飞机、电子电器、无线电技术等工业部门和国民经济其他领域及生活用品中得到广泛地应用。制造各种工业结构件（齿轮、衬垫、轴承、滑轮等），精密部件、输油管、储油容器、传动带、仪表壳体等。

实验20　固相缩聚制备高分子量聚碳酸酯

一、目的要求

1. 了解固相缩聚的特点。
2. 掌握固相缩聚的基本方法。

二、基本原理

在缩聚反应中，有些单体或部分结晶的预聚物熔点较高，如果采用熔融缩聚的方法可能会因反应温度过高导致反应物提前分解、降解或氧化，使聚合反应无法进行。固相缩聚是使单体或预聚物在固体状态下进行缩聚的方法，它属于均相缩聚。固相缩聚所采用的单体一般为a-R-b型，或者a-R-a和b-R-b型单体的预聚物所构成的盐。固相缩聚的反应温度一般低于单体熔点15～30℃，如果是部分结晶的预聚物，聚合反应温度一般介于非晶部分的玻璃化温度和晶区的熔点之间。在这样的温度范围内，分子链末端基团由于链段运动而具有活性，使聚合反应能够正常进行，同时又保证体系始终处于固体状态，而不会发生熔融或固体颗粒间的黏结。在缩聚反应过程中生成的小分子副产物，一般通过向体系中吹入惰性气体，或选用不能溶解单体和聚合物而能溶解小分子副产物的溶剂作为清除流体，随时带走副产物，促进聚合反应进行。

双酚A和碳酸二苯酯采用固相缩聚的方法可以得到高分子量的聚碳酸酯，此聚合由两步法完成，首先利用酯交换熔融聚合合成低分子量的聚碳酸酯预聚物，然后该预聚物再进行固相聚合获得高分子量的聚合物。

三、主要试剂和仪器

1. 主要试剂

名称	试 剂	规格	用量	名称	试 剂	规格	用量
单体	双酚A	重结晶	4.5g	催化剂	LiOH·H$_2$O水溶液	0.018g/mL	0.1mL
	碳酸二苯酯	重结晶	4.5g	其他	高纯氮		

2. 主要仪器

250mL四颈瓶一个；固相聚合反应装置一套；电动搅拌装置一套；电热套一个；温度计

二支；冷凝管一支；恒温水浴一套；研钵等。

四、实验步骤

1. 预聚体的合成

（1）按照预聚体合成反应装置图 2-14 搭建装置。

（2）向四颈瓶中加入双酚 A 和碳酸二苯酯各 4.5g，通氮气，搅拌，升温至 160℃，待单体熔融后，加入预先配好的催化剂 LiOH·H$_2$O 水溶液 0.1mL，反应 0.5h 后，升温至 180℃反应 1h，再升温至 190℃反应 1h，230℃再反应 0.5h。

（3）抽真空（真空度＜133.3Pa）0.5h，除去副产物苯酚。

（4）自然冷却至室温，得到固体预聚物。

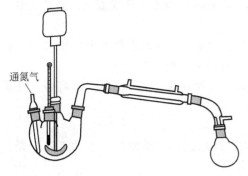

图 2-14　预聚体合成反应装置

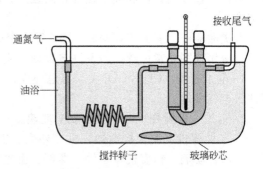

图 2-15　固相聚合反应装置

2. 固相缩聚

（1）将预聚物研磨成粒度为 75～125μm 的细粉。

（2）取 0.5g 细粉状预聚体加入固相缩聚反应装置（如图 2-15 所示）U 型管中的玻璃砂芯上，通入氮气，调节氮气流量为 1000～1500mL/min，加热油浴至 165℃，反应 4h，得到高分子量产物。

五、结果与讨论

1. 为什么聚合反应第一步熔融缩聚只能得到低分子量的聚碳酸酯？固相缩聚为什么就能得到高分子产物？

2. 固相缩聚的反应温度是如何确定的？为什么？

六、实验扩展

用 GPC 法测定预聚物和固相缩聚产物的相对分子质量，比较固相聚合前后聚合物的分子量变化并对两种聚合方法进行对比。

七、背景知识

聚碳酸酯，英文名 polycarbonate，简称 PC，是分子主链中含有 ⫟O—R—O—CO⫠ 链节的热塑性树脂。按分子结构中所带酯基不同可分为脂肪族、脂环族、脂肪-芳香族型，其中具有实用价值的是芳香族聚碳酸酯，并以双酚 A 型聚碳酸酯为最重要。

工业上聚碳酸酯主要是由双酚 A 与光气通过界面缩聚的工艺合成，即光气法。这一反应是在水相和有机相存在的碱性条件下进行的，分子量通过使用酚的链终止剂加以控制，最大缺点是需要使用高毒性的光气，而且还需对大量的废水和二氯甲烷进行后处理，因此现在发展趋势是开发非光气法合成工艺。目前 GE 塑料和拜耳公司已开发出各自的非光气法生产技术并推向工业化生产，非光气法路线将成为未来 PC 的主要生产路线。

聚碳酸酯是一种无定型、无臭、无毒、高度透明的无色或微黄色热塑性工程塑料。分子结构中的碳酸酯链段使聚碳酸酯成为韧性最好和最耐用的塑料之一，具有优良的物理力学性能，尤其是耐冲击性优异，拉伸强度、弯曲强度、压缩强度高；而分子结构中的双酚A链段使聚合物具有很高的热性能（$T_g=148.9℃$），在较宽的温度范围内具有稳定的力学性能、尺寸稳定性、电性能和阻燃性，可在$-60\sim120℃$下长期使用；由于分子链刚性大，树脂熔体的黏度大，吸水率小，收缩率小，尺寸精度高，尺寸稳定性好，薄膜透气性小；属自熄性材料；对光稳定，耐候性好；耐油、耐酸，溶于氯化烃类和芳香族溶剂。缺点是不耐紫外光，不耐强碱、氧化性酸及胺、酮类，长期在水中易引起水解和开裂，抗疲劳强度差，容易产生应力开裂，抗溶剂性差，耐磨性欠佳。

聚碳酸酯合金的种类也很繁多，为改进PC熔体黏度大（加工性差）和制品易应力开裂等缺陷，PC与不同聚合物形成合金或共混物，提高材料性能。如PC/ABS合金中，PC主要贡献高耐热性，较好的韧性和冲击强度，高强度、阻燃性，ABS则能改进可成型性，表观质量，降低密度。

聚碳酸酯作为五大工程塑料（聚酰胺、聚碳酸酯、聚甲醛、聚酯和聚苯醚）中唯一的透明产品，应用范围非常广泛，涉及许多领域，主要应用有以下一些。

1. 电子电器　CD片、开关、家电外壳、信号筒、电器外壳、电器部件、咖啡壶、计算器零件、电气零件。

2. 运输　保险杆、分电盘、安全玻璃。

3. 工业零件　照相机本体、机具外壳、安全帽、潜水镜、安全镜片、电动工具外壳、透明件、防弹玻璃、精密机械零件、螺帽、齿轮、轴承等。

4. 建筑　涂料。

5. 日用品　家庭用品、胶卷、果汁机、吹风机、奶瓶、镜片。

6. 其他　接着剂、安全帽。

目前全球聚碳酸酯应用向高功能化、专用化方向发展。如宽波透光的光学器械，阻燃环保的通信电器，表面金属化的汽车部件，低残留有害物的食品容器，防开裂脆化的医疗器械等已经研究成功或正在研究。

实验21　聚醋酸乙烯酯的醇解反应

一、目的要求

1. 通过实验掌握聚乙烯醇制备的一般方法和高分子反应的基本原理。

2. 了解聚醋酸乙烯酯醇解反应的特点，影响醇解程度的因素。

二、基本原理

由于"乙烯醇"极不稳定，极易异构化而生成乙醛或环氧乙烷，所以聚乙烯醇不能由"乙烯醇"来聚合制备，通常都是通过将聚醋酸乙烯酯（PVAc）醇解（或水解）后得到聚乙烯醇（PVA）。由于聚合物的分子量很高，而且具有多分散性，结构有多层次变化以及聚合物的凝聚态结构及溶液行为与小分子的差异很大，使聚合物的化学反应具有本身的特征，一般来说，聚合物中官能团的活性较低，化学反应不完全，官能团不能全部转化，主副产物又无法分离，因此常用基团的转化程度来表示反应进行的深度。

PVAc的醇解可以在酸性或碱性条件下进行，酸性醇解时，由于痕量级的酸很难从PVA中除去，而残留的酸可加速PVA的脱水作用，使产物变黄或不溶水，目前工业上都采用碱性醇解法。本实验用甲醇为醇解剂，NaOH为催化剂，醇解反应式如下：

$$\begin{array}{l}\text{+CH}_2\text{—CH}\frac{}{}\end{array}_n \quad +CH_3OH \xrightarrow{\text{NaOH}} \text{+CH}_2\text{—CH}\frac{}{}_n +CH_3COOCH_3$$
$$\qquad\quad |\qquad\qquad\qquad\qquad\qquad\qquad\qquad\qquad |$$
$$\quad OCOCH_3 \qquad\qquad\qquad\qquad\qquad\qquad\quad OH$$

从反应式也可以看出，醇解反应实际上是甲醇和高分子PVAc之间的酯交换反应。这种使聚合物结构发生变化的化学反应在高分子化学中称高分子化学反应。

影响反应的主要因素有以下一些。

1. 聚合物浓度　其他条件不变，随聚合物浓度提高，醇解度下降。但浓度太低，溶剂损失和回收工作量太大，一般聚合物浓度为22%。

2. NaOH用量　加大用量对醇解速度、醇解率影响不大，但会增加体系中醋酸钠含量，影响反应质量。一般NaOH/PVAc=0.12（摩尔比）。

3. 反应温度　提高温度会加快醇解速度，但副反应也相应提高。工业上一般在45~48℃。

4. 相变　由于PVAc可溶于甲醇而PVA不溶于甲醇，因此在反应过程中会发生相变。在实验室中醇解进行好坏的关键在于体系中刚出现胶冻时，必须用强烈搅拌将其打碎，才能保证醇解较完全地进行。

三、主要试剂和仪器

1. 主要试剂

名　称	试　剂	规　格
聚合物	PVAc	工业品
醇解剂	NaOH	CP
溶剂	甲醇	CP

2. 主要仪器

250mL三口瓶一个；表面皿一个；回流冷凝管一个；布氏漏斗一个；100℃温度计一支；加热装置；移液管一支；搅拌器一套。

四、实验步骤

1. 按图2-2（见实验2）装好仪器。

2. 在三口瓶中加入90mL甲醇，在搅拌下缓慢加入剪碎的PVAc 15g，加热回流并搅拌使之溶解。将溶液冷却至30℃，加入3mL 5%的NaOH甲醇溶液，控制反应温度在45℃进行醇解。

当醇解度达60%左右时，大分子从溶解状态变为不溶解状态，出现胶团。因此醇解过程中要注意观察，当体系中出现胶冻时要立即强烈搅拌将其打碎，否则会因胶体内部包住的PVAc无法醇解而导致实验失败。

3. 出现胶冻后再继续搅拌0.5h，打碎胶冻，再加入4.5mL的NaOH甲醇溶液，反应温度仍控制在45℃，反应0.5h。然后升温至65℃，继续反应1h。

4. 冷却，将反应液倒出，用布氏漏斗抽滤所得白色沉淀聚乙烯醇，用10mL甲醇洗涤三次。将所得聚乙烯醇放置在一表面皿上，捣碎并尽量散开，自然干燥后置于50~60℃的真空烘箱中干燥。

五、结果与讨论

1. 从反应机理、工艺控制等方面分析、比较PVAc和VAc醇解反应的相同与不同之处。

2. 影响聚醋酸乙烯酯醇解度的因素有哪些，实验中要控制哪些条件才能获得较高的醇解度？

3. 如果反应体系中的含水量不同，试分析对醇解反应有何影响。

六、拓展实验

醇解度的测定

准确称取聚乙烯醇样品1g，加入100mL蒸馏水，加热回流至全部溶解。冷却后加入酚酞指示剂。用0.01mol/L氢氧化钠水溶液25mL，在水浴上回流1h，冷却，用0.5mol/L盐酸滴定至无色。同时做一空白试验。

$$乙酰氧基含量\% = \frac{(V_2 - V_1)c}{m} \times 0.059 \times 100\% \qquad (2\text{-}23)$$

式中，c 为盐酸标准溶液的体积摩尔浓度，mol/L；V_2 为空白消耗的盐酸，mL；V_1 为样品消耗的盐酸，mL；m 为样品的质量；0.059 为换算因子。

七、背景知识

1. 在聚乙烯醇生产过程中有湿法和干法两种碱法醇解工艺，也就是人们常说的高碱法和低碱法。湿法醇解工艺就是在原料聚醋酸乙烯甲醇溶液中含有 1%～2% 的水，催化剂碱也配制成水溶液，碱摩尔比大。高碱法的优点是醇解速度较快，设备生产能力高，缺点是副反应多，生成的醋酸钠多，需要回收设备，聚乙烯醇产品中醋酸钠含量较多，造成聚乙烯醇纯度偏低，灰分偏高，影响产品的内在质量。20 世纪 70 年代初，日本电器化学公司开发成功低碱醇解法即干法醇解，并率先用来生产聚乙烯醇。干法醇解，就是聚醋酸乙烯甲醇溶液含水率小于 1%，几乎是在无水的情况下进行醇解，碱摩尔比小。低碱法的突出优点是，采用低碱摩尔比，氢氧化钠耗量仅为高碱法的十分之一，副反应少，副产醋酸钠也相应较少，缺点是醇解速度慢，聚乙烯醇产品中的醋酸钠因结构致密而不易洗去。由于低碱醇解法有许多优点，目前已经成为生产聚乙烯醇的主要方法。

2. 工业生产的聚乙烯醇，根据用途和性能要求，而有不同水解度和不同聚合度的商品。大致可分为高水解度（水解度 98%～99%）、中等水解度（87%～89%）和低水解度（79%～83%）三类商品，平均聚合度则主要分为 500～600、1400～1800、2400～2500 等几挡。中国生产的商品 1799、1788 牌号聚乙烯醇，代表聚合度为 1700 左右；水解度分别为 99% 和 88%。

3. 聚乙烯醇是一种水溶性高聚合物，性能介于塑料和橡胶之间，用途相当广泛。由于聚乙烯醇具有独特的强力粘接性、皮膜柔韧性、平滑性、耐油耐溶剂性、保护胶体性、气体阻绝性、耐磨耗性，以及经特殊处理具有的耐水性，因此除了作维纶纤维外，还被大量用于生产涂料、胶黏剂、纤维浆料、纸品加工剂、乳化剂、分散剂、薄膜等产品，应用范围遍及纺织、食品、医药、建筑、木材加工、造纸、印刷、农业、高分子化工等行业，具有十分优良的应用前景。例如，在纤维浆料应用方面，改变水解度可以改变聚乙烯醇的亲水或憎水性能，可以得到适用不同纤维用的聚乙烯醇。水解度低的聚乙烯醇适用于憎水性聚酯纤维的上浆用，而水解度高的则适用于亲水性强的棉纤维上浆用。在纸加工中，聚乙烯醇作为颜料胶黏剂可用于纸张的表面涂布，作为胶料可用于纸张的表面施胶。在医药方面可用作药用胶黏剂、混悬剂、包衣材料、软膏基质等。

八、注意事项

1. 为避免醇解过程中出现胶冻甚至产物结块，催化剂的加入方式采用分批加入，也可采用滴加方式。

2. 过程中出现胶冻时应加快搅拌速度，并可以适当补加一些甲醇。

3. 由于甲醇有毒性，可以用乙醇代替，但是使用乙醇产品的颜色会变黄，而且转化率较使用甲醇时低一些。

实验 22　聚乙烯醇缩甲醛的制备

一、目的要求

1. 了解小分子的基本有机化学反应，在高分子链上有合适的反应性基团时，均可按有机小分子反应历程进行高分子化学反应。

2. 了解缩醛化反应的主要影响因素。

3. 了解通过高分子反应改性原高聚物化学性能及其在工业上的应用。

二、基本原理

聚乙烯醇缩甲醛是由聚乙烯醇在酸性条件下与甲醛缩合而成的。其反应方程式如下：

$$CH_2O + H^+ \Longrightarrow C^+ H_2OH$$

$$-CH-CH_2-CH- + C^+H_2OH \underset{\text{极慢}}{\overset{\text{缓慢}}{\rightleftharpoons}} \sim CH-CH_2-CH- + H_2O$$
$$\quad | \qquad\qquad | \qquad\qquad\qquad\qquad | \qquad\qquad |$$
$$\quad OH \qquad\quad OH \qquad\qquad\qquad OC^+ H_2 \quad OH$$

$$-CH-CH_2-CH- \underset{\text{极慢}}{\overset{\text{迅速}}{\rightleftharpoons}} -CH \qquad CH^- + H^+$$
$$\quad | \qquad\qquad | \qquad\qquad\qquad\qquad\qquad |\qquad\quad |$$
$$\quad OC^+H_2 \quad OH \qquad\qquad\qquad O-CH_2-O$$

由于几率效应，聚乙烯醇中邻近羟基成环后，中间往往会夹着一些无法成环的孤立的羟基，因此缩醛化反应不能完全。为了定量表示缩醛化的程度，定义已缩合的羟基量占原始羟基量的百分数为缩醛度。

由于聚乙烯醇溶于水，而聚乙烯醇缩甲醛不溶于水，因此，反应可在均相或非均相条件下进行。如果反应在聚乙烯醇均相水溶液中开始，那么随着反应的进行，最初的均相体系将逐渐变成非均相体系。本实验是合成水溶性聚乙烯醇缩甲醛胶水，实验中要控制适宜的缩醛度，使体系保持均相。如若反应过于猛烈，则会造成局部高缩醛度，导致不溶性物质存在于胶水中，影响胶水的质量。因此，反应过程中，要特别严格控制催化剂用量、反应温度、反应时间及反应物比例等因素。

三、主要试剂和仪器

1. 主要试剂

聚乙烯醇为 1799 工业级 10g；甲醛水溶液 38% 4mL；盐酸，化学纯；NaOH 水溶液 8% 5mL；去离子水。

2. 主要仪器

250mL 三口瓶一只；电动搅拌器一台；温度计一支；冷凝器一只；恒温水浴槽一只；10mL 量筒一支；100mL 量筒一只。

四、实验步骤

1. 按图 2-2（见实验 2）装好仪器。

2. 250mL 三口瓶中加入 100mL 去离子水，装上搅拌、冷凝器和温度计。开动搅拌。加入 10g 聚乙烯醇。

3. 加热至 90℃，保温，直至聚乙烯醇全部溶解。

4. 降温至 70℃，加入 4mL 甲醛溶液，搅拌 15min。滴加 0.25mol/L 稀盐酸，控制反应体系 pH 值为 1～3。继续搅拌，反应体系逐渐变稠。当体系中出现气泡或有絮状物产生时，立即迅速加入 1.5mL 8% 的 NaOH 溶液，调节 pH 值为 8～9。冷却，出料，得无色透明黏稠液体，即为一种化学胶水。

五、结果与讨论

1. 为什么缩醛度增加，水溶性会下降？

2. 本实验中为什么以较稀的聚乙烯醇溶液进行缩醛化？

3. 聚乙烯醇缩醛化反应中，为什么不生成分子间交联的缩醛键？

4. 聚乙烯醇缩甲醛胶黏剂在冬季极易凝胶，怎样使其在低温时同样具有很好的流动性和黏合性？

六、实验拓展

采用非均相反应制备聚乙烯醇缩甲醛，如下所述。

1. 调制10％聚乙烯醇水溶液。在100mL烧杯里称取1g聚乙烯醇，用15mL水使其溶解，为加速溶解，可升温并搅拌。

2. 在另一100mL烧杯里加入15g硫酸铵，搅拌使之溶解，加入30mL水，5mL甲醛和2mL浓硫酸，搅拌均匀。

3. 把1中制备的聚乙烯醇溶液慢慢倒入2的溶液中（硫酸铵水溶液不溶聚乙烯醇），可以看到聚乙烯醇逐渐变成白色不透明固体状物质析出，摇动烧杯让聚乙烯醇絮状析出，注意摇动不要太快太猛烈以免聚乙烯醇成团。

4. 50℃恒温水浴中反应1h，每隔15min搅动一次。

5. 反应完毕，用水冲洗产物，得到不黏的白色橡胶状产物，放到表面皿风干或60℃恒温箱中干燥。

6. 干燥后的样品可用沸水煮沸，观察其溶解性。

七、背景知识

1. 早在1931年，人们就已经研制出聚乙烯醇的纤维，但由于PVA的水溶性而无法实际应用。利用"缩醛化"减少水溶性，使PVA有了较大的实际应用价值。目前，聚乙烯醇缩醛树脂在工业上被广泛用于生产胶黏剂、涂料、化学纤维。品种主要有聚乙烯醇缩甲醛、聚乙烯醇缩乙醛、聚乙烯醇缩甲乙醛、聚乙烯醇缩丁醛等。其中以聚乙烯醇缩甲醛和聚乙烯醇缩丁醛最为重要，前者是化学纤维"维尼纶"和"107"建筑胶水的主要原料，后者可用于制造"安全玻璃"。

2. 聚乙烯醇缩甲醛随缩醛度的不同，性质和用途有所不同。缩醛度在35％左右，就得到人们所称为"维尼纶"的纤维，纤维的强度是棉花的1.5～2.0倍，吸湿性5％，接近天然纤维，故又称为"合成棉花"。如果控制缩醛度在较低水平，由于聚乙烯醇缩甲醛分子中含有羟基、乙酰基和醛基，因此有较强的粘接性能，可用作胶水使用，用来粘接金属、木材、玻璃、陶瓷、橡胶等，由于粘接性能优异，有着同环氧树脂一样的美誉"万能胶"之称。

3. 聚乙烯醇缩甲醛胶商品，俗称107胶，工业化产品是以聚乙烯醇与甲醛在盐酸存在下进行缩合，再经氢氧化钠调整pH值制成。在此基础上，再以尿素进行氨基化处理，即得改性聚乙烯醇缩甲醛胶，即801建筑胶。这两种建筑胶，除107胶甲醛气味较浓，污染施工环境，801胶经过改性无此缺点外，其他则完全相同。107胶最初只是代替糨糊及动植物胶，用作文具胶水及粘贴皮鞋衬里等用。20世纪70年代开始用于民用建筑，80年代则广泛用于各种壁纸、玻璃纤维墙布、各种墙板、瓷砖之粘贴，用作大白粉浆、石灰浆、各种腻子的胶结剂，还用作内外墙涂料、水泥地面涂料的基料，及外墙饰面、墙体处理等各个方面，故有建筑部门的"万能胶"之称。801胶自1980年问世以来，发展迅速，其应用已达107胶之各个领域，由于施工中甲醛气味极小，深受广大建筑工人欢迎，发展迅速，应用日益广泛。

八、注意事项

1. 甲醛是无色、具有强烈气味的刺激性气体，其35％～40％的水溶液通称福尔马林。甲醛是原浆毒物，能与蛋白质结合，吸入高浓度甲醛后，会出现呼吸道的严重刺激和水肿、眼刺痛、头痛，也可发生支气管哮喘。皮肤直接接触甲醛，可引起皮炎、色斑、坏死。实验中注意勿吸入甲醛蒸气或与皮肤接触。

2. 由于缩醛化反应的程度较低，胶水中尚有未反应的甲醛，产物往往有甲醛的刺激性气味。反应结束后胶水的pH值调至弱碱性，有以下作用：可防止分子链间氢键含量过大，体系黏度过高；缩醛基团在碱性环境下较稳定。

实验 23　线型聚苯乙烯的磺化

一、目的要求

1. 了解线型聚苯乙烯的磺化反应历程。
2. 了解线型聚苯乙烯磺化反应的实施方法及磺化度的测定方法。

二、基本原理

线型聚苯乙烯的侧基为苯基，其对位仍具有较高的反应活性，在亲电试剂的作用下可发生亲电取代反应，即首先由亲电试剂进攻苯环，生成活性中间体碳正离子，然后失去一个质子生成苯基磺酸。但线型聚苯乙烯高分子不同于小分子苯，由于受磺化剂扩散速度、局部浓度等物理因素和几率效应、邻近基团效应等化学因素的影响，磺化速率要低一些，磺化度亦难以达到 100%。

本实验利用乙酰基磺酸（CH_3COOSO_3H）对线型聚苯乙烯进行磺化，与常用的磺化剂浓硫酸相比，乙酰基磺酸的反应性能比较温和，磺化所需温度比较低，而浓硫酸所需温度较高，易导致交联或降解等副反应。一般来说线型聚苯乙烯的磺化反应由于磺酸基的引入使聚苯乙烯侧基更庞大，而且磺酸基之间有缔合作用，因此其玻璃化温度随磺化度的增加而提高。

三、主要试剂和仪器

1. 主要试剂

名称	试　剂	规　格	用量	名称	试　剂	规　格	用量
原料	线型聚苯乙烯	自制	20g	溶剂	苯-甲醇混合液	体积比 80∶20	
	二氯乙烷	CP	139.5mL	标准溶液	氢氧化钠-甲醇	0.1mol/L	
	醋酸酐	CP	8.2g	去离子水	酚酞	pH 试纸	
	浓硫酸	95%	4.9g				

2. 主要仪器

500mL 四口磨口瓶一个；50mL 滴液漏斗一个；0～100℃温度计两只；冷凝管一个；磁力搅拌器一台；恒温加热装置一套；真空烘箱一台；分析天平一台；水泵一台；碱式滴定管一只；1L、150mL 烧杯各一个；100mL 量筒一个；锥形瓶一个；布氏漏斗一个；研钵一个。

四、实验步骤

1. 乙酰基磺酸的配制　在 150mL 烧杯中，加入 39.5mL 二氯乙烷，再加入 8.2g（0.08mol）醋酸酐，将溶液冷至 10℃ 以下，在搅拌下逐步加入 95% 的浓硫酸 4.9g（0.05mol），即可得到透明的乙酰基磺酸磺化剂。

2. 磺化　按图 2-3（见实验 4）在 500mL 四口瓶中加入 20g 聚苯乙烯和 100mL 二氯乙烷，加热使其溶解，将温度升至 65℃，慢慢滴加磺化剂，滴加速度控制在 0.5～1.0mL/min，滴加完以后，在 65℃下搅拌反应 90～120min，得浅棕色液体。然后将此反应液在搅拌下慢慢滴入盛有 700mL 沸水的烧杯中，则磺化聚苯乙烯以小颗粒形态析出，用热的去离子水反复洗涤至反应液呈中性。过滤，干燥，研细后在真空烘箱中干燥至恒重。

3. 称取 1～2g 干燥的磺化聚苯乙烯样品，溶于苯-甲醇（体积比 80∶20）混合液中，配成约 5% 的溶液。用约 0.1mol/L 的 NaOH-CH_3OH 标准溶液滴定，酚酞为指示剂，直到溶液呈微红色。滴定过程中不能有聚合物自溶液中析出。如出现此情况，应配制更稀的聚合物溶液滴定。

五、结果与讨论

1. 记录反应配方和反应现象。

2. 根据 NaOH-CH$_3$OH 标准溶液消耗体积计算磺化度。磺化度是指 100 个苯乙烯链节单元中所含的磺酸基个数，其计算公式如下：

$$磺化度(\%) = \frac{Vc \times 0.001}{(m - Vc \times 81/1000)/104} \times 100\% \tag{2-24}$$

式中，V 为 NaOH-CH$_3$OH 标准溶液的体积；c 为 NaOH-CH$_3$OH 标准溶液的体积摩尔浓度；m 为磺化聚苯乙烯质量；104 为聚苯乙烯链节分子量；81 为磺酸基化学式量。

3. 思考题

(1) 试由测得的磺化度分析聚合物发生化学反应的特点？

(2) 采用哪些物理和化学方法可判定聚苯乙烯已被磺化？为什么？

六、实验拓展

1. 利用磺化聚苯乙烯可制备聚苯乙烯磺酸钠。将已知磺化度的磺化聚苯乙烯溶于苯-甲醇（体积比 80∶20）混合液中，配成 5% 的溶液。向此聚合物溶液在磁力搅拌下慢慢滴加等物质的量的 0.1mol/L NaOH-CH$_3$OH 溶液，以水-甲醇为沉淀剂。所得的聚苯乙烯磺酸钠先在室温干燥，碾成粉末，再在 80℃ 真空干燥 48h 即得产品。可用差热分析测定其玻璃化温度。

2. 若被磺化聚合物是适度交联的聚苯乙烯，则需以适当的溶剂溶胀后再磺化，产物为强酸性阳离子交换树脂，其中的 H$^+$ 可交换水中的金属离子，用于硬水的软化、贵重金属的富集回收、污水治理等。制备方法如下：称取合格白球（制备方法可参见基础实验 2 实验拓展部分）20g，放入 250mL 装有搅拌器、回流冷凝管的三口瓶中，加入 20g 二氯乙烷，溶胀 10min，加入 92.5% 的 H$_2$SO$_4$ 100g，缓慢搅动，油浴加热，1h 内升温至 70℃，反应 1h，再升温到 80℃ 反应 6h。然后改成蒸馏装置，边搅拌边升温至 110℃，常压蒸出二氯乙烷，撤去油浴。冷至室温后，用玻璃砂芯漏斗抽滤，除去硫酸，然后把这些硫酸缓慢倒入能将其浓度降低 15% 的水中，把树脂小心地倒入被冲稀的硫酸中，搅拌 20min。抽滤除去硫酸，将此硫酸的一半倒入能将其浓度降低 30% 的水中，将树脂倒入被第二次冲稀的硫酸中，搅拌 15min。抽滤除去硫酸，将硫酸的一半倒入能将其浓度降低 40% 的水中，把树脂倒入被三次冲稀的硫酸中，搅拌 15min。抽滤除去硫酸，把树脂倒入 50mL 饱和食盐水中，逐渐加水稀释，并不断把水倾出，直至用自来水洗至中性。

七、背景知识

1. 线型磺化聚苯乙烯是一种阴离子型聚合物，当其磺化度大于 50% 时可溶于水，由于其独特的物理和化学性能，被广泛地应用于工业、民用、医药等各个领域，如作为聚合物共混物的增容剂、离子交换材料、反渗透膜或无缺陷混凝土增塑剂等。除以聚苯乙烯为原料制备外，它还可由磺化苯乙烯聚合得到。前一种方法以价廉易得的通用树脂 Ps 为原料，产物分离过程简单，但反应程度低，很难在较短时间内得到磺化度较高的产物；后一种方法产物磺化度高，但单体合成困难，转化率低，聚合反应速度慢，产物分子量较低。

2. 可以利用磺化聚苯乙烯制备离聚物（ionomer）：将磺化聚苯乙烯溶解在甲苯/甲醇（9∶1）混合溶剂中，搅拌下缓慢滴加略微过量的一价金属氢氧化物的甲醇溶液或二价金属醋酸盐的甲醇/水溶液，室温下搅拌 5h 后，在沸水中用水蒸气提馏出溶剂，产物用蒸馏水反复洗涤、过滤、干燥即得。离聚物是指碳氢主链上含有少量离子性侧基的聚合物，由杜邦公司首先提出。当碳氢聚合物中存在一定数量的离子基团时，离子对之间产生偶极-偶极相互作用，由于碳氢链与离子对极性差别很大，使一些离子对能松散地缔结在一起，形成离子微区（称为离子簇 cluster），并从周围的碳氢链基质中相分离出来，由于原聚合物的相态结构被改变，离聚物被赋予了某些新的优异性能。如杜邦公司生产的全氟磺酸型离聚物（Nafion），Exxon 公司的磺化乙烯-丙烯共聚物以及日本 Asahi Glass 公司生产的全氟羧酸型离聚物（Flemion）等，作为高分子分离膜具有广泛的应用性。另外，若向两种不同的聚合物链中分别引入带相反电荷的离子基团，由于离子间的强相互作用，可明显改善两种不相容聚合物的相容性，甚至可完全相容，这是离聚物的另一个重要用途。

实验 24 高吸水性树脂的制备

一、目的要求

1. 了解高吸水性树脂的基本功能及其用途。
2. 了解合成聚合物类高吸水性树脂制备的基本方法。
3. 了解反向悬浮聚合制备亲水性聚合物的方法。

二、基本原理

吸水性树脂指不溶于水、在水中溶胀的具有交联结构的高分子。吸水量达平衡时，以干粉为基准的吸水率倍数与单体性质、交联密度以及水质情况，如是否含有无机盐以及无机盐浓度等因素有关。根据吸水量和用途的不同大致可分两大类：吸水量仅为干树脂量的百分之数十者，吸水后具有一定的机械强度，它们称之为水凝胶，可用作接触眼镜、医用修复材料、渗透膜等。另一类吸水量可达干树脂的数十倍，甚至高达 3000 倍，称之为高吸水性树脂。高吸水性树脂用途十分广泛，在石化、化工、建筑、农业、医疗以及日常生活中有着广泛的应用，如用作吸水材料、堵水材料、用于蔬菜栽培、吸水尿布等。

制备高吸水树脂，通常是将一些水溶性高分子如聚丙烯酸、聚乙烯醇、聚丙烯酰胺、聚氧化乙烯等进行轻微的交联而得到。根据原料来源、亲水基团引入方式、交联方式等的不同，高吸水性树脂有许多品种。目前，习惯上按其制备时的原料来源分为淀粉类、纤维素类和合成聚合物类三大类，前两者是在天然高分子中引入亲水基团制成的，后者则是由亲水性单体的聚合或合成高分子化合物的化学改性制得的。

一般地说，高吸水性树脂在结构上应具有以下特点。

1. 分子中具有强亲水性基团，如羧基、羟基等。与水接触时，聚合物分子能与水分子迅速形成氢键或其他化学键，对水等强极性物质有一定的吸附能力。

2. 聚合物通常为交联型结构，在溶剂中不溶，吸水后能迅速溶胀。由于水被包裹在呈凝胶状的分子网络中，不易流失和挥发。

3. 聚合物应具有一定的立体结构和较高的分子量，吸水后能保持一定的机械强度。

合成聚合物类高吸水性树脂目前主要有聚丙烯酸盐和聚乙烯醇系两大系列。根据所用原料、制备工艺和亲水基团引入方式的不同，衍生出许多品种。其合成路线主要有两条途径：一是由亲水性单体或水溶性单体与交联剂共聚，必要时加入含有长碳链的憎水单体以提高其机械强度。调整单体的比例和交联剂的用量以获得不同吸水率的产品。这类单体通常经由自由基聚合制备。第二种合成途径是将已合成的水溶性高分子进行化学交联使之转变成交联结构，不溶于水而仅溶胀。本实验采用第一条合成路线，用水溶性单体丙烯酸以反向悬浮聚合方法制备高吸水性树脂。

通常，悬浮聚合是采用水作分散介质，在搅拌和分散剂的双重作用下，单体被分散成细小的颗粒进行的聚合。由于丙烯酸是水溶性单体，不能以水作为聚合介质，因此聚合必须在有机溶剂中进行，即反向悬浮聚合（参见实验 3）。

将丙烯酸与二烯类单体在引发剂作用下进行共聚，可得交联型聚丙烯酸。再用氢氧化钠等强碱性物质进行皂化处理，将—COOH 转变为—COONa，即得到聚丙烯酸盐类高吸水性树脂。

$$H_2C=CH \quad + \quad CH_2=CH-R-CH=CH_2 \xrightarrow{(NH_4)_2S_2O_8}$$

丙烯酸在聚合过程中由于强烈的氢键作用，自动加速效应十分严重，聚合后期极易发生凝胶，故工业上常采用将丙烯酸先皂化再聚合的方法。

三、主要试剂和仪器

1. 主要试剂

名称	试　剂	规格	用量	名称	试　剂	规格	用量
单体	丙烯酸	聚合级	50g	悬浮剂	Span80	AR	2.0g
	三乙二醇双丙烯酸甲酯	AR	5g	分散介质	环己烷	CP	150mL
引发剂	过硫酸铵	AR	0.25g		氢氧化钠-乙醇溶液	10%	200mL

2. 主要仪器

250mL 磨口三口瓶一个；冷凝器一支；100℃温度计一支；电动搅拌器一套；150mL 布氏漏斗一只；20mL 烧杯一个；50mL 烧杯一个；抽滤瓶；恒温水浴槽；150mm 培养皿一只；100cm×100cm 布袋三只；干燥器；真空装置一套。

四、实验步骤

1. 树脂制备

(1) 称取 Span80 2.5g 于烧杯中，加入环己烷 150g，搅拌使之溶解。

(2) 称取丙烯酸 50g、三乙二醇双丙烯酸甲酯 5g 于烧杯中，加入过硫酸铵 0.25g，搅拌使之溶解。

(3) 按图 2-2（见实验 2）安装好聚合反应装置，加入环己烷溶液，开动搅拌，升温至 70℃。停止搅拌，将单体混合溶液加入三口瓶中。重新开动搅拌，调节搅拌速度，使单体分散成大小适当的液滴。

(4) 保温反应 2h。然后升温至 90℃，继续反应 1h。

(5) 撤去热源，搅拌下自然冷却至室温。

(6) 用布氏漏斗抽滤，然后用无水乙醇淋洗三次，每次用乙醇 50mL。最后抽干，铺在培养皿中，置于 85℃烘箱中烘至恒重。放于干燥器中保存。

(7) 取上述干燥的树脂 30g，置于三口瓶中，加入氢氧化钠-乙醇溶液 200mL。装上冷凝器和温度计，室温下静置 1h，然后开动搅拌，升温至溶液开始回流，注意回流不要太剧烈。回流下保持 2h。

(8) 撤去电源，搅拌下自然冷却至室温。用布氏漏斗抽滤，用无水乙醇淋洗三次，每次用乙醇 50mL。最后抽干，铺在培养皿中，置于 85℃烘箱中烘至恒重，所得的高吸水性树脂放于干燥器中保存。

2. 吸水率测定

(1) 取布袋一只，于自来水中浸透，沥去滴水，并用滤纸将表面水分吸干。称重，记下湿布袋的质量 m_1。

(2) 称取上述已烘干的高吸水性树脂 2g 左右，放入另一同样布料和大小的布袋中，将布袋口部扎紧。

（3）将 500mL 中烧杯中装满自来水，将装有高吸水性树脂的布袋置于水中，静置 0.5h。取出，沥干水。当布袋外无水滴后，再用滤纸将布袋表面擦干，称重，记为 m_2。

（4）高吸水性树脂的吸水率 S 由式(2-25) 计算：

$$S(g\ 水/g\ 树脂) = \frac{m_2 - m_1 - m}{m} \times 100\% \tag{2-25}$$

式中，m 为吸水树脂试样的质量，g。

（5）用同样方法测定高吸水树脂对去离子水的吸水率。

五、结果与讨论

1. 比较高吸水性树脂对自来水与去离子水的吸水率，讨论引起两者差别的原因。

2. 如果实验中所用的三乙二醇双丙烯酸甲酯的用量加大，试分析高吸水性树脂的吸水率将会发生如何变化。

3. 讨论高吸水性树脂的吸水机理。

六、实验拓展

采用先皂化后聚合的工艺过程。

（1）取 12g 丙烯酸单体加入 100mL 小烧杯中，在室温和搅拌下慢慢滴入用 20% 的 NaOH 溶液 20mL，交联剂 N,N-亚甲基双丙烯酰胺 0.006g 和引发剂过硫酸盐 0.05g，将单体混合溶液加入到装有搅拌器、冷凝器和温度计的三口瓶中。开动搅拌，加入环己烷 50g（内溶解有 Span80 0.6g）。调节搅拌速度，使单体分散成大小适当的液滴。

（2）升温至 70℃，反应 2.5h。然后升温至 90℃，继续反应 1h。

（3）撤去热源，搅拌下自然冷却至室温。用布氏漏斗抽滤，用无水乙醇淋洗三次，每次用乙醇 20mL。最后抽干，铺在培养皿中，置于 100℃烘箱中烘至恒重，所得的高吸水性树脂放于干燥器中保存。

七、背景知识

1. 高吸水聚合物是 20 世纪 60 年代末发展起来的。1961 年美国农业部北方研究所首次将淀粉接枝于丙烯腈，制成一种超过传统吸水材料的淀粉丙烯腈接枝共聚物。1978 年日本三洋化成株式会社率先将高吸水聚合物用于一次性尿布，从此引起了世界各国科学工作者的高度重视。70 年代末，美国 UCC 公司提出用放射线处理交联各种氧化烯烃聚合物，合成了非离子型高吸水聚合物，其吸水能力达到 2000 倍，从而打开了合成非离子型高吸水聚合物的大门。1983 年，日本三洋化成又采用丙烯酸钾在甲基二丙烯酰胺等二烯化合物存在下，进行聚合制取高吸水聚合物。之后，该公司又连续制成了各种改性聚丙烯酸和聚丙烯酰胺组合的高吸水聚合物体系。20 世纪末，各国科学家又相继进行开发，使高吸水聚合物在世界各国迅速发展。

2. 高吸水树脂是一类具有强亲水性基团并通常具有一定交联度的高分子材料，吸水能力可达自身质量的数十倍至约 3000 倍，吸水后立即溶胀为水凝胶，有优异的保水性，即使在受压的情况下，被吸收的水也不容易被挤出来。吸了水的树脂经干燥后，吸水能力仍可恢复。由于上述的奇特性能，高吸水树脂问世 30 多年来发展极其迅速，应用领域很快渗透到各行各业，如在石油、化工、轻工、建筑等领域作为堵水剂、脱水剂、增黏剂、速凝剂、密封材料等；在医疗卫生部门中用作外用膏药的基材、缓释性药剂、能吸收血液和分泌物的绷带、人工皮肤材料、抗血栓材料等；在农业生产中，用作土壤改良剂、保水剂、苗木处理剂等；在日常生活中，高吸水性树脂更是广泛被用于吸水性抹布、餐巾、鞋垫、一次性尿布、卫生巾、玩具等。

3. 近年来发展了以 N-异丙基丙烯酰胺为主要成分的水凝胶，由于聚 N-异丙基丙烯酰胺本身具有温敏特性，与丙烯酸共聚得到水凝胶，又具有酸敏特性，因此这种吸水性树脂日益受到人们的重视。

八、注意事项

1. 高吸水性树脂制备过程中要避免与水接触。

2. 与正常的悬浮聚合相同，在整个聚合反应过程中，既要控制好反应温度，又要控制好搅拌速度。反应进行 1h 左右，体系中分散的颗粒由于转化率增加而变得发黏，这时搅拌速度的微小变化（忽快忽慢或停止）都可能导致颗粒粘在一起，或自结成块、或粘在搅拌上，致使反应失败。

实验 25　聚甲基丙烯酸甲酯的解聚反应

一、目的要求

1. 了解甲基丙烯酸甲酯的自由基解聚反应历程。
2. 了解由聚甲基丙烯酸甲酯通过解聚回收单体的实施方法。

二、基本原理

解聚反应是聚合反应的逆反应。聚合物在受热时，主链发生均裂，形成自由基，之后聚合物的链节以单体形式逐一从自由基端脱除，进行解聚。解聚反应在聚合上限温度时容易进行。聚甲基丙烯酸甲酯的主链上带有季碳原子，无叔氢原子，受热时难以发生链转移，而且聚甲基丙烯酸甲酯的聚合热（$-56.5kJ/mol$）和聚合上限温度（164℃）较低，因此以单体脱除形式进行解聚反应，如下所示：

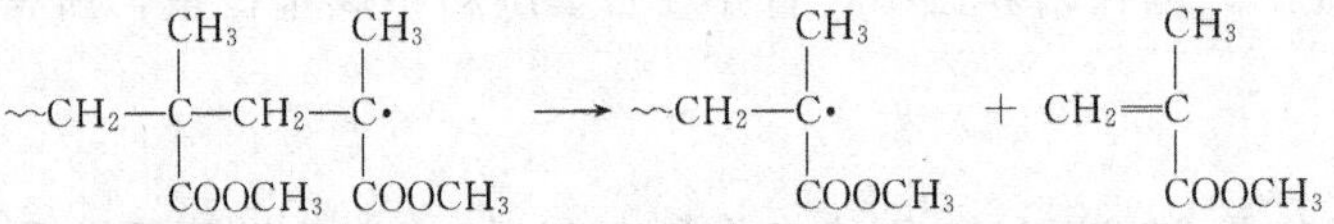

在 270℃以上，聚甲基丙烯酸甲酯可以完全解聚为单体，330℃时其解聚半衰期为 30min，温度较高时则伴有无规断链。利用热解聚原理，可由废有机玻璃回收单体。但聚甲基丙烯酸甲酯不同于聚缩醛，聚缩醛不经稳定化处理就没有使用价值，而聚甲基丙烯酸甲酯在不含任何稳定剂或加入稳定用的共聚单体时，仍具有足够的稳定性。

三、主要试剂和仪器

1. 主要试剂

名　　　称	用　　　量
聚甲基丙烯酸甲酯树脂	60g
干冰-甲醇	

2. 主要仪器

250mL 蒸馏瓶一个；硅油浴一套；直角弯管一个；冷阱两只；真空装置一套。

四、实验步骤

1. 将 60g 聚甲基丙烯酸甲酯树脂放入 250mL 蒸馏瓶中，然后将蒸馏瓶用直角弯管与两个冷阱相连，用干冰-甲醇作冷浴使冷阱温度维持在 −8℃。

2. 将装置抽真空到 13.33Pa，把蒸馏瓶放在硅油浴上加热，快速升温至 330℃，维持此温度进行降解反应直至蒸馏瓶内仅存少量残余物为止。

3. 撤去油浴，待冷阱中单体全部液化后撤去油浴，关闭真空，收集单体并称量，计算产率。

4. 测定产物折射率（文献值 $n=1.414$），产物若不立即使用，可置于冰箱中或加入 0.2g 对苯二酚放置待用。

五、结果与讨论

1. 根据所得产物质量计算聚甲基丙烯酸甲酯解聚反应的产率。

2. 思考题

（1）既然解聚反应是聚合反应的逆反应，可否加入引发剂使聚甲基丙烯酸甲酯反增长，从而在较低的温度下得到单体？

（2）此解聚反应过程中有哪些可能的副反应？

六、实验拓展

有机玻璃还含有少量添加剂如邻苯二甲酸二丁酯等，解聚产物除甲基丙烯酸甲酯（收率达 90% 以上）外还有少量的低聚物、甲基丙烯酸及其他杂质，因此解聚后的产物还需经过水蒸气蒸馏、洗涤、干燥和精馏后才能供聚合使用。精制方法如下：先将粗单体进行水蒸气蒸馏，收集馏出液不含油珠时止，将馏出物用 H_2SO_4 洗两次（H_2SO_4 用量为单体量的 3%~5%），洗去粗单体中的不饱和烃类和醇类等杂质。然后用水洗两次除去大部分酸，再用饱和 Na_2CO_3 溶液洗一次，进一步洗去酸类杂质。最后用饱和食盐水洗至单体呈中性，用无水硫酸镁干燥、放置过夜。再将干燥后的单体减压蒸馏，收集 46~47℃/98~100mmHg 范围内馏分，放置于冰箱内储存。

七、背景知识

高分子材料中以塑料的产量为最大，在发达国家每年产生的废旧塑料量几乎相当于塑料年产量的 30%~50%，其中约 1/3 被弃为垃圾。为此废旧塑料的回收利用成为人们关心的有关解决环境污染和充分利用自然资源的重要问题之一。

废旧塑料的回收利用有多种途径，较理想的方法是通过解聚、水解、化学转化等使之降解为单体、低相对分子质量聚合物或化学改性聚合物。聚合物通过解聚转化为单体是一种理想的回收利用方法，但由于聚合物结构因素，可按此路线进行的聚合物品种有限，主要品种有聚甲基丙烯酸甲酯和聚甲醛，聚合物经热降解后可转化为相应的单体，再经精制后用于聚合。

八、注意事项

本实验若无真空泵和冷阱，可在常压下进行，收集 100~110℃ 的馏分即可。若无硅油浴，可采用砂浴。

实验 26　苯乙烯的可控自由基聚合

一、目的要求

1. 了解苯乙烯进行原子转移自由基聚合的聚合工艺。

2. 了解自由基聚合实现可控聚合的思路和影响自由基可控聚合的因素。

3. 了解原子转移自由基聚合的原理。

二、基本原理

同离子型聚合相比，尤其是阴离子聚合，自由基聚合要实现活性聚合存在如下的困难：①引发速率慢于增长速率，活性种难以实现同步增长；②自由基活性种之间易发生偶合或歧化终止反应；③易发生链转移反应。因此，增长链难以持续保持活性，所得聚合物的分子量不易控制，分子量分布也较宽。

20 世纪 80 年代开始，人们通过将活性自由基与某种媒介物可逆形成比较稳定的休眠种的方法，使自由基浓度大幅度下降，有效地抑制了自由基之间的双基终止反应，最终将自由基聚合实现了活性化。但由于动力学原因，还不能完全避免自由基之间的双基终止反应，因此准确地说应将这种活性聚合称为"活性"或可控自由基聚合。

原子转移自由基聚合（ATRP）是目前研究比较活跃的一种可控自由基聚合。它是建立在原子转移自由基加成反应（ATRA）基础之上的。它的聚合机理如下：

引发反应：

$$R\!-\!X + M_t^n \rightleftharpoons [R^{\bullet} + M_t^{n+1}X]$$
$$k_i \downarrow +M$$

$$R\!-\!M\!-\!X + M_t^n \rightleftharpoons [R\!-\!M^{\bullet} + M_t^{n+1}X]$$

增长反应：

$$R\!-\!Mn\!-\!X + M_t^n \rightleftharpoons [M_n^{\bullet} + M_t^{n+1}X]$$
$$(+M)\big\downarrow k_p$$

首先，低价态的过渡金属从引发剂有机卤化物分子 RX 上夺取卤原子生成高价态的过渡金属，同时生成自由基 R·，R·加成到烯烃的双键上，形成单体自由基 RM·，随后 RM·又与高价态的过渡金属反应得到 RMX，过渡金属由高价态还原为低价态，以上是引发反应过程。增长过程同引发过程相像，所不同的只是卤化物由小分子的有机卤化物分子变成大分子卤代烷 RMX。从上面的反应式可以看出，自由基的活化-失活可逆平衡远趋于休眠种方向，即自由基的失活速率远大于有机卤化物的活化速率，因此体系中自由基的浓度很低，自由基之间的双基终止得到有效的控制。而且，通过选择合适的聚合体系组成（引发剂/过渡金属卤化物/配位剂/单体），可以使链引发反应速率大于（或至少等于）链增长速率。同时，活化-失活可逆平衡的交换速率远大于链增长速率。这样保证了所有增长链同时进行引发，并且同时进行增长，使 ATRP 显示活性聚合的基本特征：聚合物的分子量与单体转化率成正比，分子量的实测值与理论值（聚合物分子均由引发剂 R-X 生成，聚合物的物质的量一般等于投料时 R-X 的物质的量，再依投料的引发剂和单体配比以及聚合后单体的转化率就可以计算出聚合物的理论分子量）基本吻合，分子量分布较窄。由于聚合所得聚合物的末端为 C-X 键，以其作为引发剂，加入适当的第二种单体，可继续进行原子转移自由基聚合，从而可制备嵌段共聚物。

三、主要试剂和仪器

1. 主要试剂

名称	试剂	规格	用量	名称	试剂	规格	用量
单体	苯乙烯	聚合级	20g	配位剂	2,2′-联吡啶	AR	0.313g
引发剂	1-苯基溴乙烷	AR	0.185g	溶剂	甲苯	AR	20g
催化剂	溴化亚铜	AR	0.143g	沉淀剂	甲醇	分析纯	150mL

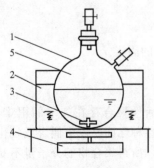

图 2-16　聚合装置

1—聚合瓶；2—油浴；3—磁力
搅拌；4—电机；5—通氩气除氧

2. 主要仪器

100mL 单支口聚合瓶一只；磁力搅拌器一套；油浴一套；控温装置一套；真空装置一套；10mL 和 30mL 注射器各一支；高纯氩气；止血钳；医用厚壁乳胶管。

四、实验步骤

1. 连接一套抽排装置，用医用厚壁乳胶管与高纯氩气体系连接。

2. 将甲苯和苯乙烯中通入高纯氩气进行除氧（氧是自由基聚合的阻聚剂，因聚合体系中自由基浓度很低，故需将体系中的阻聚杂质除去）30min。

3. 聚合装置如图 2-16 所示。在聚合瓶中加入磁力转子、溴化亚铜 0.143g（1mmol）、2,2′-联吡啶 0.313g（2mmol），将聚合瓶连接到抽排装置上。体系抽真空-充氩气反复进行三次。

4. 称取引发剂 0.185g、单体 20g、甲苯 20g，混匀。用注射器通过单支口上的乳胶管加入到聚合瓶中。聚合瓶置于冷冻盐水中，将聚合体系抽真空-充氩气反复进行三次。

5. 聚合瓶置于 110℃ 油浴中进行聚合。约 10h 后结束聚合，将聚合液倒入大量的乙醇中沉淀，然后过滤，凉置，置于真空烘箱中（40~50℃）干燥至恒重。

五、实验拓展

1. 相对分子质量-转化率曲线的测定

同其他活性聚合一样，可控自由基聚合的一个特点是相对分子质量随转化率提高而线性增加。

根据聚合配方，计算出每克聚合液所含单体的重量。

聚合过程中，在预定时间（聚合时间分别为 1.0h、2.5h、4.0h、6.0h、8.0h）时用注射器取样（约 5mL 聚合液），称重，计算出样品中所含单体的重量。用乙醇沉淀聚合物，过滤，干燥，称重，计算出转化率。

将所得的样品各称取 10mg，用 5mL 四氢呋喃溶解，配制 GPC 测试用样品。用 GPC 测定样品的相对分子质量及其分布。

根据上面的测试结果做出相对分子质量-转化率曲线。

2. 聚苯乙烯-聚丙烯酸乙酯共聚物的制备

将实验中所得的聚苯乙烯用四氢呋喃溶解后，用碱性氧化铝吸附其中的过渡金属化合物。滤液倒入乙醇中沉淀，晾置，于真空烘箱中干燥至恒重。

取精制后的聚苯乙烯（1mmol），用 20g 甲苯溶解，再加入 20g 丙烯酸乙酯（均事先通入氩气充分除氧）。100mL 聚合瓶中加入磁力转子、溴化亚铜 0.1434g（1mmol）、2,2′-联吡啶 0.3124g（2mmol），然后按照本实验的操作在 100℃ 的油浴中进行聚合，约 12h 后结束聚合，将聚合液倒入大量的乙醇中沉淀，然后过滤，凉置，干燥，得到聚苯乙烯-聚丙烯酸乙酯二嵌段共聚物。

六、结果与讨论

1. 根据实验结果绘出聚合时间 t 和单体转化率 x 的关系图，即 $-\ln(1-x)$ 与 t 应呈线性关系，这表示聚合过程中自由基的浓度保持不变。试从聚合动力学推导出这一结论。

2. 聚合过程中要进行比较严格的除氧操作，如果体系中有微量的氧存在，分析对聚合反应和聚合物会有怎样的影响。

3. 可控自由基聚合与活性阴离子聚合相比，有哪些优点和缺点？

七、背景知识

1. 目前研究比较活跃的其他可控自由基聚合主要有以下几种：①基于引发转移终止剂（iniferter）的"活性"自由基聚合。②链增长自由基被氮氧稳定自由基（如 TEMPO）可逆钝化的"活性"自由基聚合。③可逆加成-碎裂链转移（RAFT）剂的可控自由基聚合。它们实现活性聚合的思路都是将活性自由基与某种媒介物可逆形成比较稳定的休眠种的方法，使自由基浓度大幅度下降，有效地抑制了自由基之间的双基终止反应，从而将自由基聚合实现了活性化。

2. 以上的各种可控自由基聚合各有特点。例如，TEMPO 法较适用于苯乙烯的聚合，而不适用于其他的单体；iniferter 所得聚合物的分子量分布较宽；RAFT 适用的单体范围广泛，但引发剂的合成十分繁琐，因此研究群体较少；ATRP 相对有较多的优点，如适用的单体很广泛，原料也易得到，是目前可控自由基聚合中研究最为活跃的一个方向，但 ATRP 需使用大量的过渡金属催化剂，因此聚合后残余催化剂的脱除问题难以解决等。

3. 可控自由基聚合的一大缺点是聚合速率过慢，这是由于聚合体系中活性种的浓度很低造成的；可控自由基聚合的另一大缺点是聚合物的分子量难以做到很高，因为它毕竟实现的是可控聚合，换言之，是聚合过程对聚合物的分子量、分子量分布以及分子结构在一定程度上可控，但是活性种之间的双基终止还不能完全避免，因而不是真正的活性聚合。高分子量的聚合物的生成需很长时间，在此聚合过程中，双基终止所占的比例要大为增加，因此可控自由基聚合难以做出很高分子量的聚合物。因此，可控自由基目前限于理论基础研究、聚合物改性、各种新型聚合物的制备等。要实现大批产品的工业化，还需解决许多问题。

八、注意事项

1. 溴化亚铜在空气中容易发生氧化变成二价铜，因此溴化亚铜在空气中的称量和放置时间应尽可能短，否则由于体系中生成二价铜会使聚合速率大为减慢。如果条件许可，最好在无氧环境下操作，比如手套箱中进行聚合前的所有操作。

2. 聚合过程中要进行比较严格的除氧操作，包括单体和溶剂的除氧以及聚合体系的除氧操作。如果体系中存在少量的氧，聚合反应有可能出现诱导期，另外聚合物的理论分子量和实际分子量会有很大的差异。

3. 制备嵌段共聚物时应将聚苯乙烯大分子引发剂精致干净，聚合前应保证聚苯乙烯已经充分溶解。

4. 拓展实验中，用沉淀精制的方法测定单体转化率的时候，要注意尽可能减少物料损失，如果样品量少，或者聚合物分子量小，应采取直接干燥的方法计算单体转化率，这样操作误差较小。

实验27 异丁烯的活性阳离子聚合

一、目的要求

1. 了解阳离子活性聚合的基本原理。

2. 了解阳离子活性聚合的基本配方、作用。

3. 掌握阳离子活性聚合的基本聚合方法。

二、基本原理

对于正常的阳离子聚合而言，由于活性中心活性高，具有快引发、快增长、易转移、难终止的特点。为得到高分子聚合物，常需要在低温下反应。如工业上生产丁基橡胶，聚合温度为 $-100℃$。

近年的研究表明，对某些聚合体系，存在着终止速率快于链转移速率（$R_t > R_{tr}$）。通过控制终止，可以避免向单体的链转移反应。例如含一些特定官能团，如：氯、苯基、环戊二烯基、乙烯基等，在活性链向单体发生链转移之前就转移到增长链的碳阳离子上，形成末端含有官能基团的聚合物，这些聚合物又将进一步反应，形成具有活性聚合特点的阳离子活性聚合。其反应式可写为：

$$CH_3COOt\text{-}Bu/BCl_3/i\text{-}C_4H_8 \longrightarrow \sim CH_2-\underset{CH_3}{\overset{CH_3}{C}}\cdots\overset{\delta\oplus}{O}\underset{\underset{BCl_3}{O}}{=}\overset{\delta\ominus}{C}-CH_3 \longrightarrow \sim CH_2-\underset{CH_3}{\overset{CH_3}{C}}-Cl + CH_3COOBCl_2$$

三、主要试剂和仪器

1. 主要试剂

名　称	试　剂	规　格	用　量
单体	异丁烯	聚合级	4mL
引发剂	乙酸叔丁酯	AR	0.14mL
	四氯化钛	AR	0.45mL
溶剂	二氯甲烷	CP	30mL
干冰、乙醇			

2. 主要仪器

100mL 聚合瓶；冰桶；止血钳；加料管；1mL 注射器二支；真空体系；高纯氮体系；煤气喷灯；医用厚壁乳胶管等。

四、实验步骤

1. 将聚合瓶通过医用厚壁乳胶管连接在真空体系和高纯氮体系上。在真空下用煤气喷灯加热，以赶走吸附在瓶壁上微量水分和空气，保持真空待聚合瓶冷却至室温时通入高纯氮。重复上述操作三次，在高纯氮正压下用止血钳夹住医用厚壁乳胶管，将封闭了的净化好的聚合瓶从真空体系和高纯氮体系取下备用。

2. 在冰桶中加入乙醇，再逐步加入干冰至乙醇温度降至 $-50℃$ 备用。

3. 用移液管往聚合瓶中加入 30mL 二氯甲烷，置于冰桶中恒温至 $-50℃$ ，用移液管加入异丁烯 4mL，用注射器往聚合瓶中加入乙酸叔丁酯 0.14mL、四氯化钛 0.45mL。

4. 维持冰桶内乙醇温度在 $-50℃$ ，反应 40min。

5. 聚合反应结束后，加入 0.5mL 甲醇终止反应，用 50mL 乙醇沉淀聚合物，过滤，干燥，称重。

五、结果与讨论

1. 从聚合机理讨论阳离子活性聚合的工艺特点，并与正常的阳离子聚合进行比较。

2. 如何证明一个体系为活性聚合。

六、实验拓展

1. 相对分子质量-转化率曲线的测定

类似于阴离子活性聚合，阳离子活性聚合的一个特点是其相对分子质量随转化率的提高而线性增加。

加料前将净化好的聚合瓶（含止血钳夹和医用厚壁乳胶管）称重。全部加料结束后在反应开始前再次称重，得到纯聚合液的重量，并计算出每克聚合液所含单体的重量。

每隔 10min 取出部分反应的聚合液若干，称重，计算出样品中所含单体的重量。用乙醇沉淀聚合物，过滤，干燥，称重，计算出转化率。

用 GPC 测定样品的相对分子质量的相对分子质量分布，做出相对分子质量-转化率曲线。

2. 聚异丁烯-苯乙烯嵌段共聚物的合成

类似于阴离子活性聚合，阳离子活性聚合的一个特点是在聚合反应结束后加入第二种单体可合成嵌段共聚物。

异丁烯聚合反应结束后，加入净化好的苯乙烯 2mL，$-50℃$ 继续反应 1h 后加入 0.5mL 甲醇终止反应，用 50mL 乙醇沉淀聚合物，过滤，干燥，称重。

用丙酮溶解掉共聚物苯乙烯的均聚物，再用 50mL 乙醇沉淀聚合物，过滤，干燥，称重。计算均聚苯乙烯的含量。

用 NMR 测定样品，计算共聚组成；用 GPC 测定样品的相对分子质量的相对分子质量分布。

七、背景知识

常规的异丁烯阳离子聚合在实验 6 中已经进行了介绍，在 20 世纪 80 年代活性阳离子聚合取得突破，研究表明，通过控制终止，可以避免向单体的链转移反应。除上述介绍的对异丁烯聚合体系的控制外，对乙烯基醚类单体的聚合，可使用 HI/I_2 引发体系、磷酸酯/ZnI_2 引发体系。

八、注意事项

1. 由于阳离子聚合对各种杂质十分敏感，要实现活性聚合，实验步骤 1 十分重要，为保证实验成功，可多抽排、高纯氮置换几次。

2. 由于反应需在低温下进行，使用干冰时要戴手套，避免冻伤。

实验 28　甲基丙烯酸甲酯的基团转移聚合

一、目的要求

1. 了解基团转移聚合的基本原理。
2. 了解基团转移聚合的基本配方、作用。
3. 掌握基团转移聚合的基本聚合方法。

二、基本原理

基团转移聚合（group transfer polymerization，GTP）主要是以 α-、β-不饱和酯、酮、酰胺和腈类单体在以带有硅、锗、锡烷基基团的化合物作引发剂，适当的亲核催化剂存在下进行的聚合。其主要的聚合机理为：

1. 链引发

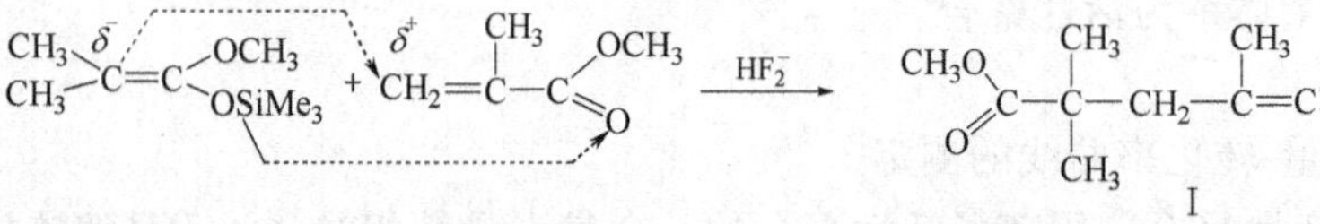

I

2. 链增长

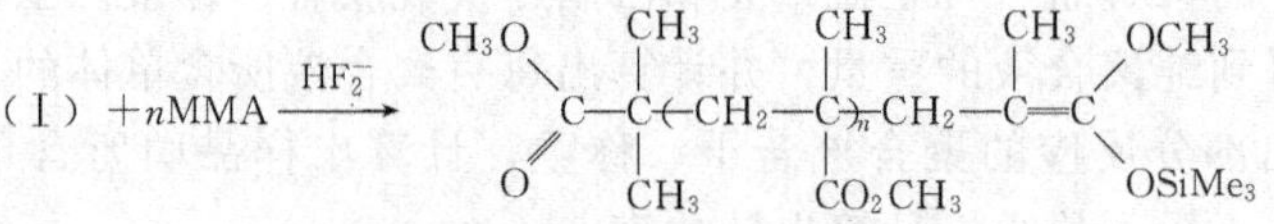

“活性聚合物”（Ⅱ）

3. 链终止

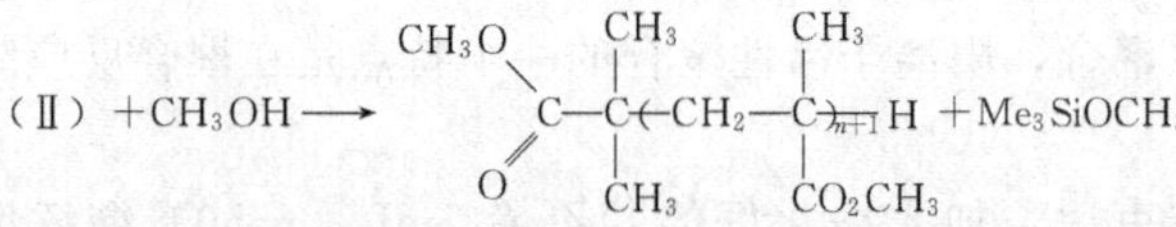

在聚合的每一步，三甲基硅基［$—Si(CH_3)_3$］不断地从大分子链末端转移到新单体的末端，形成新的活性中心。大分子链就这样如此反复地进行端基转移而形成聚合物，因此称为基团转移聚合。

三、主要试剂和仪器

1. 主要试剂

名　　称	试　　剂	规　格	用量
单体	甲基丙烯酸甲酯	AR	15mL
引发剂	甲基三甲基硅烷基二甲基乙烯酮缩醛	自制	0.1mmol
催化剂	苯甲酸甲丁基氢氧化铵	自制	1mL
溶剂	四氢呋喃	AR	15mL
乙腈、甲醇、石油醚、高纯氮			

2. 主要仪器

50mL 聚合瓶；恒温水浴；磁力搅拌器；止血钳；注射器（20mL×2、1mL×2）；真空体系；高纯氮体系；煤气喷灯；医用厚壁乳胶管。

四、实验步骤

1. 将聚合瓶通过医用厚壁乳胶管连接在真空体系和高纯氮体系上（如图 2-17 所示）。在真空下用煤气喷灯加热，以赶走吸附在瓶壁上微量水分和空气，保持真空待聚合瓶冷却至室温时通入高纯氮。重复上述操作三次，在高纯氮正压下用止血钳夹住医用厚壁乳胶管，将封闭了的净化好的聚合瓶从真空体系和高纯氮体系取下。

2. 用注射器往聚合瓶中加入 15mL 四氢呋喃，0.1mmol 甲基三甲基硅烷基二甲基乙烯酮缩醛的乙腈溶液，1mL 苯甲酸甲基丁基氢氧化铵，开动磁力搅拌器，维持水浴温度在 25℃。

3. 用注射器往聚合瓶中加入甲基丙烯酸甲酯 15mL，维持水浴温度在 30℃，反应 3h。

4. 聚合反应结束后，加入 2mL 甲醇终止反应，用石油醚沉淀聚合物，过滤，干燥，称重。

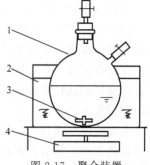

图 2-17　聚合装置
1—聚合瓶；2—水浴；
3—磁力搅拌；4—电机

五、结果与讨论

1. 从聚合机理讨论基团转移聚合的工艺特点，并与离子型聚合、配位聚合进行比较。

2. 结合实验记录，探讨如何通过直接观察判断聚合是否发生及正常进行。

3. 可用 GPC 测定聚合物的分子量及分子量分布。

六、实验拓展

1. MTS 的制备：

在净化好的高纯氮正压的三口瓶中加入精制四氢呋喃150mL、精制二异胺0.2mol，将三口瓶置于冰水浴中，开动磁力搅拌器，保持温度在 0℃，滴加正丁基锂0.2mol，再反应30min；再滴加异丁酸甲酯0.2mol，再反应30min；再滴加三甲基氯硅烷0.5mol，移走冰水浴，室温反应45min；抽滤；在高纯氮保护下常压蒸出溶剂；50℃减压蒸馏，收集 2.27kPa 馏分。

反应原理为：

$$Li + n\text{-}BuCl \xrightarrow{C_6H_{14}} n\text{-}BuLi$$

$$n\text{-}BuLi + [(CH_3)_2CH]_2NH \xrightarrow[0℃]{THF} [(CH_3)_2CH]_2N^-Li^+$$

$$[(CH_3)_2CH]_2N^-Li^+ + (CH_3)_2CHCOOCH_3 \xrightarrow[0℃]{THF} (CH_3)_2\overset{Li^+}{C^-}\!\!-COOCH_3$$

$$(CH_3)_2\overset{Li^+}{C^-}\!\!-COOCH_3 + (CH_3)_3SiCl \xrightarrow[\text{室温}]{THF} \begin{array}{c} CH_3 \quad OCH_3 \\ C\!=\!C \\ CH_3 \quad OSi(CH_3)_3 \end{array}$$

(MTS)

2. 苯甲酸甲丁基氢氧化铵 $[(C_6H_5COO)_2HNBu_4]$：

在 250mL 三角瓶中加入苯甲酸 3.1g 和 10% 的四丁基氢氧化胺水溶液 200mL，摇均后移入分液漏斗，每次用 50mL 二氯甲烷萃取，共三次。将全部萃取液倒回三角瓶中，再加入苯甲酸 3.1g，摇匀后用无水硫酸镁干燥后过滤到另一干燥的三口烧瓶中，蒸出二氯甲烷。将留下的固体溶解在 85mL 热的四氢呋喃中，蒸出部分溶剂至 40mL，在已有部分结晶析出的溶液中慢慢加入 85mL 无水乙醚，放置过夜，得到白色片状结晶，过滤，乙醚洗涤数次，真空干燥后得到产品。用前配成一定浓度的乙腈溶液。

反应原理为：

$$(C_6H_5COO)_2HNBu_4 \rightleftharpoons Bu_4N^+ + [(C_6H_5COO)_2H]^-$$

$$[(C_6H_5COO)_2H]^- \rightleftharpoons C_6H_5COOH + C_6H_5COO^-$$

七、背景知识

基团转移聚合（Group Transfer Polymerization，简称 GTP）是美国 DuPont 公司的 O. W. Webster 等于 1983 年发现。主要是以 α、β-不饱和酯、酮、酰胺和腈类单体在适当的亲核催化剂存在下，以带有硅、锗、锡烷基基团的化合物作引发剂不断地同单体进行 Michael 加成，在反应的每一步，三甲基硅基 $[—Si(CH_3)_3]$ 不断地从大分子链末端转移到新单体的末端，形成新的活性中心。大分子链就这样如此反复地进行端基转移而形成聚合物，因此称为基团转移聚合。

从聚合反应机理看，基团转移聚合链转移和链终止速率比链增长速率小得多，因此具有活性聚合的特点，即有稳定的活性中心，可合成窄分布的聚合物，可制备嵌段共聚物等。由于基团转移聚合所用单体为极性单体，因此对常规阴离子活性聚合只能使用一些温和的非极性单体是一种补充。

基团转移聚合引发剂典型的为硅烷基酮缩醛类化合物，如 MTS。催化剂主要为阴离子型，如 TASHF$_2$ 和 Lewis 酸两大类，用量一般为引发剂的 0.01%～0.1%（摩尔）。

基团转移聚合采用溶液聚合，阴离子型催化剂所用溶剂多为四氢呋喃、乙腈、甲苯；Lewis 酸型催化剂一般用卤代烃、芳烃。

基团转移聚合条件一般比较温和，常压、较合适的反应温度在 0～50℃。但工艺条件同离子聚合，要求苛刻。

八、注意事项

基团转移聚合对聚合体系的要求与离子聚合相同，同样对各种杂质十分敏感，因此实验步骤 1 十分重要，为保证实验成功，可多抽排、高纯氮置换几次。

实验 29　黏度法测定高分子溶液的相对分子质量

相对分子质量是聚合物最基本的结构参数之一，与材料性能有着密切的关系，在理论研究和生产过程中经常需要测定这个参数。测定聚合物相对分子质量的方法很多，不同测定方法所得出的统计平均相对分子质量的意义有所不同，其适应的相对分子质量范围也不相同。在高分子工业和研究工作中最常用的测定法是黏度法，它是一种相对的方法，适用于相对分子质量在 $10^4 \sim 10^7$ 范围的聚合物，此法设备简单、操作方便，又有较高的实验精度。通过聚合物体系黏度的测定，除了提供黏均相对分子质量 M_v 外，还可得到聚合物的无扰链尺寸和膨胀因子，其应用最为广泛。

一、实验目的

1. 掌握毛细管黏度计测定高分子溶液相对分子质量的原理

2. 学会使用黏度法测定特性黏度

二、实验原理

高分子稀溶液的黏度主要反映了液体分子之间因流动或相对运动所产生的内摩擦阻力。内摩擦阻力越大，表现出来的黏度就越大，且与高分子的结构、溶液浓度、溶剂的性质、温度以及压力等因素有关。对于高分子进入溶液后所引起的液体黏度的变化，一般采用下列有关的黏度量进行描述。

（1）相对黏度 η_r　若纯溶剂的黏度为 η_0，同温度下溶液的黏度为 η，则 $\eta_r = \eta/\eta_0$。相对黏度是一个无量纲的量，随着溶液浓度的增加而增加。对于低剪切速率下的高分子溶液，其值一般大于1。

（2）增比黏度 η_{sp}　是相对于溶剂来说溶液黏度增加的分数，即：

$$\eta_{sp} = \eta - \eta_0 / \eta_0 = \eta_r - 1 \tag{2-26}$$

也是一个无量纲的量，与溶液的浓度有关。

（3）特性黏度 $[\eta]$　其定义为比浓黏度 η_{sp}/c 或对数黏度 $\ln\eta_r/c$ 在无限稀释时的外推值，即：

$$[\eta] = \lim_{c \to 0} \frac{\eta_{sp}}{c} = \lim_{c \to 0} \frac{\ln\eta_r}{c} \tag{2-27}$$

$[\eta]$ 又称为极限黏度，其值与浓度无关，量纲是浓度的倒数。

实验证明，对于给定聚合物在给定的溶剂和温度下，$[\eta]$ 的数值仅由试样的相对分子质量 $\overline{M}_v$ 所决定。实践证明，$[\eta]$ 与 $\overline{M}_v$ 的关系如下：

$$[\eta] = K M_v^a \tag{2-28}$$

式（2-28）称为 Mark-Houwink 方程。式中，K 为比例参数；a 为与扩张因子有关的参数，与溶液中聚合物分子的形态有关；$\overline{M}_v$ 为黏均相对分子质量。

K、a 与温度、聚合物种类和溶剂性质有关，K 值受温度的影响较明显，而 a 值主要取决于高分子线团在溶剂中舒展的程度，一般介于 0.5～1.0 之间。对给定的聚合物-溶剂体系，一定的相对分子质量范围内 K、a 值可从有关手册中查到，或采用几个标准试样由式（2-28）进行确定，标准试样的相对分子质量由绝对方法（如渗透压和光散射法等）确定。

在一定温度下，聚合物溶液的黏度对浓度有一定的依赖关系。描述溶液黏度的浓度依赖的方程式很多，而应用较多的有：

哈斯金（Huggins）方程　$\dfrac{\eta_{sp}}{c} = [\eta] + k'[\eta]^2 c$ 　　　　　　　　　（2-29）

以及克拉默（Kraemer）方程　$\dfrac{\ln\eta_r}{c} = [\eta] - \beta[\eta]^2 c$ 　　　　　　　　　（2-30）

对于给定的聚合物在给定温度和溶液时，k'、β 应是常数，其中 k' 称为哈金斯常数。它表示溶液中高分子间和高分子与溶剂分子间的相互作用，k' 值一般说来对线形柔性链高分子良溶剂体系，$k' = 0.3 \sim 0.4$，$k' + \beta = 0.5$。用 $\dfrac{\ln\eta_r}{c}$ 对 c 作图外推和用 $\dfrac{\eta_{sp}}{c}$ 对 c 的图外推可得到共同的截距 $[\eta]$（见图 2-18），由此得一点法求 $[\eta]$ 的方程：

$$[\eta] = \frac{\sqrt{2(\eta_{sp} - \ln\eta_\tau)}}{c} \tag{2-31}$$

由上可见，用黏度法测定高分子溶液相对分子质量，关键在于 $[\eta]$ 的求得，最为方便的是用毛细管黏度计测定

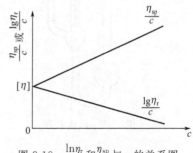

图 2-18　$\dfrac{\ln\eta_r}{c}$ 和 $\dfrac{\eta_{sp}}{c}$ 与 c 的关系图

溶液的相对黏度。常用的黏度计为乌氏（Ubbelchde）黏度计，其特点是溶液的体积对测量没有影响，所以可以在黏度计内采取逐步稀释的方法得到不同浓度的溶液。

根据相对黏度的定义：

$$\eta_r = \frac{\eta}{\eta_0} = \frac{\rho t(1 - B/At^2)}{\rho_0 t_0(1 - B/At_0^2)} \tag{2-32}$$

式中，ρ、ρ_0分别为溶液和溶剂的密度。因溶液很稀，$\rho = \rho_0$；A、B为黏度计常数；t、t_0分别为溶液和溶剂在毛细管中的流出时间，即液面经过刻线 a、b 所需时间（见图 2-19）。在恒温条件下，用同一支黏度计测定溶液和溶剂的流出时间，如果溶剂在该黏度计中的流出时间大于 100s，则动能校正项 B/At^2 值远小于 1，可忽略不计，因此溶液的相对黏度为：

$$\eta_r = \frac{t}{t_0} \tag{2-33}$$

试样溶液浓度一般在 0.01g/mL 以下，使 η_r 值在 1.05～2.5 之间较为适宜。η_r 最大不应超过 3.0。

三、实验设备及样品

1. 实验设备

乌氏毛细管黏度计（图 2-19）；恒温装置（玻璃缸水槽、加热棒、控温仪、搅拌器）；秒表（最小单位 0.01s）；吸耳球；夹子；容量瓶（2000mL）；烧杯（500mL）；砂芯漏斗（5#）。

2. 样品

聚乙烯醇稀溶液（0.1%），蒸馏水。

四、实验步骤

1. 溶液配制

取洁净干燥的聚乙烯醇试样，在分析天平上准确称取 2.000g±0.001g，溶于 500mL 烧杯内（加纯溶剂 200mL 左右），微微加热，使其完全溶解，但温度不宜高于 60℃，待完全溶解后用砂芯漏斗滤至 2000mL 容量瓶内（用纯溶剂将烧杯洗 2～3 次滤入容量瓶内），稀释至刻度，反复摇匀后待用。

2. 安装黏度计

将干净烘干的黏度计，用过滤后的纯溶剂洗 2～3 次，然后将过滤好的纯溶剂从 A 管加入至 F 球的 2/3 到 3/4 左右，再固定在恒温 30℃±0.1℃ 的水槽中，使其保持垂直，并尽量使 E

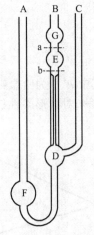

图 2-19　乌氏黏度计

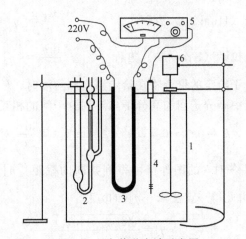

图 2-20　安装黏度计示意图

1—水槽；2—毛细管；3—加热棒；4—测温
探头；5—控温仪；6—搅拌器

球全部浸泡在水中，最好使 a、b 两刻度线均没入水面以下（如图 2-20）。安装时除注意垂直外，还应注意固定的是否牢固，在测量的过程中不至引起数据的误差。

3. 纯溶剂流出时间 t_0 的测定

恒温 10～15min 后，开始测定。闭紧 C 管上的乳胶管，用吸耳球从 B 管口将纯溶剂吸至 G 球的一半，拿下吸耳球打开 C 管，记下纯溶剂流经 a、b 刻度线之间的时间 t_0，重复几次测定，直到出现 3 个数据，两两误差＜0.2s，取这三次时间的平均值。

4. 溶液流经时间 t 的测定

将毛细管内的纯溶剂倒掉，用溶液润洗 1～2 次，加入溶液至 F 球的 2/3～3/4 左右，固定在水槽中，恒温 15min 左右，开始测定。闭紧 C 管上的乳胶管，用吸耳球从 B 管口将溶液吸至 G 球的一半，（注意 B 管中溶液表面不能有气泡，若有气泡可从 B 管上方将其吸出）拿下吸耳球打开 C 管，记下溶液流经 a、b 刻度线之间的时间 t，重复几次测定，直到出现三个数据，两两误差＜0.2s，取这三次时间的平均值。

5. 整理工作

倒出黏度计中的溶液，倒入纯溶剂，将其吸至 a 线上方小球的一半清洗毛细管，反复几次，倒挂毛细管黏度计以待后用。

五、数据处理

1. 测得数据记入下表。

记录次数	t_0	t	η_r	η_{sp}	$[\eta]$
平均					

2. 聚乙烯醇在水溶液中，30℃时 $K=42.8\times10^{-3}$，$a=0.64$，根据 $[\eta]=K\overline{M}_v^a$，求出 $\overline{M}_v$。

六、结果与讨论

1. 用一点法测相对分子质量有什么优越性？

2. 资料里查不到 K、a 值，如何求得 K、a 值？

3. 试讨论黏度法测定相对分子质量的影响因素。

实验 30　凝胶渗透色谱法测聚合物的相对分子质量及相对分子质量分布

一般人工合成的聚合物均为不同相对分子质量的同系物组成的混合物，其相对分子质量为统计平均值，相对分子质量的多分散性可用相对分子质量分布来表征。相对分子质量分布是指聚合物试样中各级分的含量与相对分子质量的关系。聚合物的许多物理力学性能与相对分子质量分布有着密切的关系，因此进行聚合物相对分子质量分布上的测定具有重要的意义；另一方面，聚合物的相对分子质量分布上是由聚合过程或解聚过程的机理决定的，因此无论是为了研究聚合或解聚机理及其动力学，或者是为了更好控制聚合及成形加工的工艺，都需要测定聚合物的相对分子质量及相对分子质量分布。

一、实验目的

1. 掌握凝胶渗透色谱的分离、测量原理。

2. 根据实验数据计算数均相对分子质量、重均相对分子质量、多分散系数并绘制相对分子质量分布曲线。

二、实验原理

凝胶渗透色谱法（Gel Permeation Chromatography），简称GPC，是目前能完整测定相对分子质量分布的唯一方法，而其他方法只能测定平均相对分子质量。

（一）GPC的分离机理——体积排除理论

1. GPC是液相色谱的一个分支，其分离部件是以多孔性凝胶作为载体的色谱柱，凝胶的表面与内部含有大量彼此贯穿的大小不等的孔洞。GPC法就是通过这些装有多孔性凝胶的分离柱，利用不同相对分子质量的高分子在溶液中的流体力学体积大小不同进行分离，再用检测器对分离物进行检测，最后用已知相对分子质量的标准物对分离物进行校正的一种方法。

2. 在聚合物溶液中，高分子链卷曲缠绕成无规线团状，在流动时，其分子链间总是裹挟着一定量的溶剂分子，即表现出的体积称之为"流体力学体积"。对于同一种聚合物而言，是一组同系物的混合物，在相同的测试条件下，相对分子质量大的聚合物，其溶液中的"流体力学体积"也就大。

3. 作为凝胶的物质要具有以下性质：表面的孔径与聚合物分子的大小是可比的，并且孔径应有一定的分布；作为凝胶要有一定的机械强度、一定的热稳定性和化学稳定性；对于极性较强的分子，还要考虑到凝胶的极性等。凝胶表面的孔径分布对不同相对分子质量的分离起到重要作用。一般常用的凝胶有：交联度很高的聚苯乙烯凝胶或多孔硅胶、多孔玻璃、聚丙烯酰胺、聚甲基丙烯酸等。

4. 色谱柱的总体积 V_t 由载体的骨架体积 V_g、载体内部的孔洞体积 V_i 和载体的粒间体积 V_o 组成。当聚合物溶液流经多孔性凝胶粒子时，溶质分子即向凝胶内部的孔洞渗透，渗透的概率与分子尺寸有关，可分为三种情况。

① 高分子的尺寸大于凝胶中所有孔洞的孔径，此时高分子只能在凝胶颗粒的空隙中存在，并首先被溶剂淋洗出来，其淋洗体积 V_e 等于凝胶的粒间体积 V_o，因此对于这些分子没有分离作用。

② 对于相对分子质量很小的分子由于能进入凝胶的所有孔洞，因此全都在最后被淋洗出来，其淋洗体积等于凝胶内部的孔洞体积 V_i 与凝胶的粒间体积 V_o 之和，即 $V_e = V_o + V_i$。对于这些分子同样没有分离作用。

③ 对于相对分子质量介于以上两者之间的分子，其中较大的分子能进入较大的孔洞，较小的分子不但能进入较大、中等的孔洞，而且也可以进入较小的孔洞。这样大分子能渗入的孔洞数目比小分子少，即渗入概率与渗入深度皆比小分子少，换句话说，在柱内小分子流过的路径比大分子的长，因而在柱中的停留时间也较长，所以需要较长的时间才能被淋出，从而达到分离目的。

5. 与其他色谱分析方法相同，实际的分离过程都不是理想的，即使对于相对分子质量完全均一的试样，在GPC的谱图上也有一个分布。采用柱效率和分离度能全面地反映色谱柱性能的好坏，是两个很重要的参数。色谱柱的效率可借用"理论塔板数" N 进入描述。测定 N 的方法是用一种相对分子质量均一的纯物质，如邻二氯苯、苯甲醇、乙腈、苯等，作GPC测定，得到色谱峰如图2-21，从图上可以求得从试样加入到出现峰顶位置的淋洗体积 V_R，以及由峰的两侧曲线拐点处作出切线与基线所截得的基线宽度即为峰底宽 W，然后按式（2-34）计算 N：

$$N = 16 \left(\frac{V_R}{W} \right)^2 \tag{2-34}$$

对于相同长度的色谱柱，N 值越大，意味着柱子效率越高。

GPC柱性能的好坏不但要看柱子的效率，还要注意柱子的分辨能力。一般用分离度 R 表示

$$R=\frac{2(V_2-V_1)}{W_1+W_2} \tag{2-35}$$

式中，V_1、V_2 分别为对应于试样 1 和试样 2 的两个峰值的淋洗体积；W_1、W_2 分别为峰 1 和峰 2 的峰底宽。显然，若两个试样达到完全分离，R 应等于 1 或大于 1，如果 R 小于 1，则分离是不完全。

（二）分离物的检测及原始数据的求得

1. 从淋洗开始，以一定的体积接收淋洗级分，将每一级分按顺序编号，每一次接收到的淋洗级分的溶液体积称为"淋洗体积"。在每一级分的接收瓶中加入适量的沉淀剂，经搅拌、沉淀、静置后，放入检测仪器（如 721 型分光光度计）中检测，测得每一级分的光密度值 D 或折射率差 Δn，在非常稀的溶液中正比于淋洗组分的相对浓度 Δc。

2. 以每一级分的淋洗体积 V_e 为横坐标，光密度值 D 或折射率差 Δn 为纵坐标作图，此图即为样品的 GPC 谱图（见图 2-21）。

（三）校正曲线

校正曲线是表示相对分子质量与淋洗体积之间的对应关系的曲线。在作校正曲线时，

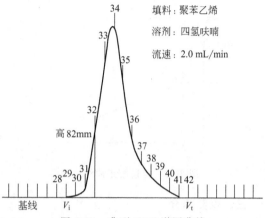

图 2-21 典型 GPC 谱图曲线

一般是在给定的测试条件下，用一组已知相对分子质量的单分散、窄分布的标准样品，注入 GPC 仪，分别测得各自的 GPC 谱图［如图 2-22(a)］.将不同相对分子质量样品的 GPC 谱图峰值点对应的淋洗体积 V_e 对各自相对分子质量的对数作图，得标样校正曲线［如图 2-22(b)］。

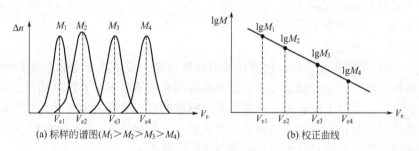

图 2-22 标样谱图和校正曲线

由于 GPC 法是按分子"流体力学体积"大小分离的，"流体力学体积"相同其相对分子质量不一定相同，所以标样校正曲线只能校正同一种高聚物。校正曲线的直线部分，可用简单的线性方程表示：

$$\lg M=A+BV_e \tag{2-36}$$

式中，A、B 为常数，与仪器、凝胶、操作条件等有关，其数值可由校正曲线得到，其中 B 是校正曲线的斜率，同柱效率有密切关系，B 值越小，柱子的分辨率越高。

对于不同类型的高分子，在相对分子质量相同时其分子尺寸并不一定相同。而许多聚合物不易获得窄分布标样进行标定，因此希望能借助于某一聚合物的标准样品在某种条件下测得的标准曲线，通过转换关系不在相同条件下用于其他类型的聚合物试样。这种校正曲线称为"普适校正曲线"。由于 GPC 法的分离是"体积排除"，根据 Flory 的物性黏数理论，可以用 $[\eta]\cdot M$ 来表征流体力学体积，根据在同一淋出体积时被测样品与标样的流体力学体积相等，

则有：
$$[\eta]_1 M_1 = [\eta]_2 M_2 \tag{2-37}$$

式中，M_1 为待测样品的相对分子质量；M_2 为标准样品的相对分子质量。将校正曲线的纵坐标改成 $\lg[\eta]M$ 就变成了普适校正曲线（如图 2-23），如已知在测定条件下两种聚合物的 K、a 值，则只要知道某一淋出体积的标样（聚苯乙烯）的相对分子质量 M_1，就可算出同一淋出体积下其他聚合物的相对分子质量 M_2。

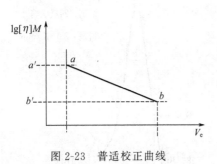

图 2-23 普适校正曲线

图 2-24 凝胶渗透色谱仪（GPC）

三、仪器简介

图 2-24 为美国 Waters 公司生产的 1515 型凝胶渗透色谱仪，其主要有五大部分组成。

1. 泵系统

它包括一个溶剂储存器，一套脱气装置和一个柱塞泵。它的主要作用是使溶剂以恒定的流速流入色谱柱。泵的稳定性越好，色谱仪的测定结果就越准确。一般要求测试时，泵的流量误差（RSD）应低于 0.1mL/min。

2. 进样系统——注射器。

3. 分离系统——色谱柱。

色谱柱是 GPC 仪的核心部件，被测样品的分离效果主要取决于色谱柱的匹配及其分离效果。每根色谱柱都具有一定的相对分子质量分离范围和渗透极限，有其使用的上限和下限。当高分子中的最小尺寸的分子比色谱柱的最大凝胶颗粒的尺寸还要大或其最大尺寸的分子比凝胶孔的最小孔径还要小时，色谱柱就失去了分离的作用。因此，在使用 GPC 法测定相对分子质量时，必须选择与聚合物相对分子质量范围相匹配的柱子。

色谱柱有多种类型，根据凝胶填料的种类可分为以下几类。

有机相：交联 PS、交联聚乙酸乙烯酯、交联硅胶。

水相：交联葡聚糖、交联聚丙烯酰胺。

对填料的基本要求是填料不能与溶剂发生反应或被溶剂溶解。

4. 检测系统

用于 GPC 的检测器有多波长紫外、示差折光、示差＋紫外、质谱（MS）、FTIR 等多种。该 GPC 仪配备的是示差折光检测器。

示差折光检测仪是一种浓度监测仪，它是根据浓度不同折射率不同的原理制成的，通过不断检测样品流路和参比流路中的折射率的差值来检测样品的浓度的。

不同的物质具有不同的折射率，聚合物溶液的折射率为：
$$n = c_1 n_1 + c_2 n_2 \tag{2-38}$$

式中，c_1，c_2 分别为溶剂和溶质的物质的量浓度，$c_1 + c_2 = 1$；n_1，n_2 分别为溶剂和溶质的折射率。折射率差：

$$\Delta n = n - n_1 = c_2(n_2 - n_1) \qquad (2\text{-}39)$$

Δn 与 c_2 成正比，所以 Δn 可以反映出溶质的浓度。

5. 数据采集与处理系统

另外，进行 GPC 测试时必须选择合适的溶剂（一般为 THF），所选的溶剂必须能使聚合物试样完全溶解，使聚合物链打开成最放松的状态；能浸润凝胶柱子，而与色谱柱不发生任何的其他相互作用。而且在注入色谱柱前，必须经微孔过滤器过滤。

四、实验步骤

1. 样品制备

干燥：样品必须经过完全干燥，除掉水分、溶剂及其他杂质。

溶解时间：必须给予充分的溶解时间使聚合物完全溶解在溶剂中，并使分子链尽量舒展。分子质量越大，溶解的时间应越长。

浓度：一般在 $0.05\% \sim 0.3\%$（质量分数）之间，相对分子质量大的样品浓度低些，相对分子质量小的样品浓度稍微高些。

在配置溶液时，为了增加样品的溶解，可以轻微搅动样品溶液，但不能剧烈摇动，或用超声波处理，以免分子链发生断裂。

2. 操作准备

（1）灌注冲洗泵和检测器

打开检测器和泵的电源，运行 Breeze 程序监控系统，待计算机完成仪器连接检测后，出现如下的窗口（见图 2-25），包括命令栏、工作区和采集栏。

按下采集栏中的"灌注、冲洗系统"按钮，根据出现的提示，逐步完成泵和检测器的清洗。

（2）创建初始方法

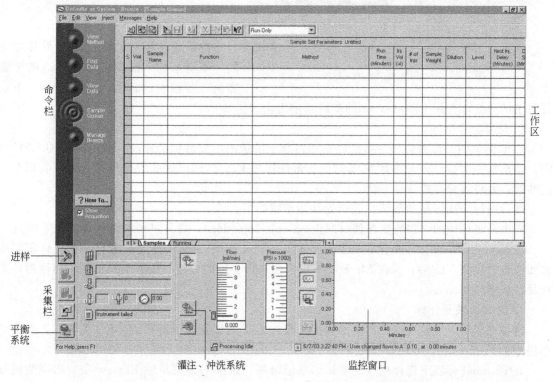

图 2-25　Defaults as System-Breeze-[Sample Queue] 对话框

方法是在 Breeze 系统中，进行某项操作时，预先设定的各种参数的集合。它包括平衡方法、数据采集方法、数据处理（校正）方法和报告方法等。

点击命令栏中的 View Method，进入 GPC 方法建立窗口（见图 2-26）。

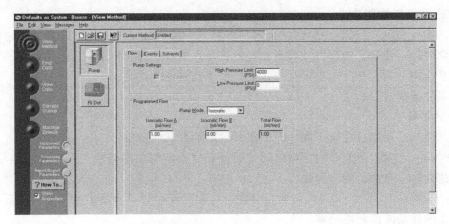

图 2-26　Defaults as System-Breeze-［View Method］对话框

首先选中要设置参数的仪器图标，如图中的 Pump 或 RI Det，然后点击命令栏中的 Instrument Parameters、Processing Parameters 和 Report/Export Parameters，在出现的参数选项卡中，进行仪器的参数设置。设置完成后，选择 File/Save as，保存建立的方法。

（3）稳定系统

选择采集栏上的"平衡系统"按钮，出现"Equilibrate System"框（见图 2-27）。

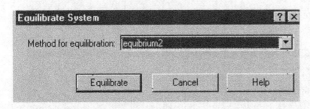

图 2-27　Equilibrate System 对话框

在下拉框中选择合适的平衡方法，设定系统在较小的流量（0.1mL/min）下，稳定7～8h。

（4）平衡系统

待系统平衡后，再次选择采集栏上的"平衡系统"按钮，选择合适的平衡方法，在较大的流量（1mL/min）下进行系统的平衡，直到 RI Detector 的基线稳定为止。

3. 进样

GPC 测试时，应首先用一系列已知相对分子质量的单分散标准样品，做一系列的 GPC 谱图，找出每一个相对分子质量 M 所对应的淋洗体积 V_e，然后以这些数据作出普适或者相对校正曲线，并将其保存成一种方法。

然后进行未知样品的测试，进样的具体步骤如下：

点击采集栏中的"进样"按钮（Make Single Injection），打开进样对话框（见图 2-28）。

在 Sample Name、Injection Volume 和 Run Time 中分别输入样品的名称、进样体积和测试要进行的时间（min），并在 Method 下拉框中选择合适的方法。按下 Injection，用注射器将样品注入样品室即可。

4. 测试结果及分析

进样完成后，在监视窗中即显示数据采集过程，测试完成后即得到 GPC 色谱图，点击命令栏中的 Find Date，出现如下的界面（见图 2-29）。

在 Channel 标签下选择相应的测试结果记录项，选择右键菜单中 Review 项，出现数据处理界面（见图 2-30）。

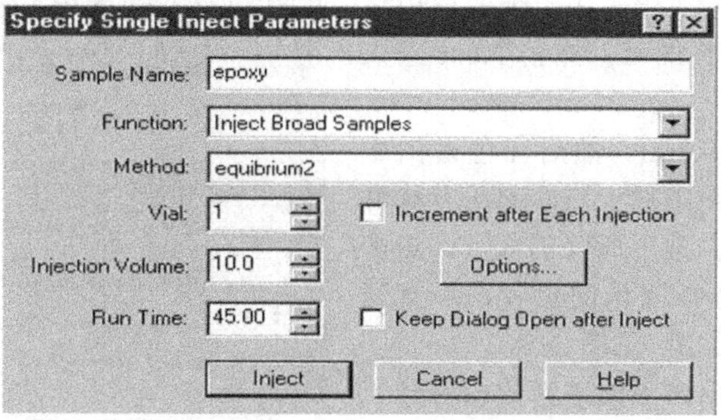

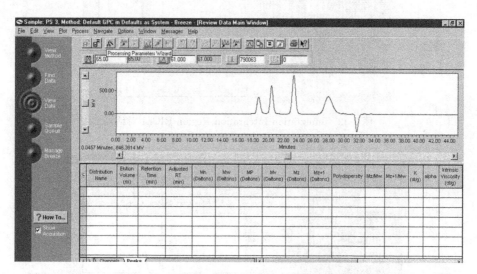

图 2-28　Specific Single Injection Parameters 对话框

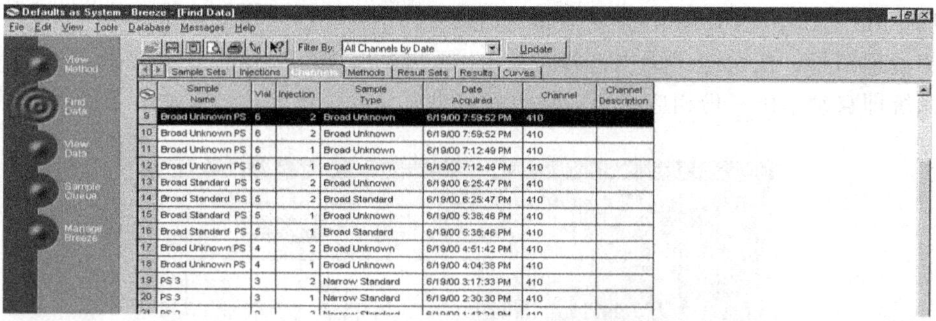

图 2-29　Defaults as System-Breeze-[Find Data] 对话框

图 2-30　Defaults GPC in Defaults as System-Breeze-[Review Main Window] 对话框

　　首先选择 File/Open method，打开最初建立的数据处理方法（即校正曲线），然后选择工作区中的"Processing parameters Wizard"，出现处理向导（见图 2-31）。

　　选中第二项，点击 OK 进入下一步（见图 2-32）。

　　在 Start 和 End 中输入相应的数值范围，或者用鼠标在缩略图中选择一个范围，该范围中的所有峰将被选中，选中的峰被认为是有效的峰，将在以后的相对分子质量计算中被标记出来；而未选中的峰将被视为是杂峰，不参与平均相对分子质量的计算，也不会被标记出来。

点击 Next 进入下一步，在出现的框中将用三角号标记出所选择的峰。点击 Next 进入下一步（见图 2-33）。

选中 Minimum Height，然后在色谱图中选择一个峰，则色谱图中低于该峰的所有峰将被掩蔽。如图中所示。选中所要的峰后，点击 Next 进入下一步。选择默认的设置，一直到 Finish。出现如下的结果（见图 2-34）。

在色谱图中标记出选中的谱峰的相对分子质量，并在下方的表格中详细列出各种相对分子质量。选择 Save 保存处理结果。

返回 Find Date，在 Result 选项下选择相应的数据处理结果，在右键菜单中选择 Report 项，在出现的对话框中选项合适的报告方法，Breeze 系统即自动给出一份相应的测试结果报告书。

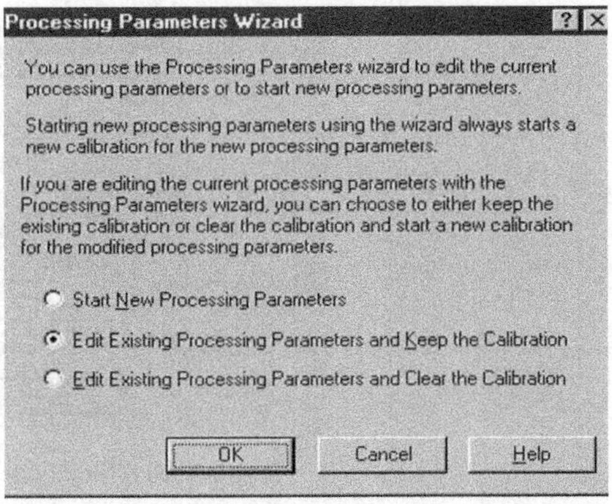

图 2-31 Processing Parameters Wizard 对话框

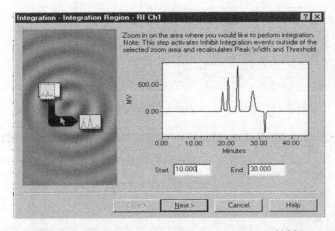

图 2-32 Integration-Integration Region-RICh1 对话框

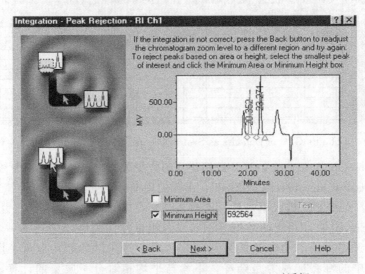

图 2-33 Integration-Peak Rejection-RICh1 对话框

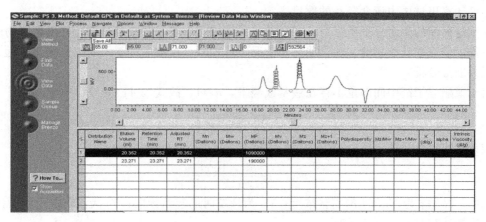

图 2-34　Defaults GPC in Defaults as System-Breeze-［Review Data Main Window］对话框

五、结果与讨论

1. 请比较"GPC 谱图"和"相对分子质量分布曲线"的不同。

2. 请比较"校正曲线"与"普适校正曲线"在用法上的不同。

实验 31　端基分析法测定聚合物的相对分子质量

端基分析法是测定聚合物相对分子质量的一种化学方法。凡聚合物的化学结构明确、每个高分子链的末端具有可供化学分析的基团，原则上均可用此法测其相对分子质量。一般的缩聚物（例如聚酰胺、聚酯等）是由具有可反应基团的单体缩合而成，每个高分子链的末端仍有反应性基团，而且缩聚物相对分子质量通常不是很大，因此端基分析之应用很广。对于线型聚合物而言，试样相对分子质量越大，单位重量中所含的可供分析的端基越少，分析误差也就越大，因此端基分析法适合于相对分子质量较小的聚合物，可测定的相对分子质量上限在 $10^2 \sim 2 \times 10^4$ 左右。

端基分析的目的除了测定相对分子质量以外，如果与其他的相对分子质量测定方法相配合，还可用于判断高分子的化学结构，如支化等，由此也可对聚合机理进行分析。

一、目的要求

1. 掌握用端基分析法测定聚合物相对分子质量的原理和方法。

2. 用端基分析法测定聚酯样品的相对分子质量。

二、原理

设在重量为 W 的试样中含有分子链的摩尔数为 N，被分析的基团的摩尔数为 N_t，每根高分子链含有的基团数为 n，则试样的相对分子质量为：

$$M_n = \frac{W}{N} = \frac{W}{N_t/n} = \frac{nW}{N_t} \tag{2-40}$$

以本实验测定的线性聚酯的样品为例，它是由二元酸和二元醇缩合而成的，每根大分子链的一端为羟基，另一端为羧基。因此可以通过测定一定重量的聚酯试样中的羧基或羟基的数目而求得其相对分子质量。羧基的测定可采用酸碱滴定法进行，而羟基的测定可采用乙酰化的方法，即加入过量的乙酸酐使大分子链末端的羟基转变为乙酰基：

$$\sim CH_2OH + CH_3COCCH_3 \longrightarrow \sim CH_2OCCH_3 + CH_3COOH$$

然后使剩余的乙酸酐水解变为乙酸，用标准 NaOH 溶液滴定可求得过剩的乙酸酐。从乙酸酐耗量即可计算出试样中所含羟基的数目。

在测定聚酯的相对分子质量时，一般首先根据羧基和羟基的数目分别计算出聚合物的相对分子质量，然后取其平均值。在某些特殊情况下，如果测得的两种基团的数量相差甚远，则应对其原因进行分析。

由于聚酯分子链中间部位不存在羧基或羟基，$n=1$，故式（2-41）可写为：

$$M_n = \frac{W}{N_t} \tag{2-41}$$

用羧酸计算相对分子质量时，有：

$$M_n = \frac{W \times 1000}{N_{NaOH}(V_0 - V_f)} \tag{2-42}$$

式中，N_{NaOH} 为 NaOH 的当量浓度；V_0 为滴定时的起始读数；V_f 为滴定终点时的读数。

用羟基计算相对分子质量时：

$$M_n = \frac{W \times 1000}{N'_t - N_{NaOH} \times (V_0 - V_f)} \tag{2-43}$$

式中，N'_t 为所加的乙酸酐物质的量；N_{NaOH} 为滴定过剩乙酸酐所用的氢氧化钠的当量浓度；V_0 和 V_f 意义同式（2-43）。

由以上原理可知，有些基团可以采用最简单的酸碱滴定进行分析，如聚酯的羧基、聚酰胺的羧基和氨基；而有些不能直接分析的基团也可以通过转化变为可分析基团，但转化过程必须明确和完全，同时由于像缩聚类聚合物往往容易分解，因此转化时应注意不使聚合物降解。对于大多数的烯类加聚物一般相对分子质量较大且无可供分析基团而不能采用端基分析法测定其相对分子质量，但在特殊需要时也可以通过在聚合过程中采用带有特殊基团的引发剂、终止剂、链转移剂等而在聚合物中引入可分析基团甚至同位素等。

采用端基分析法测定相对分子质量时，首先必须对样品进行纯化，除去杂质、单体及不带可分析基团的环状物。由于聚合过程往往要加入各种助剂，有时会给提纯带来困难，这也是端基分析法的主要缺点。因此最好能了解杂质类型，以便选择提纯方法。对于端基数量与类型除了根据聚合机理确定以外，还需注意在生产过程中是否为了某种目的（如提高抗老化性）而已对端基封闭或转化处理。另外在进行滴定时采用的溶剂应既能溶解聚合物又能溶解滴定试剂。端基分析的方法除了可以灵活应用各种传统化学分析方法以外也可采用电导滴定、电位滴定及红外光谱、元素分析等仪器分析方法。

由式（2-41）可知：

$$M_n = \frac{W}{N} = \frac{\sum n_i M_i}{\sum n_i} = \overline{M_n} \tag{2-44}$$

即端基分析法测得的是数均相对分子质量。

三、仪器与样品

1. 仪器 ①分析天平；②磨口锥形瓶，移液管，滴定装置，回流冷凝管，电炉。

2. 药品 ①待测样品聚酯；②二氯甲烷，0.1mol/L NaOH 溶液，乙酸酐吡啶（体积比 1：10），苯，去离子水，酚酞指示剂，0.5mol/L NaOH 乙醇溶液。

四、实验

1. 羧基的测定

用分析天平准确称取 0.5g 样品，置于 250mL 磨口锥形瓶内，加入 10mL 三氯甲烷，摇动，溶解后加入酚酞指示剂，用 0.1mol/L NaOH 乙醇溶液滴定至终点。由于大分子链端羧基的反应性低于低分子物，因此在滴定羧基时需要等 5min 后如果红色不消失才算滴定到终点。但等待时间过长时空气中的 CO_2 也会与 NaOH 起作用而使酚酞褪色。

2. 羟基的测定

准确称取 1g 聚酯，置于 250mL 干燥的锥形瓶内，用移液管加入 10mL 预先配制好的乙酸酐吡啶溶液（或称乙酰化试剂）。在锥形瓶上装好回流冷凝管，然后进行加热并不断摇动。反应时间约 1h。然后由冷凝管上口加入 10mL 苯（为了便于观察终点）和 10mL 去离子水，待完全冷却后以酚酞做指示剂，用标准 0.5mol/L NaOH 醇溶液滴定至终点。同时作空白实验。

五、数据处理

根据羧基与羟基的量分别按式(2-43) 和式(2-44) 计算平均相对分子质量，然后计算其平均值，如两者相差较大需分析其原因。

六、结果与讨论

1. 测定羧基时为什么采用 NaOH 的醇溶液而不使用水溶液？
2. 在乙酰化试剂中，吡啶的作用是什么？

实验 32 气相渗透法测定聚合物相对分子质量

气相渗透法也称为蒸气压渗透法（vapor pressure osmometery，简称 VPO），VPO 方法是基于溶液依数性的原理，因此测得的是聚合物的数均相对分子质量，其测定相对分子质量的上限为 3×10^4 左右。但是，因为测试过程不是在热力学的平衡状态，所以一般不认为它是相对分子质量测定绝对的方法。VPO 方法样品用量少、测试速度快，溶剂温度选择范围大，数据可靠性比较高，是目前用于较低相对分子质量聚合物首选的相对分子质量测定方法，常用于固化前的热固性树脂、高分子大单体以及聚合物的高分子添加剂的相对分子质量的测定。

一、目的要求

1. 了解气相渗透仪测定聚合物相对分子质量的基本原理。
2. 掌握用气相渗透仪测定聚合物数均相对分子质量的方法。

二、实验原理

在一恒温、密闭的容器中充有某一种挥发性溶剂的饱和蒸气，置一滴不挥发性溶质的溶液和一滴纯溶剂悬在饱和蒸气相中。

从热力学知道，溶液中溶剂的饱和蒸气压低于纯溶剂的饱和蒸气压。于是就会有溶剂分子自饱和蒸气相凝聚在溶液滴表面，并放出凝聚热，使得溶液液滴的温度升高。当温度建立起来以后，通过向蒸气相和测温元件等传导、对流、辐射要损失一部分热量，一旦放热与散热抵消，于是出现"稳态"。在稳态时，测温元件所反映出的温差不在升高，这时溶液液滴和溶剂液滴之间的温差与溶液中溶质的物质的量成正比：

$$\Delta T = A \cdot m_2 \tag{2-45}$$

式中，A 为比例系数，$m_2 = \dfrac{n_2}{n_1 + n_2}$，$n_1$，$n_2$ 分别为溶剂和溶质的物质的量。

对于稀溶液有：

$$m_2 = \frac{n_2}{n_1 + n_2} \approx \frac{n_2}{n_1} = \frac{W_2 M_1}{W_1 M_2} = C_i \frac{M_1}{M_2} \tag{2-46}$$

式中 M_1，M_2——溶剂和溶质的相对分子质量；

$\quad\quad W_1$，W_2——溶剂和溶质的质量；

$C_i = W_2/W_1$——溶液的浓度。

从式(2-46)、式(2-47) 可以得到：

$$\Delta T = A\frac{M_1}{M_2}C_i \tag{2-47}$$

式（2-48）即为气相渗透法测定相对分子质量的基础。

把两只匹配的很好的热敏电阻 R_1，R_2 组成惠斯顿电桥的两个桥臂，置于溶剂的饱和蒸气相中，另外两个桥臂由固定电阻 R_3 和 R_4 组成，R_s 是匹配电阻。

仪器中选用的是具有负温度系数的热敏电阻，它的阻值和温度的关系如下：

$$R(T) = R_0 \exp(B/T) \tag{2-48}$$

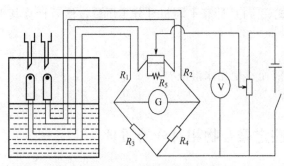

图 2-35　气相渗透仪工作原理示意图

式中，$R(T)$ 是热敏电阻在绝对温度为 T（K）时的阻值；R_0 是常数；B 是材料常数。

如果在这两个热敏电阻上各滴一滴溶剂，这时，这两个热敏电阻的温度应该相同，电桥处于平衡状态。现在在一个热敏电阻上滴一滴具有一定浓度的溶液，而在另一个热敏电阻上仍滴一滴溶剂，这时，由于两滴液体的气压不同而造成两个液滴之间的温差。溶液的温度升高，使得该热敏电阻的阻值下降，导致电桥的不平衡，电桥的不平衡信号可由检测器——检流计的偏转格数 ΔG 表示，其工作原理如图 2-35 所示，ΔG 和温差呈线形关系，可表示如下：

$$\Delta G = -(BE/4T^2)\Delta T \tag{2-49}$$

式中，E 是桥电压；B 和 T 的意义同式（2-49）。

综合式（2-48）和式（2-50），可得：

$$\Delta G = -A\frac{BE}{4T^2} \times \frac{M_1}{M_2}C_i = K\left(\frac{C_i}{M_2}\right) \tag{2-50}$$

式中，K 为仪器常数。

在已知常数 K 的情况下，根据溶液浓度 C_i 和测得的不平衡信号 ΔG，即可计算出试样的相对分子质量 M_2，即聚合物的数均相对分子质量 $\overline{M}_n$。

三、仪器与药品

1. 仪器

气相渗透仪（QX-08）一台；检流表一只；秒表一只；容量瓶（10mL）十只；移液管（5mL）三支；注射器（1mL）两只；针头两只。

2. 药品

未知相对分子质量高聚物样品（如聚苯乙烯、聚乙二醇等）若干，工业级；溶剂（氯仿、苯、丙酮、丁酮任选一种）130mL，分析纯；联苯甲酰或八乙酰蔗糖若干，分析纯。

四、实验步骤

1. 准备工作

① 用电源线将仪器接到 220V 交流稳压电源上。

② 将 R_s 调整在所要使用的温度下的最佳值。

③ 将"温度选择"开关拨至所使用的温度位置。

④ 通过吸液管向气化室注入 30mL 左右溶剂。

⑤ 调整"控温细调"旋钮，恒温稳定 4h 以上。

⑥ 检流计开关拨向滴样位置，调节"桥电压调节"旋钮，使电压表指示在预使用温度的

电压值上，桥路在测试前稳定 0.5h 以上。

⑦ 调好检流计的机械零点。

2. 溶液配置

① 溶液的浓度范围视所用的溶剂以及样品的相对分子质量而定。在 10mL 容量瓶中（瓶重 W_1），小心加入聚合物样品，准确称重的 W_2（有效数字三位），加入溶剂至刻度，称重得 W_3，那么溶液的原始浓度为：

$$C=\frac{W_2-W_1}{W_3-W_2}\times 1000 \ (\text{K/kg}) \tag{2-51}$$

② 因为 VPO 实验中浓度产生的讯号是彼此独立的，故不能采用逐步稀释或者加浓的办法，而要准备 3～5 个不同浓度的溶液，这一系列浓度的溶液，可用稀释法配得，用相对浓度 $C_i'=C_i/C_0$ 表示，可以配制 $C_i'=\frac{1}{3}$，$\frac{1}{2}$，$\frac{2}{3}$，1 等。

3. 仪器常数 K 的标定

仪器常数 K 和测试温度、溶剂种类、桥电压以及气化室的几何参数有关，而和溶质的化学性质、相对分子质量大小无关。所以，可以通过一已知相对分子质量的标样来标定仪器常数 K，待 K 值确定后即可在相同条件下测定未知物的相对分子质量。标样可以选用联苯甲酰（相对分子质量为 210.2），三十二烷（相对分子质量为 450.85），八乙酰蔗糖（相对分子质量为 678.6）等易于醇化并有多种溶剂的有机化合物，标定方法是将某一种标样配制成一定浓度 C_i 的溶液，进行测试，得到 ΔC_i。然后根据式（2-52）计算 K 值：

$$K=(\Delta C_i/C_i)M \tag{2-52}$$

式中，M 为标样的相对分子质量。

4. ΔG_i 值的测定

① 检流计放在"×0.01"挡，在两只热敏电阻上各加 3～5 滴（每滴约 0.01mL）纯溶剂，按下秒表，3min 后按下"工作键"，旋转"零点调节"电位器，分流器拨向"×1"挡，并将检流计光点稳定在某位置上，此即为 G_0 值。读毕后，扳回"滴样键"。实验过程中，G_0 可能会变，为了提高数据可靠性，一般要求每测两个浓度的溶液后，须用纯溶剂校正依次 G_0 值。

② G_0 值定好后，在仪器左侧滴样孔滴进 3～5 滴溶剂，右侧滴样孔滴进 3～5 滴溶液。3min 后按下工作键，分流器拨向"×1"挡。2min 后，检流计光点稳定在某位置上，此即为 G_i 值，如此再滴液再读数，重复三次，取三个数的平均值（注意：每次读取 G_i 的时间应该相同，对不同的溶液，时间长短不一定）。

③ 计算 ΔG_i

$$\Delta G_i=G_i-G_0 \tag{2-53}$$

④ 关闭电源，抽出气化室内溶剂。

5. 结果处理

① 把联苯甲酰-苯溶液得到的数据列入下表中：

C_i'	0	1/3	1/2	0	2/3	1	0
G_0	—	—	—	—	—	—	—
G_i	—	1. 2. 3.	1. 2. 3.	—	1. 2. 3.	1. 2. 3.	—
ΔG_i	—						—
$\Delta G_i/C_i'$	—						—

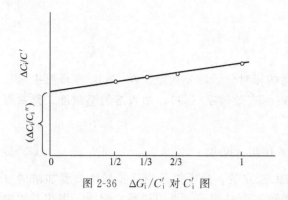

图 2-36 $\Delta G_i / C_i'$ 对 C_i' 图

② 以 $\Delta G_i / C_i'$ 对 C_i' 作图，得一直线（见图 2-36），外推到 $C_i' = 0$，得 $\Delta G_i / C_i'$ 值。

③ 根据式(2-51)计算出聚苯乙烯的数均相对分子质量 $\overline{M}_n$。

五、注意事项

1. 样品及配制用的溶剂必须先纯化和干燥，所用玻璃仪器必须洗净烘干。

2. 标定 K 值用的样品必须是易于纯化、溶于多种溶剂和常温下本身蒸气压很小的物质。

3. 配制溶液时，须事先估计被测物的相对分子质量大小，配制合适的浓度，以便充分利用检流计的满标尺，以减少实验误差。

4. 滴样时，为了消除浓度差别带来的影响，每次换溶液时，第一次滴样量须多加 3～5 滴。

六、结果与讨论

1. 在 VPO 测定中，温度对测定的精确度有何影响？

2. VPO 测定的灵敏度与所用溶剂的类型有何关系？

实验 33 渗透压法测定聚合物的相对分子质量

膜渗透压法（membrane osmometer，OS）是测定聚合物数均相对分子质量经典和常用的方法，因为膜渗透压法测定相对分子质量的范围比较大为 $(5 \times 10^3) \sim 10^6$，正是常用高分子材料的相对分子质量范围，并且膜渗透压法有严格的理论依据，是测定相对分子质量的绝对方法。在测定相对分子质量的同时还可以得到稀溶液性质的重要参数，因此膜渗透压法在高分子表征中有重要的理论意义和实用价值。

一、目的要求

1. 了解高分子溶液膜渗透压的原理。

2. 了解快速平衡膜渗透压计的实验技术。

3. 测定窄分布聚苯乙烯样品的相对分子质量和第二维利系数。

二、原理

根据稀溶液理论，溶液中溶剂的化学位将低于纯溶液的化学位，两者化学位的差值取决于溶剂的蒸气压和温度，即：

$$\Delta \mu_1 = \mu_1^0 - \mu_1 = RT \ln(p_1^0 / p_1) \tag{2-54}$$

式中，μ_1^0 和 μ_1 分别是纯溶剂和溶液中溶剂的化学位，用 $\Delta \mu_1$ 代表两者的差值；R 为气体常数；T 为绝对温度，而 p_1^0 和 p_1 分别是纯溶剂和溶液中的蒸气压。

如图 2-37，当溶液和纯溶剂用一层溶剂分子能够通过而溶质分子不能通过的所谓半透膜隔开时，由于半透膜两边溶剂化学位不同，驱动着纯溶剂池中的溶剂分子通过半透膜向溶液池渗透，溶液池上部的液柱开始升高，半透膜两边液体的静压力发生变化，直至半透膜两边液体静电力的差值与溶剂化学位的差值对等，溶剂分子的渗透达到平衡，根据热力学关系：

$$\Delta \mu_1 = \overline{V}_1 \Pi = RT \ln(p_1^0 / p_1) \tag{2-55}$$

式中，$\overline{V}_1$ 为溶剂的偏摩尔体积；Π 为半透膜两边液体总压力的差值即渗透压。根据拉乌尔定律，可得到渗透压 Π 和溶液浓度

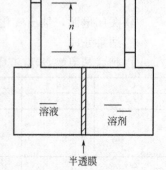

图 2-37 渗透压原理示意图

c（质量/体积）和溶质相对分子质量 M 的关系，即：

$$\Pi = RTc/M \tag{2-56}$$

式（2-56）称为 Van't Hoff 方程式，适用于理想稀溶液的渗透压关系，由于高分子溶液的非理想性，渗透压和浓度的比值 Π/c 有浓度依赖性，维利提出了修正关系式为：

$$\frac{\Pi}{c} = RT\left(\frac{1}{M} + A_2 c + A_3 c^2 + \cdots\right) \tag{2-57}$$

式中，A_2、A_3 称为第二、第三维利系数，它们表示高分子溶液与理想溶液的偏差，对于许多高分子溶液 A_3 或更高次的系数一般很小，可以忽略，式（2-57）可简化成：

$$\frac{\Pi}{c} = RT\left(\frac{1}{M} + A_2 c\right) \tag{2-58}$$

用高分子溶液理论可以阐明，第二维利系数 A_2 是高分子链段与链段之间以及高分子链段与溶剂分子之间相互作用的一种量度。当高分子溶液处于 θ 状态，溶液中各种相互作用和效应抵消，这时 $A_2 = 0$，溶液的渗透压关系符合 Van't Hoff 方程。

少数高分子溶液体系，第二维利系数较大 Π/c-c 作图不成线性，给外推带来困难，影响测定相对分子质量的可靠性，为此把 Π/c 和浓度 c 的关系写成下列形式：

$$\frac{\Pi}{c} = \left(\frac{\Pi}{c}\right)_{c \to 0} (1 + \Gamma_2 c + \Gamma_3 c^2) \tag{2-59}$$

根据经验可知，多数溶液体系 $\Gamma_3 = \Gamma_2^2/4$，式（2-59）可变为：

$$\frac{\Pi}{c} = \left(\frac{\Pi}{c}\right)_{c \to 0}\left(1 + \frac{\Gamma_2}{2} c\right)^2 \text{ 或 } \left(\frac{\Pi}{c}\right)^{1/2} = \left(\frac{\Pi}{c}\right)^{1/2}_{c \to 0}\left(1 + \frac{\Gamma_2}{2} c\right) \tag{2-60}$$

用 $(\Pi/c)^{1/2}$ 对 c 作图一般可获得线性关系，从截距和斜率可算得相对分子质量和第二维利系数即：

$$\left(\frac{\Pi}{c}\right)^{1/2}_{c \to 0} = \left(\frac{RT}{M}\right)^{1/2} \text{ 和 } \Gamma_2 = A_2 M \tag{2-61}$$

半透膜是膜渗透压法核心，要求半透膜具有细小得孔径，保证溶剂分子可以通过而溶质分子被隔离，半透膜上的微孔密度尽可能高，以保证溶剂分子有较大的透过速率，并且要求半透膜既耐溶剂但又和溶剂（溶液）浸润。半透膜材料最常用的是纤维素和纤维素衍生物，一般工业生产的再生纤维素薄膜（俗称玻璃纸）就可以作为高分子溶液的半透膜，采用特殊制备薄膜，可控制孔径和孔密度，改善半透膜的渗透效果，提高膜渗透压法的准确性和实验效率。纤维薄膜是在水中成型的，湿的纤维素薄膜是被水溶胀的，因此在有机溶剂中作为防止细菌侵蚀，商品的再生纤维素半透膜是浸润在甲醛水溶液中的。

经典的膜渗透计结构比较简单，都是通过溶剂实际渗透溶液池液柱升高，用测高仪准确测定高度差来测定渗透压。但是由于半透膜的微孔密度不可能很高，达到溶剂分子传质过程的平衡需要很长的时间，一个浓度的样品往往需要几个小时甚至几天才能达到渗透平衡，测定一个样品就要花费很大的精力。为提高实验效率，研究者提出了几种所谓快速平衡膜渗透计的设计，其设计思想的关键在于不使溶剂发生实质上的渗透，通过检测半透膜两边的压差调节溶液、溶剂液柱位置达到渗透平衡，或通过精密的压力传感器直接测定半透膜两边的压差。这类快速平衡膜渗透计，测定一个浓度样品溶液只需要几分钟，大大缩短了实验时间，使膜渗透压法成为更为实用的研究手段。

本实验所用的快速平衡膜渗透计是精密测压型。如图 2-38 所示，半透膜的一边溶剂池是封闭的装有压力传感器，而半透膜另一边即溶液池与大气相通。当溶液池中充满纯溶剂时，压力传感器测出压力作为渗透压的零点。而当样品溶液充满溶液池后，由于溶剂池密闭并不能发生溶剂分子实际渗透，表现出溶剂池压力的变化，经过几分钟或几十分钟，压力传感器就能测

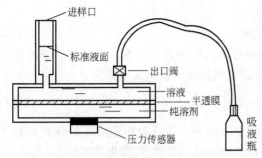

图 2-38　快速平衡膜渗透计原理图

（图中标注：进样口、标准液面、出口阀、溶液、半透膜、纯溶剂、压力传感器、吸液瓶）

出稳定的溶剂池压力的变化，即为渗透压。本仪器压力传感器的精度很高，渗透池也是很精密的，装膜要求很高，必须保证半透膜在测试过程中不发生任何形变，否则测出的压力则不是很准确的溶液渗透压。

在膜渗透法中需要十分注意的是，样品中不容许有低相对分子质量的聚合物组分。这是因为相对分子质量比较低的高分子，也会和溶剂分子一样通过半透膜，造成渗透压的错误结果且渗透压很难得到平衡，对于本仪器则更为麻烦，需要重新清洗封闭的溶剂池。因此除非相对分子质量窄分布的聚合物样品，一般样品则需经过分级才能进行实验。

三、仪器和试剂

1. 膜渗透仪（德国 KNAUER 公司），分析天平。

2. 被测样品：相对分子质量窄分布聚苯乙烯。

3. 溶剂：甲苯（AR）。

4. 器皿：10mL 具塞三角瓶、10mL 注射针筒。

四、实验步骤

1. 溶液配制

在四个三角烧瓶中分别准确称取约 10mg、20mg、30mg 和 40mg 样品，用注射针筒分别加入约 5mL 溶剂，待样品溶解后再称重三角烧瓶得溶剂的重量。查手册找到溶剂在实际浓度下的密度，因溶液很稀，溶液密度近似和溶剂相同，计算溶液的重量/体积浓度。

2. 试前仪器的准备

处理半透膜使之溶胀在溶剂甲苯中，在渗透池中安装半透膜并使仪器稳定（以上过程需在样品测试前花几天时间才能完成）。

3. 力传感器标定

溶液池里充满纯溶剂，卸下进样口换上标定零件，标定零件是一个可移动高度位置的装溶剂小杯用导管与溶液池联通。把小杯移至最高位置调节压力传感器输出信号在记录仪上指零，再把小杯移至最低位置（两个位置高度差 10.0cm）调节仪器标定钮至信号在记录仪上为 100（满刻度），并反复多次。在手册中查找当时室温下溶剂的密度，计算压力传感器输出信号每毫伏所代表的压力值。

4. 样品测试

调节渗透池温度为 30℃，在溶液池中充满纯溶剂，并使进样口液面处于标准位置。调节输出信号在记录仪机械零点，用专用注射器吸取第一个浓度的样品溶液插在仪器上面预热后，注入溶液池并控制进液口液面，观察输出信号至稳定，重复注入这个浓度的样品一至二次，然后按浓度顺序逐个进行测试。样品溶液测完后，再向溶液池中注入纯溶剂，观察输出信号与样品测试前基本一致。最后关机结束实验。

五、数据处理

溶液编号	样品浓度	输出信号/mV			渗透压 Π 平均值	Π/c
		第一次	第二次	第三次		
0	0				0	
1						
2						
3						
4						

用 Π/c 对 c〔或 $(\Pi/c)^{1/2}$ 对 c〕作图，求斜率和截距，计算样品相对分子质量和第二维利系数，计算中务必注意渗透压的单位。

样品_____ 溶剂_____ 温度_____

溶 剂 密 度 _____ 压 力 传 感 器 标 定 结

果_____

六、结果与讨论

1. 为什么渗透压法得到的是数均相对分子质量？

2. 样品中小分子杂质或低相对分子质量的高分子组分对测试有何影响？

3. 溶剂何测试温度膜渗透压法有什么影响？

4. 如何知道该高分子-溶剂体系的 Huggins 参数 χ_1？

实验 34　光散射法测定聚合物的相对分子质量

根据高分子溶液对入射光的散射能力以及散射光强的浓度依赖性和角度依赖性的测定，可以计算聚合物的相对分子质量、均方旋转半径、均方末端距以及聚合物-溶剂体系的第二维利系数等结构参数与热力学参数，其相对分子质量的测定范围大致为 $10^3 \sim 10^7$。因此，光散射法是高分子结构分析中的一项重要技术。

一、目的要求

1. 了解光散射法测定聚合物相对分子质量、分子尺寸及聚合物-溶剂体系的热力学参数的基本原理。

2. 用 Zimm 作图法处理数据，计算聚苯乙烯试样的重均相对分子质量、均方旋转半径、均方末端距与第二维利系数。

二、基本原理

当一束光线通过介质（气体、液体或溶液）时，一部分沿原来方向继续传播，称为透射光。而在入射方向以外的其他方向，同时发出一种很弱的光，称为光散射光（图 2-39）。散射光方向与入射光方向的夹角称为散射角，用 θ 表示，散射中心（O）与观察点 p 之间距离以 r 表示。

光散射的实质即在光波（电磁波）的电场作用下，被迫振动的电子就成为二次波源，向各个方向发射电磁波，也就是散射光。因此，散射光是二次发射光波。介质的散射光强应是各个散射质点的散射光波幅的加和。在考虑散射光强度时，必须考虑散射质点产生的散射光波的相干性。当粒子尺寸比介质中光波的波长小得多时，即粒子尺寸小于波长的 1/20 时，称之为小粒子溶液。此时，若溶液浓度小，粒子间距离较大，没有相互作用，则各个粒子之间所产生的散射光

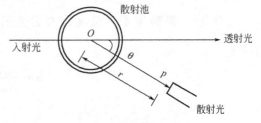

图 2-39　散射光示意图

波是不相干的，散射光强是各个粒子散射光强的加和；若溶液浓度较大，粒子间距离很小，有强烈的相互作用，各个粒子之间所产生的散射光波可以相互干涉，这种效应称为外干涉现象，可由溶液的稀释来消除。当散射粒子的尺寸与介质中入射光波的波长在同一数量级时，即相对分子质量大于 10^5，粒子尺寸在 30nm 以上时，称之为大粒子溶液。此时，同一粒子上可以有多个散射中心，散射光之间有光程差，彼此干涉的结果使总的散射光强减弱，这种效应称为内干涉现象，不能通过溶液的稀释来消除。

1. 小粒子溶液

根据光散射的涨落理论，透明液体的光散射现象可以看作分子热运动导致体系光学不均一性即折射率或介质常数的局部涨落所引起的。在溶液中，折射率或介质常数的变化又是由于溶剂密度涨落和溶液浓度涨落所引起的，散射光强取决于涨落的大小。可以认为，溶液的密度涨落和溶质的浓度涨落是彼此无关的，故溶质的散射光强 I(溶质)＝I(溶液)－I(溶剂)。此外，溶质的散射光强应与入射光强 I_i 成正比。又由于热运动的动能随着温度 T 的升高而增加，故散射光强又与 kT 成正比，k 为 Boltzmann 常数。再有，溶液中溶剂的化学位降对浓度涨落有抑制作用，所以，散射光强还与 $\partial \pi / \partial c$ 之值成反比，Π 为溶液的渗透压，c 为溶液的浓度。假定入射光为垂直偏振光，可以导出散射角为 θ、距离散射中心 r 处每单位体积溶液中溶质的散射光强 $I(r、\theta)$ 为：

$$I(r,\theta)=\frac{4\Pi^2}{\lambda^4 r^2}n^2\left(\frac{\partial n}{\partial c}\right)^2\frac{kTcI_i}{\partial \Pi/\partial c} \tag{2-62}$$

式中　λ——入射光在真空中的波长；

　　　n——溶液的折射率。因为溶液很稀，常可用溶剂的折射率来代替；

　$\partial n/\partial c$——溶液的折射率增量。

据渗透压表达式：

$$\Pi=cRT\left(\frac{1}{M}+A_2c\right)=cN_AkT\left(\frac{1}{M}+A_2C\right) \tag{2-63}$$

式中　N_A——Avogadro 常数。

式(2-62) 又可写成：

$$I(r,\theta)=\frac{4\Pi^2}{N_A\lambda^4 r^2}n^2\left(\frac{\partial n}{\partial c}\right)^2\frac{c}{\frac{1}{M}+2A_2c}I_i \tag{2-64}$$

定义一个参数 R_θ，称为散射介质的 Rayleigh 比，即：

$$R_\theta=r^2\frac{I(r,\theta)}{I_i} \tag{2-65}$$

则：

$$R_\theta=r^2\frac{I(r,\theta)}{I_i}=\frac{4\Pi^2}{N_A\lambda^4}n^2\left(\frac{\partial n}{\partial c}\right)^2\frac{c}{\frac{1}{M}+2A_2c} \tag{2-66}$$

当高分子-溶剂体系、温度、入射光的波长固定不变时，$\dfrac{4\Pi^2}{N_A\lambda^4}n^2\left(\dfrac{\partial n}{\partial c}\right)^2$ 为常数，记作 K：

$$K=\frac{4\Pi^2}{N_A\lambda^4}n^2\left(\frac{\partial n}{\partial c}\right)^2 \tag{2-67}$$

则：

$$R_\theta=\frac{Kc}{\frac{1}{M}+2A_2c} \tag{2-68}$$

式(2-68) 表明，若入射光的偏振方向垂直于测量平面，则小粒子所产生的散射光强与散射角无关。

假如入射光是非偏振光（自然光），则散射光强将随着散射角的变化而变化，由式(2-69) 表示：

$$R_\theta=\frac{Kc}{\frac{1}{M}+2A_2c}\left(\frac{1+\cos^2\theta}{2}\right) \tag{2-69}$$

散射光强与散射角的关系如图 2-40 中所示。由图可见，散射光强在前后方向是对称的。

由于 $\theta=90°$ 时，散射光受杂射光的干扰最小，故实验上常由 R_{90} 的测定计算小粒子的相对分子质量，即：

$$\frac{Kc}{2R_{90}}=\frac{1}{M}+2A_2c \tag{2-70}$$

测定一系列不同浓度溶液的 R_{90}，以 Kc/R_{90} 对 c 作图，得一直线，其截距为 $1/M$，斜率为 $2A_2$。由此，可以得到溶质得相对分子质量和第二维利系数。

对于多分散聚合物，散射光的强度是由各种大小不同分子所贡献：

$$(R_{90})_{c\to0}=\left(\frac{K}{2}\right)\sum_i c_iM_i=\left(\frac{K}{2}\right)c\frac{\sum_i c_iM_i}{\sum_i c_i}=\left(\frac{K}{2}\right)c\frac{\sum_i w_iM_i}{\sum_i w_i}=\overline{M}_w \tag{2-71}$$

可见，光散射法测得的相对分子质量为溶质的重均相对分子质量。

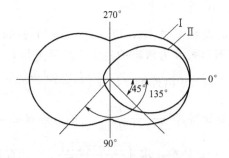

图 2-40 稀溶液的散射光强与
散射角关系示意图

Ⅰ—非偏振入射光，小粒子；Ⅱ—非偏振入射光，大粒子

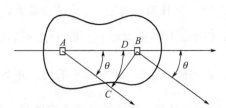

图 4-41 大粒子的散射光相位差示意图

2. 大粒子溶液

对于相对分子质量较高的聚合物形成的大粒子溶液，必须考虑其内干涉效应，如图 2-41 所示。

由散射中心 A 和 B 所发射的光波沿同一角度 θ 到达某一观测点时有一个光程差 Δ，该值与散射角余弦有关，即：

$$\Delta=DB=AB-AD=AB(1-\cos\theta) \tag{2-72}$$

由式 (2-72) 可知，当 $\theta=0°$ 时，$\Delta=0$；θ 增大，Δ 值增大，散射光强减弱；当 $\theta=180°$ 时，Δ 出现极大值，散射光强出现极小值。若将 $90°>\theta>0°$ 称为前向，$180°>\theta>90°$ 称为后向，由于大粒子散射光的内干涉效应，前后向散射光强不对称，前向散射光强大于后向，如图 2-40 中（Ⅱ）所示。

表征散射光的不对称性参数称为散射因子 $P(\theta)$，它是粒子尺寸和散射角的函数，由式 (2-73) 表示：

$$P(\theta)=1-\frac{16\varPi^2}{3(\lambda')^2}\bar{s}^2\sin^2\frac{\theta}{2}+\cdots \tag{2-73}$$

式中 $\bar{s}^2$——均方旋转半径；

λ'——入射光在溶液中的波长。

显然，$P(\theta)\leqslant1$。由此，式 (2-73) 小粒子散射公式可以修正如下：

$$\frac{1+\cos^2\theta}{2}\frac{Kc}{R_\theta}=\frac{1}{M}\frac{1}{P(\theta)}+2A_2c \tag{2-74}$$

将 $P(\theta)$ 表达式代入,并利用 $1/(1-x)=1+x+x^2+\cdots$ 关系,略去高次项,可得光散射公式

$$\frac{1+\cos^2\theta}{2}\frac{Kc}{R_\theta}=\frac{1}{M}\left(1+\frac{16\Pi^2}{3}\frac{\overline{s}^2}{(\lambda')^2}\sin^2\frac{\theta}{2}+\cdots\right)+2A_2c \tag{2-75}$$

对于无规线团分子:

$$\overline{s}^2=\frac{\overline{h}^2}{6} \tag{2-76}$$

$\overline{h}^2$ 为均方末端距,可得无规线团光散射公式如下:

$$\frac{1+\cos^2\theta}{2}\frac{Kc}{R_\theta}=\frac{1}{M}\left(1+\frac{8\Pi^2}{9}\frac{\overline{h}^2}{(\lambda')^2}\sin^2\frac{\theta}{2}+\cdots\right)+2A_2c \tag{2-77}$$

在散射光的测定中,由于散射角的改变将引起散射体积的改变,而散射体积与 $\sin\theta$ 成反比,因此,实验测得的 R_θ 值应乘以 $\sin\theta$ 进行修正,即:

$$\frac{1+\cos^2\theta}{2\sin\theta}\frac{Kc}{R_\theta}=\frac{1}{M}\left(1+\frac{8\Pi^2}{9}\frac{\overline{h}^2}{(\lambda')^2}\sin^2\frac{\theta}{2}+\cdots\right)+2A_2c \tag{2-78}$$

实验测定一系列不同浓度溶液在不同散射角时的瑞利系数 R_θ,以 $(1+\cos^2\theta)/2\sin\theta$ 对 $\sin^2(\theta/2)+qc$ 作图。这里,q 为任意常数,目的是使图形张开为清晰的格子。然后进行 $c\rightarrow0$,$\theta\rightarrow0$,外推,具体步骤如下:将 θ 相同的点连成线,向 $c=0$ 出外推,以求 $\left(\frac{1+\cos^2\theta}{2\sin\theta}\frac{Kc}{R_\theta}\right)_{c\rightarrow0}$。此时,点的横坐标是 $\sin^2(\theta/2)$ 的值,并不是零。故需要将 $\left(\frac{1+\cos^2\theta}{2\sin\theta}\frac{Kc}{R_\theta}\right)_{c\rightarrow0}$ 的点连成线,对 $\sin^2\left(\frac{\theta}{2}\right)\rightarrow0$ 外推,将 c 相同的点连成线,对 $\sin^2\left(\frac{\theta}{2}\right)\rightarrow0$ 外推,求 $\left(\frac{1+\cos^2\theta}{2\sin\theta}\frac{Kc}{R_\theta}\right)_{c\rightarrow0}$。此时,点的横坐标并不为零,而是 qc 值。故需再以 $\left(\frac{1+\cos^2\theta}{2\sin\theta}\frac{Kc}{R_\theta}\right)_{\theta\rightarrow0}$ 对 c 作图,外推到 $c\rightarrow0$。以上两条外推线在 y 轴应具有同一截距,其值为 $1/M$,可求得聚合物的相对分子质量。而前一条外推线的斜率为 $2A_2$,后一条外推线的斜率为 $\frac{8\Pi^2\overline{h}^2}{9M(\lambda')^2}$,分别可计算出第二维利系数 A_2 和均方末端距 $\overline{h}^2$。

以上为光散射数据处理的 Zimm 作图法,见图 2-42 所示。

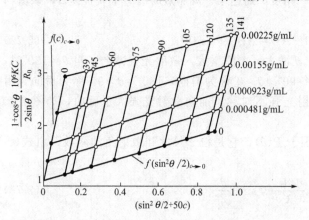

图 2-42 高分子溶液的 Zimm 图

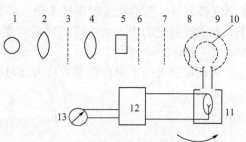

图 2-43 光散射仪示意图

1—汞弧灯;2—聚光灯;3—缝隙;4—准直镜;
5—干涉滤色镜;6～8—光阑;9—散射
池罩;10—散射池;11—光电倍增管;
12—直流放大器;13—微安表

三、仪器药品

光散射仪，示差折光计，压滤器，容量瓶，移液管，烧结砂芯漏斗等。

聚苯乙烯，苯等。

光散射仪的示意如图 2-43。其构造主要有 4 部分：① 光源，一般用中压汞灯，$\lambda = 435.8nm$ 或 $\lambda = 546.1nm$；②入射光的准直系统，使光束界线明确；③散射池，玻璃制品，用以盛高分子溶液。它的形状取决于要在几个散射角测定散射光强，有正方形、长方形、八角形、圆柱形等多种形状；④散射光强的测量系统，因为散射光强只有入射光强的 10^{-4}，应用光电倍增管使散射光变成电流再经电流放大器，以微安表指示。各个散射角的散射光强可用转动光电管的位置来进行测定，或者采用转动入射光束的方向来进行测定。

四、实验步酸

1. 待测溶液的配制及除尘处理

（1）用 100mL 容量瓶在 25℃准确配制 1～1.5g/L 的聚苯乙烯苯溶液，浓度记为 C_0。

（2）溶剂苯经洗涤、干燥后蒸馏两次。溶液用 5$^\#$ 砂芯漏斗在特定的压滤器加压过滤以除尘净化。

2. 折射率和折射率增量的测定

分别测定溶剂的折射率 n 及 5 个不同浓度待测高聚物溶液的折射率增量 n 和 $\partial n / \partial c$ 分别用阿贝折光仪和示差折光仪测得。由示差折光仪的位移值 Δd 对浓度 c 作图，求出溶液的折射率增量 $\partial n / \partial c$，如前所述，$K = \dfrac{4\Pi^2}{N\lambda_0^4} n^2 \left(\dfrac{\partial n}{\partial C} \right)^2$，$N$ 为阿伏加德罗常数，入射光波长 $\lambda_0 = 546nm$，溶液的折射率在溶液很稀时可以溶剂折射率代替。$n_{\text{苯}}^{25} = 1.4979$，聚苯乙烯-苯溶液的 $\partial n / \partial c$，其文献值为 $0.106 cm^{-3} \cdot g^{-1}$。（以上两数据可与实测值进行比较。）当溶质、溶剂、入射光波长和温度选定后，K 是一个与溶液浓度、散射角以及溶质相对分子质量无关的常数，预先计算。

3. 参比标准、溶剂及溶液的散射光电流的测量

光散射法实验主要是测定瑞利比 $R_\theta = r^2 \dfrac{I(r, \theta)}{I_i}$，式中 $I(r, \theta)$ 是距离散射中心 r（夹角为 θ）处所观察到的单位体积内散射介质所产生的散射光。I_i 是入射光强。通常液体在 90°下的瑞利比 R_{90} 值极小，约为 10^{-5} 的数量级，作绝对测定非常困难。因此，常用间接法测量，即选用一个参比标准，它的光散射性质稳定，其瑞利比 R_{90} 已精确测定，获大家公认，（如苯、甲苯等）。本实验采用苯作为参比标准物，已知在 $\lambda = 546nm$，$R_{90}^{\text{苯}} = 1.63 \times 10^{-5}$，则有 $\phi^{\text{苯}} = R_{90}^{\text{苯}} G_0/G_{90}$，$G_0$、$G_{90}$ 是纯苯 0°、90°的检流计读数，ϕ 为仪器常数。

（1）测定绝对标准液（苯）和工作标准玻璃块在 $\theta = 90°$时散射光电流的检流计读数 G_{90}。

（2）用移液管吸取 10mL 溶剂苯放入散射池中，记录在 θ 角为 0°、30°、45°、60°、75°、90°、105°、120°、135°等不同角度时的散射光电流的检流计读数 G_θ^0。

（3）在上述散射池中加入 2mL 聚苯乙烯-苯溶液（原始溶液 C_0），用电磁搅拌均匀，此时溶液的浓度为 C_1。待温度平衡后，依上述方法测量 30°～150°各个角度的散射光电流检流计读数 G_θ。

（4）与（3）操作相同，依次向散射池中再加入聚苯乙烯-苯的原始溶液（C_0）3mL，5mL，10mL，10mL，10mL 等，使散射池中溶液的浓度分别变为 C_2、C_3、C_4、C_5、C_6 等，并分别测定 30°～150°各个角度的散射光电流，检流计读数 G_θ、G_θ、G_θ、G_θ、G_θ 等。

测量完毕，关闭仪器，清洗散射池。

五、实验数据记录及处理

1. 实验测得的散射光电流的检流计偏转读数记录在下表中。

C_i	θ								
	G_i								

2. 瑞利比 R_θ 的计算：光散射实验测定的是散射光光电流 G，还不能直接用于计算瑞利比 R_θ。由于 $\dfrac{r^2}{I_0}=\dfrac{R_\theta}{I_\theta}=\dfrac{R_{90}^{苯}}{I_{90}^{苯}}$，用检流计偏转读数，则有：

$$R_\theta=\frac{R_{90}^{苯}}{G_{90}^{苯}/G_0^{苯}}\left[\left(\frac{G_\theta}{G_0}\right)_{溶液}-\left(\frac{G_\theta}{G_0}\right)_{溶剂}\right]=\phi^{苯}\left[\left(\frac{G_\theta}{G_0}\right)_{溶液}-\left(\frac{G_\theta}{G_0}\right)_{溶剂}\right] \tag{2-79}$$

入射光恒定，$(G_0)_{溶液}=(G_0)_{溶剂}=G_0$，则式（2-79）可简化为：

$$R_\theta=\phi'(G_\theta^c-G_\theta^0) \tag{2-80}$$

式中 G_θ^c、G_θ^0 是溶液、纯溶剂在 θ 角的检流计读数。$\phi'=\phi^{苯}/G_0$。数据处理为书写方便，令：

$$y=\frac{1+\cos^2\theta}{2\sin\theta}\frac{Kc}{R_\theta} \tag{2-81}$$

横坐标是 $\sin^2(\theta/2)+kc$，其中 k 可任意选取。目的是使图形张开成清晰的格子。K 可选 10^2 或 10^3。将各项计算结果列表如下：

项目	$\theta°$	30	45	60	75	90	105	120	130
	$\sin\theta/2$								
C_1									
C_2									

3. 作 zimm 双重外推图。

4. 将各 θ 角的数据画成的直线外推至 $c=0$，各浓度所测数据连成的直线外推至 $\theta=0°$，则可得到以下各式：

$$[Y]_{\theta=0}^{c=0}=\frac{1}{M_w} \tag{2-82}$$

求出 $\overline{M}_w$；

$$[Y]_{\theta=0}=\frac{1}{M_w}+2A_2C \tag{2-83}$$

由斜率可求出 A_2 值。

$$[Y]_{c=0}=\frac{1}{M_w}+\frac{8\Pi^2}{9M_w}\frac{\overline{h}^2}{(\lambda)^2}\sin^2\frac{\theta}{2} \tag{2-84}$$

斜率是 $8\Pi^2\overline{h}^2/9M_w(\lambda)^2$，由斜率可求 $\overline{h}^2$ 值。

六、结果与讨论

1. 光散射测定中为什么特别强调除尘净化？

2. 讨论光散射法适宜测定的相对分子质量范围？

实验 35　浊点滴定法测定聚合物的溶解度参数

聚合物的溶解度参数是表示物质混合能与相互溶解的关系的参数，与物质的内聚能有关。对于小分子来说，内聚能就是汽化能，可用实验测出摩尔汽化热来表示其摩尔内聚能，从而得出其溶解度参数。因聚合物不能挥发，也不存在气态，因此其溶解度参数不能由汽化热直接测得。用于测定聚合物溶解度参数的实验方法有黏度法、交联后的溶胀平衡法、反相色谱法和浊点滴定法等。也可通过组成聚合物基本单元的化学基团的摩尔吸引常数来估算。确定某一聚合物的溶解度参数对聚合物溶剂的选择有重要意义。

一、实验目的

1. 学习用浊点滴定法测定聚合物的溶解度参数。
2. 了解溶解度参数的基本概念实用意义。
3. 了解聚合物在溶剂中的溶解情况。

二、实验原理

溶解度参数是表示物体混合能与相互溶解的关系，根据溶解度参数的定义，溶解度参数 (δ) 应为"内聚能密度"的平方根。即：

$$\delta = \left(\frac{\Delta E}{V}\right)^{\frac{1}{2}} \tag{2-85}$$

浊点滴定法是在两元互溶体系中，如果聚合物的溶解度参数 δ_p 在两个互溶的溶剂的 δ_s 值的范围内，就可调节这两个互溶混合溶剂的溶解度参数 δ_{sm}，使 δ_{sm} 与 δ_p 很接近。只要把两个互溶的溶剂按照一定的百分比配成混合溶剂，该混合溶剂的溶解度参数 δ_{sm} 可以近似地表示为：

$$\delta_{sm} = \phi_1 \delta_1 + \phi_2 \delta_2 \tag{2-86}$$

式中，ϕ_1，ϕ_2 分别为混合溶剂中组分 1 和组分 2 的体积分数。

将待测聚合物溶于某一溶剂中，然后用沉淀剂来滴定（该沉淀能与溶剂互溶）。滴至溶液开始出现浑浊即可得到混浊点时混合溶剂的溶解度参数 δ_{sm} 值。

聚合物溶于两元互溶溶剂的体系中，体系的溶解度参数应有一个范围，本实验选用两种不同溶解度参数的沉淀剂滴定聚合物溶液，这样可得到溶解该聚合物混合溶剂的溶解度参数的上限和下限。取其平均值就是聚合物的溶解度参数 δ_p 值。

$$\delta_p = \frac{\delta_{mh} + \delta_{ml}}{2} \tag{2-87}$$

式中，δ_{mh} 为高溶解度参数的沉淀剂滴定聚合物溶液在混浊点时混合溶剂的溶解度参数；δ_{ml} 为低溶解度参数的沉淀剂滴定聚合物溶液在混浊点时混合溶剂的溶解度参数。

三、仪器及药品

10mL 滴定管，大试管，移液管（10mL，5mL），容量瓶 25mL，烧杯 50mL，三氯甲烷，正戊烷，甲醇，聚苯乙烯。

四、实验步骤

1. 选择溶剂和沉淀剂

先确定聚苯乙烯的溶解度参数 δ_p 的范围。取少量聚苯乙烯用溶剂（其 δ 值查溶解度参数表）作溶解实验。常温下如果聚苯乙烯不溶解，可把聚合物和溶剂一起加热，然后冷却。以不析出沉淀即认为是可溶的。选出合适溶剂和沉淀剂。

2. 称取 0.2g 聚苯乙烯，用选定的溶剂，溶于 25mL 溶剂中（先用三氯甲烷作溶剂）。用移液管取 5mL 溶液，放入一试管中，用正戊烷滴定，滴定时要轻轻晃动试管。至沉淀不消失为

滴定终点。记下滴定用去的正戊烷体积。然后再用甲醇沉淀剂滴定聚合物溶液。直至沉淀不再消失为止，记下消耗甲醇的体积。

3. 0.1g、0.05g 聚苯乙烯溶于 25mL 溶剂中。同 1，2 操作顺序进行滴定。

五、数据处理

1. 由式（2-86）计算混合溶剂的溶解度参数 δ_{mh} 和 δ_{ml}；

2. 由式（2-87）计算聚合物的溶解度系数 δ_p。

3. 将结果列于表：

溶液浓度/(g/mL)	正戊烷/mL	甲醇/ml	δ_{mh}	δ_{ml}	δ_p

六、结果与讨论

1. 将求得的聚苯乙烯的溶解度参数值同文献值对照。比较有无偏差，查找原因。

2. 浊点滴定法测定聚合物溶解度参数时。根据什么原则选择溶剂和沉淀剂？溶剂与聚合物的溶解度参数相近，能否保证两者相溶？为什么？举例说明。

实验36　黏度法测定稀溶液中高分子线团的尺寸

在稀溶液中高分子链的尺寸是一个非常重要的参数，它与溶液的黏度，扩散速度以及GPC测定相对分子质量分布时的淋洗体积有直接的联系。溶液中高分子链的尺寸不仅与高分子的相对分子质量有关，还由高分子与溶剂间的相互作用所决定，与溶剂性质和测定温度等热力学性质有密切的联系。通过测定溶液中的特性黏度可以求得高分子链的均方根末端距 $\overline{h^2}^{1/2}$，了解 $\overline{h^2}^{1/2}$ 与相对分子质量及溶剂性质的关系，同时考察特性黏度与分子链扩张之间的关系。因此，测定高分子线团的尺寸也是研究溶液热力学性质的有效手段。测定线团尺寸较直接的方法是采用光散射法，但所需设备昂贵。黏度法由于所用仪器简单、操作方便而被广泛地应用。

一、目的要求

1. 掌握采用黏度法测定高分子线团均方末端距的原理与方法。

2. 观察相对分子质量与线团尺寸的关系，以及溶剂性质对分子尺寸的影响，更好了解GPC普适较正曲线的理论根据。

二、实验原理

1. 均方末端距与无扰尺寸

由 n 根长度为 l 的碳-碳 σ 单键结合而成的高分子链为例。

（1）自由连接链

所谓自由连接链是指键长 l 固定，键角 θ 不固定，内旋转自由的理想化的模型。其均方末端距为：

$$\overline{h_{ij}}^2 = nl^2 \tag{2-88}$$

（2）自由旋转链

自由旋转链是键长 l 固定，键角 θ 固定，单键内旋转自由的长链分子模型。其均方末端距为：

$$\overline{h}_{\mathrm{fr}}^2 = nl^2\frac{1-\cos\theta}{1+\cos\theta} \tag{2-89}$$

（3）受限旋转链

实际高分子链中，单键的内旋转是受阻的，内旋转的位能函数不等于常数，其值与内旋转角度 φ 有关，考虑阻碍内旋转问题，并假设内旋转位能函数为偶函数。则其均方末端距为：

$$\overline{h}^2 = nl^2\frac{1-\cos\theta}{1+\cos\theta}\times\frac{1+\cos\overline{\varphi}}{1-\cos\overline{\varphi}} \tag{2-90}$$

由此可见自由状态下链的均方末端距都与键数 n 成正比，即与相对分子质量成正比，因此末端距与相对分子质量 M 的平方根成正比：

$$(\overline{h_0}^2)^{1/2}\infty M^{1/2} \tag{2-91}$$

这种链称为高斯链，在溶液中只有在 θ 条件下成立，此时的分子尺寸即称为无扰尺寸，以下标（0）表示。通常情况下在良溶剂中由于链与溶剂的相互作用使 M 的指数大于 1/2：

$$(\overline{h}^2)^{1/2}\infty M^\alpha(\alpha\geqslant\frac{1}{2}) \tag{2-92}$$

2. 高分子链的扩张与特性黏数的关系

高分子的特性黏度 $[\eta]$ 比例于单位质量高分子在溶液中的流体力学体积 (V_e/M)。在高分子溶液中，假如溶剂和高分子的相互作用使高分子扩张，$[\eta]$ 就大；若高分子线团紧缩，$[\eta]$ 就小。具体表达式为：

$$[\eta]=\Phi\frac{(\overline{h}^2)^{3/2}}{M} \tag{2-93}$$

式中 Φ 是与溶剂种类无关的常数，一般当 $[\eta]$ 的单位为 cm^3/g 时，Φ 值约为 2.1×10^{23} g^{-1}。由此可见，如对已知相对分子质量的样品的 $[\eta]$ 进行测定，则根据式（2-93）可以求得以 cm 为单位的两末端间的距离 $(\overline{h}^2)^{1/2}$。

在 θ 温度时式（2-93）写为：

$$[\eta]_\oplus=\Phi\frac{(\overline{h_0}^2)^{3/2}}{M} \tag{2-94}$$

$(\overline{h_0}^2)^{1/2}$ 为无扰链尺寸。因此通过测定 θ 温度下的特性黏度，由式 2-94 即可求得无扰链尺寸 $(\overline{h_0}^2)^{1/2}$。但由于在 θ 温度时溶液很容易发生沉淀，准确测定是很困难的，另外对于很多高分子不容易找到有合适的 θ 温度的溶剂，采用复合溶剂时有研究表明由于溶剂在分子链上的选择性吸附而使线团尺寸与热力学参数间的关系产生不确定性。因此如能通过良溶剂特性黏度的测定来求得线团的无扰尺寸，则实验过程会容易得多。由式（2-91）和式（2-94）可得，在 θ 温度下有关系：

$$[\eta]_\oplus=K_\oplus M^{1/2} \tag{2-95}$$

由式（2-94）和式（2-95）可得：

$$K_\theta=\Phi\Big(\frac{\overline{h_0}^2}{M}\Big)^{3/2} \tag{2-96}$$

因此人们希望得到一种方法，使得可以通过良溶剂中测得的 $[\eta]$ 求得式 2-96 中的 $K_\oplus$，从而求得无扰尺寸 $(\overline{h_0}^2)^{1/2}$。

通过测定高分子在良溶剂中的特性黏度，由 Stockmayer-Fixman 关系式（2-97）可以求出 K_θ。

$$[\eta]/M^{1/2}=K_\theta+0.51BM^{1/2} \tag{2-97}$$

若以 $[\eta]/M^{1/2}$ 对 $M^{1/2}$ 作图，截距即为 K_θ。

三、仪器与药品

1. 仪器　①恒温槽，乌氏黏度计；②三角烧瓶，称量瓶，移液管，烧杯等若干，视测定样品及溶剂数而定。

2. 药品　①试样为 4～5 种不同相对分子质量的聚苯乙烯各 1～2g，其相对分子质量 M 可由测定相对分子质量的方法测得，相对分子质量范围以 10^5～10^6 左右为好，尽量使用经过分级的或单分散的样品；②溶剂分别为环己烷、丁酮、甲苯、苯各约 300mL（不一定对所有溶剂都进行实验）；实验回收用甲醇约 1500mL，测定用溶剂可用常规方法精制。

四、实验步骤

将恒温槽温度调至 35℃，溶液的配置方法、浓度及特性黏度的测定方法与实验 27 相同。由于聚苯乙烯-环己烷溶液的 θ 温度为 35℃，配置该溶液时必须在 35℃ 下进行，低于该温度将发生相分离而得不到均一的溶液。测定结束后用甲醇分别沉淀回收相同相对分子质量的试样，此时注意不可将不同相对分子质量的试样互混。

五、数据处理

1. 各溶剂对于所有试样的实验结果采用 Huggins 公式进行作图：

$$\frac{\eta_{sp}}{c}=[\eta]+k'[\eta]^2c \tag{2-98}$$

由图可求得特性黏度 $[\eta]$ 及 Huggins 常数 k'。

2. $\Phi=2.1\times10^{23}$，由式（2-93）计算出均方末端距 $\left(\overline{h^2}\right)^{\frac{1}{2}}$。

3. 计算出 $\lg\left(\overline{h^2}\right)^{\frac{1}{2}}$ 和 $\lg M$ 的值，对于各溶剂体系以 $\lg\left(\overline{h^2}\right)^{\frac{1}{2}}$ 为纵轴、以 $\lg M$ 为横轴进行作图。

4. 各溶剂体系计算出 $[\eta]/M^{1/2}$ 和 $M^{1/2}$ 的值，分别以 $[\eta]/M^{1/2}$ 和 $M^{1/2}$ 为纵坐标和横坐标作图，并由图求得 K_θ 和 B 的值。

六、结果与讨论

1. 随着相对分子质量的变化，特性黏度和 Huggins 常数和 k' 如何变化？以 $\lg[\eta]$ 为纵轴、$\lg M$ 为横轴进行作图分析。并求出 Mark-Houwink 方程 $[\eta]=KM^\alpha$ 中的常数 K 和 α，并讨论对于不同的溶剂 α 如何变化？

2. 端距如何随溶剂的不同而改变？

3. 根据一维溶胀因子（扩张系数）公式 $x=\left(\overline{h^2}\right)^{\frac{1}{2}}/\left(\overline{h_0{}^2}\right)^{\frac{1}{2}}$ 计算各试样的 x 值，考察 x 随溶剂的变化。

实验 37　溶胀法测定天然橡胶的交联度

对于交联聚合物，与交联度直接相关的有效链平均相对分子质量是一个重要结构参数，$\overline{M}_c$ 的大小对交联聚合物的物理机械性能具有很大的影响。因此，测定和研究聚合物的溶度参数与交联度十分重要，平衡溶胀法是测定交联聚合物的有效链平均相对分子质量 $\overline{M}_c$ 的一种简单易行的方法。

一、实验目的要求

1. 掌握溶胀法测定交联聚合物平均相对分子质量$\overline{M}_c$的基本原理及实验技术。

2. 了解交联密度测定仪的工作原理。

3. 熟悉交联聚合物的性能与交联度的关系。

二、实验原理

交联聚合物在适当的溶剂中，特别是在其良溶剂中，由于溶剂的溶剂化作用，溶剂小分子能够钻到交联聚合物的交联的网格中去，使网格伸展，总体积随之增大，这种现象称为溶胀。溶胀是交联聚合物的一种特性，即使在良溶剂中交联的聚合物也只能溶胀到某一程度，而不能溶解。交联聚合物的溶胀过程包括两个部分：一方面溶剂力图渗入聚合物内部使其体积膨胀；另一方面由于交联聚合物体积膨胀而导致网状分子链向三度空间伸展，使分子网受到应力产生弹性收缩能，力图使分子网收缩。当两种相反倾向相互抵消时，达到了溶胀平衡，溶胀停止。

在溶胀过程中，溶胀体内的混合自由能变化 ΔF 应由两部分组成：一部分是高分子与溶剂的混合自由能 ΔF，另一部分是分子网的弹性自由能 ΔF_{el}。

$$\Delta F = \Delta F_m + \Delta F_{el} \tag{2-99}$$

根据晶格理论，高分子与溶剂混合自由能为：

$$\Delta F_m = RT(n_1 \ln\varphi_1 + n_2 \ln\varphi_2 + \chi_1 n_1 \varphi_2) \tag{2-100}$$

式中 n_1，n_2——分别表示溶剂和聚合物的物质的量；

    φ_1，φ_2——分别表示未溶溶剂和聚合物的体积分数；

    χ_1——溶剂-大分子相互作用参数。

交联聚合物的溶胀过程类似橡皮的形变过程，因此，由高弹统计理论得知：

$$\Delta F_{el} = \frac{1}{2} NkT(\lambda_1^2 + \lambda_2^2 + \lambda_3^2 - 3) \tag{2-101}$$

式中 N——单位体积内交联的数目；

λ_1，λ_2，λ_3——分别表示 x，y，z 方向上的拉伸长度比。

假定试样是各向同性的自由溶胀，则：

$$\lambda_{11} = \lambda_2 = \lambda_3 = \lambda \tag{2-102}$$

式(2-101) 就可写为：

$$\Delta F_{el} = \frac{3}{2} NkT(\lambda^2 - 1) = \frac{3}{2} \times \frac{RT}{\overline{M}_c}(\lambda^2 - 1) \tag{2-103}$$

式中 $\overline{M}_c$——两交联点之间的平均相对分子质量。

如果试样未溶胀时的体积是 $1 cm^3$ 的立方体，溶胀后的每边长为 λ（见图 2-44），则

$$\varphi_2 = \frac{1}{\lambda^3} \tag{2-104}$$

式(2-104) 代入式(2-103)，并求溶剂的偏摩尔弹性自由能。

$$\Delta\mu_1^{el} = \frac{\partial \Delta F_{el}}{\partial n_1} = \frac{\rho RT}{\overline{M}_c} \widetilde{V}_1 \varphi_2^{1/3} \tag{2-105}$$

式中 $\widetilde{V}_1$——溶剂的偏摩尔体积。

聚合物溶液的偏摩尔自由能为：

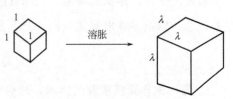

图 2-44 橡胶溶胀示意图

$$\Delta\mu_1^m=\frac{\partial\,\Delta F_m}{\partial\,n_1}=RT\left[\ln\varphi_1+\varphi_2\left(1-\frac{1}{X}\right)+\chi_1\varphi_2^2\right] \tag{2-106}$$

交联聚合物的 $X\rightarrow\infty$，因此

$$\Delta\mu_1^m=RT\left[\ln\varphi_1+\varphi_2+\chi_1\varphi_2^2\right] \tag{2-107}$$

溶胀达到平衡时，

$$\Delta\mu_1=\Delta\mu_1^m+\Delta\mu_1^{el}=0 \tag{2-108}$$

$$\ln(1-\varphi_2)+\varphi_2+\chi_1\varphi_2^2+\frac{\rho\widetilde{V}_1}{\overline{M}_c}\varphi_2^{1/3}=0 \tag{2-109}$$

当已知了 χ_1 后，只要测定 φ_2（聚合物在溶胀平衡时的溶胀体中所占的体积分数），就可由式(2-109)计算出交联点之间的平均相对分子质量 $\overline{M}_c$。$\overline{M}_c$ 是交联程度的一种量度，$\overline{M}_c$ 越大，交联点之间的分子链越长，交联程度越小；$\overline{M}_c$ 越小，则交联程度越大。一般定义交联度为：

$$q=\frac{W}{\overline{M}_c} \tag{2-110}$$

式中 q——交联度；

W——交联聚合物中一个单体链节的相对分子质量。

在这里要注意的是，溶胀法测交联度仅使用于中等交联度的聚合物。交联程度太大或太小的聚合物都不适用以溶胀法测其交联度。

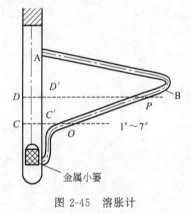

图 2-45 溶胀计

金属小篓

三、仪器及药品

溶胀计；镊子；大试管（带塞）；50mL 烧杯；恒温水槽一套；不同交联度的天然橡胶样品各 10g；苯 500mL。

溶胀计如图 2-45 所示。物体在液体中所排开的液体的量即是物体自身的容量。聚合物溶胀凝胶中的体积分数就可以用容量法直接测量聚合物溶胀前后体积的变化求得。

溶胀计中：A 为主管，直径约 2cm；B 为毛细管，直径约 2~3mm（管径均匀与水平夹角约 7°左右，其后面附有标尺）。若主管内液面从 CC' 上升至 DD'，液面高度增加 CD，此时毛细管内液面变化为 OP，而且 $OP\gg CD$，这样就能大大提高测量的灵敏度。

四、实验步骤

1. 溶胀液的选择

溶胀计内的溶胀液应与带测试样不发生化学反应及物理作用，且毒性、挥发性要小。本实验用蒸馏水。为了减少液体表面张力，更好与待测固体样品表面润湿，可在管中加入少量乙醇。

2. 测量溶胀计体积换算因子

要确定主管内体积的增加与毛细管内液面移动距离的对应值 Q，可用已知密度的金属镍小球若干个，称重并算出其体积 $\widetilde{V}_1$，然后放入溶胀计内，量出毛细管内液面移动距离 l。

$$Q=\frac{\widetilde{V}}{l}\ (\text{mL/mm}) \tag{2-111}$$

3. 测出试样天然橡胶的体积，然后装入试管内，加苯作溶胀剂（加入的苯量约至试管 1/3 处）。将此试管用塞子塞紧，置于恒温水槽中，25℃恒温。定时测试样的体积，开始时间隔短

一些，2h 一次，以后每 4h 一次。

4. 将溶胀过的试样，先用滤纸将其表面的多余溶剂吸干，放入金属小篓内。赶净毛细管内气泡，测出毛细管内液面移动的距离（即此时毛细管液面读数与未放入试样前液面读数之差），乘以 Q 值就是主管体积变化，即试样体积。溶胀前测得试样体积为 V_1，溶胀后测得体积为 V_2，则：

$$\Delta V = V_2 - V_1 \tag{2-112}$$

即为试样体积的增加量（也就是溶剂渗透到试样内的体积）。间隔一定时间测一次体积变化，直至试样体积不再变化，即溶胀平衡为止。

五、数据处理

1. 以体积增加量 ΔV 对时间 t 作图，即为溶胀曲线图。求出溶胀平衡时间的体积增加量。

2. 计算天然橡胶在溶胀平衡时的溶胀体中所占的体积分数 φ_2，并代入式(2-109)，求出交联点间的平均相对分子质量 $\overline{M}_c$，再由式(2-110)求出交联度 q 值。

该体系中温度为 25℃。

苯的摩尔体积 $\widetilde{V}_1$ 为 89.4mL/mol。

聚合物-溶剂相互作用参数 $\chi_1 = 0.437$。

聚合物密度 $\rho = 0.9734 \mathrm{g/cm^3}$。

六、结果与讨论

1. 简述溶胀法测定交联聚合物的交联度的优点和局限性。

2. 简述线型聚合物、网状结构聚合物以及体型结构聚合物在适当的溶剂中，它们的溶胀情况有何不同。

实验 38　差 热 分 析

差热分析简称 DTA（differential thermal analysis），它是在程序控制温度条件下，测量试样与参比物间的温度差随温度变化的一种技术。它在高分子材料的研究中得到了广泛的应用，许多高分子材料在热处理过程中发生物理和化学变化，如玻璃化转变、结晶、熔融、固化、分解等，伴随着上述变化有热效应产生。在 DTA 曲线上就可以看到相应的吸热峰或放热峰。也可观察到基线偏移现象。热效应的性质及其发生的温度与聚合物的结构和生产工艺条件有关。在 DTA 曲线上，可由峰的位置确定发生热效应时的温度，由峰的面积可以确定热效应的大小，由峰的形状可了解有关过程的动力学特性。因此 DTA 是研究聚合物结构性能、表征聚合物特性的一种十分有效的热分析法，是指导生产实践的重要测试手段之一。

一、实验目的

1. 掌握差热分析（DTA）的基本原理及其应用。

2. 学会用差热分析（DTA）测定聚合物 T_g、T_c、T_m。

二、实验原理

差热分析是以试样及参比物以 2～10℃/min 的升温速度等速升温，当试样不发生热效应时，试样与参比物的温度差基本保持恒定，记录仪的 ΔT 信号不变化，记录笔走基线。

非晶态聚合物的玻璃化转变是与链段微布朗运动解冻有关的一种松弛现象。由于被玻璃化转变前后聚合物的比热容发生变化，因此在 DTA 热谱图上表现为基线向吸热方向的偏移。记录仪上 DTA 曲线出现转折，由此可以得到开始转折时的温度 T_g。

当温度继续升高，试样开始出现结晶而放出热量，试样的温升比参比物快，DTA 曲线出

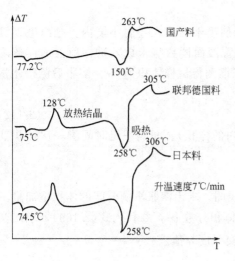

图 2-46 涤纶树脂的 DTA 曲线

现放热峰，由此可得结晶速度最快时的结晶温度 T_c。

再进一步提高炉温，试样的结晶发生熔化而吸热，DTA 曲线出现吸热峰，可以得到熔化速度最快时的熔点 T_m。

若再提高炉温，试样在高温下产生了分解，放出大量的热。DTA 曲线急剧变化出现分解速度最快时的分解峰，因此可得试样的分解温度。图 2-46 为涤纶树脂的 DTA 曲线。

三、仪器设备

PCR-1 型差热仪器属于中温，微量型的差热分析仪器。原则上凡是在升（降）温过程中有吸（放）热现象发生的物质都可用该仪器进行分析，广泛应用于化工、地质、冶金、轻纺等生产和科研部门。

1. 主要技术指标

（1）温区 室温～1150℃。

（2）调温速度 1℃/min，2℃/min，5℃/min，10℃/min，20℃/min；快速：120℃/min（只作跟踪，调偏差用）。

（3）温控方式 比例-积分-微分-可控硅。

（4）差热量程 $\pm 50\mu V$，$\pm 100\mu V$，$\pm 250\mu V$，$\pm 500\mu V$，$\pm 1000\mu V$，$\pm 2000\mu V$。

（5）坩埚容积 0.06mL。

（6）记录方式 双笔台式记录仪，同时记录 DTA-T 曲线。

纸速 1mm/min，2mm/min，4mm/min，7mm/min，5mm/min，15mm/min；0.5m/s，1m/s，2m/s，3m/s，3.75m/s，7.5m/s。

（7）气氛 仪器本身有真空密封措施和抽、充、出气接口，选择机械泵、真空计、气流控制系统后，可在动和静态气氛中进行试验。

（8）电炉功率 0.6kW

（9）测温热电偶冷端补偿 室温 0～40℃内，补偿精度 ± 2℃。

2. 工作原理

见 PCR-Ⅰ 型差热分析仪原理框图（图 2-47），下面分别区域加以简述。

（1）温控系统

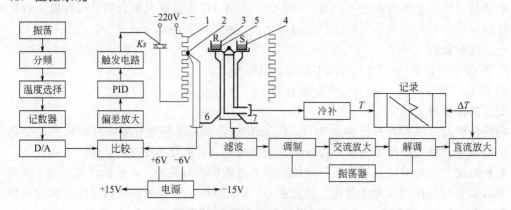

图 2-47 PCR-Ⅰ 型差热分析仪原理框图

1—炉子；2—控温热电偶；3—参比物；4—试样；5—坩埚；6—差热电偶；7—测温热电偶

温控系统完成对试样温度的程度控制，该系统包括炉子和温控线路两部分。

① 炉子

炉丝为 0.8 康太欠电阻丝。它固定在炉膛外壁的螺纹槽内，其外用数十层云母纸和泡沫氧化铝保温筒横向保温，为减少炉膛上开口热损，用炉膛内，外盖双层保温。

在炉膛与云母纸之间插入热电偶，为温控检测实际炉温信号。温控用热电偶为镍铬-镍硅亲磁接。镍铬亲磁接"－"，镍铬不亲磁接"＋"，"＋"，"－"在接线板上均有标志，切忌接错，使温控失控，烧坏炉丝。（见图 2-48）。

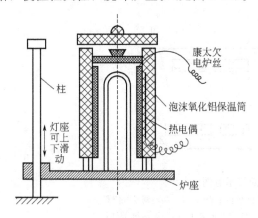

图 2-48 差热分析炉内结构

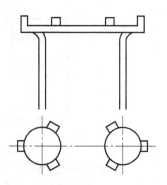

图 2-49 镍铬-镍硅平板式差热电偶

② 控温线路

"振荡器"、"分频器"、"速度控制"是提供与所选各调温速度相对的不同频率的脉冲。计数器、"D/A"是完成"数/模转换"，提供温度控制的给定值。"比较"是将给值与炉温实测信号比较，提供偏差信号。"偏差放大"、"PID"、"触发电路"是将偏差信号进行放大，PID 调节后，再通过触发电路控制双向可控硅的导通角，即控制输送到炉子的电功率，使炉温向着减小偏差的方向改变。换言之，使炉温跟随给信号。

（2）差热系统

差热系统主要包括试样座组件和差热放大器。

① 试样座组件

由差热电偶、测温热电偶和支承杆等组装而成。其中差热电偶是由两付相同的热电偶反极性串接而成，本仪器采用镍铬-镍硅平板式差热电偶，如图 2-49 即将热电偶两种材料之一的镍铬片加工成哑玲形状，两个圆盘底各焊接-根镍硅丝。平板差热电偶可以提高差热分析的灵敏度和重复性。

差热电偶的两个偶板上分别放置盛有试样（S）和参比物（R）的坩埚，用电炉进行加热。参比物应在试验温度内无任何吸、放热反应。当试样在某温度下发生了吸、放热反应时，差热电偶的两个偶极形成温差，差热电偶检测出温差，并输出与温差相对应的电势值，经有关线路送入差热放大器放大。

② 差热放大器

将差热信号经"滤波"，并"调制"成 400 周的交流信号，由交流放大器交流放大 1000 倍，再解调成直流信号，由直流放大器再直流放大 500 倍，最后经衰减和滤除噪声，输出 0～10mV 的差热信号，经有关线路送至记录仪记录。

其中调制和解调的控制信号由多谐振荡器提供，切换量程电阻时，改变了闭环放大倍数，也就切换了量程。

（3）冷端补偿

由于本仪器在 T_c＝室温≠0℃下工作，这样就使热电偶冷端为 T_c 时比冷端为 0℃时减少一些毫伏数。冷端补偿就是通过电桥电路，在选择适当的参数时加以弥补。

总之：试样（S）和参比物（R）经温控系统匀速升温，在一定温度时，由于（S）的吸、放热反应，产生的差热信号经差热电偶输出至差热放大器，最后由记录仪描出 DTA 谱图。

四、实验方法

1. 面板操作，指示部位说明见图 2-50。

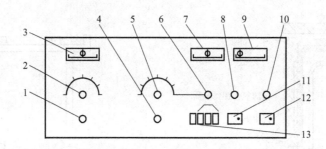

图 2-50　电控箱面板示意图

1—差热调零电位器；2—差热量程开关；3—差热指示表头；4—偏差调零电位器；

5—调温速度开关；6—快速微动开关；7—偏差指示表头；8—加热批示灯；

9—输出电压指示表头；10—电位指示灯（红）；11—加热开关；12—电源开关；13—程序动能开关

2. 操作步骤

（1）判别试样热偶板与参比热偶板，方法如下：

差热量程置±$250\mu V$，用热源体（电烙铁、火柴等）靠近差热电偶的任一热偶板。若差热笔（或差热表指针）向右移动，则该端为参比物热偶极，另一端为试样热偶板。反之，若差热笔（或差热表指针）向左移动，则该端为试样热偶板，另一端为参比物热偶板。

判别时，也可用冷源体（酒精棉球）接触差热电偶的任一热偶板，若差热笔（或差热表指针）向右移动，则该端为试样热偶板，其余类推。

显然，按上述法则判定试样及参比物的热偶板，实验时，若差热笔向右偏移表示吸热，向左移表示放热。

（2）试样制备

① 参比物

参比物应是在试验温区内对热高度稳定的物质。如果参比物为粉末状，其粒度应为 100～300 目。所选参比物的热容，导热性最好与试样接近。

常用的参比物为氧化铝粉末 Al_2O_3。

金属试样也可用纯铜、不锈钢等作参比物。

试样热容极小时也可不用参比物。

② 试样

试样一般应为 100～300 目之粉末。

聚合物试样可切成碎块或薄片。

纤维试样可截成小段或绕成小球。

金属试样加工成圆片或小块。

（3）选择坩埚

坩埚为试验时装试样的容器,材料有铝、氧化铝及陶瓷。铝坩埚仅适用于500℃以下之测试。每次试验选择材料、大小相同的两只坩埚。预先高温焙烧。

(4) 装试样

用试样匙将试样装入坩埚,试样量一般不超过坩埚容积2/3;把装试样后的坩埚在清洁的台面上轻墩数次,使试样松紧适中,对于起泡试样,可用参比物加以稀释,或适当减少试样量,从防试样溢出坩埚将坩埚粘在热偶板上污染仪器。

(5) 安放试样

升起炉子,逆时针方向,旋转到左侧;将装好试样的坩埚分别安放到各自的热偶板上,并使坩埚与热偶板平面接触;降下炉子。

(6) 差热调零

差热量程置0,稳定后,调差热调零电位器,使差热表头指针指示零。

(7) 选择差热量程

根据试样量和吸、放热量的多少选择差热量程。一般常用±250μV和±500μV挡。对于未知试样量程可选得大一样。

(8) 设定差热基线

根据试样可能发生的反应,是吸热反应还是放热反应,求确定差热笔起始时的位置,即设定差热基线。

当试样只产生吸热反应起,用记录仪调零旋钮将差热笔设定纸的左半侧。当试样既有吸热又有放热反应时,差热基线设定在纸的中间。

对于未知试样,差热基线也设定在纸的中间位置。

(9) 选择升温速度和温度笔量程

升温速度一般常用5℃/min或10℃/min;

当只需对试样的粗略分析时,可选10℃/min或20℃/min;

当需要对试样进行精确分析或定量计算时,可选1℃/min或2℃/min;

温度笔量程根据试验温度选择。一般选50mV挡。

当试验温度较低,而读温精度要求较高时,可根据试验温度选择5mV;10mV;20mV挡。

(10) 选择走纸速度

一般根据升温速度和温度笔量程选择走纸速度。当温度笔量程为50mV时,走纸速度可大致按下列对应关系选择:当温度笔量程缩小几倍时可相应提高几倍。

升温速度	走纸速度
1℃/min	1mm/min
2℃/min	1～2mm/min
5℃/min	2～4mm/min
10℃/min	4～7.5mm/min
20℃/min	7.5～15mm/min

(11) 接通冷却水

(12) 温度笔调0

调温速度开关量0(此时温度笔输入短路)用记录仪调零旋钮将温度笔调到纸的右端线(温度0线)

调温速度开关置所选定升温速度挡,温度笔左移一段距离(表示室温)。

(13) 程序功能键操作

程序功能键为一个四挡互锁互复位的直键开关，不工作时应处于 0 键按下的状态，此时程序控制电路均停止工作，偏差表头指 0，输出表头也指 0。

当进行升温运行时，按下 ↗ 键；（室温～1150℃）

当进行恒温运行时，按下 — 键；（室温～1000℃）

当进行降温运行时，按下 ↘ 键；

如果选定降温速度低于炉子的自然冷却速度，炉子将以选定速度程序降温。但是，当选定的速度高于自然冷却速度时，炉子失去程序控制，将自然冷却速度降温。此时务必断开加热开关，程序功能键复位，否则，当计数器记数下降到全零状态后，极可能烧坏炉子。

（14）加热开关操作

只有当偏差表指针位于零线左侧（负偏差）附近时，方可闭合加热开关，操作步骤如下：

按下键，若偏差表指针位于零线左侧附近，闭合加热开关，加热主回路接通。过一会，偏差表指针逐渐移向右侧，开关稳定在零线右侧附近，输出表针也开始移动，炉子将以选定速度升温。不工作时，0 键应处于按下状态，偏差表应指零。按下键，若偏差表头指针位于零线右侧（正偏差），说明给定值高于炉温，此时切不可闭合加热开关，以免电流过大，烧坏炉子，遇此情况，应将 0 键按下，将速度开关给至 1℃/min 挡，调 W2-2（B2，板上）调零电位器使偏差表指针移至零线左 1 个大格后再将速度开关旋至所选速度挡上，可立即闭合加热开关。

（15）试验结果

抬记录笔，关记录仪电源；

关加热开关，按下程序功能 0 键，差热量程置 0，关电源开关，升起炉子，取出试样；切断电源，切断水源。

3. 如何读取温度

图 2-51 为典型的差热曲线，以读取峰 M 的温度加以说明。

（1）测笔距

用记录仪调零旋钮分别将温度笔与差热笔各画一段线，用三角钢板尺直接量取两段线的距离。

（2）过峰尖 M 作一水平直线交 T 曲线于 N'。

（3）将直线 MN' 逆走纸方向平移一个笔距，交 T 曲线于 N 点，读取 N 点的毫伏数，查镍铬-镍铝（镍铬-镍硅）（EU2）分度表即得 T。

4. 如何调差热基线

任何试样热偶板与参比物热偶板不对称的因素都产生差热基线漂移。因此要减小不对称因素。抑制不对称影响，查不对称因素时应检查：

（1）两热偶板是否对称，两热偶板是否处在同一个水平面上；

（2）差热电偶是否处在炉子的均温区内；

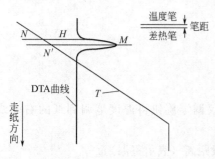

图 2-51 典型的差热曲线

（3）炉子是否对中；

（4）试样坩埚与参比物坩埚是否相同；

（5）试样的热容与参比物的热容是否接近；

（6）试样座组件与炉膛中轴线是否平行。

DTA 的原理及操作都比较简单，但要取得精确的结果却不易，这是因为此方法所受的影响较多。主要有这几个方面：试样因素、气氛因素和升温速率等，其中升温速率因素最为重要。一般升温速率提高，DTA 曲线的峰温上升，峰面积、峰高也有一定的上升，特别是

对 T_g 的测定，影响较大。因此选择合适的实验条件对实验结果至关重要。

五、实验记录及数据处理

1. 记录实验所用试样及参比物。

2. 记录升温速度及走纸速度。

3. 由 DTA-T 曲线中求出 T_g、T_c、T_m。

六、结果与讨论

升温速度对实验结果（T_g、T_c，T_m）的影响

实验 39   差示扫描量热仪测聚合物的玻璃化转变温度

一、实验目的

1. 掌握差示扫描量热仪（DSC）的基本原理及其应用。

2. 学会用 DSC 测定聚合物 T_g。

二、实验原理

当物质的物理状态发生变化（例如结晶、熔融或晶型转变等），或者起化学反应，往往伴随着热学性能如热焓、比热容、热导率的变化。示差扫描量热（DSC）法就是通过测定其热学性能的变化来表征物质的物理或化学变化过程的。目前，常用的示差扫描量热仪分为两类。一类是功率补偿型 DSC 仪，如 Perkin-Elmer 公司生产的各种型号的 DSC；另一类是热流型 DSC，如德国耐驰 DSC200 型 DSC。分别介绍如下。

1. 功率补偿型 DSC

图 2-52 为功率补偿型 DSC 的热分析控制原理图。试样和参比物分别放置在两个相互独立的加热器里。这两个加热器具有相同的热容及热导参数，并按相同的温度程序扫描。参比物在所选定的扫描温度范围内不具有任何热效应。因此记录下来的任何热效应就是由试样变化引起的。

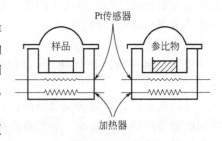

图 2-52   功率补偿型 DSC 热分析控制原理图

功率补偿型 DSC 的工作原理建立在"零位平衡"原理之上，可以把 DSC 仪的热分析系统分为两个控制环路，其中一个环路作为平均温度控制，以保证按预定程序升高（或降低）样品和参比物的温度。第二个环路的作用是保证当样品和参比物之间一旦出现温度差（由于样品的放热反应或吸热反应）时，能够调节功率输入以消除其温度差。这就是零位平衡原理。通过连续不断地和自动地调节加热器的功率，总是可以使样品池温度和参比物池温度保持相同。这时，有一个与输入到样品的热流和输入到参比物的热流之间的差值成正比的信号 dH/dt 被馈送到记录仪中。同时记录仪还记录样品和参比物的平均温度。最终就得到热流率 dH/dt 为纵坐标、时间或温度为横坐标的 DSC 谱图。

2. 热流型 DSC

热流型 DSC 的热分析系统与功率补偿型 DSC 的差异较大，如图 2-53 所示：样品和参比物同时放在同一康铜片上，并由一个热源加热。康铜片的作用为给试样和参比物传热及作为测温热电偶的一极。铬镍合金线与康铜片组成的热电偶记录试样和参比物的温差，而镍铝合金线和铬镍合金线组成的热电偶测定试样的温度。可见，热流型 DSC 的热分析系统实际上测定的量是样品温度与参比物温度的温度差。显然，热流型 DSC 不能直接测定试样的热焓变化量。若要测定试样的热焓，需要利用标准物质进行标定，求出温差与热焓之间的换算关系后，才能求

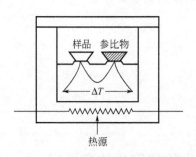

图 2-53 热流型 DSC 结构示意图

图 2-54 德国 NETZSCH 公司 DSC200
PC 差示扫描量热仪

出热焓值。新型的热流型 DSC 仪都带有计算机分析系统，使换算过程简便易行，仪器精度和分辨率都有提高。

三、仪器

图 2-54 为德国 NETZSCH 公司生产的差示扫描量热仪，其测量温度范围为 $-150 \sim$ 600℃，升温速度可从 0.1K/min 变化到 99.9K/min，对热量的灵敏度可达到 $4 \sim 4.5 \mu V/mW$。

四、实验步骤

1. 制样

取 3～10mg 左右的样品放在铝皿中，盖上盖子，用卷边压制器冲压即可。除气体外，固态液态或黏稠状样品均可用于测定。装样时尽可能使样品均匀，密实地分布在样品皿中，以提高传热效率，降低热阻。

2. 校正

仪器在刚开始使用或使用一段时间后需进行基线、温度和热量校正，以保证数据的准确性。

基线校正：在所测的温度范围内，当样品池和参比池都未放任何东西时，进行温度扫描，得到的谱图应是一条直线，如果有曲率或斜率甚至出现小吸热或放热峰，则需要进行仪器的调整和炉子的清洗，使基线平直。

温度和热量校正：做一系列标准纯物质的 DSC 曲线，然后与理论值进行比较，并进行曲线拟合，以消除仪器误差。

3. 测试

打开 N_2 保护，启动 DSC 仪的电源，稳定 10min 后，将样品放在样品室中。运行 DSC 仪监控程序，设定各种参数，进行测定，具体步骤如下。

(1) 运行程序

(2) 参数设置

选择 File/New 命令，打开参数设置对话框（见图 2-55）。

选中 Measurement 下的 Sample 选项，并在 Sample 中的 dent、Name 和 Sample mass 中分别填入样品的编号、名称和质量。按下 Continue->，进行下一步设置（见图 2-56）。

双击对话框中的仪器校正文件 DSC-10N2 两次，分别进行温度和灵敏度校正后，进入程序升温步骤设置对话框（见图 2-57）。

起点温度设置：选中 Step Category/Initial，在 Start 中填入起始温度值，并确保 Step Condition 下的 STC、Purge2 和 Protective 处于选中状态，然后按下 Add to End，完成起点设置，在 Temperature Steps 中会显示相应的设置（见图 2-58）。

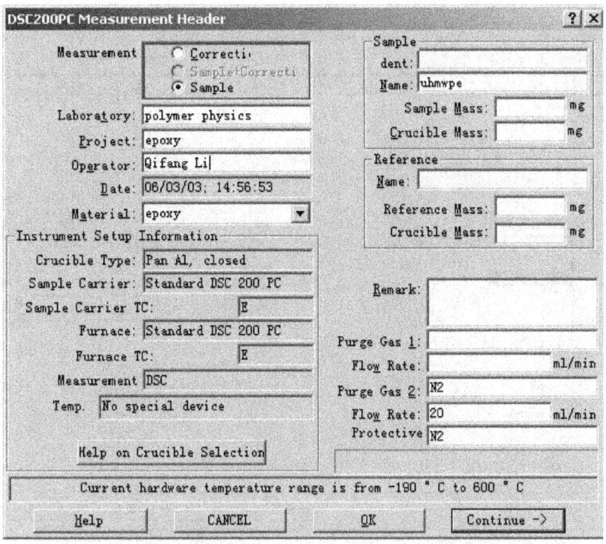

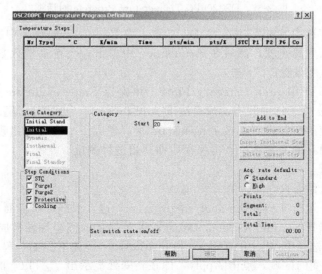

图 2-55　DSC200PC Measurement Header 对话框

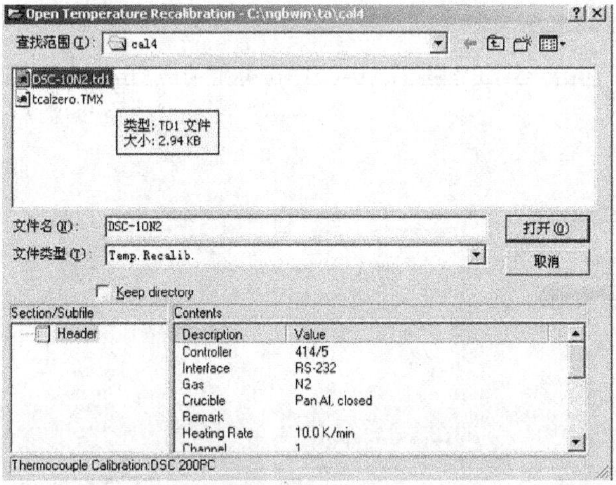

图 2-56　Open Temperature Recalibration 对话框

图 2-57　DSC200PC Temperature Program Definition-Initial 对话框

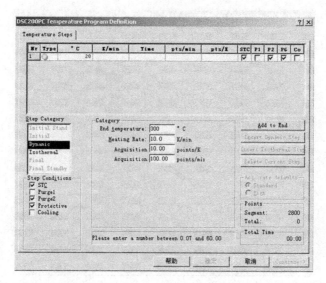

图 2-58 DSC200PC Temperature Program Definition-Dynamic 对话框

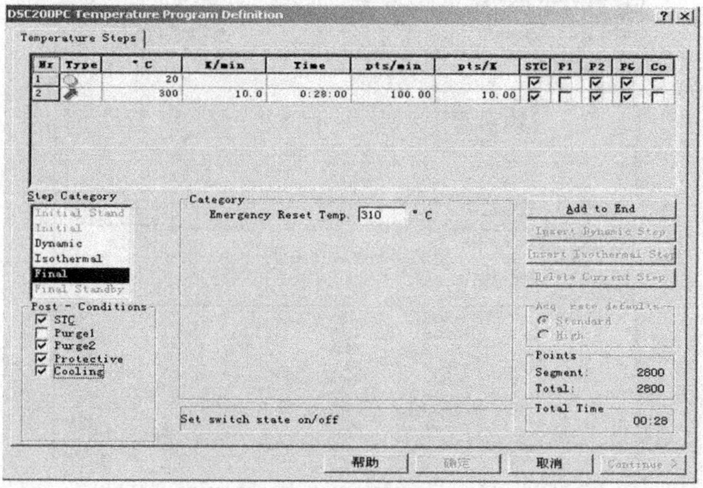

图 2-59 DSC200PC Temperature Program 对话框

升温速度设置：选中 Step Category/Dynamic，在 End temperature 中填入结束温度值，在 Heating Rate 中填入升温速度，然后在 Acquisition 中单击，会自动填入数据，然后按下 Add to End，完成升温速度设置。

紧急降温设置：选中 Step Category/Final，并确保 Step Condition 下的 STC、Purge2、Protective 和 Cooling 处于选中状态，然后按下 Add to End，完成降温设置（见图 2-59）。

至此完成测试前的参数设置，按下 Continue->，进入下一步，在出现的对话框中选择文件路径，并输入要保存的文件名，点击保存后即开始进行测试。

（3）测试及分析

测试程序界面见图 2-60。

待测试完成后，运行 Tool/Run analysis program，进入曲线分析界面（见图 2-61）。

坐标轴转换：选择 Setting/X-Temperature，将 X 轴的时间坐标转换成温度坐标。

标记 T_g 转变：选择 Evaluation/Glass Transition，出现如下界面，移动两条垂直平行线，选择被认为是 T_g 转变的区域，点击 Apply，即在转变处显示出 T_g 和 C_p 的值，点击 OK 完成标记（见图 2-62）。

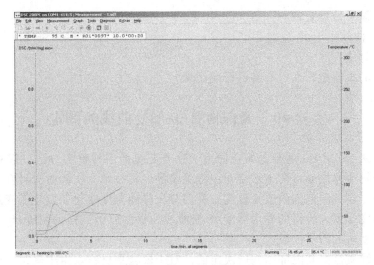

图 2-60　Measurement 界面

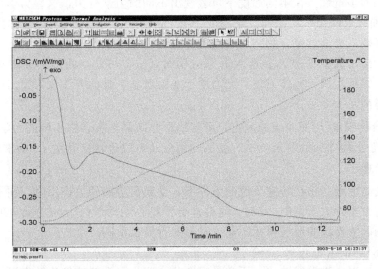

图 2-61　Thermal Analysis 界面（一）

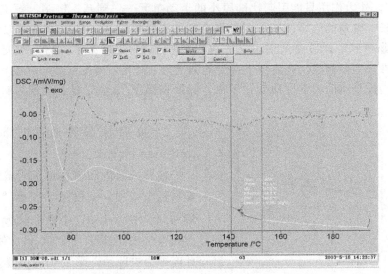

图 2-62　Thermal Analysis 界面（二）

记录由 DSC 曲线中求出 T_g。

六、结果与讨论

玻璃化转变的本质是什么？有哪些影响因素？

实验 40　聚合物温度-形变曲线的测定

热机械分析法（TMA）是测定聚合物力学性质变化的一种重要方法。它是在程序控制温度下，测定聚合物在非振动负荷下形变与温度关系的一种技术。实验时对具有一定形状的聚合物试样施加外力。在一定范围内改变温度，并观察试样随温度变化而发生形变的情况，以形变或相对形变对温度作图，所得的称为温度-形变曲线。根据所测试样的温度-形变曲线就可以得到试样在不同温度时的力学性质。

材料的力学性质是由其内部结构所决定的。对于聚合物材料，由于其结构单元的多重性而导致了运动单元的多重性。在不同温度下可表现出不同的力学行为，这些力学性质及转变都可以被温度-形变曲线反映出来。因而测定温度-形变曲线，可以提供许多关于试样内部结构的信息，成为配合其他方法进行聚合物结构、性能研究的重要手段。

热机械分析法（温度-形变）也称为静态力学测试法。另外，此测试方法所需仪器装置简单、易于自制、经济实用、操作方便、尤为适于实验教学，是此方法较为突出的优点。

一、实验目的

1. 通过聚合物温度-形变曲线的测定，了解线形非结晶性聚合物不同的力学状态。
2. 掌握温度-形变曲线的测定方法、各区的划分及玻璃化转变温度 T_g 的求取。

二、实验原理

当线形非结晶性聚合物在等速升温的条件下，受到恒定的外力作用时，在不同的温度范围内表现出不同的力学行为（见图 2-63）。这是高分子链在运动单元上的宏观表现，处于不同力学行为的聚合物因为提供的形变单元不同，其形变行为也不同。

1. 玻璃态区（the glassy region）

在此区域内，聚合物类似玻璃，通常是脆性的。这是因为在玻璃化转变温度以下，链段运动均被"冻结"，外力作用只能引起比链段小的运动单元——侧基、链结、短支链局部振动以及高分子链键长、键角的微小改变。因此聚合物的弹性模量大（杨氏模量近似为 3×10^9 Pa），宏观上表现为普弹形变，形变量很小（约为 $0.1\% \sim 1\%$），外力消除后，形变绝大部分可恢复，物理机械性质为硬而脆。在室温下典型的例子为 PS、PMMA。

在此区域内聚合物的力学性质变化不大，因而在温度-形变曲线上表现为斜率很小的一段直线。

2. 玻璃-橡胶转变区（the glass-rubber transition region）

在此区域内随着温度的升高，分子热运动能量逐渐增加，链段运动开始"解冻"。远程、协同分子运动开始，不断改变分子构象，使聚合物弹性模量骤降近 1000 倍，使形变量大增。此时外力去除后，形变仍可恢复。温度-形变曲线上表现为急剧向上弯曲。随后进入一平台区。

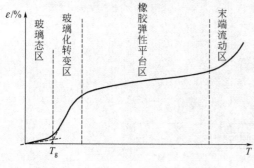

图 2-63　非晶态聚合物温度-形变曲线

3. 橡胶-弹性平台区（a rubber-elastic plateau region）

在此区域内，在外力作用下，聚合物分子链可以通过主链单键的内旋转，使链段运动适应外力的作用。同时，模量很低几乎恒定（约 $2\times10^6\,\text{Pa}$）。在外力去除后，分子链又可以通过原来的运动方式回复到卷曲状态，宏观上表现为弹性回缩，也称为高弹性。它是聚合物特有的力学性质。在温度-形变曲线上表现为一平台。平台的宽度主要由聚合物的相对分子质量所影响。一般说来相对分子质量越高，平台越长（图 2-64）。

4. 末端流动区（the terminal flow regin）

在此区域内，随着实验时间的增加温度升高，分子链解缠开始，使整个分子产生滑移运动，即出现流动。随着温度的越升越高，热运动的能量足以使分子链的解缠加速，这种流动是链段运动导致的整链运动。此时形变量大，宏观上表现出黏性流动。外力去除后，形变仍继续存在，具有不可逆性。

玻璃态区和玻璃化转变区的分界温度称为玻璃化转变温度，用 T_g 表示。它是热塑性塑料使用温度的上限，也是橡胶类材料使用温度的下限 T_g 可由温度-形变曲线按直线外推法得到。不同的聚合物，由于化学结构和聚集态结构的不同，导致各自的力学状态及其转变也有较大的区别。如：结晶、交联、添加增塑剂，它们的温度-形变曲线的形状就有明显的差异（如图 2-65）。

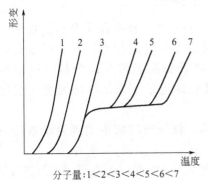

图 2-64　同类型聚合物不同相对分子
质量的温度-形变曲线

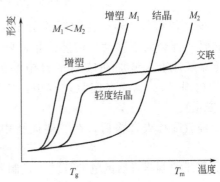

图 2-65　不同类型聚合物的温度-形变曲线

对于同一种聚合物材料，由于相对分子质量不同，它们的温度-形变曲线也是不同的。随着聚合物相对分子质量的增加，曲线向高温方向移动，如图 2-64。

最后需要说明的是：温度-形变曲线的测定同样也受到各种操作因素的影响，主要是升温速率、载荷大小及试样尺寸。一般来说，升温速率增大，T_g 向高温方向移动。这是因为力学状态的转变不是热力学的相变过程，而且升温速率的变化是运动松弛所决定的。而增加载荷有利于运动过程的进行，因此 T_g 会降低。

温度-形变曲线的形态及各区的大小，与聚合物的结构及实验条件有密切关系，测定聚合物温度-形变曲线，对估计聚合物使用温度的范围，制定成型工艺条件，估计相对分子质量的大小，配合高分子材料结构研究有很重要的意义。

三、实验仪器

热机械曲线分析仪如图 2-66 所示。

四、实验步骤

1. 制样。将自己本体聚合实验所得的有机玻璃棒，自制成一块大小 $5\,\text{mm}^3$ 的有机玻璃块。
2. 装试样。取下砝码，打开炉体，将试样平放在仪器底座的样品槽中央。重新装好炉体。小心加上砝码，让砝码的顶部紧实地压在试样正中。如图 2-66 所示。

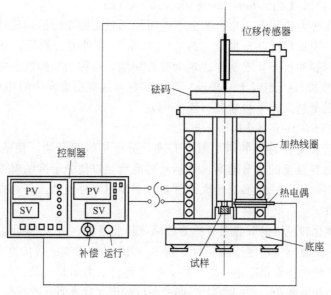

图 2-66　热机械曲线分析仪结构示意图

3. 安装位移传感器。传感器的量程为 0～10mm。实验中试样在程序升温过程中受力变形，砝码平台会向下移动，传感器触针随其下降。因此安装时应特别注意其高度位置，应将传感器触针准直地加在砝码平台中心处，触针顶紧后稍提起留少许余量（控制器显示 2mm 以内即可）。这样在实验过程中，传感器就可准确地记录下来试样随温度改变的变形（高度变化）。

4. 经教师检查合格后，在右侧插孔中插入热电偶。将加热线插头插到控制器背后的插座上。

5. 打开控制器背后的电源开关。控制器前面板左侧表头 PV 显示为室温（实测温度）。SV 显示为 80.0 为等速程控升温的起始温度。右侧表头 PV 显示为形变改变量，SV 显示试样的原始高度。按下运行键，灯亮表示接通，炉体开始加热。80℃以前升温较快，80℃开始控制器控制升温速度为 2℃/min，此时左侧表头 SV 显示为程控升温的温度，PV 显示试样的实际温度。由于试样在 80℃以前无明显的变化，因此从 80℃起记录两块表的 PV 显示数据。要求每 1℃或 2℃读取一次直至 210℃止。

6. 实验过程中注意从 80℃起观察左侧表 PV 与 SV 之差不可过大，应及时调整控制器的补偿旋钮，确保两者之间的基本同步。

五、数据记录及作图

温度/℃	80	81	82	…	…	…	200	…	…	…
形变高度 H_i/mm	0.00	0.00	0.01	…	…	…	2.11	…	…	…
形变量 $\varepsilon\% = \dfrac{H_i}{H_0} \times 100\%$	0	0	0.2				42.2			

绘出 $\varepsilon\%$（形变百分数）-T（温度）曲线，求出转变温度 T_g。

六、结果与讨论

1. 实验中影响 T_g 的主要因素？

2. 请画出高相对分子质量低结晶聚合物的温度-形变曲线。

3. 将你所得 PMMA 的温度-形变曲线转化为模量-温度曲线。

实验 41　热机械分析仪测定温度-形变曲线

一、实验目的

1. 通过聚合物温度-形变曲线的测定，了解线形非结晶性聚合物不同的力学状态；
2. 掌握现代精密仪器测定温度-形变曲线的方法及玻璃化转变温度 T_g 的求取。

二、仪器简介

图 2-67 为德国 NETZSCH 公司生产的 TMA202 型热分析仪，整个仪器主要由四部分组成：测量单元、监控装置、热稳定装置和计算机数据采集和处理系统。

其性能参数如下：

温度范围：$-150 \sim 600℃$　　　　灵敏度：1digit/12.5nm

升温速度：最大约 40K/min　　　　降温速度：10K/min

应　　力：$1 \sim 100cN$　　　　样品尺寸：$h < 20mm$，$D < 10mm$（圆柱形）

它能自动探测到样品的形变，从而给样品施加一恒定的应力，并可以在静态和动态的空气中进行测定。

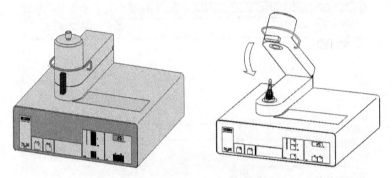

图 2-67　TMA202 型热分析仪

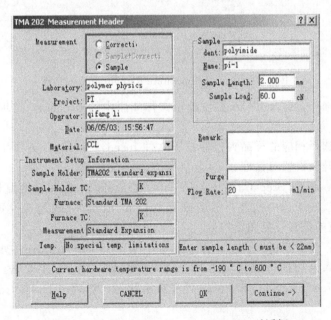

图 2-68　TMA202 Measurement Header 对话框

三、实验步骤

1. 制样

本实验样品为厚度小于 22mm 的圆柱形样品，所制得的样品应保证上下两个平面完全平行。

2. 参数设置

打开 N₂ 保护，启动 TMA 仪的电源，稳定 10min 后，用镊子小心将样品放在图 2-67 所示的石英样品台上。

运行 TMA 仪监控程序，设定各种参数，进行测定，具体步骤如下。

（1）运行程序

（2）参数设置

选择 File/New 命令，打开参数设置对话框（见图 2-68）。

选中 Measurement 下的 Sample 选项，并在 Sample 中的 dent、Name、Sample Length 和 Sample Load 中分别填入样品的编号、名称、厚度（＜22mm）和所要施加的载荷（＜60cN），按下 continue ->，进行下一步设置，出现如下对话框（见图 2-69）。

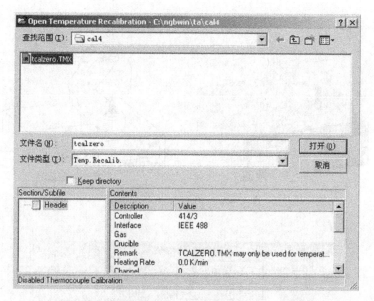

图 2-69　Open Temperature Recalibration 对话框

在出现的对话框中，打开 TMA 温度校正文件如图中的 tcalzero，出现如下对话框（见图 2-70）。

在该对话框中选择相应的样品夹持器校正文件 fused_si，对石英样品夹的热膨胀进行校正，然后进入程序升温设置对话框。

起点温度设置：选中 Step Category/Initial，在 Start 中填入起始温度值，并确保 Step Condition 下的 STC 处于选中状态，然后按下 Add to End，完成起点设置，在 Temperature Steps 中会显示相应的设置（见图 2-71）。

升温速度设置：选中 Step Category/Dynamic，在 End temperature 中填入结束温度值，在 Heating Rate 中填入合适的升温速度（2K/min），在 Acquisition 中单击，会自动填入数据，并确保 Step Condition 下的 STC 和 Purge 处于选中状态，然后按下 Add to End，完成升温速度设置（见图 2-72）。

紧急降温设置：选中 Step Category/Final，并确保 Step Condition 下的 STC 和 Purge 处于

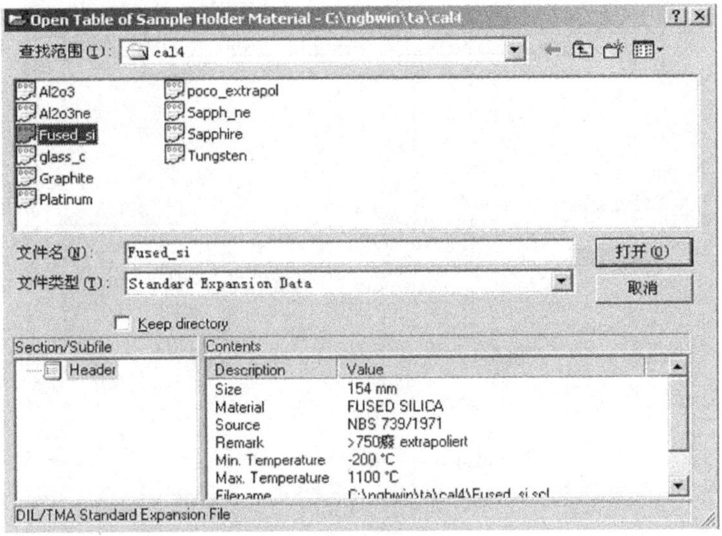

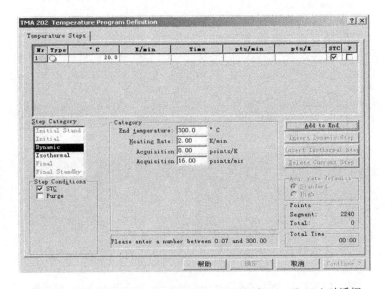

图 2-70　Open Table of Simple Holder Material 对话框

图 2-71　TMA 202 Temperature Program Definition-Initial 对话框

选中状态，然后按下 Add to End，完成降温设置（见图 2-73）。

至此完成测试前的参数设置，按下 Continue -＞，进入下一步，在出现的对话框中选择文件路径，并输入要保存的文件名，点击保存后即开始进行测试。

3. 测试及分析

测试完成后得到一张温度-形变曲线，选择 Tool/Run analysis program，进入曲线分析程序，TMA 和 DSC 共用一套结果分析程序，具体过程参照实验 37 中 DSC 测试及分析过程。

四、结果与讨论

1. 请画出非晶态、晶态聚合物的温度-形变曲线。

2. 解释温度-形变曲线各区域的物理意义。

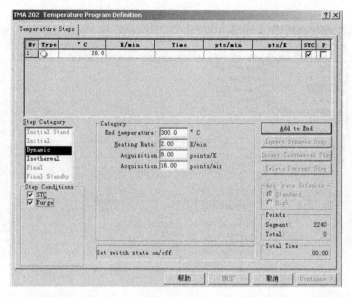

图 2-72　TMA 202 Temperature Program Definition Dynamic 对话框

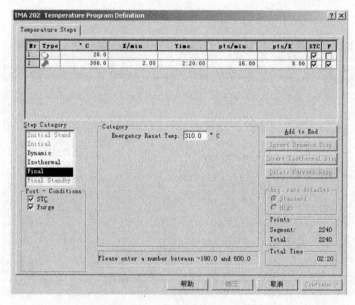

图 2-73　TMA 202 Temperature Program Definition-Final 对话框

实验 42　聚合物的热失重分析

热失重分析（Thermogravimetric Analysis，TGA）是在程序控温下，测量物质的质量随温度（或时间）的变化关系。应用 TGA 可以研究各种气氛下高聚物的热稳定性和热分解作用，测定水分、挥发物和残渣，增塑剂的挥发性，水解和吸湿性，吸附和解吸，气化速度和气化热，升华速度和升华热，氯化降解，缩聚高聚物的固化程度，有填料的高聚物或掺和物的组成，它还可以研究反应动力学。热失重分析具有分析速度快、样品用量少的特点，特别是微机的应用，把热失重分析技术的水平提高到了一个更新的高度，大大提高了实验数据的测试精度和仪器控制的自动化程度，已成为研究耐高温聚合物不可缺少的手段。

一、目的要求

1. 掌握热天平的结构和原理。

2. 掌握热重分析的实验技术。

3. 从热谱图求出聚合物的热分解温度 T_d 及利用热谱图作动力学研究。

二、热谱图和动力学研究原理

TGA 原始记录得到的谱图是以试样的质量 W 对温度 T（或时间）的曲线（记作 TG 曲线），即 $W\text{-}T$（或 t）曲线，如图 2-74 所示，称为 TG 曲线。为了更好地分析热重数据，有时希望得到热失重速率曲线，

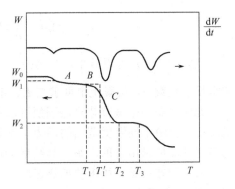

图 2-74　TGA 热谱图

此时可通过仪器的重量微商处理系统得到微商热重曲线，称为 DTG 曲线。DTG 曲线是 TG 曲线对温度或时间的一阶导数。TG 和 DTG 曲线比较，DTG 曲线在分析时有更重要的作用，它不仅能精确反映出样品的起始反应温度，达到最大反应速率的温度（峰值）以及反应终止的温度，而 TG 曲线很难做到；而且 DTG 曲线的峰面积与样品对应的质量变化成正比，可精确地进行定量分析；又能够消除 TG 曲线存在整个变化过程各阶段变化互相衔接而不易分开的毛病，以 DTG 峰的最大值为界把热失重阶段分成两部分，区分各个反应阶段，这是 DTG 的最大可取之处。

在图 2-74 中，开始阶段试样有少量的质量损失（$W_0 - W_1$），这是高聚物中溶剂的解吸所致。如果发生在 100℃ 附近，则可能是失水所致。试样大量地分解是从 T_1 开始的，质量百分数的减少是 $W_1 - W_2$，在 T_2 到 T_3 阶段存在着其他的稳定相。然后再进一步分解。图中 T_1 称为分解温度，有时取 C 点的切线与 AB 延长线相交处的温度 T_1' 作为分解温度，后者数值偏高。

TGA 曲线形状与试样分解反应的动力学有关，例如反应级数 n，活化能 E，Arrhenius 公式中的速度常数 K 和频率因子 A 等动力学参数都可以从 TGA 曲线中求得，而这些参数在说明高聚物的降解机理、评价高聚物的热稳定性上都是很有用的。从 TGA 曲线计算动力学参数的方法很多，下面只介绍其中的两种。

一种方法是采用一种升温速度。

聚合物热解过程可概括为两种情况，如下所示。

（a）$A_{固} \longrightarrow B_{固} + C_{气}$

（b）$A_{固}$ 或 $A_{液} \longrightarrow A_{气} + B_{气}$

质量为 W_0 的试样在程序升温（一般为恒速）下发生裂解反应，在某一时间 t，质量变为 W，质量百分比为 $w\left(w = \dfrac{W}{W_0} \times 100\%\right)$，（a）或（b）的分解速度为：

$$-\frac{dw}{dt} = Kw^n \tag{2-113}$$

其中 $K = Ae^{-E/RT}$

$$-\frac{dw}{dT} = \frac{A}{\beta} e^{-E/RT} w^n \tag{2-114}$$

若炉子的升温速度是一常数，用 β 表示，$\beta = dT/dt$，式(2-114)表示用升温法测得试样的质量分数随温度的变化与分解动力学参数之间的定量关系。

将式(2-114)的两边取对数，并且用在两个不同温度得到的相应对数式相减，得：

$$\Delta \lg\left(-\frac{\mathrm{d}w}{\mathrm{d}T}\right)=n\Delta \lg w-\frac{E}{2.303R}\Delta\left(\frac{1}{T}\right) \tag{2-115}$$

从式(2-115)可以看出，当 $\Delta\left(\dfrac{1}{T}\right)$ 是一常数时，$\Delta \lg\left(\dfrac{\mathrm{d}w}{\mathrm{d}T}\right)$ 对 $\Delta \lg w$ 作图得一直线，斜率可求得反应级数 n，从截距中可求出 E，把求得的 n 和 E 代入式(2-114)，便可计算 A 值。

此法仅需一个微分热重谱图便可求得反应动力学的 3 个参数（n，E，A），而且可以反映出反应过程中不同温度范围的动力学参数的变化情况。但是该法最大的缺点是必须对 TG 曲线的最陡的部位求出它的斜率，其结果会使作图时点子分散，对精确计算动力学参数带来困难。

另一种方法是采用多种加热速度，从几条 TG 曲线中求出动力学参数。每一条曲线都可以用式(2-116)表示。

$$\ln\frac{\mathrm{d}w}{\mathrm{d}T}=n\ln w+\ln A-\frac{E}{RT} \tag{2-116}$$

根据式(2-116)，当 w 为常数时（不同的升温速率 TG 曲线取相同的质量分数），应用不同的 TG 曲线中的 $\mathrm{d}w/\mathrm{d}t$ 和 T 的数值作 $\ln(\mathrm{d}w/\mathrm{d}t)$ 对 $1/T$ 的图，从直线的斜率中可求出 E，截距中可求 A，各种不同的 W 值就可作出一系列的直线。在一定的转化范围内，我们可以得到 E 和 A 的平均值。

这种方法虽然需要多作几条 TG 曲线，然而计算结果比较可靠，即使动力学机理有点改变，此法也能鉴别出来。

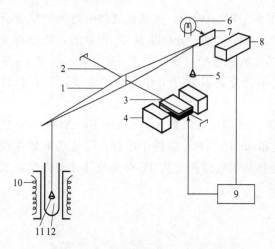

图 2-75　电磁式微量热天平示意图

1—梁；2—支架；3—感应线圈；4—磁铁；5—平衡砝码盘；
6—光源；7—挡板；8—光电管；9—微电流放大器；
10—加热器；11—样品盘；12—热电偶

三、仪器装置与原理

检测质量的变化最常用的办法就是热天平，其测量的原理有两种，可分为变位法和零位法。所谓变位法，是根据天平梁倾斜度与质量变化成比例的关系，用差动变压器等检知倾斜度，并自动记录。零位法是采用差动变压器法、光学法测定天平梁的倾斜度，然后去调整安装在天平系统和磁场中线圈的电流，使线圈转动恢复天平梁的倾斜，即所谓零位法。由于线圈转动所施加的力与质量变化成比例，这个力又与线圈中的电流成比例，因此只需测量并记录电流的变化，便可得到质量变化的曲线，其原理见图2-75。

试样：聚乙烯、聚苯乙烯等。

四、实验步骤

TGA可以有升温法和等温法两种，本实验为升温法。精确称取 $2\sim5$mg 的试样，盛放在样品盘内，炉子的升温速度调节到 $5℃/\mathrm{min}$，直至分解完毕。

五、数据处理

1. 根据实验得到的热谱图，确定该试样的分解温度。

2. 从热谱图求动力学数据，并作出相应的图。

六、思考题

1. 影响聚合物 TG 实验结果的因素有哪些（不考虑仪器因素）？

2. 研究聚合物的 TG 曲线有什么实际意义，如何才具有可比性？

实验 43　膨胀计法测定聚合物的玻璃化转变温度

聚合物的玻璃化转变温度是指非晶态聚合物从玻璃态区到橡胶区的转变，是高分子链段开始自由运动的转变，发生转变时的温度称为玻璃化温度。在发生转变时，与高分子连段运动有关的物理量，如比热容、比容、介电常数、折射率等都表示出急剧的变化，玻璃化转变温度（T_g）是表示玻璃化转变的非常重要的指标，是聚合物的特征温度之一。由于高聚物在高于或低于 T_g 时，其物理力学性质有巨大差别。所以，测定高聚物的 T_g 具有重大的实用意义。现有许多测定聚合物玻璃化转变温度的方法，如膨胀计法、扭摆、扭辫、振簧、声波传播、介电松弛、核磁共振等。本实验是利用膨胀计法来测定聚合物的玻璃化转变温度 T_g。

一、目的要求

1. 掌握膨胀计法测定聚合物 T_g 的方法和原理。
2. 了解升温速度对玻璃化转变温度的影响。

二、实验原理

膨胀计法是测定玻璃化温度最常用的方法，该法测定聚合物的比体积与温度的关系。聚合物在 T_g 以下时，链段运动被冻结，热膨胀系数较小；T_g 以上时，链段开始运动，热膨胀系数较大，T_g 时比体积-温度曲线出现转折。玻璃化转变温度不是热力学的平衡态，而是一个松弛过程，因而玻璃温度与转变的过程有关。

描述玻璃化转变的理论有自由体积理论、热力学理论、动力学理论等。本实验方法的基本原理是基于应用最广泛的自由体积理论。

自由体积理论认为，高聚物的体积由两部分组成，一部分是大分子本身占有的体积，另一部分是分子间的空隙，称为自由体积，它以大小不等的空穴（单体分子数量级）无规分布在聚合物中，它是分子运动时所需要的空间。当温度比较高时，自由体积比较大，能够发生链段的短程扩散运动，而不断进行构象重排。在玻璃化温度以下，链锻运动被冻结，自由体积也处于冻结状态，其空穴尺寸和分布基本上保持固定。聚合物的玻璃化温度为自由体积降至最低值的临界温度，在此温度以下，自由体积提供的空间已不足以使聚合物的分子链发生构象调整，随着温度升高，聚合物的体积膨胀只是由于分子的分子振幅、键长等的变化，即分子"占有体积"的膨胀。而在玻璃化温度以上，自由体积开始膨胀，为链段运动提供了空间保证，链段由冻结状态进入运动状态，随着温度的升高，聚合物的体积膨胀除了分子占有体积的膨胀之外，还有自由体积的膨胀，体积随温度的变化率比玻璃化温度以下为大。为此，聚合物的比体积-温度曲线在 T_g 时发生突变（见图 2-76）。

T_g 的大小与测试条件有关，如升温度速率太快，即作用时间太短，使链段来不及及时调整位置，玻璃化转变温度就会偏高。反之，升温速度太慢，则得到 T_g 的偏低，甚至测不出来，所以，测定聚合物的玻璃化转变温度时，通常都规定一定的升温速度。通常采用的标准是 $1\sim2℃/min$。T_g 的大小还和外力有关，单向的外力能促使链段运动。外力愈大，T_g 降低越多。外力作用频率增加，则 T_g 升高。所以，用膨胀计法所测得的 T_g 比动态法测得的要低一些。除了外界条件，T_g 还受到聚合物本身的化学结构的影响，同时也受到其他结构因素的影响，如共聚交联、增塑以及相对分子质量等。

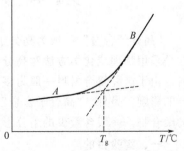

图 2-76　高聚物的比容-温度关系图

三、仪器与药品

1. 仪器

膨胀计（毛细管直径约 1mm）两只；电动搅拌器一台；电炉（150W）一只；调压变压器一台；温度计（150℃）一只。

2. 药品

聚苯乙烯（颗粒状）约 5g，工业级；乙二醇 50mL，化学纯。

四、实验步骤

1. 将膨胀计洗净烘干，在膨胀计样品管中加入聚苯乙烯颗粒，装入量约为样品管体积的 4/5。然后将乙二醇慢慢加入样品管中，并用玻璃棒轻轻搅动以赶走气泡，管中的液面略高于磨口的下端。

2. 在膨胀计毛细管柱下端的磨口塞上涂少量真空油脂，将毛细管插入样品管，使乙二醇升入毛细管柱的下部（不高于刻度 10 小格），若液柱过高应用滴管吸掉一些乙二醇，以调整液面高度。观察毛细管中液柱的高度是否稳定，若液柱不断下降，说明磨口密封不好。应取下擦净重新涂油脂装上，直至液柱刻度稳定为止。并注意勿使毛细管中存在气泡。

3. 将膨胀计的样品管侵入油浴，垂直夹牢，注意勿使样品管接触油浴锅底。

4. 升温并开动搅拌器，仔细调节调压变压器，使升温速率维持在 1℃/min 左右。间隔 5min 记录一次温度和毛细管液柱高度。当温度升值 60℃ 以上时，每升高 2℃，记录一次温度和毛细管液柱高度，直至毛细管液柱高度随温度线性变化为止，停止加热。

5. 取下膨胀计和油浴，使浴温冷却至室温，取另一支膨胀计装好试样，重新进行实验，升温速率以 3℃/min，按上述操作重新进行。

6. 自行设计数据记录格式。作毛细管液柱高度对温度的曲线，确定聚苯乙烯的玻璃化转变温度。

五、注意事项

1. 要注意选取合适的测量温度范围。因为除了玻璃化转变外，还可能有其他的转变，这时都有体积的变化，当然，T_g 是最主要的转变，一般说，这个转变的体积变化也较大些。

2. 测量时，常把试样在密闭体系中加热和冷却，体积的变化通过填充液体的液面升高而读出。因此，要求这种液体不能和聚合物发生发应，也不能使聚合物溶解和溶胀。

六、结果与讨论

1. 作为聚合物热膨胀介质应具备哪些条件？
2. 聚合物玻璃化转变温度受到哪些因素的影响？
3. 若膨胀计样品管中装入的聚合物量太少，对测试结果有何影响？

实验44 相差显微镜法观察共混物的结构形态

"高分子合金"已成为高分子科学发展的前沿之一，也是高分子材料开发的主要途径之一。他是采用物理或化学方法对高分子材料进行共聚、共混，制成含有两种或多种聚合物的复合材料。由于这种复合材料一般为多相体系，其形成的结构形态和尺寸对复合材料的使用性能有重要的影响。另外，"高分子合金"中用物理方法制备的，也称共混聚合物。对于两相共混结构的聚合物，一般含量少的组分形成分散相，而含量较多的组分形成连续相。

一、实验目的

1. 学会用熔融法制备共混物试样。

2. 了解相差显微镜的基本原理，熟悉显微镜的基本构造和使用方法。

3. 正确分析和讨论所得的实验结果。

二、实验原理

从热力学上讲，绝大多数高分子共混体系是不相容的，即各组分之间没有分子水平的化学反应发生，例如：在熔融状态下进行共混，不同的高分子组分受到应力场的作用，混合成宏现上均一的共混材料。而这种材料在亚微观上看（几微米至几十微米）则是分相的；由于共混体系的各组分在普通光学显微镜的条件下均为无色透明的，所以用普通的光学显微镜不能分辨出这种分相结构，但因为共混体系中各组分的折射率不同，可以通过相差显微镜观察共混物的分相结构，其基本原理是：光波在进入同一厚度但折射率不同的共混物薄膜（透明）试样后，因光程不同而产生一定的相位差：

$$\delta = \frac{2\pi}{\lambda}(n_A - n_B)l \tag{2-117}$$

式中，λ 为光波波长；n_A 和 n_B 为组分 A 和 B 的折射率；l 为光波在薄膜内所走的距离。

相位差既不能被眼睛所识别，也不能造成照相材料上的反差，而通过一定的光学装置可以把相位差转变为振幅差。利用光的干涉和衍射现象，相位差在相差显微镜中可以被转变为振幅差别。因此，我们能看到两种组分间有明暗的差别，从而可以考查共混物的结构形态。

共混聚合物的研究对于改善材料的性能，特别是力学性能，具有重要的实际意义。在共混体系中分散相与连续相的相容性如何，分散相的分散程度和颗粒大小，以及分散相与连续相的比例都直接地影响材料的性能。相差显微镜是从事这方面研究的有效方法之一。

三、实验仪器及试样

本实验是采用相差显微镜法观察共混物的相容性和共混物分散的形态。相差显微镜的种类很多，用法也各不相同，很多普通光学显微镜可带有相差附件（也可称为相衬附件）。

相差附件包括环状光阑和相板。环状光阑多与聚光镜装在一起而组成转盘聚光镜；相板多装在物镜中而组成相差物镜。相差装置也有安装在专用镜座上的。

相差镜检装置通常包括转肋聚光镜（或聚光镜与手插入式环状阑栏），几个相差物镜、合轴调整用的望远镜绿色滤光镜。进行相差镜检时，目镜可用普通的惠更斯目镜。

图 2-77 是相差显微镜的原理图。其中实线表示通过光阑的两个光束，它们基本上会聚在 f 面上（因为 f 面为物镜的焦平面）。虚线表示被检物（试样）所衍射的光线，它们以很广的面通过相板，这些衍射光束包含有全部的相位差的信息。通过相板的作用，这种相位差通过光的干涉形成视场中的明暗差别。

1. 相差显微镜：采用带有上述相差附件的光学显微镜。

照明条件：波长 $\lambda = 0.55\mu m$

媒质：空气 $n = 1.000$

目镜放大倍数：$10\times$

相差物镜：放大倍数 $10\times(40\times)$；

数值孔径 $\alpha = 0.4$，分辨率：$\delta = \lambda/\alpha$

2. 共混物试样：A-PP；B-SBS。

共混方式：熔体共混。

共混配比：A∶B = 70∶30

组分折射率：$n_A = 1.49$；$n_B = 1.533$

3. 热台、载玻片和盖玻片、镊子、刀片。

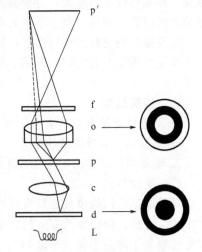

图 2-77 相差显微镜原理图

f—物镜后焦点；o—相差物镜；p—样品；
p′—被检测物所呈现的像；c—聚光镜；
d—环状光阑；l—光源

四、实验步骤

1. 制样有两种方法：切片法和压片法。

本实验采用压片法：用刀片切下少许共混物材料，放在已于热台上恒温好的载玻片上，待试样熔融后，加上盖玻片、用镊子均匀用力压成适当厚度的薄膜（约 $10\mu m$ 左右），取下自然冷却至室温即可。

此方法较为简便、快速，但存在一定的缺点，保持分散相原有的真实形态是一难点，试样制作的成功与否直接取决于操作经验。但是压片法在一定条件下作为表征聚合物共混形态的一种手段还是有效的。

在此对切片法也作一简单介绍。调整好切片机的切刀，将条状共混物固定在切片机的试样夹上，切得厚度为 $10\mu m$ 以下的薄片，仔细选择厚薄均匀的薄片，小心将其置于载玻片和盖玻片之间固封起来，蒸馏水是方便实用的固封剂。

用切片法有可能制成厚度为 $1\sim2\mu m$ 的切片，在显微镜下其图像较清晰，且适合于拍摄照片。

2. 相差显微镜已经合轴调整好，只要将试样在载物台上，准焦后，即可观察共混物形态。显微镜使用时应注意光亮调节。

五、实验与讨论

1. 简绘所观察到的试样形态，标出各组分。
2. 讨论为什么说绝大多数共混高聚物在热力学上是不相容的？
3. 结合实验讨论为什么要求试样膜片厚度尽可能地一致？若试样较厚能否看到分相结构？
（要求从基本原理中去分析）

实验 45　偏光显微镜法测量聚合物的球晶半径

用偏光显微镜研究聚合物的结晶形态是一种简便而实用的方法，众所周知，随着结晶条件的不同，聚合物的结晶可以具有不同的形态，如：单晶、球晶、纤维晶及伸直链晶体等，熔体冷却结晶或浓溶液中析出结晶体时，聚合物倾向于生成球状多晶聚集体，通常呈球形，故称为球晶。球晶可以长得很大，直径甚至可达厘米数量级。对于几微米以上的球晶，用普通的偏光显微镜可以进行观察；对于小于几微米的球晶，则用电子显微镜或小角激光散射法进行研究。

结晶聚合物材料的使用性能，如：光学透明性冲击强度等，与材料内部的结晶形态，晶粒大小及完善程度有着密切的联系。因此，对于聚合物结晶形态的研究具有重要的理论和实际意义。

一、实验目的

1. 了解偏光显微镜的结构及原理；
2. 掌握偏光显微镜的使用方法及目镜分度尺的标定方法；
3. 学习用熔融法制备聚合物球晶，观察聚合物的结晶形态，并测量聚合物的球晶半径。

二、实验原理

球晶的基本结构单元是具有折叠链结构的晶片，厚度在 10nm 左右。许多这样的晶片从一个中心（晶核）向四面八方生长，发展成为一个球状聚集体。电子衍射实验中证明了球晶分子链总是垂直于球晶半径方向排列的。如图 2-78 所示。分子链的取向排列使球晶在光学性质上是各向异性的，即在平行于分子链和垂直于分子链的方向上有不同的折射率。在正交偏光显微镜下观察时，在分子链平行于起偏镜或检偏镜的方向上将产生消光现象，呈现出球晶特有的黑十字消光图案（称为 Maltase 十字）。如图 2-79 所示。球晶在正交偏光显微镜下出现 Maltase

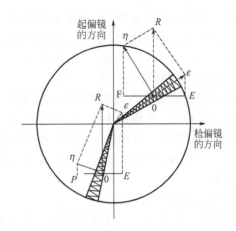

球晶的半径方向

图 2-78　球晶内晶片的排列与分子链取向　　　　图 2-79　球晶中双折射示意图

十字的现象可以通过图 2-79 来理解，图中起偏镜的方向垂直于检偏镜的方向（正交），设通过起偏镜进入球晶的线偏振光的电矢量 $\overline{OR}$ 即偏振光的振动方向沿 $\overline{OR}$ 方向。图 2-79 绘出了任意两个方向上偏振光的折射情况，偏振光 $\overline{OR}$ 通过与分子链发生作用，分解为平行于分子链的 η 和垂直于分子链的 ε 两部分，由于折射率不同，两个分量之间有一定的相差，显然 ε 和 η 不能全都通过检偏镜，只有振动方向平行于检偏镜方向的分量 $\overline{OF}$ 和 $\overline{OE}$ 能够通过检偏镜。由此可见，在起偏镜的方向上，η 为零 $\overline{OR}=\varepsilon$；在检偏镜方向上，$\varepsilon$ 为零 $\overline{OR}=\eta$；在这些方向上分子链的取向使偏振光不能透过检偏镜，视野呈黑暗，形成 Maltase 十字。

此外，在有的情况下，晶片周期性地扭转，从一个中心向四周生长，这样，在偏光显微镜中就会看到由此而产生的一系列消光同心圆环。

在多数情况下，偏光显微镜下观察到的球晶形态不是球状，而是一些不规则的多边形。这是由于许多球晶以各自的任意位置的晶核为中心，不断向外生长，当增长的球晶和周围相邻球晶相碰时，则形成任意形状的多面体（见图 2-80）。体系中晶核越少，球晶碰撞的机会愈小，球晶可以长得很大；相反，则球晶长不大。

三、实验仪器和试样

1. 显微镜及附件

带有偏光附件的生物显微镜

照明条件：波长 $\lambda=55\mu m$

媒质：空气 $n=1.000$

目镜放大倍数：$10\times$

物镜放大倍数：$25\times$ 或 $20\times$

数值孔径 $\alpha=0.4$

分辨率：$\delta=\lambda/\alpha$

物镜显微尺（测微尺）：0.01mm

目镜划分尺（分度尺）：$10\times$

2. 电炉热台；重锤；镊子；刀片；载玻片和盖玻片。

3. 试样　等规聚丙烯粒料。

四、实验步骤

1. 试样制备

首先将 1/5～1/4 粒聚丙烯粒料放在已于 240～260℃

图 2-80　球晶特有的黑十字消光图案

电炉热台上恒温的载玻片上，待试样熔融后（试样完全透明），加上盖玻片，观察试样呈现为水滴状后，加压成膜保温 2min，然后将制成的薄膜试样迅速移至另一个温度为 140～150℃ 的电炉热台上，继续加压结晶 30～40min 后取出，使试样自然冷却到室温。

2. 调显微镜标定分度尺

开启显微镜光源，调节好显微镜目镜（眼间距）。将物镜显微尺置于载物台上，取出起偏镜，调节好焦距，在视野中找到非常清晰的显微尺，显微尺长 1.00mm，等分为 100 个格，每格 0.01mm，取下一目镜换上带有分度尺的目镜（目镜分划尺），调整目镜让显微尺与分度尺基本重合，显微尺格数记为 n；分度尺格数记为 N，则目镜分度尺每格为 $n/N \times 0.01mm$。记下标定关系。

3. 测量球晶半径

重新装好起偏镜，不改变显微镜的粗动旋钮，样品换下显微尺，测量任意一个球晶晶核到边缘的长度——被测球晶半径对应分度尺的格数，即可得到被测球晶半径的大小。

五、实验结果及报告要求

1. 简绘实验所观察到的球晶状态图。

2. 写出显微尺标定目镜分度尺的标定关系及所测球晶半径分度尺的格数，计算所测球晶半径大小的具体尺寸。

3. 结合实验讨论影响球晶生长的主要因素和实验中应注意的问题。

实验 46　激光小角散射法观察聚合物的结晶形态

激光小角散射法（small angle light scattering，SALS）于 20 世纪 60 年代初问世，它适用于研究从几千埃至几十微米大小的结构，这与聚合物球晶的大小范围相当。由于该方法实验装置简单，测定快速而又不破坏试样，对光学显微镜难以辨认的小球晶能有效地测量，还能在动态条件下快速测量结构随时间的变化，所以它已发展成为研究聚合物聚集态的有效方法之一，它与电子显微镜、X 射线衍射法以及光学显微镜等方法相结合可以提供较全面的关于晶体结构的信息。目前已广泛应用研究聚合物的结晶过程结晶形态以及聚合物的薄膜拉伸过程中形态结构的变化。

一、实验目的

1. 了解激光小角散射的基本原理。

2. 学会激光小角散射仪的使用方法。

3. 了解不同结晶温度条件下，结晶状态不同。

二、实验原理

图 2-81 为激光小角散射的原理图。

一束准直性和单色性很好的激光光束，经过起偏镜射到聚合物薄膜试样上，由于试样内的密度和极化率不均匀而引起光散射，散射经过检偏镜以后被照相底片记录下来所形成的散射图像，如图 2-81，可供直接测量，图中 θ 为散射角，它是某一束散射光与放射光方向之间的夹角；μ 为方位角，它是某一束散射光记录面的交点 P 和中心点 O 的连线 OP 与 Z 轴之间的夹角。

如果起偏镜和检偏镜的偏振方向平行，则称为 V_v 散射；如果起偏镜和检偏镜偏振向垂直，则称为 H_v 散射。在研究结晶性聚合物的结构形态时，用得较多的是 H_v 图。

光散射理论有："模型法"和"统计法"两种。对于聚合物球晶用模型法较为方便。

实验证实：球晶中聚合物分子链总是垂直于球晶半径方向，分子链的这种排列使得球晶在

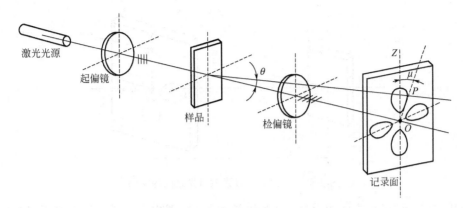

图 2-81　激光小角散射原理图

光学上呈各向异性，即球晶的极化率或折射率在径向和切向有不同的数值，假设聚合物球晶是一个均匀而各向异性的球，考虑光与圆球体系的相互作用，根据瑞利-德拜-甘斯（Rayleigh-Debye-Gans）散射模型计算法得到用模型参数表示的散射强度公式，见式(2-118)。

$$I_{Hv} = AV_0^2 \left(\frac{3}{U^3}\right)^2 \left[(\alpha_r - \alpha_i)\cos^2\left(\frac{\theta}{2}\right)\sin\mu\cos\mu(4\sin U - U\cos U - 3\sin U)\right]^2 \quad (2\text{-}118)$$

式中，I_{Hv} 表示是 H_v 散射光强度；A 为比例系数；V_0 为球晶体积；α_r 为球晶的径向及切向极化率；θ 是散射角；μ 为方位角；U 为形态因子；定义为：

$$U = \frac{4\pi R}{\lambda}\sin a\frac{\theta}{2} \quad (2\text{-}119)$$

式中，R 为球晶半径；λ 为光在介质中的波长，SiU 定义为正弦积分：

$$SiU = \int_0^\mu \frac{\sin x}{x}dx \quad (2\text{-}120)$$

从公式(2-118)可以看出 H_v 散射强度与球晶的光学各向异性项 $(\alpha_r - \alpha_i)$ 有关，还与散射角 θ，方位角 μ 有关。

从公式可以看出，当 $\mu=0°$、$90°$、$180°$、$270°$时 $\sin\mu\cos\mu=0$，所以在这四个方位上散射强度 $I_{Hv}=0$，而当 $\mu=45°$、$135°$、$225°$、$315°$时，$\sin\mu\cos\mu$ 有极大值，因而散射强度也出现极大值，这四强四弱相间排列一周就成了 H_v 散射图的四叶瓣形态。

当方位角 μ 固定时，散射光强是散射角 θ 的函数。当取 $\mu=\frac{2n-1}{4}\pi$（n 为整数）时，理论和实验证明 I_{Hv} 出现极大值，则 U 值恒等于 4.09，即：

$$U_{max} = \frac{4\pi rR}{\lambda}\sin\frac{\theta_m}{2} = 4.09 \quad (2\text{-}121)$$

所以：

$$R = \frac{4.09\lambda}{4\pi\sin\dfrac{\theta_m}{2}} \quad (2\text{-}122)$$

本实验中所用光源为 He-Ne 激光器，其工作波长 $\lambda=6328\text{Å}$，如果再考虑到测定聚合物球晶半径实际上是一种平均值，所以式(2-122)变成：

$$\overline{R} = \frac{0.206}{\sin\dfrac{\theta_m}{2}} \ (\mu m) \quad (2\text{-}123)$$

式中，θ_m 为入射光与最强散射光之间的夹角，即散射强度极大时的散射角。如图 2-82 所

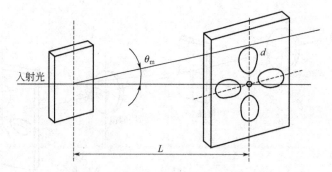

图 2-82　入射光与最强散射光之间的夹角

示，L 为从试样到记录面之间的距离，d 为记录面上 H_v 图中心到最大散射光强点的距离，实验测得 L 和 d，就可以计算出 θ_m：

$$\theta_m = \text{arccot}\frac{d}{L} \tag{2-124}$$

理论上对于不同的方位角 μ，可测得相同的 θ_m。但是当 $\mu = 45°$、$135°$、$225°$、$315°$ 时散射是最强的，因此在这些方向上测量可以减少误差。

三、实验设备及试样

激光小角散射仪；盖玻片；载玻片；镊子；刀片；HDPE；LDPE。

四、实验步骤

1. 制样

（1）热台升温至温度 200℃ 左右恒温；

（2）将盖玻片置于热台上；

（3）用刀片切上少许试样置于载玻片上，待试样熔融后，盖上一片盖玻片，稍用力压成薄膜。

（4）选择不同的结晶条件（热结晶、自然冷却或快速冷却等）制成试样，以备观察和测定。

2. 小角激光散射观测

（1）接通总电源开关及激光器电源和微电源放大器电源开关。

（2）调节电流调节器旋扭，使毫安表电源指示为 5mA，这时激光器应发出稳定的红光。

（3）把快门置"常开"位置，把试样放在试样台上，在毛玻璃上观察散射图形。

（4）起偏镜偏振方向是固定的，检偏镜的偏振方向可以调节。调节检偏镜使散射光强或中心亮点达到最暗时，起、检偏镜的偏振方向垂直。

（5）照相时根据散射光强，选择适当的曝光时间。

（6）微电流放大计预热 30min，可用光电探头（光电池）在亮叶瓣对称线方向上移动，读出与中心点对称的两光强最大点的位置 X_1 和 X_2。

（7）记录载样台的位置 H。

（8）把激光管电流调小后，关掉其电源。关掉微电流放大计电源及总电源。

五、注意事项

1. 使用小角激光散射仪之前应检查接地是否良好，必须检查高压输出端是否接好及激光器是否完好后方能接通激光器电源。必须在证实电流放大器的输入端与检测探头间联结确实可靠后才能接通电源放大器开关。

2. 电流放大器严禁在输入端开路下工作，它需要在预热 30min 后才能工作。

3. 照相时，调节曝光时间及按动快门时，注意手要尽量远离激光器电极，高压危险。

六、结果与讨论

1. 绘制不同结晶条件的球晶四叶瓣状态图。

2. 聚合物结构对其结晶性有何影响？

3. 结合实验讨论球晶大小与制样条件的关系。

实验 47　红外光谱法测定聚合物的结构

红外光谱与有机化合物、高分子化合物的结构之间存在密切的关系。它是研究结构与性能的关系的基本手段之一。红外光谱分析具有速度快、试样用量少并能分析各种状态的试样等特点。广泛用于高聚物领域，如对高聚物材料的定性定量分析，研究高聚物的序列分布，研究支化程度，研究高聚物的聚集态结构，高聚物的聚合过程反应机理和老化，还可以对高聚物的力学性能进行研究。

一、目的要求

1. 了解红外光谱的基本性能。

2. 初步掌握红外光谱试样的制备和红外光谱仪的使用。

3. 初步学会红外光谱图的解析。

二、基本原理

红外辐射光的波数可分为近红外区（$10000 \sim 4000 \mathrm{cm}^{-1}$）、中红外区（$4000 \sim 400 \mathrm{cm}^{-1}$）和远红外区（$400 \sim 10 \mathrm{cm}^{-1}$）。其中最常用的是中红外区，大多数化合物的化学键振动能的跃迁发生在这一区域，在此区域出现的光谱为分子振动光谱，即红外光谱。在分子中存在着许多不同类型的振动，其振动与原子数有关。含 N 个原子的分子有 $3N$ 个自由度，除去分子的平动和转动自由度以外，振动自由度应为 $3N-6$（线性分子是 $3N-5$）。这些振动可分两大类，一类是原子沿键轴方向伸缩使键长发生变化的振动，称为伸缩振动，用 υ 表示。这种振动又分为对称伸缩振动用 υ 表示和非对称伸缩振动用 υ_{as} 表示；另一类是原子垂直键轴方向振动，此类振动会引起分子内键角发生变化，称为弯曲（或变形）振动，用 δ 表示。这种振动又分为面内弯曲振动（包括平面及剪式两种振动），面外弯曲振动（包括非平面摇摆及弯曲摇摆两种振动）。图 2-83 为聚乙烯中—CH_2—基团的几种振动模式。

分子振动能与振动频率成反比。为计算分子振动频率，首先研究各个孤立的振动，即双原子分子的伸缩振动。

可用弹簧模型来描述最简单的双原子分子的简谐振动。把两个原子看成质量分别为 m_1 和 m_2 的刚性小球，化学键好似一根无质量的弹簧，如图 2-84 所示按照这一类型，双原子分子的简谐

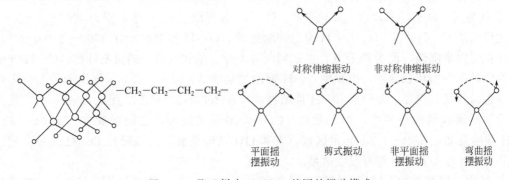

图 2-83　聚乙烯中—CH_2—基团的振动模式

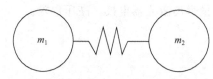

图 2-84 双原子分子弹簧球模型

振动应符合虎克定律，振动频率 v 可用式 (2-125) 表示：

$$v=\frac{1}{2\pi}\sqrt{\frac{K}{u}} \tag{2-125}$$

式中　v——频率，Hz；

　　　K——化学键力常数，10^{-5}N/cm；

　　　u——折合质量，g。

$$u=\frac{m_1 m_2}{m_1+m_2}\times\frac{1}{N} \tag{2-126}$$

式中　m_1，m_2——分别代表每个原子的相对原子质量；

　　　N——阿伏加德罗常数。

若用波数来表示双原子分子的振动频率，则式 (2-125) 改写为

$$\bar{v}=\frac{1}{2\pi c}\sqrt{\frac{K}{u}} \tag{2-127}$$

在原子分子中有多种振动形式，每一种简正振动都对应一定的振动频率，但并不是每一种振动都会和红外辐射发生相互作用而产生红外吸收光谱，只有能引起分子偶极矩变化的振动（称为红外活动振动），才能产生红外吸收光谱。也就是说，当分子振动引起分子偶极矩变化时，就能形成稳定的交变电场，其频率与分子振动频率相同，可以和相同频率的红外辐射发生相互作用，使分子吸收红外辐射的能量跃迁到高能态，从而产生红外吸收光谱。

在正常情况下，这些具有红外活动的分子振动大多数处于基态，被红外辐射激发后，跃迁到第一激发态。这种跃迁所产生的红外吸收称为基频吸收。在红外吸收光谱中大部分吸收都属于这一类型。除基频吸收外还有倍频吸收和合频吸收，但这两种吸收都较弱。

红外吸收谱带的强度与分子数有关，但也与分子振动时偶极矩变化有关。变化率越大，吸收强度也越大，因此极性基团如羧基、氨基等均有很强的红外吸收带。

按照光谱和分子结构的特征可将整个红外光谱大致分为两个区，即官能团区（4000～1300cm^{-1}）和指纹区（1300～400cm^{-1}）。

官能团区，即前面讲到的化学键和基团的特征振动频率区，它的吸收光谱主要反映分子中特征基团的振动，基团的鉴定工作主要在该区进行。指纹区的吸收光谱很复杂，特别能反映分子结构的细微变化，每一种化合物在该区的谱带位置、强度和形状都不一样，相当于人的指纹，用于认证化合物是很可靠的。此外，在指纹区也有一些特征吸收峰。对于鉴定官能团也是很有帮助的。

利用红外光谱鉴定化合物的结构，需要熟悉红外光谱区域基团和频率的关系。通常将红外区分为四个区。

下面对各个光谱区域作一介绍。

① 区为 X—H 伸缩振动区（X 代表 C、O、N、S 等原子）。频率范围为 4000～2500cm^{-1}，该区主要包括 O—H、N—H、C—H 等的伸缩振动。O—H 伸缩振动在 3700～3100cm^{-1}，氢键的存在使频率降低，谱 X 峰变宽，它是判断有无醇、酚和有机酸的重要证据；C—H 伸缩振动分饱和烃和不饱和烃两种，饱和烃 C—H 伸缩振动在 3000cm^{-1} 以下，不饱和烃 C—H 伸缩振动（包括烯烃、炔烃、芳烃的 C—H 伸缩振动）在 3000cm^{-1} 以上。因此，3000cm^{-1} 是区分饱和烃和不饱和烃的分界线，但三元的—CH$_2$ 伸缩振动除外，它的吸收在 3000cm^{-1} 以上；N—H 伸缩振动在 3500～3300cm^{-1} 区域，它和 OH 谱带重叠，但峰形比 O—H 尖锐。伯、仲酰胺和伯、仲胺类在该区都有吸收谱带。

② 区为三键和累积双键区，频率范围在 2500～2000cm^{-1}。该区红外谱带较少，主要包括

等三键的伸缩振动和—C≡C≡C，—C≡C≡O 等累积双键的反对称伸缩振动。

③ 区 —C≡C— —C≡N 为双键伸缩振动区，频率范围在 $2000\sim1500\text{cm}^{-1}$ 区域，该区主要包括 C≡O、C≡C、C≡N、N≡O 等的伸缩振动以及苯环的骨架振动，芳香族化合物的倍频谱带。羧基的伸缩振动在 $1600\sim1900\text{cm}^{-1}$ 区域，所有的羧基化合物，例如醛、酮、羧酸、脂、酰卤、酸酐等在该区都有非常强的吸收带，而且是谱图中的第一强峰，其特征非常明显，因此 C≡O 伸缩振动吸收带是判断有无羧基化合物的主要证据。C≡O 伸缩振动吸收带的位置还和邻接基团有密切关系，因此对判断羧基化合物的类型有重要价值；C≡C 伸缩振动出现在 $1600\sim1660\text{cm}^{-1}$，一般情况下较弱。单核芳烃的C≡C 伸缩振动出现在 $1500\sim1480\text{cm}^{-1}$ 和 $1600\sim1590\text{cm}^{-1}$ 两个区域。这两个峰是鉴别有无芳核存在的标志之一，一般前者谱带比较强，后者比较弱。

④ 区为部分单键振动及指纹区。$1500\sim670\text{cm}^{-1}$ 区域的光谱比较复杂，出现的振动形式很多，除了极少数较强的特征谱带外。一般难以找到它的归属。对于鉴定有用的特征谱带有C—H、O—H 的变形振动以及 C—O、C—N、C—X 等的伸缩振动。

饱和的 C—H 弯曲振动包括甲基和次甲基两种。甲基的弯曲振动有对称、反对称弯曲振动和平面摇摆振动。其中以对称弯曲振动较为特征，吸收谱带在 $1370\sim1380\text{cm}^{-1}$ 受取代基影响很小，可以作为判断有无甲基存在的依据。次甲基的弯曲振动有四种方式，其中的平面摇摆振动在结构分析中很有用，当 4 个或 4 个以上的 CH_2 基成直链相连时，CH_2 平面摇摆振动出现在 722cm^{-1}，随着 CH_2 个数的减少，吸收谱带向高波数方向位移，由此可推断分子链的长短。

在烯烃的 ≡C—H 弯曲振动中，波数范围在 $1000\sim800\text{cm}^{-1}$ 的非平面摇摆振动最为有用，可借助这些吸收峰鉴别各种取代的类型的烯烃。

芳烃的 C—H 弯曲振动中，主要是 $900\sim650\text{cm}^{-1}$ 处的面弯曲振动，对于确定苯环的取代类型是很有用的。甚至可以利用这些峰对苯环的邻、间、对位的异构体混合物进行定量分析。

C—O 伸缩振动常常是该区中最的峰，比较容易识别。一般醇的 C—O 伸缩振动在 $1200\sim1000\text{cm}^{-1}$，酚的 C—O 伸缩振动在 $1300\sim1200\text{cm}^{-1}$。在酯醚中有 C—O—C 的对称伸缩振动和反对称伸缩振动。反对称伸缩振动比较强。

C—Cl，C—F 伸缩振动都有强吸收，前者出现在 $800\sim600\text{cm}^{-1}$，后者出现在 $1400\sim1000\text{cm}^{-1}$。

上述四个重要基团振动光谱区域的分布，和用振动频率公式 $\bar{v}=\dfrac{1}{2\pi c}\sqrt{\dfrac{K}{u}}$ 计算出的结果完全相符。即键力常数大的（如 C≡C），折合质量小的（如 X—H），基团都在高波数区，反之键力常数小的（如单键），折合质量大的（如 C—Cl），基团都在低波数区。

三、仪器和试样

1. 傅里叶变换红外光谱仪

傅里叶变换红外光谱仪是一种干涉型红外光谱仪，对于干涉型红外光谱仪的原理如图 2-85 所示：干涉仪由光源、动镜（M1）、定镜（M2）、分束器、检测器组成。

2. 试样可选择聚苯乙烯、聚乙烯、尼龙、涤纶等。

四、实验步骤（以德国 BRUNK 公司生产傅里叶变换红外光谱仪为例）

1. 制样

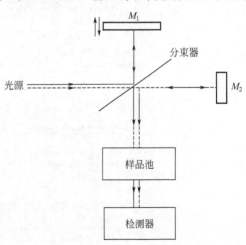

图 2-85　傅里叶变换红外光谱仪原理图

① 流延薄膜法

选择合适有效的溶剂将聚合物溶解制成溶液，使其成为均匀的薄膜后将其置于真空下干燥，挥发掉其中的溶剂即可制成样品。

② 热压薄膜法

将待测样品置于压机上，升至一定温度后，由热压装置压制即成。该法是制备热塑性树脂和不易溶解的树脂样品最方便和最快速的方法，对于聚乙烯、α-烯烃聚合物如聚丙烯最为合适，而对于含氟聚合物、聚硅氧烷和橡胶样品，热压法很难制备适用的膜。

使用热压法时应注意某些化合物可能会因受热而氧化，或者在加压时产生取向，从而使光谱图发生某些变化。

③ 溴化钾压片法

此法对一般固体样品都是很适用的，但是在聚合物制样中，只适用于不溶性或脆性的树脂，一些橡胶和粉末状的样品。

取 2mg 左右的待测样品和 10mg 左右的 KBr 晶体放在研钵中用力研磨，使待测样品均匀分散在 KBr 中。将研好后的粉末，小心地转入模具中，用制样器用力压紧即可得到一个小的薄片状样品。一个较好的样片应该尽量的薄，均匀，并具有一定的透明性。

除了上述三种方法外，还有切片法、溶液法、石蜡糊法等。

2. 放置样片

打开红外光谱仪的电源，待其稳定后（30min），打开盖子，将制好的样片固定在支架上。

3. 测试

运行光谱仪监控程序，设定各种参数，进行测定，具体步骤如下：

(1) 运行程序

(2) 参数设置

点击菜单 Measure/Advanced measure，打开参数设置对话框（图 2-86）。

在 Basic 标签下的 Sample name 和 Sample form 中分别输入样品的名称和样品的凝聚态（solid、liquid 或 gas）；

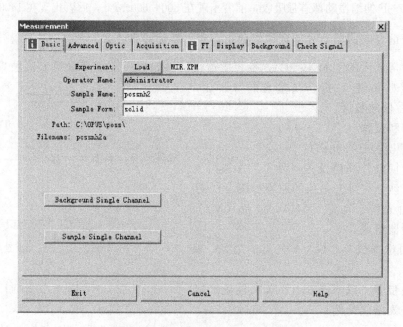

图 2-86　Measurement-Basic 对话框

在 Advanced 标签（图 2-87）中，输入要保存的文件名及其路径，在 Resolution 中设置合适的分辨率（一般为 $1\sim4cm^{-1}$）。

（3）测试

背景扫描：参数设置完成后，返回 Basic 标签下，按下 Background single channel；

样品扫描：待背景扫描完成后，点击 Sample single channel。

（4）谱图分析

扫描完成后得到透光度图（图 2-88）。

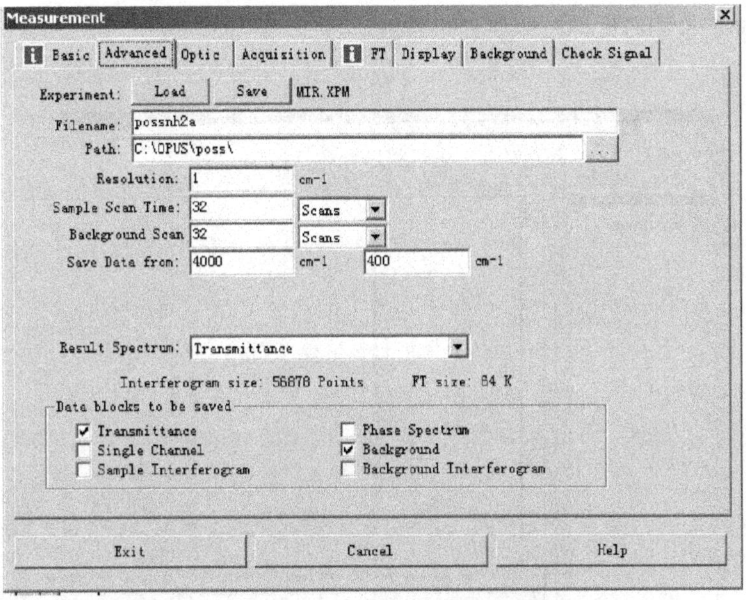

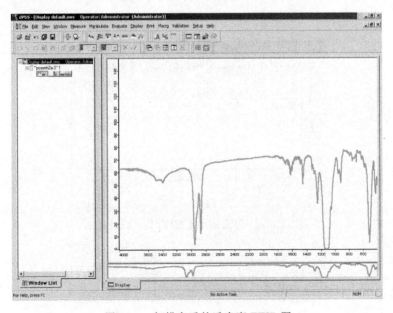

图 2-87　Measurement-Advanced 对话框

图 2-88　扫描完后的透光度 FTIR 图

点击菜单 Manipulate/AB<->TR Conversion，进行透光度－吸光度转变，得到吸光度图（图 2-89）。

选择 Display/Scale all，显示全部谱图。

点击 Evaluate/Peak pick，进行特征峰标记，显示如下对话框（图 2-90），在 Sensitivity 中输入一个 1～100 之间的数值（如 50），按下 Peakpick，将在图中标记出强度为最大峰值 50%～100% 的所有峰所对应的波数（图 2-91）。从而得到一张完整的色谱图。

五、结果与讨论

1. 试样的用量对检测精度有无影响；

2. 作红外光谱检测时试样是否要经过精致。

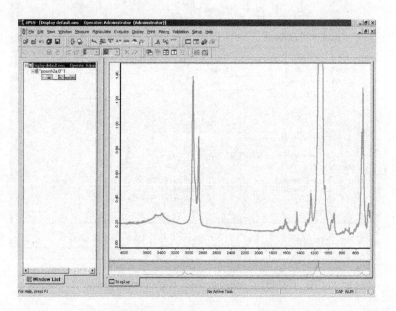

图 2-89　扫描完后的吸光度 FTIR 图

图 2-90　Peak Picking 对话框

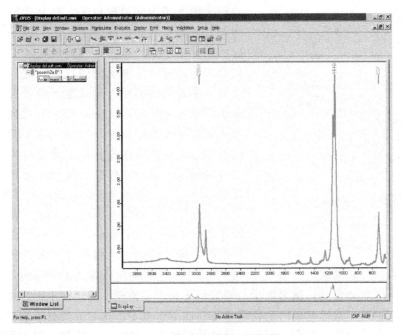

图 2-91 处理完成的 FTIR 图

实验 48 用扫描电子显微镜观察聚合物形态

电子显微镜与光学显微镜一样，是直接观察物质微观形貌的重要手段，但它比光学显微镜有更高的放大倍数和分辨能力。电子显微镜是一种电子光学微观分析仪器。这种仪器是将聚焦成很细的电子束打到试样上待测定的一个微小区域，产生不同的信息，加以收集、整理和分析，得出材料的微观形貌、结构和化学成分等有用资料。随着人们对电子与物质的相互作用和产生各种信息的认识不断深入及仪器设计和制造不断改进，使研究材料结构的电子束显微分析的手段越来越完善。

一、目的要求

1. 了解电子束显微分析的原理。

2. 掌握扫描电镜的基本结构和操作。

3. 掌握扫描电镜样品的制备方法。

二、基本原理

电子束显微分析仪如透射电镜（TEM）、扫描电镜（SEM）和电子探针分析（EPA）等都是人们观察、认识和研究材料微观世界的一种有效的"眼睛视力借助器"。它们大多采用电子束作为产生被测信息的激发源，当一束聚焦的高速电子沿一定方向轰击样品时，电子与固体物质中的原子核和核外电子发生作用，产生很多信息。有二次电子、背散射电子、俄歇电子，还有吸收电子、透射电子。电子透过薄样品时，可以使能量受到损失，称为透射电子能量损失。还可产生 X 射线，阴极荧光等。

当电子束入射到样品上时，由于受到原子的库仑电场的作用，入射电子的方向发生变化，称为散射。原子对电子的散射又可分为弹性散射和非弹性散射。弹性散射时，电子只改变方向，能量基本不变；非弹性散射时，电子不仅改变方向，能量也有不同程度的损失，转变为热、光、X 射线、二次电子等。图 2-92 描绘出散射过程的示意图。被样品表面以散射的形式

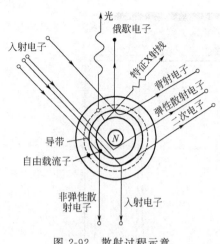

图 2-92 散射过程示意

弹回来的电子为背散射电子，样品表面散射电子的能力与其表面组成的原子序数有关；原子序数越大，弹射回来的电子数目越多，在显示样品成分差异或相的差异方面，背散射电子像的效果较好。二次电子是指入射电子轰击样品后，激发原子的外层电子，发射出电子，它的能量小，仅在 0～50eV 之间。因此，二次电子的发射区为样品表面 5～10 μm 深度内发出来，这时电子束在样品中尚未扩展，像的分辨率较高。对研究表面微观形态十分有效，用 SEM 观察样品表面形态的成像时，其立体感强，还有长的景深和高的分辨率，应用十分广泛。入射电子及二次电子在样品中经过多次非弹性散射后，一部分电子的能量完全损失，被样品吸收即吸收电子，利用各种元素的吸收电流的信息

不同与成像特点做元素的成分分析。当样品的厚度小于入射电子穿透的深度时，一部分入射电子穿透过样品从下表面射出，透射电子显微镜就是利用穿透样品的透射电子成像。若样品很薄（几十微米的厚度），则透射电子的主要部分是弹性散射电子，这时成像比较清晰，电子衍射斑点也较明锐。若样品较厚，含有一部分非弹性散射电子，这时成像模糊。射入固体表面的电子能量超过样品中某一元素的原子外层电子的激发能时，则外层电子吸收入射电子的一定能量而发生电子的能级跃迁，同时伴随 X 射线光量子发射。不同元素发射的特征 X 射线的波长不同，其能量也不同。利用特征 X 射线波长与能量不同这一特性，制造波长色散谱仪和能量色散谱仪对元素进行成分分析，一般配在扫描电镜上，使用方便，发展也相当快。俄歇（Auger）电子是电子束照射下从试样极表面（几个原子厚度）发出的具有特征能量的二次电子，对 H、He 以外的轻元素分析最为有效。

根据近代物理学理论，电子具有波粒二重性，电子作为波的性质，其重要特征是电子的波长。当电子被电势 V 加速时，获得动量 p，可用下式表示：$p=mv$。m 是电子的质量；v 是电子的速度。当加速电压相当高时，电子的运动速度很快，使其进入相对论的范畴内，加速电压超过 100kV 时，电子的质量要从 m_0 增加到 m，这里 m_0 为电子的静止质量。动量 p 又遵循德布罗意公式，$\lambda=\dfrac{h}{p}$，式中，h 是普朗克常数；λ 为电子的波长，求出的表达式为：

$$\lambda=\frac{1.226}{[V(1+0.9788\times10^{-6})]^{1/2}}\quad(\text{nm})\tag{2-128}$$

当电压较低时，不必考虑相对论修正，$\lambda=\dfrac{1.226}{\sqrt{V}}$，表 2-2 列出目前商品电子显微镜常用的加速电压值下电子的 m/m_0 和波长。随着加速电压的增加，电子的波长变短。

分辨率系指观察时能够分清两个点的中心距离的最小尺寸，正常人的眼睛在距观察物为

表 2-2　电子 m/m_0 和波长关系表

加速电压/kV	(m/m_0)	$\lambda/10^{-1}\mu m$	加速电压/kV	(m/m_0)	$\lambda/10^{-1}\mu m$
50	1.097	0.0536	800	2.565	0.0103
100	1.196	0.0370	1000	2.956	0.00872
200	1.391	0.0251	2000	4.914	0.00504
500	1.979	0.0142	3000	6.884	0.00375

25cm 时的分辨率为 0.2mm。光学显微镜的分辨能力根据阿贝（Abbe）建立的分辨率的理论，由 $\delta=0.62\lambda/n\sin\alpha$ 决定。δ 为分辨率，λ 为光源的光波波长，n 为介质的折射系数，$n\sin\alpha$ 为透镜的孔径值。若采用可见光的波长为 $500\mu m$，则 $=200\mu m$。电子显微镜的分辨率由式（2-129）决定。

$$\delta=BC_s^{1/4}\lambda^{3/4} \tag{2-129}$$

式中，B 是常数，一般在 $0.56\sim0.43$ 之间；C_s 是球差系数。电子显微镜的分辨率，一方面取决于电子的波长，即取决于电镜所采用的加速电压，另一方面取决于电镜中的球差系数。电子的波长比光波短得多，可以大大提高分辨率。扫描电镜应用的主要电子信息——二次电子，它的分辨率较高，一般可达 $5\sim10\mu m$ 左右。一般实验室用的透射式电子显微镜的分辨率为 $1\mu m$ 左右。

扫描电镜的分辨率虽然没有透射电镜高，但由于它具有很多优点而很受欢迎。图 2-93 是扫描电镜原理图。扫描电子显微镜的结构与透射电子显微镜的结构相类似，主要由三部分组成，即电子光学部分、真空部分和电子学部分。磁透镜是电子光学系统的核心，它使电子束聚焦。电子光学的上部是由电子枪和第一聚光镜、第二聚光镜组成的照明系统。电子枪又分为灯丝阴极、栅压、加速阳极三部分。灯丝通过电流后发射出电子，栅极电压比灯丝负几百伏，使电子会聚，改变栅压可以改变电子束尺寸；加速阳极系统可以具有比灯丝高 5×10^4 V 甚至数十万伏的高压，使电子加速。聚光镜是使电子束聚焦到所观察的试样上，通过改变聚光镜的激励电流，可

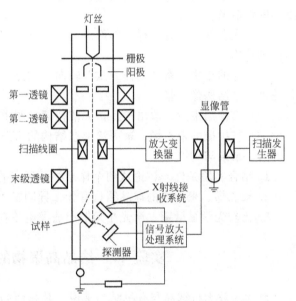

图 2-93　扫描电镜结构原理图

以改变聚光镜的磁场强度，形成很细的电子束；中间的扫描线圈是使电子束在样品上逐点扫描，以便使电子束轰击样品表面，使其发射出二次电子、背散射电子、X 射线等；下端是信号探测器，接收从样品发出的上述信号。电子显微镜的真空系统由机械泵（前级真空泵）、扩散泵（高真空泵）、真空管道和阀门以及空气干燥器、冷却装置、真空指示器等组成。电镜要求具有高度稳定的电子学系统。

SEM 的样品制备比透射电镜简单。为了得到样品结构形态的真实情况，必须保护好样品原有状态。有机高聚物试样多是不导电材料，为了防止 SEM 观察时，产生电荷积累（即充电），高聚物试样必须在观察前于真空中喷镀金属膜。此外，也是为了增强二次电子像的衬度（反差），使其具有明显的立体感。样品制备是获得优质照片的重要条件之一。

三、仪器与试样

HITACHIX-650 扫描电镜或其他类型的扫描电镜；真空镀膜机；实验制备结晶聚乙烯和聚丙烯薄片。

四、实验步骤

1. 样品制备

样品（结晶聚乙烯及聚丙烯薄片）的制备方法可参考实验 42。

2. 试样的蚀刻

（1）配制混合蚀刻剂。称取三氧化铬 50g，用 20mL 水溶解后，再加入 20mL 浓硫酸。

（2）样品的蚀刻。将结晶聚乙烯和聚丙烯薄片在蚀刻剂中于 80℃下蚀刻 5～15min。取出水洗、干燥。蚀刻剂对样品的晶区与非晶区具有不同的选择性蚀刻作用，蚀刻后可更清晰地显露样品的结构形态。

3．真空镀膜

将经上述处理的样品用导电胶固定在样品座上，待导电胶干燥后，放入真空镀膜机中镀上 10nm 厚金膜。

4．样品形态结构的观察

（1）按照扫描电镜使用说明书在教师指导下开启仪器。

（2）调节"物镜"粗、细调旋钮，进行聚焦，并同时调节"对比度"、"亮度"，以使光屏上的图像清晰。

（3）先在低倍下观察样品的形态全貌，然后提高放大倍数，观察聚乙烯、聚丙烯晶体结构的精细结构。

（4）像的拍摄。将"工作方式"转向"拍照"位置，每个样品在不同放大倍数，不同区域各拍摄形态结构像一张。

（5）实验结束后，取出样品，并依仪器说明书的要求关闭仪器。

（6）将拍摄的聚乙烯、聚丙烯形态结构的 SEM 照片洗印出来。

五、结果与讨论

1．结合实验条件，讨论这两个样品结晶形态的特点。

2．聚乙烯、聚丙烯的球晶结构有什么异同？

3．比较光学显微镜、激光小角散射法及电镜在高聚物聚态结构研究中的作用和特点。

实验 49　结晶高聚物的 X 射线衍射分析

对大多数无机结晶与有机结晶来说，其晶面间距 $d < 1.5nm$，因此当用 CuK_a 作为 X 射线源时，$\lambda_{CuK_a} = 0.15418nm$，按布拉格公式可算得相应的衍射角 2θ 为 $5°53'$，所以在习惯上就把 2θ 从 $5°\sim180°$ 的衍射称为宽角 X 射线衍射（WAXD），而把 $2\theta < 5°$ 的散射称为小角 X 射线散射（SAXS）。宽角衍射在大分子研究中有许多重要的应用，我们可以用它来进行相分析，测定结晶度，结晶的择优取向，大分子的微结构（包括晶胞参数，空间群，分子的构型、构象、立体规整度等）以及晶粒度与晶格畸变等。

一、目的要求

1．掌握宽角 X 射线衍射分析的基本原理。

2．掌握宽角 X 射线衍射仪的操作与使用。

3．对多晶聚丙烯进行宽角 X 射线衍射测定，并计算其结晶度和晶粒度。

二、基本原理

X 射线衍射基本原理是当一束单色 X 射线入射到晶体时，由于晶体是由原子有规则排列的晶胞所组成，而这些有规则排列的原子间距离与入射 X 射线波长具有相同数量级，迫使原子中的电子和原子核成了新的发射源，向各个方向散发 X 射线，这是散射，不同原子散射的 X 射线相互干涉叠加，可在某些特殊的方向上产生强的 X 射线，这种现象称 X 射线衍射。

每一种晶体都有自己特有的化学组成和晶体结构。晶体具有周期性结构，如图 2-93 所示。一个立体的晶体结构可以看成是一些完全相同的原子平面网按一定的距离 d 平行排列而成，也可看成是另一些原子平面按另一距离 d' 平行排列而成。故一个晶体必存在着一组特定的 d

值（图 2-93 中 d，d'，$d''\cdots$）。结构不同的晶体其 d 值组都不相同。因此，当 X 射线通过晶体时，每一种晶体都有自己特征的衍射花样，其特征可以用衍射面间距 d 和衍射光的相对强度来表示。面间距 d 与晶胞的大小、形状有关，相对强度则与晶胞中所含原子的种类、数目及其在晶胞中的位置有关。我们可以用它进行相分析，测定结晶度、结晶取向、结晶粒度、晶胞参数等。

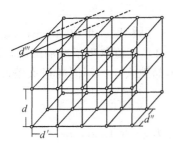

图 2-94　原子在晶体中的周期性排列

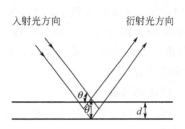

图 2-95　原子面网对 X 射线的衍射

假定晶体中某一方向上的原子面网之间的距离为 d，波长为 λ 的 X 射线以夹角 θ 射入晶体（如图 2-95 所示）。在同一原子面网上，入射线与散射线所经过的光程相等；在相邻的两个原子面网上散射出来的 X 射线有光程差，只有当光程差等于入射波长的整数倍时，才能产生被加强了的衍射线，即

$$2d\sin\theta = n\lambda \tag{2-130}$$

这就是布拉格（Bragg）公式，式中 n 是整数。知道了入射 X 射线的波长和实验测得了夹角，就可以算出等同周期 d。

图 2-96 是某一晶面以夹角绕入射线旋转一周，则其衍射线形成了连续的圆锥体，其半圆锥角为 2θ。由于不同方向上的原子面网间距离具有不同的 d 值，对于不同 d 值的原子面网组，只要其夹角能符合公式（2-130）的条件，都能产生圆锥形的衍射线组。实验中不是将具有各种 d 值的被测面以 θ 夹角绕入射线旋转，而是将被测试样磨成粉末，制成粉末样品，则样品中的晶体作完全无规则的排列，存在着各种可能的晶面取向。由粉末衍射法能得到一系列的衍射数据，可以用德拜照相法或衍射仪法记录下来。本实验采用 X 射线衍射仪，直接测定和记录晶体所产生的衍射线的

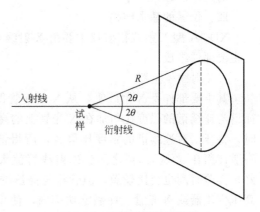

图 2-96　X 射线衍射示意图

方向（θ）和强度（I），当衍射仪的辐射探测器——计数管绕样品扫描一周时，就可以依次将各个衍射峰记录下来。

在结晶高聚物体系中，结晶和非结晶两种结构对 X 射线衍射的贡献不同。结晶部分的衍射只发生在特定的 θ 角方向上，衍射光有很高的强度，出现很窄的衍射峰，其峰位置由晶面距 d 决定，非晶部分会在全部角度内散射。把衍射峰分解为结晶和非晶两部分，结晶峰面积与总面积之比就是结晶度 χ_c。

$$\chi_c = \frac{I_c}{I_0} = \frac{I_c}{I_c + I_a} \tag{2-131}$$

式中，I_c 为结晶衍射的积分强度；I_a 为非晶散射的积分强度；I_0 为总面积。

高聚物很难得到足够大的单晶，多数为多晶体，晶胞的对称性又不高，得到的衍射峰都有比较大的宽度，又与非晶态的弥散图混在一起，因此测定晶胞参数不是很容易。高聚物结晶的晶粒较小，当晶粒小于 10nm 时，晶体的 X 射线衍射峰就开始弥散变宽，随着晶粒变小，衍射线愈来愈宽，晶粒大小和衍射线宽度间的关系，可由谢勒（Scherrer）方程计算：

$$L_{hkl} = \frac{K\lambda}{\beta_{hkl}\cos\theta_{hkl}} \tag{2-132}$$

式中，L_{hkl} 为晶粒垂直于晶面 hkl 方向的平均尺寸——晶粒度，单位为 nm；β_{hkl} 为该晶面衍射峰的半峰高的宽度，单位为弧度；K 为常数（0.89~1）其值取决于结晶形状，通常取 1；θ 为衍射角，单位为度。根据此式，即可由衍射数据算出晶粒大小。不同的退火条件及结晶条件对晶粒消长有影响。

三、仪器与样品

1. 仪器　XD-3A 型 X 射线衍射仪一台。铜靶、波长为 $\lambda = 0.15405\mu m$。

2. 样品

（1）无定形聚丙烯。北京向阳化工厂的无规聚丙烯，用乙醚溶解，过滤除去不溶物，析出、干燥、除尽溶剂。

（2）高温淬火结晶聚丙烯。将等规聚丙烯在 240℃热压成 1~2mm 厚的试片。在冰水中急冷。

（3）160℃退火结晶聚丙烯。取（2）的样品在 160℃油浴中恒温 0.5h。

（4）105℃退火结晶聚丙烯。取（2）的样品在 105℃油浴中恒温 0.5h。

（5）高温结晶聚丙烯，将等规聚丙烯在 240℃热压成 1~2mm 厚，恒温 0.5h 后，以每小时 10℃的速率冷却。

四、仪器的基本结构

XD-3A 型 X 射线衍射仪主要由 X 射线发生器、宽角测角器及准直系统、计数和记录器三个主要部件组成。

1. X 射线发生器

其主要部件是 X 射线管，从 X 射线管得到的 X 射线，既包含连续谱又包含特征谱，而特征谱与连续谱的强度比与加在 X 光管上的高压有关，当所加高压为阳极靶激发电压的 3~5 倍时，特征谱对连续谱的强度比最大，所得谱线的噪声就比较小。如铜的激发电压为 8.98kV，一般使用在 30~50kV 之间。X 射线管流大，管压高，X 射线强度就大，衍射谱质量会比较好，实验时间也会比较短，但管流与高压的乘积也不能超过 X 光管的额定功率，否则会烧坏高压变压器或 X 光管。在额定功率内，使用较高的管压（在特征谱与连续谱比为最佳的范围内），较低的管流。较低的管流意味着灯丝电流小，灯丝就不易挥发损坏，X 光管的使用寿命就比较长。常用的阳极靶元素和其 K 系特征波长列于表 2-3 中。

表 2-3　阳极靶元素和其 K 系特征波长

靶元素	原子序数	K_{a1} /nm	K_{a2} /nm	K_a^* /nm	K_β/nm	λK/nm	UK /kV	工作电压 /kV
Cr	24	2.290	2.294	2.291	2.085	2.070	5.988	20~25
Fe	26	1.936	1.940	1.937	1.757	1.743	7.111	25~30
Co	27	1.789	1.799	1.791	0.621	1.608	7.709	30
Ni	28	0.1658	0.1661	0.1659	0.1500	0.1488	8.331	30~35
Cu	29	0.1540	0.1544	0.1542	0.1392	0.1380	8.980	35~40
Mo	42	0.0709	0.0713	0.0710	0.0620	0.0620	20.002	50~55
Ag	47	0.0559	0.0564	0.0561	0.0497	0.0486	25.517	55~60

2. 宽角测角器及准直系统

（1）宽角测角器用来测量衍射角

样品转台与计数器联动，样品转台转动 θ 角时，计数器转动 2θ，角度由屏幕显示。测角器扫描范围为 $-20°\sim163°(2\theta)$，扫描速度有 8 挡：$\left(\frac{1}{32}\right)°/\text{min}$、$\left(\frac{1}{16}\right)°/\text{min}$、$\left(\frac{1}{8}\right)°/\text{min}$、$\left(\frac{1}{4}\right)°/\text{min}$、$\left(\frac{1}{2}\right)°/\text{min}$、$1°/\text{min}$、$2°/\text{min}$、$4°/\text{min}$。自动扫描由大角度扫向小角度。当要返回时，则用手动扫描，手动扫描可使测角器两个方向都能转动，若要改变方向，要把 MAN SPEED 旋至 CHANGE DIR。手动扫描速度在 $0°\sim2.5°/\text{s}$ 之间连续可调。

（2）准直系统

由 X 光管发射出的 X 射线有一定的发散，通过狭缝以满足实验需要。

① 索拉（Sollar）狭缝（SOS_1，SOS_2）。它有许多紧密相间、平行和高度吸水的金屑薄片组成，使 X 射线有很确定的轴向发散，可减少聚焦时产生各种畸变，索拉狭缝在设计已固定，发散角为 $2.5°$，不能调整。

② 发散狭缝（DS）。用来限定入射 X 射线束的大小及水平发散，狭缝的大小对入射光束、衍射线强度影响很大。DS 大能增加强度，但又不能太大，因样品面积有一定大小，过大使入射线照在样品外，降低了信噪比。DS 常配有 $1°$、$2°$、$4°$ 三挡，常用为 $1°$。

③ 防发射狭缝（SS）。其主要作用是防止散射线进入接收器，提高信噪比。一般亦有 $1°$、$2°$、$4°$ 三种，需与发散狭缝相应配合使用。

④ 接收狭缝（RS）。其使衍射后的一速很窄的衍射线进入计数管。狭缝大，衍射峰相对强度大，但峰形矮而宽；狭缝小，分辨率高，峰形尖锐。仪器配有 0.1mm、0.15mm、0.3mm、0.6mm 四挡可供选用。但接收狭缝的宽度与时间常数（TC）、扫描速度（SV）有一定的配合关系：

$$\frac{SV\times TC}{RS}\approx10 \tag{2-133}$$

时间常数（TC）和扫描速度（SV）也严重影响图谱质量，TC 小，平均效应小，分辨率高，但噪声大，弱峰会被噪音淹没。TC 大，平均效应强，峰高降低，噪声低，但峰位置向扫描方向移动，峰形不对称，在扫描方向拖尾巴。扫描速度 SV 有与时间常数 TC 类似的影响。扫描速度小，强度就高，峰位置也准确，分辨率较好。反之，峰高降低，峰位置向扫描方向移动，使分辨率变坏。一般，保证一定准确性与分辨率的情况下，力求高速度，以缩短实验时间。

3. 计数和记录器

本仪器采用闪烁计数管，由计数管计数产生的低压电脉冲经放大扫描记录下来成衍射峰，这样就得到衍射线的方向和强度。

4. XD-3A 型 X 衍射仪的面板图（图 2-97、图 2-98）。

五、实验步骤

实验参数如下：

X 光管负载功率：1kW

管压：35kV

管流 20MA

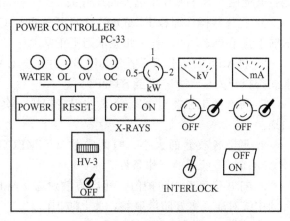

图 2-97　XD-3A 衍射仪动力控制面板示意图

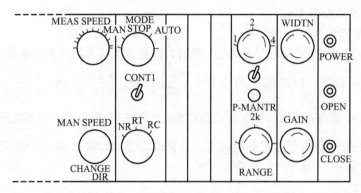

图 2-98　XD-3A 衍射仪操作面板部分示意图

发射狭缝：1°

防散射狭缝：1°

接受狭缝：0.3mm

扫描速度（MEAS SPEED）：2°/min

时间常数（TIME CONST）：2.0s

记录纸速度（SPEED）：20mm/min

量程（RANGE）

扫描角度 6°～35°

按上述实验条件参数启动 XD-3A 型 X 衍射仪。

1. 推上安装在墙上的总电源，使冷却水循环运转。（在此之前，打开主机左下侧铁门，检查输入板上的总电源开关是否处于 OFF 状态）。水泵工作，水压为 2.5～3kg/cm 正常。调节冷却水"BV"阀，改变水压。

2. 图 2-70 所示面板上动力电源开关（Supply）由 OFF 置于 ON。动力控制板 PC-33 上的 POWER 键按下，此时 POWER 及 WATER 指示灯亮，再按 RESET 键 WATER 灯熄表示 X 光管水冷却正常。

3. 把管压选择开关和管流选择开关都置于 OFF，功率负载置于 1kW。锨下 X-RAY 琴键至 ON，转动 kV，MA 选择开关至 35kV、20MA，表头也分别显示数值，此时 X 光管已处于工作状态。

4. 开启联锁开关 INTEBLOCK（防护门与光闸联锁）置于 ON 位，只有把防护门关好才能打开光闸。开 HV-3 检测器高压开关。

5. 将仪器操作面板上 MODE 选择开关拨至 CAL 位置，此时测角器自动回 0 位，并在显示窗上显示 000.000，若无此显示则不正常。

6. 将 MODE 选择开关拨至 MAN，并用 MEAN SPEED 旋钮调节测角器转速至 35°，再将模式选择开关从 MAN 拨至 STOP。

7. 将选择旋钮拨至 NR（NR 按程序扫描一次，RT 按程序扫描后返回起始角度，RC 循环扫描。）

8. 调节各狭缝的大小，时间常数（TIMECONST）、扫描速度（MEAS SPEED）、量程（RANGE）等所需的工作条件。

9. 打开聚氯乙烯防护门。开启防散射盖，将样品板插入样品台。样品板的中线要与样品台的中线对准，盖好防散射益，关上防护门。

10. 打开记录仪电源开关，卸去记录笔帽，选择好走纸速度。

11. 将模式选择开关由 STOP 调至 AUTO，此时，测角器、计数器、记录仪联动，片刻后扫描自动开始。

12. 调节记录仪零点，调节 RANGE 旋钮至适当位置使谱图有一定的峰高。

13. 扫描至设定的最小角度后，格 MODE 选择开关由 AUTO 拨至 STOP，关闭光闸，按下面板右侧的绿色按钮开关 CLOSE，X 光管右上方的红灯熄灭。

14. 重复测定样品，重复步骤 9～13。

15. 实验完毕，依次将 kV，mA HV-3 开关置 OFF 锹下 X-RAYS 的 "OFF" 和 "POW-ER"，关掉记录仪电源，最后置 SUPPLY 于 OFF。

16. 冷却水继续循环 10min 后，关掉配电板上的电源开关。取下样品板，清理仪器及样品架，关好防护门。

六、数据处理

本实验要求测量两个不同结晶条件的等规聚丙烯样品和一个无规聚丙烯样品的衍射谱，对谱图作如下处理。

1. 结晶度计算

对于 α 晶型的等规聚丙烯，近似地把（110）（040）两峰间的最低点的强度值作为非晶散射的最高值，由此分离出非晶散射部分（见图 2-99），因而，实验曲线下的总面积就相当于总的衍射强度 I_O 此总面积减去非晶散射线下面的面积（I_a）就相当于结晶衍射的强度（I_c），由式(2-131)就可求得结晶度 X_c。

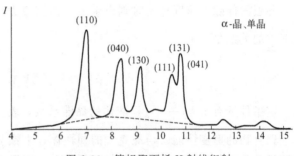

图 2-99 等规聚丙烯 X 射线衍射

2. 晶粒度计算

由衍射谱读出［hkl］晶面的衍射峰的半高宽 β_{hkl} 及峰位 θ，按式(2-132)计算出核晶面法向的晶粒度。讨论不同结晶条件对结晶度，晶粒大小的影响。

七、结果与讨论

1. 影响结晶程度的主要因素有那些？
2. 除了 X 射线衍射法外，还可以使用哪些手段来测定高聚物的结晶度？
3. 除去仪器因素外，X 衍射图上峰位置不正确可能由哪些因素造成？

实验 50 聚合物的蠕变

在恒定应力作用下，物体的形变在一定温度、湿度和一定应力的持续作用下，物体的形变随时间逐渐发展，最早达到平衡，这样的现象称为蠕变。如果在一定时间后，将应力除去，形变随时间的变化叫蠕变回复。聚合物蠕变性能反映了材料尺寸的稳定性。例如，精密的机械零件就不能采用易蠕变的塑料。对于作为纤维使用的聚合物，同样必须具有常温下不易蠕变的性能，否则就不能保证纤维织物的形态稳定性，橡胶制品要经过硫化交联，就是借助于分子间交联阻止分子链的流动，避免不可逆形变，以保证制品有良好的高弹性能。

一、目的要求

1. 了解聚合物蠕变的基本原理。
2. 掌握非晶态聚合物蠕变的基本测试方法。
3. 绘制聚合物蠕变曲线并求出弹性模量。

二、基本原理

1. 虎克定律和牛顿定律

黏性和弹性都是物质受到外力的作用时，所表现出来的力学性质。最简单的关于受外力作用而发生物质形状改变的定律是虎克定律和牛顿定律，前者应用于理想的弹性体，后者应用于理想流体。

任何物体在外力的作用下都会产生变形，物体在外力作用下产生的几何形状上的改变称为应变，受到外力作用使物体内部产生与外力相平衡的力称为应力。

虎克定律：应变的大小 ε 与应力 σ 成正比，即：

$$\sigma = G_0 \varepsilon \qquad (2\text{-}134)$$

G_0 为表示物体抵抗外力作用产生形变的一个常数，称为模量或模数，它的倒数 $1/G$ 称为柔量（J_0）。当外力为切力，则物体抵抗外力作用产生的是切应力，产生的形变为切应变，G_0 表示为切变模量。当外力为拉力时，则产生的应力为拉应力，此时 G_0 就是杨氏模量（E）。当外力为压力，应力为压应力时，此时的模量为本体模量（K）。这三种模量是不同的。

牛顿定律：理想的流体，受到无限小的作用力时，都会使流体的形状改变。如果流体流动时，各层间伴随有速度梯度时则产生一定的切应力。按牛顿定律的规律，切应力（σ）与切变速率 $\dfrac{\mathrm{d}\varepsilon}{\mathrm{d}t}$ 的关系是：

$$\sigma = \eta \frac{\mathrm{d}\varepsilon}{\mathrm{d}t} \qquad (2\text{-}135)$$

在一定条件下有 $\sigma = \eta \dfrac{\varepsilon}{t}$。$\eta$ 是液体的黏滞系数，表征液体抵抗流动的阻力，简称黏度。

聚合物的形变性能，与虎克型的弹性体，牛顿型的液体最主要的差别是时间因素。虎克定律的弹性形变与牛顿型的流动都与时间无关，即形变随着应力瞬时即达平衡值。但是聚合物的形变往往是时间的函数，即有明显的松弛现象。如将固定的应力加在聚合物的固体上，它的形变随时间而改变，即产生蠕变现象。

2. 聚合物的蠕变

维持恒定的应力，即应力 $\sigma(t)$ 具有阶梯函数的形式

$$\sigma_t = \begin{cases} 0 & 0 \leqslant t \leqslant t_1 \\ \sigma_0 & t_1 \leqslant t < t_2 \end{cases} \qquad (2\text{-}136)$$

这时对于理想固定（虎克弹性体），它的响应是瞬时的，在 $t=t_1$ 加负载后应变立即产生，并在 $t_1 \sim t_2$ 时间内维持恒定。在 $t=t_2$ 除去载荷后，应变马上消失，物体恢复原样。但对黏弹性材料，蠕变则是有复杂的形状，见图 2-100。

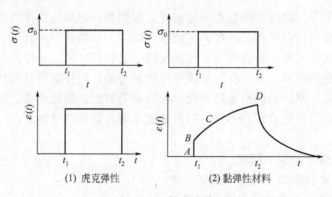

图 2-100　蠕变曲线

黏弹性材料聚合物的蠕变曲线，可以分为三段。

① AB 段 应力加上，马上产生应变，就像虎克弹性体一样，应力应变关系服从虎克定律。因此称之为瞬时普弹形变。

② BC 段 开始蠕变发展很快，然后逐渐变慢，最后达到平衡，应变与应力成比例，但与时间有关，叫做推迟弹性形变。

③ CD 段 形变随时间发展，且不可逆，表示线性非晶态聚合物的流动，服从牛顿定律。

不同种类的聚合物，其蠕变行为也不同。线型非晶态聚合物在 $T \ll T_g$ 时，蠕变很小。在 T_g 以上，其行为如橡胶或黏性液体。蠕变大小与相对分子质量有关，蠕变主要由黏度决定，黏度愈大，蠕变速度愈低，而黏度依赖于相对分子质量，所以蠕变速率也依赖于相对分子质量。如果在远低于 T_g 的温度进行实验，只能看到蠕变的起始部分，要观察到全部曲线可能要几个月甚至几年。如果在 $T \gg T_g$ 的温度进行试验，只能看到曲线极右边向上升起的部分。而在 T 接近 T_g 的温度时，几乎可在几秒或几小时的时间内观察到整个曲线。交联聚合物的蠕变，如一块理想的交联橡皮，在室温下已失去高弹性，其行为服从虎克定律，像块硬塑料。橡皮中很少的交联点虽已能大大减少蠕变，但要接近理想橡皮的情况，需要非常高的交联度。实际上由于交联网永远不能是非常完善的，因此与理想弹性的情况总有些偏高。高度交联的聚合物，如硬橡胶和酚醛树脂，其高分子链每几个原子就可能有交联，这些聚合物具有极高的玻璃化温度，甚至 T_g 高于分解温度而显示不出来，不再具有橡胶的性质。其蠕变较小能支持很大负荷，就是经过很多年，尺寸变化也很小。

对于晶态聚合物的蠕变性能，不仅随温度而变化，而且有时在其一温度下晶态聚合物随时间的蠕变也比交联或硬性的非晶态聚合物的为大，这部分是由于再结晶现象，或某些微晶体为了消除所受的应力而发生的转动，或因为应力对一部分晶体过于集中，晶面发生滑移，晶体可能破裂；所有这些因素使结晶态聚合物的蠕变比预期的大。

3. 非晶态线型聚合物的蠕变

当非晶态线型聚合物在恒定的应力 σ 作用下而发生形变（ε）时，根据其对时间或温度的依赖关系，其形变可分为三种本质不同的组分：

$$\varepsilon(t) = \varepsilon_1 + \varepsilon_2 + \varepsilon_3 \tag{2-137}$$

ε_1 称普弹形变，它遵守虎克定律。这种形变发展极快，按声速进行，故可认为与时间无关。对于聚合物固体来讲，这种形变的数值极小，不会超过其整个形变的百分之几。普弹形变与应力的关系如下：

$$J_0 （柔量）= \frac{1}{G} = \frac{\varepsilon_1}{\sigma_0} \tag{2-138}$$

J 表示物体的柔性，所以：

$$\varepsilon_1 = J_0 \sigma_0 \tag{2-139}$$

ε_3 是黏性流动形变，即服从牛顿定律的流动形变：

$$\sigma_0 = \eta \frac{\varepsilon_3}{t} \tag{2-140}$$

$$\varepsilon_3 = \sigma_0 \frac{t}{\eta} \tag{2-141}$$

高分子化合物与低分子化合物的流动性能在数量级上有很大差别，前者黏度在 $10^5 \sim 10^{15}$ P（1P=0.1Pa·s）的范围，后者在 $10^{-2} \sim 10^{-4}$ P 之间。

以上两种形变，高分子化合物与一般低分子化合物都有，只是在数量级上有差别。高弹形变 ε_2 是高分子特有的形变，如橡胶，它具有比原来拉伸至 10 倍以上的弹性，这种形变的关系是时间的函数，同时形变也与应力成正比，即：

$$\varepsilon_2 = \sigma_0 J \psi(t) \tag{2-142}$$

式中，σ_0 为恒定应力；J 是柔量；$\psi(t)$ 为弹性松弛函数。$\psi(t)$ 的特征是 $t=0$ 时，$\psi(0)=0$，而 $\psi(\infty)=1$，即当应力作用至极长时间后，形变即趋于平衡，此时的柔量也就可称为平衡柔量。$J \gg J_0$（$J=10^{-8} \sim 10^{-6}$ P，$J_0=10^{-12} \sim 10^{-14}$ P）。

从上面的讨论可知，聚合物的形变：

$$\varepsilon(t) = \varepsilon_1 + \varepsilon_2 + \varepsilon_3 = J_0 \sigma_0 + \sigma_0 J \psi(t) + \sigma_0 \frac{t}{\eta} = \sigma_0 \left[J_0 + J\psi(t) + \frac{t}{\eta} \right] \tag{2-143}$$

$J(t)$ 就是蠕变柔量。

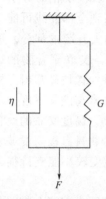

图 2-101　力学模型示意图

关于高分子化合物的黏弹性能，可以用力学模型来表示。用弹簧表示符合虎克定律的弹性，用黏壶表示符合牛顿定律的流动性能。蠕变的松弛函数 $\psi(t)$ 可用弹簧与黏壶的并联组合来描述（图 2-101）。在并联的模型中，当施加恒定的外力时，弹簧的形变因受黏壶的牵制而不能立刻伸展，形变推迟到一定的时间才能达到平衡。所推迟的时间决定于黏壶的黏滞系数（η）与弹簧的弹性模量的比值，即：$\eta/G = \tau$，τ 称为"松弛时间"。在这种模型中与外力 F 相对应的总应力（σ）为两部分应力之和。根据应力和应变的关系可得式(2-144)。

$$\sigma = G\varepsilon_2 + \eta \frac{d\varepsilon_2}{dt} \tag{2-144}$$

在恒力的应力下，$\sigma = \sigma_0$，求得式(2-144) 的积分形式为：

$$\varepsilon_2 = \frac{\sigma_0}{G} \left[1 - \exp(-G/\eta)t \right] = \frac{\sigma_0}{G} \left[1 - \exp(t/\tau) \right] \tag{2-145}$$

由此式可知，当 $\varepsilon_2 = \frac{\sigma_0}{G} \left(1 - \frac{1}{e} \right)$ 时的时间为高弹形变松弛时间 τ（此时 $t=\tau$）。

上述三种形变过程的时间函数各不相同，分为瞬时的、松弛的与恒稳的，则在实际蠕变过程中即可设法将弹性部分与黏性部分加以分开而分别处理。例如，黏性流动即为与时间成直线关系的稳流，则当 $\psi(\infty)=1$，即弹性蠕变达到平衡时，在蠕变曲线上的直线部分即可用以表示这种稳流，其斜率为 $1/\eta$，截距为 $\varepsilon/\sigma_0 =$ 柔量，可求出模量。

本实验采用定应力压缩形变法，利用霍普勒定应力平行板塑性计进行实验，以求得蠕变曲线，本体黏度 η_a 和模量 G。

霍普勒塑性计曾用来研究橡胶的弹性形变与塑性流动，一般皆系根据压缩率进行计算。丹尼斯（Dienes）等曾从应用力学阐明，定应力压缩形变高度与切应变之间的关系，即在蠕变过程中的切应变/切应力（ε/σ）与平行板间距离 h 的平方成反比，即 $\varepsilon/\sigma = F/h^2$，其中 F 为与平行板半径 a 及荷重 W 有关之因素：

$$F = \frac{3\pi a^4}{(4 \times 980W)} \tag{2-146}$$

本实验中，$a=0.507$，$W=6000$ g，所以，$F=2.646 \times 10^{-8}$。

以 $\varepsilon/\sigma = F/h^2$ 代入式(2-144)，得：

$$\frac{F}{h^2} = J_0 + J\psi(t) + \frac{t}{\eta} \tag{2-147}$$

在这种法化蠕变曲线 $\left(\frac{F}{h^2} - t \right.$ 曲线，图 2-102 $\left. \right)$ 上，当 $t \rightarrow \infty$ 时所观察到的黏性流动（该曲线之直线部分的斜率）为：

$$\frac{1}{\eta} = \frac{1}{\sigma} \times \frac{d\varepsilon}{dt} \tag{2-148}$$

此时令 $\eta_a = \eta$，η_a 为在某一温度对于给定应力下的貌似本体黏度，即：

$$\eta_a = \frac{1}{\lim\limits_{x \to \infty} \dfrac{d(F/h^2)}{dt}} \tag{2-149}$$

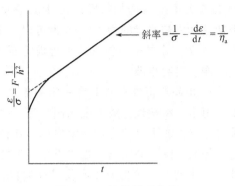

图 2-102　法化蠕变曲线

按照埃伦（Eyring）关于链型分子聚合物黏性流动的分子理论，认为这是一种链段跳跃的扩散过程，需要一定的表观黏流活化能，ΔE_η 与 η_a 的关系可用阿仑尼乌斯公式表示：

$$\frac{1}{\eta_a} = A_0 \exp\left(-\frac{\Delta E_\eta}{RT}\right) \tag{2-150}$$

式中，T 为绝对温度；R 为理想气体常数。

作 $\lg\dfrac{1}{\eta_a}$-$\dfrac{1}{T}$ 之图得一直线，可求得 ΔE_η。从表观黏流活化能，按照埃伦理论，尚可粗略估计出链型分子的黏性流动单位——黏流线段的长短。普通长链碳氢化合物的蒸发热 ΔE_{vap}，一般为其表现黏流活化能 ΔE_η 的 4 倍，即 $\Delta E_{vap} = 4\Delta E_\eta$。假如聚合物有如下结构：$-A-(A)_n-A-$，则查出相应的小分子化合物 A（如聚甲基丙烯酸甲酯，则 A 为甲基丙烯酸甲酯）的蒸发热 $\Delta E'_{vap}$，则聚合物的平均黏性流动单位的相对分子质量为 $\dfrac{\Delta E_{vap}}{\Delta E'_{vap}} M_A$（$M_A$ 为小分子 A 的相对分子质量）。

三、仪器药品

霍普勒平行板塑性计，超级恒温槽，秒表。

试样：本实验用聚合物 SBS（苯乙烯-丁二烯-苯乙烯共聚物）。将待测样品切制成圆柱形，其截面与平行板塑性计的平行板截面大小相同，面积为 $1cm^2$，高度在 1cm 左右（最好每个测定的样品高度相差不多）。将试样在蒸馏水中煮 0.5h，以消除内应力，晾干备用。如此处理后的试样高约 0.95～1.00cm，直径约为 1.15～1.18cm。

仪器装置：霍普勒塑性计的仪器装置如图 2-103 所示。

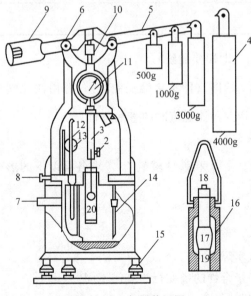

图 2-103　仪器装置图

在图中 1 为可旋转作控制导杆用的旋转棒；2 为夹连接导杆与金属棒用的螺旋；3 为下落之螺旋杆；4 为可直接放置于导杆上端的砝码；5 是杆臂之一端为平衡杠杆重量的金属棒；9 内有螺丝可旋转以便校正杠杆臂二端重量之平衡，另一端不悬挂砝码，由杠杆的原理可知，如果在杠杆臂的×3 处加上重 500g 的砝码，就相当于在导杆顶端加了 3×500g＝1500g，加 500g 在×4 上则为 2000g，其他依此类推；6 为滚球轴；7、8 为恒温水出入口；10 为导杆下压时与刻度盘之连接处，它连接的金属棒上有磁性，可吸刻度盘的托架而上下，并连同刻度盘指针；11 同时偏转刻度盘，刻度盘大圈分 100 格，每格 0.01mm，一圈为 1mm，小圈每格为 1mm，当大圈转 100 格时小圈偏转 1 格；12 为温度计；

13 为放大镜；14 为加热器；15 为调节水平用的支架；16 为平行板塑性计；17 为放置在平行板塑性计中被测定的物质；18 为可以上下移动的平行板，上端直接与具有一定荷重的导杆相连；19 为固定的平行板（二平行板的面积为 $1cm^2$）；20 为放置平行板塑性计的圆柱筒。

四、实验步骤

1. 由超级恒温水浴中将一定温度的恒温水由 8 通入，并由温度计上读出所需要的温度。温度恒定后将塑性计放入金属圆柱筒 20 中，经 15min 恒温，放松螺旋夹 1 使导杆可自由下落，并将它慢慢放下（注意：一定要用手托住导杆使之慢慢与刻度盘上的"托架"接触，如用力过猛，猝然下降，会使刻度盘之千分表振坏致使仪器损伤）。利用导杆上端与刻度盘压下的接触处 10，则导杆下落时刻度盘指针即偏转。测定未落入样品时的刻度盘上读数为 h_0''，将待测样品的圆柱体两面涂上一层薄的甘油（以防止鼓形效应）放入塑性计中，再恒温一刻钟，用同样方法，测得刻度盘上读数为 h_0'，则 $h_0'' - h_0'$ 为未加重量时样品的高度 h_0。

2. 先将导杆压下到刻度盘的指针恰好在原来的 h_0' 处，旋紧螺旋钮 1，加上所需的砝码（荷重为 $6 \times 1000g$）旋开螺旋钮 1，手按秒表，当荷重下压时开始计时，被测物质在恒定荷重的压力下刻度盘上指针发生偏转，记下不同时间时的 h 值。开始前 4min 内每分钟读一次读数，从 $4 \sim 8$min，每 2min 读一次，从 $8 \sim 20$min，每 3min 读一次。从 20min 开始每隔 5min 读一次，直到 90min，即记录到弹性蠕变达到平衡时为止的数据。

3. 测定 4 个不同温度时（30℃，40℃，50℃，60℃）在 $6 \times 1000g$ 荷重下，聚合物 SBS 的蠕变曲线。

五、数据处理

1. 根据记录把数据列表。

荷重：6000g　温度：

时间(t)	
千分表读数 h	
形变高度 $\Delta h' = h - h_0$	
样品高度 $\Delta h = h_0'' - h$	
应变 $\varepsilon = \Delta h' / h_0$	
$\dfrac{\varepsilon}{\sigma} = F\dfrac{1}{\Delta h^2} = 2.646 \times 10^{-3} \times 1/\Delta h^2$	

2. 在各温度、同一荷重下作应变 ε-t 关系曲线。（即蠕变曲线）。

3. 在各温度、同一荷重下作 $\dfrac{\varepsilon}{\sigma} = F\dfrac{1}{\Delta h^2}$ 对时间 t 的图（即法化蠕变曲线），并由法化蠕变曲线求出达到黏流稳流时直线的斜率及截距，写出达到黏流稳流时的直线方程。

4. 由不同温度下的法化蠕动曲线求 η_a 和弹性模量 G_0。

5. 由 $\lg\dfrac{1}{\eta_a} - \dfrac{1}{T}$ 作图，求黏性流动的貌似活化能。由 η_a 和弹性模量 G_0，求各温度下的形变松弛时间 $\tau\left(\text{等于}\dfrac{\eta}{G}\right)$。

六、结果与讨论

1. 什么叫蠕变现象？研究聚合物的蠕变有什么实际意义？

2. 讨论线型非晶态聚合物、交联聚合物、晶态聚合物的蠕变行为有何不同？

3. 怎样求黏性流动的表观活化能，怎样求松弛时间 τ?

实验 51 用旋转黏度计测定聚合物浓溶液的流动曲线

按照流体力学的观点，流体可分为理想流体和实际流体两大类。理想流体在流动时无阻力，故称为非黏性流体。实际流体流动时有阻力即内摩擦力（或称剪切应力），故又称为黏性流体。根据作用于流体上的剪切应力与产生的剪切速率之间的关系，黏性流体又可分为牛顿流体和非牛顿流体。研究流体的流动特性，对聚合物的加工工艺方面具有很强的指导意义。

一、实验目的

1. 学会使用 NDJ-79 型旋转黏度计。
2. 计算恒温条件下，被测流体当剪切速率变化时的黏度值，并绘制流体的流动曲线。
3. 求出流动幂律指数 n 和稠度系数 K 值，并根据流动幂律指数 n 判定所测流体性质。

二、实验原理

取相距为 dy 的二薄层流体，下层静止。上层有一剪切力 F，使其产生一速度 du。由于流体间有内摩擦力影响，使下层流体的流速比紧贴的上一层流体的流速稍慢一些，至静止面处流体的速度为零，其流速变化呈线性的。这样，在运动和静止面之间形成一速度梯度 du/dy，也称之为剪切速率。

在稳态下，施于运动面上的力 F，必然与流体内因黏性而产生的内摩擦力相平衡，根据牛顿黏性定律，施于运动面上的剪切应力 σ 与速度梯度 du/dy 成正比。即：

$$\sigma = F/A = \eta \frac{du}{dy} \tag{2-151}$$

式中，du/dy 为剪切速率，用 $\dot{\gamma}$ 表示；η 为比例常数，称为黏度系数，简称黏度。式（2-151）可改写为：

$$\sigma = \eta \dot{\gamma} \tag{2-152}$$

以剪切应力 σ 对剪切速率 $\dot{\gamma}$ 作图，所得的图线称为剪切流动曲线，简称流动曲线。

（1）牛顿流体的流动曲线是通过坐标原点的一直线，其斜率即为黏度，即牛顿流体的剪切应力与剪切速率之间的关系完全服从于牛顿黏性定律：$\frac{\sigma}{\dot{\gamma}} = \eta$，水、酒精、醇类、酯类、油类等均属于牛顿流体。

（2）凡是流动曲线不是直线或虽为直线但不通过坐标轴原点的流体，我们都称之为非牛顿流体。此时黏度随剪切速率的改变而改变，这时将黏度称为表观黏度，用 η_a 来表示。聚合物浓溶液、熔融体、悬浮体、浆状液等大多属于此类。

聚合物流体多数属于非牛顿流体，它们与牛顿流体具有不同的流动特性，两者的动量传递特性也有所差别，进而影响到热量传递、质量传递及反应结果。

对于某些聚合物的浓溶液我们通常用 Ostwald 幂律定律来描述它的黏弹性，即：

$$\sigma = k\gamma^n \tag{2-153}$$

式中，n 称为流动幂律指数，k 为稠度系数（常数）。对比式（2-152）和式（2-153），表观黏度 η_a 可以用 $k\gamma^{n-1}$ 来表示，即 $\eta_a = k\gamma^{n-1}$。

幂律定律在表征流体的黏弹性上有哪些优点呢？通过 n 值的大小能判定流体的性质。

$n > 1$，为胀塑性流体；$n < 1$，为假塑性流体；$n = 1$ 为牛顿流体；

胀塑性流体和假塑性流体都属于非牛顿流体，如图 2-104 所示。

我们将式（2-153）两边取对数得：

$$\lg\sigma=\lg k+n\lg\dot{\gamma} \tag{2-154}$$

用 $\lg\sigma$ 对 $\lg\dot{\gamma}$ 作图得一直线，n 值及 k 值即可定量求出。

三、仪器介绍

本实验采用的是 NDJ-79 型旋转黏度计，由同济大学生产（图 2-105）。它适用于实验室，工厂测定各种牛顿型液体的绝对黏度和非牛顿型液体的表观黏度，如定制特殊转筒与标准转筒一起配用，可测非牛顿型液体的流变特性。该仪器可测定石油、树脂、油漆、油墨、糨糊、奶油、药物、沥青等的黏滞性物质，不同黏度的液体可选用三种不同的测定附件进行测定。本仪器具有体积小、重量轻、使用方便、维护简单、经久耐用而能迅速可靠地测定液体黏度的特点。

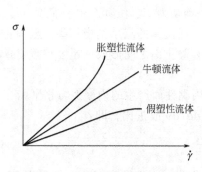

图 2-104　几种典型的流变曲线

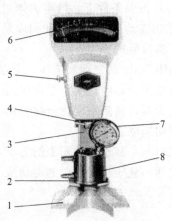

图 2-105　NDJ-79 型旋转黏度计
1—底座；2—托架；3—立柱；
4—玻璃瓶架；5—调零螺丝；
6—刻度盘；7—双金属温度计；
8—第Ⅱ单元测定器

四、测试样品及配制

1. 测试样品：本实验被测样品有两种：

一种为假塑性流体——聚乙烯醇浓溶液；另一种为牛顿流体——硅油。

2. 聚乙烯醇溶液的配制

先将一定量的聚乙烯醇放入适量水中，使其溶胀 1～2 天，然后加热至 60℃，使聚乙烯醇溶于水中，直到全部溶解成糊状为止。

五、操作步骤

1. 将 NDJ-79 型旋转黏度计从仪器箱中取出，放置平稳后接通电源，看电机是否运转正常。

2. 将被测溶液小心地注入测试容器最多至 3/4 处。

3. 将转筒浸入液体直到完全浸没为止，将测试器放在仪器托架上并将转筒悬于仪器联轴器上。

4. 接通电源，待指针稳定后，读数；（读数时视线应保持指针与其镜像重合）。

5. 读数后关闭电源，取下测试容器，放在转筒正下方，让转筒上的溶液尽量滴回容器中。

6. 取下转筒，换上另一个，重复以上操作。

7. 测试完毕后，先切断电源，洗净转筒，清洗容器，清理实验台，将黏度计放入箱中，妥善保管。

六、数据记录、处理

1. 准确完整记录实验数据列入下表中

项　　目	Ⅰ号转筒	Ⅱ号转筒	Ⅲ号转筒
剪切速率/s^{-1}	2000	350	175
黏度计常数	1	10	100
黏度计读数			
η/cP			
σ			
lgσ			
lg$\dot{\gamma}$			

2. 计算出剪切速率下的 σ 值
3. 画出 lg$\sigma\sim$lg$\dot{\gamma}$ 流动曲线
4. 求出 n 和 k 值
5. 讨论该试样属于何种流体

七、结果与讨论

1. 牛顿流体与非牛顿流体的主要区别是什么?
2. 浓溶液的浓度对测量结果有什么影响?
3. 从高分子分子结构角度，阐述高分子熔融体，高分子溶液为什么通常都表现出非牛顿流体流变特性。

实验 52　毛细管流变仪法测定塑料材料的熔体流变性能

一、实验目的

1. 了解毛细管流变仪的结构与测定聚合物流变性能的原理
2. 掌握毛细管流变仪测定流变性能的方法。

二、实验原理

高分子材料的成型过程，如塑料的压制、压延、挤出、注射等工艺，化纤抽丝，橡胶加工等过程都是在高分子材料处于熔体状态进行的。熔体受力作用，表现出流动和变形，这种流动和变形行为强烈地依赖于材料结构和外在条件，高分子材料的这种性质称为流变行为（即流变性）。

测定高分子材料熔体流变行为的仪器称为流变仪，有时又叫黏度计。性能按仪器施力方式不同有许多种，如落球式、转动式和毛细管挤出式等，这些不同类型的仪器，适用不同黏性流体在不同剪切速率范围的测定。各种流变仪的剪切速率和黏度范围如表 2-4 所示。

表 2-4　各种测定流变性能仪器的适用范围

流　变　仪	剪切速率/s^{-1}	黏度范围/Pa·s
毛细管挤出式	$10^{-1}\sim10^{6}$	$10^{-1}\sim10^{3}$
旋转圆筒式	$10^{-3}\sim10^{1}$	$10^{-1}\sim10^{11}$
旋转锥板式	$10^{-3}\sim10^{1}$	$10^{2}\sim10^{11}$
平行平板式	极低	$10^{2}\sim10^{3}$
落球式	极低	$10^{-5}\sim10^{3}$

在测定和研究高分子材料熔体流变性能的各种仪器中，毛细管流变仪是一种常用的较为合适的实验仪器，它具有功能多和剪切速率范围广的优点。毛细管流变仪既可以测定聚合物熔体

在毛细管中的剪切应力和剪切速率的关系，又可以根据挤出物的直径和外观，在恒定应力下通过改变毛细管的长径比来研究熔体的弹性和不稳定流动（包括熔体破裂）现象。从而预测其加工行为，作为选择复合物配方，寻求最佳成型工艺条件和控制产品质量的依据；或者为高分子加工机械和成型模具的辅助设计提供基本数据。

毛细管流变仪测试的基本原理是：设在一个无限长的毛细管中，塑料熔体在管中的流动为一种不可压缩的黏性流体的稳定流动；毛细管两端的压差为 Δp。流体具有黏性，受到来自管壁与流动方向相反的作用力，通过黏滞阻力与推动力相平衡，可推导得到管壁处的剪切应力（τ_w）和剪切速率（γ_w）与压力、熔体流动速率的关系：

$$\tau_w = \frac{R\Delta p}{2L} \tag{2-155}$$

式中　R——毛细管的半径，cm；

　　　L——毛细管的长度，cm；

　　　Δp——毛细管两端的压力差，Pa。

$$\gamma_w = \frac{4Q}{\pi R^3} \tag{2-156}$$

式中，Q 为熔体体积流动速率，cm^3/s。

由此，在温度和毛细管长径比（L/D）一定的条件下，测定在不同的压力下塑料熔体通过毛细管的流动速率（Q），由流动速率和毛细管两端的压力差 Δp，可计算出相应的 τ_w 和 γ_w 值，将一组对应的 τ_w 和 γ_w 在双对数坐标上绘制流动曲线图，即可求得非牛顿指数（n）和熔体的表现黏度（η_a），改变温度或改变毛细管长径比，则可得到对温度依赖性的黏度活化能（E_η）以及离模膨胀比（B）等表征流变特性的物理参数。

但是，对大多数聚合物熔体来说都属于非牛顿液体，它们在管中流动时具有弹性效应，壁面滑移和入口处流动过程的压力降等特征。况且，在实验中毛细管的长度都是有限的，由上述假设推导测得的实验结果将产生一定的偏差。为此对假设熔体为牛顿流体推导的剪切速率 γ_w 和适用于无限长毛细管的剪切应力 τ_w 必须进行"非牛顿改正"，方能得到毛细管管壁上的真实剪切速率和真实剪切应力。不过，改正手续较繁复，工作量很大，如毛细管的 $\dfrac{L}{D} > 40$，或该测试数据仅用于实验对比时，也可不作改正要求。

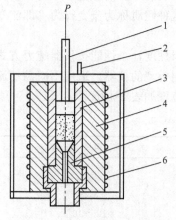

图 2-106　XLY-1 型流变仪
结构示意图

1—柱塞；2—温度计；3—料筒；
4,6—加热装置；5—毛细管

三、原料

热塑性塑料及其复合物粉料、粒料、条状薄片或模压块料等。

四、主要仪器设备

毛细管流变仪　　　　　1台
天平（感量0.1g）　　　1台
秒表　　　　　　　　　1个

液体石蜡、清洁绸布、套筒扳手、手套等实验用具。

本实验采用 XLY-1 型流变仪，该仪器为恒压式毛细管流变仪，由加压系统、加热系统、控制系统和记录仪组成。其主要结构（即物料挤出系统）如图 2-106 所示。

它是由一个套有电热元件、工作表面光洁度较高的柱塞料筒和一个可换式毛细管（口模）组成，毛细管镶装在加热料筒的下端，料管内装预测之试料。通过加压系统的杠杆机构，可获得较大的工作压力和控制导向杆下降的速度，与此同时，电子记录仪自动记录下熔体温度和挤出速度。

XLY-1 型流变仪主要技术特征

柱塞头直径	$\phi 11.28^{-0.005}_{-0.012}$ mm
柱塞头面积	1cm²
压力范围	10～500kg/cm²
毛细管规格	直径×长度（mm×mm）：1×5、1×10、1×20、1×40
恒温范围	室温至 400℃±1℃
等速升温速度	0.5，1，1.5，2，2.5，3，4，5，6（℃/min）
温度测量数字显示	准确度<±0.5℃
柱塞位移量	20cm

五、实验

1. 将加热系统、压力系统、记录仪与控制仪的接线分别与控制仪后面板上的接插线连接好。打开电源开关，把测温热电偶插入加热炉测温孔并与记录仪接上。

2. 根据测试目的及原料特性选择控温方式（恒温或等速升温），测试温度及升温速度，利用控制台设定出相应的数字。

3. 在天平上称取 1.5～2.0g 试料（其量随试料的不同而异）。当温度达到要求后，取出柱塞用漏斗将试料尽快加入料筒内，随即把柱塞插回料筒，将加热炉体移至压头正下方。

左旋松动油把使压头下压，再右旋拧紧放油把手并搬动压油杆使压头上升，反复两次将物料压实。然后调节调整螺母，使压头与柱塞压紧，预热试料 10min，同时选好记录速度。

4. 左旋松动油把，使压杆下压到最低限位。同时开启记录仪，此时受压熔体自毛细管挤出并在记录仪上描绘出熔体温度与柱塞下降速度。

5. 待熔体全部挤出后，右旋拧紧放油把手，上下搬动压油杆，抬起压头，移出加热炉，取出柱塞和毛细管。趁热用绸布蘸少许溶剂反复擦洗柱塞、毛细管以及料筒内表面。清洗完毕，立即组装好各件，以备再用。

6. 收集挤出物，观察其外形变化；测量挤出物直径；注明挤出物、记录图线测试条件。

7. 在同一温度下改变负荷，相应地调整记录速度，重复上述实验操作过程，即可测得一组流动速率图线。

通过换算和数据处理，可得到不同的熔体流率（Q）相对应的剪切速率（$\dot{\gamma}_w$）以及其他流变学参数。

六、实验结果表述

1. 计算公式

（1）熔体容积流率 Q(cm³/s)

$$Q = \frac{hs}{t} \tag{2-157}$$

式中　s——柱塞的横截面积，cm²；

　　　t——熔体挤出的时间，s；

　　　h——在时间 t 内柱塞下降的距离，cm。

（2）熔体的表观黏度 η_a(Pa·s)

$$\eta_a = \frac{\tau_w}{\dot{\gamma}_w} \tag{2-158}$$

式中　τ_w——管壁处的表观剪切应力，Pa；

　　　$\dot{\gamma}_w$——管壁处的表观剪切速率，s⁻¹。

（3）非牛顿改正

$$\dot{\gamma}_{w改} = \frac{3(n+1)}{4n}\dot{\gamma}_w \tag{2-159}$$

式中 $\dot{\gamma}_{w改}$——管壁处的真实剪切速率，s^{-1}；

   n——非牛顿指数。

(4) 入口改正

$$\tau_{w改} = \frac{\Delta p}{2\left(\dfrac{L}{R}+e\right)} \tag{2-160}$$

式中 $\tau_{w改}$——管壁处的真实剪切应力，Pa；

   e——改正因子。

(5) 熔体黏流活化能 E_η(J/mol)

$$\ln\eta_a = \frac{E_\eta}{RT} + \ln A \tag{2-161}$$

式中 T——绝对温度，K；

   R——气体常数，8.31J/(mol·K)；

   A——常数。

(6) 离模膨胀比 B

$$B = \frac{D_s}{D} \tag{2-162}$$

式中 D_s——挤出物直径，cm；

   D——毛细管直径，cm。

2. 数据处理及作图

(1) 在流动速率图线上截取一平直段，将其对应的纵、横坐标（t,h）值代入（2-157）中，可计算出熔体容积流率（Q）。再用式(2-155)、式(2-156)分别计算出各 Q 值对应的表观剪切应力（τ_w）和表观剪切速率（$\dot{\gamma}_w$）。

(2) 由式(2-158)计算出表观黏度（η_a）后，将 Q、τ_w、$\dot{\gamma}_w$、η_a 的计算值列入记录表中，同时在双对数坐标纸上绘制 τ_w 对 $\dot{\gamma}_w$ 的流变曲线，在 $\dot{\gamma}_w$ 不大的范围内可得一条直线，该直线的斜率则为非牛顿指数（n）。

(3) 将 n 代入式(2-159)，进行非牛顿改正可得到毛细管壁上的真实剪切速率（$\dot{\gamma}_{w改}$）。

(4) 把恒定温度下测得的不同的长径比 $\dfrac{L}{D}$、毛细管的一系列压力降（Δp）对表观剪切速率（$\dot{\gamma}_w$）作图，再在恒定 $\dot{\gamma}_w$ 下绘制 Δp-$\dfrac{L}{D}$ 关系图，将其所得直线外推与轴相交，该轴上的截距（e）即为 Bagley 改正因子。把 e 代入式(2-160)就可得到毛细管处的真实剪切应力（$\tau_{w改}$）。

(5) 利用不同温度下测得的塑料熔体表观黏度绘制 $\ln\eta_a$-$1/T$ 关系图，在一定的温度范围内图形是一直线。该直线的斜率即能表征熔体的黏流活化能 E_η。

(6) 将挤出物（单丝）冷却后用测微器测量其直径（D_s）（为减少挤出物自重所引起的单变细。测量应靠单丝端部进行，最好选用溶液接托法取样）。由式(2-162)可计算出膨胀比（B）；另外还可用放大镜观察挤出物的外观。

(7) 将塑料熔体流变数据记录于下表：

编号	L/D	T /℃	Δp /Pa	h /cm	t/s	Q /(cm³/s)	τ_w /Pa	$\dot{\gamma}_w$ /s⁻¹	η_a /Pa·s	n	B
1											
2											
3											
4											

七、结果与讨论

1. 就所测得流变曲线分析该塑料流体的类型？评定其工艺性能？

2. 试考虑为什么要进行"非牛顿改正"和"入口改正"？怎样进行改正？

3. 为保证实验结果的可靠性，操作及数据处理应特别注意哪些问题？

实验53　应力松弛法测聚合物的力学性能

聚合物材料在应用过程中，它的力学性能受到普遍重视，人们利用各种方法测试聚合物的力学性能，测试手段越来越先进，测试结果越来越接近实际。应力松弛仪就是测定聚合物静态力学性能方法其中的一种。由于应力松弛结果一般要比蠕变更容易用黏弹性理论来解释，故常用于聚合物结构和性能的研究。

一、实验目的和要求

1. 学会应力松弛这种测定聚合物力学性能的方法。

2. 学会求取松弛时间 τ 的一种计算方法。

3. 了解温度和时间对松弛量的影响。

二、实验原理

所谓应力松弛，就是在恒定温度和形变量保持不变的情况下，聚合物内部的应力随时间增加而逐渐衰减的现象。线性聚合物产生应力松弛的原因，是由于外力作用被拉长的分子链，顺外力方向舒展，逐渐过渡到新的平衡构象。也就是链段顺着外力的方向运动以减少或消除内部应力。当每个分子链的构象完全以平衡状态来适应试样所具有的应变时，应力松弛到零。这只限于线型聚合物，对于交联聚合物，由于分子间网络结构的存在，不能滑移，聚合物不能发生塑性形变。所以应力不会松弛到零，只能松弛到某一平衡值。因此与蠕变一样，交联也是克服应力松弛的重要措施，橡胶制品尤为需要。

温度对应力松弛的影响较大，在试样所处温度远高于其玻璃化转变温度时，链段运动能力较强，体系内的黏滞阻力相对较小，因而实际上应力松弛是很快的，有时甚至快到几乎察觉不到的程度。假如试样所处温度远低于玻璃化转变温度，高分子链段的运动能力极差，体系内黏滞阻力相对大得多，因而即使施以较大的外力，应力松弛仍极缓慢。处于这两种极端情况之间的，就是试样处于玻璃化转变温度左右，此时的应力松弛强烈地依赖于时间。

利用 Maxwell 模型可以近似地描述聚合物的应力松弛过程（如图 2-107 所示）。

Maxwell 模型的运动方程为：

$$\frac{d\varepsilon}{dt} = \frac{1}{E}\frac{d\sigma}{dt} + \frac{\sigma}{\eta} \qquad (2\text{-}163)$$

在等速拉伸过程中，形变速率为一常数 K。因此：

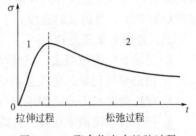

图 2-107　聚合物应力松弛过程

$$K = \frac{1}{E}\frac{d\sigma}{dt} + \frac{\sigma}{\eta} \tag{2-164}$$

在应力松弛过程中，形变速率为零。因此：

$$\frac{1}{E}\frac{d\sigma}{dt} + \frac{\sigma}{\eta} = 0 \tag{2-165}$$

上面式(2-164)，式(2-165)两个数分方程可以描述如下的两个过程。

对式(2-165)进行积分（当 $t=0$ 时，$\sigma = \sigma_0$）

$$\ln\sigma_t = \ln\sigma_0 - \frac{t}{\tau} \tag{2-166}$$

利用式(2-165)通过我们实验所得曲线取点用最小二乘法即可求出松弛时间 τ。

对式(2-164)积分（当 $t=0$ 时，$\sigma=0$）

$$\ln(\tau EK - \sigma_t) = \ln(\tau EK) - \frac{t}{\tau} \tag{2-167}$$

令 $EK = k$，有：

$$\ln(\tau k - \sigma) = \ln\tau k - \frac{t}{\tau} \tag{2-168}$$

将式(2-166)中求得的 τ 代入式(2-168)，利用解析法可求出拉伸形变速率 K。

式中符号的意义：

σ 为应力；ε 为应变；E 为模量；η 为黏度；K 为拉伸形变速率；τ 为松弛时间

三、实验设备及试样

本实验试样为有机玻璃拉伸样条，应力松弛结构见图 2-108。

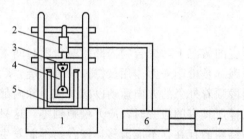

图 2-108 应力松弛结构示意图

1—松弛仪；2—拉压力传感器；3—夹具；4—试样；

5—恒温装置；6—稳压电源；7—记录仪

四、实验步骤

1. 连接传感器，稳压电源及记录仪线路，检查无误，接通电源预热 30min。

2. 测量样条的受力面积。

3. 将样条装到夹具上后安装到与松弛仪相连的传感器接口处。

4. 将恒温槽线路接好。调节好实验温度。把样条完全放置在恒温水浴中，恒温不得少于 15min。

5. 将直流稳压电源输出调节到 6V。

6. 将记录仪 X、Y 量程调节挡位打到短路挡，打开测量 Y 开关，落下记录笔用 X、Y 轴调零旋钮画一个直角坐标。将 Y 调节挡调到 0.5mV/cm 挡，校正记录笔到原点。

7. 调整好松弛仪方向开关，打开记录仪走纸开关，观察记录纸走纸平稳后，打开松弛仪电机开关，当试样被拉伸到预定变量时（从记录纸上观察得知）关电机，记录仪此时记录下上述的松弛曲线，当记录的曲线趋于水平时，抬笔，关掉走纸开关。

五、数据记录及处理

1. 记录下恒温槽温度，试样尺寸。

2. 把记录仪记录的曲线重新描在坐标纸上。

3. 在松弛曲线上取适当的点（至少 8 个）按最小二乘法的原则求出参数松弛时间 τ。

4. 利用所求出的 τ 在拉伸曲线的终点求出参数拉伸形变速率 K。

5. 用最小二乘法，求出松弛曲线性回归的相关系数 γ。

附：记录仪的走纸速度为 10s/cm。

松弛仪与记录仪的对应关系：Y 轴 0.5mV 相当于 98.0665N。

PMMA 拉伸弹性模量与温度关系：

(1) 40℃　$E=1.8\times10^4\,\text{kg/cm}^2$

(2) 60℃　$E=1.2\times10^4\,\text{kg/cm}^2$

(3) 80℃　$E=0.8\times10^4\,\text{kg/cm}^2$

六、结果与讨论

1. 温度与应力松弛的关系？温度相同时，外力作用速度大小对松弛的影响？

2. 实验中应注意的问题。

附：最小二乘法回归实验数据公式

$$y=ax+b+\varepsilon$$

$$\varepsilon_i=y_i-(ax_i+b)$$

令 $\sum \varepsilon_i^2 = \sum_i \{y_i-(ax_i+b)\}^2$ 为最小

则：$\dfrac{\partial \sum \varepsilon_i^2}{\partial a}=\dfrac{\partial \sum \varepsilon_i^2}{ab}=0$

$$=\begin{cases} a\sum\limits_i x_i^2+b\sum x_i=\sum x_i y_i \\ a\sum x_i+nb=\sum y_i \end{cases}$$

解得：

一、$a=\dfrac{n(\sum x_i y_i)-(\sum x_i)(\sum y_i)}{n\sum x_i^2-(\sum x_i)^2}$

$\quad b=\dfrac{1}{n}(\sum y_i-a\sum x_i)$

$\quad \gamma^2=1-\dfrac{\sum \varepsilon_i^2}{\sum(y_2-\overline{y})^2}=\dfrac{[\sum(x_i-\overline{x})(y_i-\overline{y})]^2}{\sum(x_i-\overline{x})^2\sum(y_i-\overline{y})^2}$

$\quad \gamma=\dfrac{|\sum(x_i-\overline{x})(y_i-\overline{y})|}{\sqrt{\sum(x_i-\overline{x})^2\sum(y_i-\overline{y})^2}}$

二、$a=\dfrac{\sum x_i y_i-\dfrac{1}{n}(\sum x_i)(\sum y_i)}{\sum x_i^2-\dfrac{1}{n}(\sum x_i)^2}$

$\quad b=\overline{y}-b\,\overline{x}$

$\quad \gamma=\dfrac{|\sum x_i y_i-\dfrac{1}{n}(\sum x_i y_i)|}{\sqrt{\sum x_i^2-\dfrac{1}{n}(\sum x_i)^2[\sum y_i^2-\dfrac{1}{n}(\sum y_i)^2]}}$

式中　x_i——x 坐标数值；

$\qquad y_i$——y 坐标数值；

$\qquad \overline{x}$——x 坐标数值平均值；

$\qquad \overline{y}$——y 坐标数值平均值；

$\qquad a$——直线斜率；

$\qquad b$——直线截距；

γ——相关系数。

实验 54　声速法测聚合物的取向度及模量

聚合物取向结构是指在某种外力作用下，分子链或其他结构单元沿着外力作用方向择优排列的结构。许多高分子材料都具有取向结构。如：双轴吹塑的薄膜、各种纤维材料以及熔融挤出的管材、棒材等，取向结构对材料在力学、光学、热性能上影响较大。

取向使聚合物在多种性能上呈现出明显的各向异性，使高分子材料在特定方向获得许多优良的使用性能，如熔融纺丝的聚氯乙烯纤维（聚合度980）经过热拉伸（550%）其纤维强度（2.99克/旦）比未拉伸的纤维（0.75克/旦）大4倍之多，双轴取向的薄膜，板材力学性能均提高，如经过定向的有机玻璃，抗银纹、抗裂纹扩张等性能均大大提高。

取向度的测定法较多，X射线衍射法，双折射法，二色性法等，其原理均是高分子材料取向后在光学、力学等方面具有各向异性。不同的测试方法所得结果表征不同取向单元的取向程度。

一、目的要求

1. 了解声速法测取向度的基本原理
2. 学会用声速法测聚合物取向度的方法
3. 了解不同的测试方法所得取向度的含义不同

二、基本原理

高分子长链具有明显的几何不对称性，在外力（如拉伸）作用下分子链沿外力方向排列，这一过程称取向。

声速法测定取向度是反映晶区和非晶区两种取向的总效果，由于声波波长较长，故反映了整个分子链的取向，并能较好的说明聚合物结构与力学强度的关系。

声波是弹性波，它靠物质的原子和分子振动而传播。Moseley认为，若声波沿聚合物分子链的方向通过分子内键接原子的振动而传播，它的速度比较快。在垂直于链的方向，声波靠由范德华力结合的非键接的分子间的振动而传播，速度较慢。对于部分取向的聚合物，由于声传播而引起的分子运动可以分成沿着分子链轴的部分和垂直于分子链轴的部分，两者的量是分子链轴向和声波传递方向间夹角 θ 的函数（图2-109）。

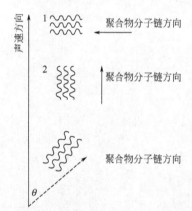

图 2-109　声波在不同链方向的聚合物中的传播示意图

声波在聚合物中的传递是分子间形变和分子内形变传递的结果。在均匀介质中，声波沿轴向传递而引起的作用力 F，在分子链方向上的分力为 $F\cos\theta$，垂直于大分子链方向的分力为 $F(1-\cos\theta)$，在聚合物轴向的形变为：

$$D=\frac{F}{E}=\frac{F\overline{\cos^2\theta}}{E_{/\!/}^0}+\frac{F(1-\overline{\cos^2\theta})}{E_{\perp}^0} \tag{2-169}$$

式中　　D——形变；

　　　　θ——分子链与参考方向（轴向）的夹角；

　　　　F——因声波作用引起的作用力；

　　　　E——介质的杨氏模量；

$E_{//}^0$ 和 $E_\perp^0$——分别为完全取向时平行于或垂直于分子方向的特征模量。则：

$$\frac{1}{E} = \frac{\overline{\cos^2\theta}}{E_{1//}^0} + \frac{1 - \overline{\cos^2\theta}}{E_\perp^0} \tag{2-170}$$

因为

$$E = \rho C^2 \tag{2-171}$$

式中　ρ——介质密度；

　　C——声速，用于本实验则为实测声速。

所以

$$\frac{1}{C^2} = \frac{\overline{\cos^2\theta}}{C_{//}^0} + \frac{1 - \overline{\cos^2\theta}}{C_\perp^0} \tag{2-172}$$

式中，$C_{//}^0$、$C_\perp^0$ 分别为完全取向聚合物平行于或垂直于分子链方向的特征声速。一般 $C_{//}^0 \gg C_\perp^0$，故式(2-172)右侧第一项可忽略，于是得：

$$\frac{1}{C^2} = \frac{1 - \overline{\cos^2\theta}}{(C^0)^2} \tag{2-173}$$

已知赫尔曼取向因子：

$$f = \frac{1}{2}(3\overline{\cos^2\theta} - 1) \tag{2-174}$$

当试祥无规取向时，试样声速 $C = C_u$，$f = 0$，

C_u——声波在完全未取向聚合物中的传播速度。

由式(2-174)可得：

$$\overline{\cos^2\theta} = \frac{1}{3} \tag{2-175}$$

代入式(2-173)：

$$\frac{(c^0)^2}{c_u^2} = 1 - \overline{\cos^2\theta} = \frac{2}{3} \tag{2-176}$$

即：

$$(C^0)^2 = \frac{2}{3}C_u^2 \tag{2-177}$$

将式(2-177)代入式(2-173)得：

$$\overline{\cos^2\theta} = 1 - \frac{2}{3}\frac{C_u^2}{C^2} \tag{2-178}$$

以式(2-178)代入赫尔曼取向式：

$$f_s = 1 - \frac{C_u^2}{C^2} \tag{2-179}$$

式(2-179)即为计算声速取向度的基本公式，即 Moseley 公式，式中 f_s 称平均取向度。

声速取向测定仪是根据相同聚合物（取向度相同），不同长度时传播声音所用时间上的差异，以及取向度不同的聚合物，在同一长度时传播声音所用时间的差异，利用所测定时间上的变化，经过数据处理得到聚合物的取向度及模量。

三、仪器设备及试样

1. SCY-Ⅰ型声速取向测定仪（东华大学材料学院生产）

仪器分为试样台和主机两部分（见图 2-110）。

在试样台导轨的两端分别装有声脉冲发射器和接收器。试样一端固定，另一端通过滑轮施加张力砝码，使试样保持一定的张力。试样两端分别与发射器和接收器上的尖针接触，接收器的一端可以自由移动以改变测试长度，从导轨的标尺上可以读出发射器与接受器间的距离，此距离为测试长度。

脉冲信号源产生重复频率大约为 2.5cps 的脉冲信号，加在发射器上，激励发射器以大约 5KHz 的固定频率作衰减振荡，以纵波声脉冲沿被测试样传播，当纵波信号到达接收器后，接收器将机械振动的声波信号转变为电信号加到放大器上．脉冲信号源产生的脉冲信号使发射器振动的同时，送出一个脉冲信号，使计数单元开始计数．而接受器接收到的第一个声脉冲信号经信号放大器放大后通过控制单元，立即使计时单元停止计时，这时仪器上所显示的时间即为声脉冲在被测试样中传播的时间 t．由标尺直接读出发射器与接收器间的被测试样长度．每套仪器有若干质量不同的砝码，如图 2-111．

图 2-110　SCY-Ⅰ型声速取向测定仪

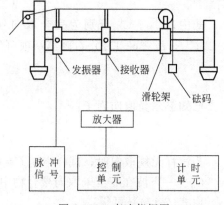

图 2-111　声速仪框图

2. 实验试样

（1）PP 丝和不同拉伸倍数的尼龙丝。

（2）双轴取向的 PE 薄膜。

四、实验

1. 试样的测试长度为 40～50cm。

若测试纤维试样，直接选取合适的长度；若测试 PE 薄膜需从整张薄膜上裁取 2mm 宽不同角度（如 0°，30°，45°，60°，90°）50cm 的试样待用。

2. 将主机电源开关按下，接通电源预热 15min，然后按一下复零键，此时数码管显示应在 "2000" 左右。

3. 将试样（丝或膜）一端夹在固定端，拧紧固定旋钮，另一端选择好合适的张力砝码（施加张力的标准一般为 0.1 克/旦）夹紧，通过滑轮，将试样伸直，砝码悬空。

4. 用手轻轻挑起试样使之与发射器及接受器上的尖针接触，将 "手动-自动" 按键按到自动位，数码显示出传播时间 $t(\mu s)$。

5. 移动接收器改变测试距离（从导轨上的标尺读取如：5cm、10cm…），读出不同长度时的传播时间。每个试样要求读 8～10 个点。

五、数据处理

1. 将所读取的数据填入表内：

传播时间/μs　　距离/cm　　拉伸倍数	5	10	15	20	25	…	…

2. 求各试样的声速 C

由于仪器的延时效应，读取的 8～10 个数据求其直线的斜率，为该试样的声速（以 km/s 计）（图 2-112）。

3. 求 C_u

一般资料均介绍 C_u 有二种测定方法：一是将欲测的聚合物制成基本无取向的薄膜，然后测定这种膜的声速即为 C_u。这种方法较少采用，因为关键是如何制无取向的膜；另一种方法是外推法，即先通过声速法实验分别绘出某种聚合物（纤维）不同拉伸倍数的试样的声速曲线，求得不同拉伸倍数材料的声速值，用这组数据作图（图 2-113），该直线外推至位伸倍数为 0 时的声速值即为无规取向的声速值 C_u。

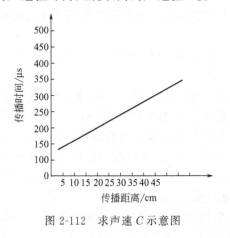

图 2-112 求声速 C 示意图

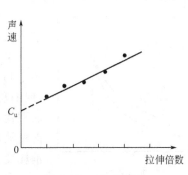

图 2-113 C_u 测定法

（1）分别求出尼龙丝各不同拉伸倍数的 f_s 或不同角度 PE 膜的 f_s

利用作图所得不同拉伸倍数的 C 及外推法所得 C_u，依式（2-179）计算。

（2）求 PP 丝的模量

根据声学理论，当声波在均匀介质中沿轴向传播时，其波动方程为：

$$C=\sqrt{\frac{E}{\rho}} \tag{2-180}$$

式中　E——介质的杨氏模量，Pa；

　　　　ρ——介质密度，kg/m³；

　　　　C——声速，km/s。

用得到的 PP 丝的 C 及 ρ，依式（2-180）求得 E_{pp}。

六、结果与讨论

1. 为什么用不同仪器测得的取向度不同？

2. 什么是动态模量？为什么说本实验测得的模量是动态模量？

实验 55　扭摆法测定树脂的动态力学性能

与理想弹性材料和黏稠液体不同，聚合物的力学行为有它的独特性，即除了有弹性材料的一些特点之外，还具有黏性液体的特征，因而聚合物被称为黏弹性材料。

扭摆式动态力学性能测量仪（以下简称"扭摆仪"）所给出的模量为切变模量，力学内耗是用对数减量表示的。

聚合物的动态力学性能是分子运动的一种反应，它可以把微观结构与宏观性能联系起来，可以提供聚合物玻璃化温度、多重转变、结晶性、交联度、相分离、聚集态等结构与性能多方面的信息。

一、实验目的

1. 了解扭摆法测定聚合物动态力学性能的基本原理。

2. 掌握扭摆法的测定方法。

3. 用扭摆法测定 ABS 的动态力学性能。

二、基本原理

1. 内耗与模量

（1）内耗

在交变应力作用下，聚合物分子链跟不上应力变化的速度，这种形变落后于应力的现象叫做滞后现象，是产生"内耗"的原因所在。

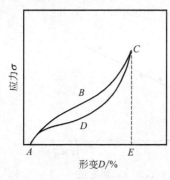

图 2-114　聚合物拉伸-回缩
过程应力-应变曲线

拉伸时，应力与形变沿 ABC 线增长，回缩时沿 CDA 线回缩，而不沿原来路线进行。

聚合物被拉伸时，外力对它做功（拉伸功），其大小等于图 2-114 中 ABCE 的面积；当聚合物回缩时，它对外界做功（回缩功），共值为 ADCE 的面积。不难看出，ABCDA 所围的面积代表聚合物在一次拉伸-回缩过程中所吸收的能量，这一能量消耗于聚合物分子间的内摩擦，变成了热能。这一机械能消耗变为热能的现象叫做"内耗"。

形变 D 落后一个相位角 δ，通过环积分计算 ABCDA 的面积，可以得出：

$$\Delta W = \pi\sigma_0 D_0 \sin\delta \tag{2-181}$$

由式（2-181）可以看出，δ 越大，内耗越大。

（2）模量与内耗的关系

若将应变式写成：

$$D = D_0 \sin\omega t \tag{2-182}$$

则应力就相应地变为：

$$\sigma = \sigma_0 \sin(\omega t + \delta) \tag{2-183}$$

式（2-183）又可改写为：

$$\sigma = \sigma_0 \cos\delta \sin\omega t + \sigma_0 \sin\delta \cos\omega t \tag{2-184}$$

从式（2-184）可以看出，应力 σ 由两部分组成，其一为 $\sigma_0 \cos\delta \sin\omega t$，与应变 $D = D_0 \sin\omega t$ 同位，是用于聚合物形变的那部分应力；其二为 $\sigma_0 \sin\delta \cos\omega t$，与应变相差 90°，是克服聚合物分子间内摩擦所损耗的那部分应力。

设与上述两部分应力相对应的模量分别为 G' 和 G''，那么，

$$G' = \frac{\sigma_0}{D_0} \cos\delta \tag{2-185}$$

$$G'' = \frac{\sigma_0}{D_0} \sin\delta \tag{2-186}$$

同时，

$$\tan\delta = -\frac{\sin\delta}{\cos\delta} = \frac{G''}{G'} \tag{2-187}$$

G' 叫做弹性储存模量，G'' 叫做损耗模量。$\tan\delta$ 叫做内耗角正切，它与在一个完整周期应力作

用下所消耗的能量与所储藏的最大位能之比成正比。

2. 扭摆法测定聚合物的切变模量和对数减量 Δ

图 2-115 是扭摆仪测试装置的示意图，试样的一端用夹具固定，另一端夹在一个可以自由扭摆的惯性体上。启动惯性体使之摆动时，试样也随之扭摆起来，每摆动一次所需要的时间为周期 P。由于聚合物材料的内耗作用，摆动的振幅逐渐衰减。切变模量可从周期 P 计算，以对数减量 Δ 表示的内耗可从振幅 A 减小的速率计算。在不同的温度下试验，便得到一系列模量和力学内耗值。

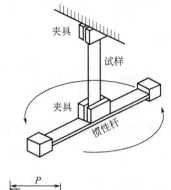

弹性储存模量 G' 和损耗模量 G''。可以用复合模量 G^* 来表示：

$$G^* = G' + iG'' \tag{2-188}$$

式中，$i = \sqrt{-1}$，G' 和 G'' 分别为复合模量的实数部分和虚数部分。

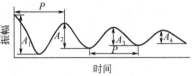

图 2-115　扭摆仪的测试装置示意图

根据振摆的性质，我们可以得到微分方程：

$$I \frac{d^2\theta}{dt^2} + K(G' + iG'')\theta = F(t) \tag{2-189}$$

式中，θ 为扭转角；I 为振动体系的转动惯量；G' 和 G'' 分别为复合切变模量 G^* 的实数部分和虚数部分；K 为依赖试样尺寸的常数。

对于自由振动，外力 $F(t) = 0$，9 式变为：

$$I \frac{d^2\theta}{dt^2} + K(G' + iG'')\theta = 0 \tag{2-190}$$

假定 G' 与 G'' 不依赖于频率，其一般解为：

$$\theta = \theta_0 e^{-at} e^{i\omega t} \tag{2-191}$$

式中，a 为一衰减因子。将此解代入运动方程式(2-189)，则得：

$$I(a^2 - \omega^2 - 2i\omega a) + KG' + iKG'' = 0 \tag{2-192}$$

式中的实数部分和虚数部分分别为：

$$\left.\begin{array}{l} G' = \dfrac{1}{K}(\omega^2 - a^2) \\[2mm] G'' = \dfrac{2aI_\omega}{K} \end{array}\right\} \tag{2-193}$$

扭摆法给出的聚合物内耗是用对数减量 Δ 表示的。Δ 的定义为相邻两个振幅之比的自然对数，即：

$$\Delta = \ln \frac{A_1}{A_2} = \ln \frac{A_2}{A_3} = \cdots = \ln \frac{A_n}{A_{n+1}} \tag{2-194}$$

式中，A_1 为第一振幅的高度，A_2 为第二振幅的高度，A_3 为第三振幅的高度，其余类推。

设两个相邻振幅的扭转角分别为 A_n 和 A_{n+1}，根据振幅与扭转角成正比的关系：

$$\frac{\theta_n}{\theta_{n+1}} = \frac{A_n}{A_{n+1}} \tag{2-195}$$

因此：

$$\Delta = \ln \frac{\theta_n}{\theta_{n+1}} = \ln \frac{A_n}{A_{n+1}} \tag{2-196}$$

则：

$$\Delta = \ln \frac{\theta_0 e^{-at} e^{iwt}}{\theta_0 e^{-a(t+p)} e^{iw(t+p)}} \tag{2-197}$$

因：

$$e^{iwt} = e^{iw(t+p)} \text{（周期函数）} \tag{2-198}$$

式(2-197)可化简为：

$$\Delta = ap \tag{2-199}$$

将式(2-197)代入式(2-193)中，并考虑到 $P = \dfrac{2\pi}{\omega}$，可以得到：

$$\left. \begin{array}{l} G' = \dfrac{I}{KP^2}(4\pi^2 - \Delta^2) \\[3mm] G'' = \dfrac{4\pi I \Delta}{KP^2} \end{array} \right\} \tag{2-200}$$

$$\tan\delta = \frac{G''}{G'} = \frac{4\pi\Delta}{4\pi^2 - \Delta^2} \tag{2-201}$$

由此可见，只要测出 Δ，便可知道内耗角正切。

前面式中的 K 为一依赖于试样尺寸的常数。对于横截面为矩形的梁

$$K = \frac{CD^3\mu}{16L} \tag{2-202}$$

式中，C 为试样宽度，cm；D 为试样厚度，cm；L 为夹具间试样的长度，cm；μ 为形状因子，由 C/D 决定，其值在 2.249 和 5.333 之间（表 2-5）。

表 2-5   形状因子 μ 的数值

C/D	1.00	1.20	1.40	1.60	1.80	2.00	2.25	2.50	2.75	3.00	3.50
μ	2.249	2.658	2.990	3.250	3.479	3.659	3.842	3.990	4.111	4.213	4.373
C/D	4.00	4.50	5.00	6.00	7.00	8.00	10.00	20.00	50.00	100.00	∞
μ	4.493	4.586	4.662	4.773	4.853	4.913	4.997	5.165	5.266	5.300	5.333

将式(2-202)代入式(2-200)中求 G'：

$$G' = \frac{I}{KP^2}(4\pi^2 - \Delta^2) = \frac{16LI}{CD^3\mu P^2}(4\pi^2 - \Delta^2) \tag{2-203}$$

三、仪器装置

1. 扭摆仪

如图 2-116 所示，试样 7 夹在上下夹具 5 和 6 之间，下夹具固定在炉膛下部的滑块 4 上，不能转动，上夹具与惯性体 8 相连，用细钨丝悬挂于顶板中部的滑轮 12 上，两者的重量由平衡锤 13 所平衡，位置可以上下调节。惯性体由一长杆及其两端的圆铁片组成，圆片数目、大小可任意选用，以改变惯性体的转动惯量，使之适合于不同对象的测量。当惯性体转动时，整个体系就开始作自由振动。

2. 扭转机构

采用电磁铁驱动惯性体的方法。在惯性体 8 两侧各有一电磁铁 10，前者斜置于后者之间而成一直线。当电磁铁通以直流电而又立即切断电流时，整个体系中的试样、上夹具及惯性体即开始振动。给予惯性体转动的力的大小可以通过调节电压的办法来控制。

3. 换能器和自动记录

方法是通过一个线圈在一永久磁场中的振动，将体系的振动变成电信号，然后用电子电位差计记录下来。在振动体系上装有线圈 9，线圈 9 左右两侧各有一永磁铁 11。当试样作扭摆振

动时，线圈 9 以同样频率随之振动，产生电动势的大小与振幅成正比。图 2-117 为扭摆仪记录的实验曲线。

4. 温度的控制

试样放在一个既可加热又可冷却的炉子中，用电加热，用液氮冷却，炉子可在 $-185\sim250℃$ 左右的温度范围内工作。

加热时，由程序升温仪控制实验所需的升温速率。温度也由电子电位差计自动记录下来。

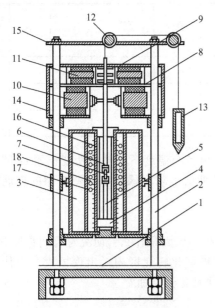

图 2-116　扭摆式动态力学
性能测量仪构造图

1—底座；2—支架；3—炉子；4—滑块；
5—下夹具；6—上夹具；7—试样；8—惯性体；
9—线圈；10—电磁铁；11—永磁铁；12—滑轮；
13—平衡锤；14—铝盒；15—顶板；16—电热丝；
17—液氮管；18—电热丝

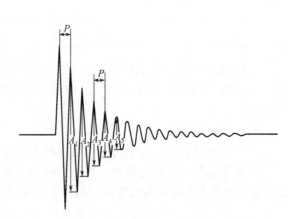

图 2-117　扭摆仪记录的实验曲线

四、实验

本实验所用的试样为长方形梁状 ABS 树脂，其长（上下夹具间的长度）、宽、厚分别为 2.5cm、0.5cm 和 0.05cm 左右。实验的具体操作如下：

1. 测量试样的宽度 C（精确至 0.1mm）和厚度 D（精确至 0.01mm）。

2. 升起试样上下夹具，夹好试样后测量上下夹具间的距离（精确至 0.1mm），即为试样的长度 L。

3. 将试样降入炉中，调节好平衡锤的高度，使样品处于无张力的伸直状态。

4. 按操作规程通入液氮，同时打开记录仪，开始记录温度。当炉内温度下降至 $-120℃$ 左右时，停止通液氮。

5. 先不加热而采取由低温起始的自由升温（嫌太慢时，可稍加热），到接近室温后，用程序升温仪控制 1℃/min 的升温速率升温。

6. 在各个不同的温度按动微动开关，给电磁铁 10 通以电流，启动振动系统，使试样进行扭摆式自由振动。电子电位差计在记录温度的同时，也记录在该温度下扭摆的相对振幅及其衰减。在转变区域附近，每次启动的温度间隔应近些，远离转变区域时，温度间隔可长些。在每次扭摆的同时，用精度为 1/100s 的停表记录一定次数振动所需要的时间 $t(s)$，以便计算该温度下振动的周期 P（P 等于振动的周期数除振动该周期数所用的时间）。

7. 当炉温升至约 130℃ 时，停止实验，关闭程序升温仪和记录仪。

五、数据处理

1. 将记录纸上记录的温度、在此温度下实验曲线的振幅（取相邻的四个周期）和这次振动的周期 P 填入下表：

T /℃	A_1	A_2	A_3	A_4	$\dfrac{A_1}{A_2}$	$\dfrac{A_1}{A_3}$	$\dfrac{A_3}{A_4}$	$\dfrac{A_n}{A_{n+1}}$ （平均值）	Δ	P	G'

2. 根据表中的数据按式(2-203)及（2-194）计算出各个温度下试样的切变模量 G' 和对数减量 Δ，然后对温度作图，画出 G'-T 和 Δ-T 曲线，从曲线上求出橡胶相和塑料相的玻璃化转变温度 T_g。

六、结果与讨论

1. 什么叫聚合物的力学内耗？聚合物力学内耗产少的原因是什么？研究它有何重要意义？

2. 为什么聚合物在玻璃态、高弹态时内耗小而在玻璃化转变区内耗出现极大？为什么聚合物在从高弹态向黏流态转变时，内耗不出现极大值而是急骤增加？

实验 56　介电常数及介电损耗测定

一、实验目的

1. 掌握介电常数和介电损耗的基本概念和原理。

2. 掌握本实验测定介电常数的方法。

3. 考察极性聚合物在玻璃化转变时其介电常数、介电损耗与频率的关系。

二、基本原理

如果选择介电测定的温度，使链段运动的松弛时间可与实验所用的频率相比较，则可用介电测量方法来检测极性聚合物在玻璃化转变时才表现出的链段运动。此时，由于聚合物的偶极跟不上电场方向的改变，所以介电常数 ε' 随频率增加而减小。同时，介质损耗系数 ε'' 经过一极大值。在此实验中，根据聚合物作为电介质的电容器的电容和损耗因子，来计算 ε' 和 ε''。

由于仪器的频率范围有限，最合适的范围是 $(1～3) \times 10^5$ 赫，所以必须选择聚合物或操作温度，使玻璃化转变落入这些高频的观察范围。大多数测 T_g 的方法（如膨胀计或热测量）都是很慢的，松弛时间一般超过 100s，而介电方法相反，只需 $10^{-6}～10^{-2}$s。

用 WLF 方程可以算出与上面所述的松弛时间之差相对应的 T_g 变化值。如果介电测量在室温进行，应选择用一般方法测得的 T_g 在 $-20～-5℃$ 范围的聚合物作样品。

介电方法对所有电导低的聚合物都适用。试样厚度应使其电容在仪器范围之中，其损耗系数也在适当的范围中。

精确度和准确度主要由细心制备试样和细心观察实验决定的。测定，ε' 对于尺寸准确、十分均匀的试样，其精确度可达 ±0.5% 左右。测定 ε''，试样尺寸不需十分精确，但必须是很均匀的，精确度可达±2%左右，仪器本身的精确度为±0.01%数量级。

必须遵守一般实验室的安全规则。使用有机溶剂制备试样、或在比室温高得多或低得多的温度下操作时，尤其要如此，整个实验期间都要戴安全目镜。

三、仪器装置

1. 电容测定附件，1610-B 型或 1620-A 型（General Radio）。

2. 介电试样架，1690-A 型（General Radio）。

3. 如需要，在高温或低温下进行测定的装置。

4. 小型高质量经校正的平衡电容，电容值为 $200\sim500\mu F$（1620-A 型装置不需要）。

5. 测微仪。

6. 橡皮滚筒。

7. 小型气泡式水平仪。

四、试剂与原料

本实验采用乙烯重量百分数为 20%～30% 的乙烯-乙酸乙烯酯共聚物；试剂级丙酮；石蜡油；铝制称重盘，直径至少 6cm，底部要平整；铝箔。

五、实验

1. 准备工作

样品制备工作分四次进行，其中两次时间间隔为几天至一星期，（1）～（4）要在指定时间内进行。

（1）在一干净的烧瓶或容量瓶中，制备 10%±1% 的聚合物丙酮溶液。

（2）用测微仪测量两个铝盘盘底在几处的厚度。计算并记录其平均厚度。用丙酮洗铝盘，干燥、准确称重。将铝盘放于一水平无尘的地方（用水平仪校正过）。

在每个盘子中注入聚合物溶液，按照溶液蒸发后得到约 0.3mm 聚合物薄膜来计算所需溶液量。小心避免产生气泡。用一倒放的烧杯将这两个铝盘盖上，一侧抬高 1cm，以便溶剂蒸发又不落入灰尘。

（3）几天后溶剂蒸发完时，将铝盘放入真空保干器或烘箱中，使薄膜在真空下于室温干燥一星期。

（4）用一尖铅笔或划线器，按事先准备的样板，在铝盘底面上划一个 5.1cm 直径的圆圈。在此面积内，薄膜的厚度应均匀且没有气泡。用剪刀将此圆片剪下，得到一块直径 5.1cm 的试样。

在此塑料薄膜上放一滴直径 2～3mm 的石蜡油，放一张铝箔在此表面上，从中心开始，小心地压和来回挤铝箔，以排除所有空气和多余的油，使铝箔和薄膜充分接触，用一张滤纸或吸墨纸将此铝箔盖上，并用一橡皮滚筒紧紧地来回滚压。

用剪刀或锐利刀片将多余的铝箔除去，要保证没有铝箔碎片，以免两个电极短路。

测量带有箔电极试洋的总厚度，减掉箔电极厚度，得到纯试样的厚度。测量几处的厚度并计算其平均厚度。

2. 实验步骤

（1）步骤 1.1610-B 型仪器

① 开机

a. 接通振荡器电源，反时针转动"增益"旋钮使刚好触发"零点检出器"开关，使之接通。等候 15min，温热之。

b. 置振荡器的"分贝"旋钮至 0，此旋钮下面的开关置于 0～45V。置零点指示器上的仪表开关于 LOG，电桥上的"方法"开关于"指向"。

c. 将"介电试样架"(之后称"测量电容")的插头插入电桥上"未知指向"的接线柱上，将它旁边的微调控制器调于零。

② 试祥插入

d. 拿掉电容的盖板，反时针转动大旋钮，将上面的电极升高，并塞入试样，降低上电极，检查它是否整个面积与试样接触。记下厚度 l_t（总厚度），再放好盖板。

③ 测量

e. 用振荡器上的"频率范围"选择器和"频率"刻度盘选好所需的频率。（注：建议在 50，100，200，500，…或 30，60，100，180，300，…赫进行测量，它们的对数近似均匀分散，这些频率均处于 30～30000 赫频率范围。因为电源干扰，不要在 60 赫进行测量。）

f. 置"零点检测器"上的"过滤器频率"选择器与所选的频率相对应，调节"过滤器调谐"旋钮使仪表上有最大偏转。为得到最大偏转，必要时可调节"增益"。

g. 置桥路上的"量程选择"与所有频率相对应，即在 30～300Hz 间用"100c"挡。（注：频率在 300～3000Hz 之间，用 1kc-31 挡（$M=1$），置"损耗系数"开关于 0 或接近于试样的损耗系数（如已经知道的话）。

h. 交替地调节"电容"和"损耗系数"以平衡电桥，使零点检测器上偏转最小。置此检测器上的"仪表"开关于"线性"，然后增加检测器上的"增益"，因而可在增益最大时得到最终的零点。如果"损耗系数"指针超出量程，逐步地增加选择器的挡数。最后，减少零点检测器"增益"挡至零以免检测器超负荷使平衡受干扰。

i. 将鼓轮和刻度盘上的数值加和起来，读出电容值，准确至 0.2pF，也即如果鼓轮的数值在 250 和 300 间，刻度盘读数为 13.6，则电容值为 263.6pF。

j. 读出损耗系数选择器和刻度盘的数值，加和起来，再乘所用频率相"量程选择器"上频率之比，所得的数值（为百分数）以分数表示，即为 tanδ 的数值，取三位有效数字。例如："量程选择器"于 100c，在 180 赫测定，选择器读数为 10，刻度盘读数为 2.2，损耗系数就是 $(10+2.2)(180)/100=21.96\%$，tanδ=0.2196，报告上取，tanδ=0.220。

k. 对所选的每种频率重复 e.～j.。

④ 电容的校正

l. 从电容器上取下样品，将电极之间的间隔调到纯（不是总的）试样的厚度，再放好盖板。重复 e.～j.，在 1000Hz 测定其电容值，如电容值大于 100pF，则进行步骤 p.，如不大于 100pF（试样厚度大于 0.008in，往往如此），则进行 c.～o.。

m. 取下测量电容，放上校正过的平衡电容。按 e.～o.，在 1000 赫测定其电容值和损耗系数。不必将它从电桥上拆下来。

n. 拨"方法"开关至"置换"。将测量电容颠倒过来，只将其地线接头（现在在项上）与电桥上的"未知置换"的接线柱（在底部）连接。按 e.～k. 平衡此电桥，记下 C_2 值和 $\tan\delta_2$。

o. 取下测量电容，将它的右面朝上，其插头插入"未知置换"的接线柱，两边都连接好。按 e.～k. 平衡此电桥，记下 C_1 值和 $\tan\delta_1$。

p. 随后的样品重复 c.～o.。

⑤ 关机

q. 关电源开关，将检测器"增益"旋钮反时针转到底。

(2) 步骤Ⅱ.1620-A 型仪器

① 开机

a. 接通振荡器电源开关，反时针旋转"增益"旋钮正好使零点检测电源开关触发，使之接通。等候 15min 温热之。

b. 置振荡器的"最大输出"开关于 1V，将"输出"控制顺时针转到底。置零点指示器的表头开关于 LOG。

c. 置电桥上的"接线柱选择"开关于"接线柱 2"，调 MULTIPLY EXTERNAL STANDARD 控制器于零，将介电试样架（之后称测量电容）插头插入"未知的 H 和 L"两个接线柱。（注：在用接线柱 2 时，接线柱 L 接地。）

② 试样插入

d. 取掉电容器盖板，反时针旋转大旋钮，升起上面的电极，插入试样。将上面的电极降下来并检查它是否整个面与试样接触。记下厚度 l_t，（总厚度）。再放好盖板。

③ 测量

e. 用音频振荡器上的"频率选择"调好所需的频率。

f. 置"零点检测器"上的"过滤器频率"选择器与上面所选的频率相对应，调节"过滤器调谐"旋钮使表头上的指针偏转最大。必要时调节"增益"，以达到此条件。

g. 置"最大电容"（C）量程选择器于 1000pF，"最大介质损耗"（D）量程选择器于 0.1。将全部 C 和 D 控制杆置于零。然后调整左边的 C 控制杆的位置，使零点指示器上仪表的指针偏转最小。再从左至右将其余的 C 控制杆，调至指针偏转最小的位置。将"零点检测器"表头开关转至"LINEAR-MAX SENS"，必要时将其"增益"调大。

h. 按（7）调右边的 D 控制杆，从右至左进行调整，使指针偏转最小。最后的位置应调节在"增益"最大的位置。在电桥达到平衡后，立即将"增益"减至零，以保护零点检测器，免其超过负荷。

i. 直接从 C 刻度盘读出电容值（微微法）。读出 D 刻度盘读数，将此数值乘以测定的频率（千赫）以求得损耗系数。

j. 其余频率，重复 e.～i.。频率较高时，将"最大输出"加大，以增高灵敏度，但不要超过每千赫 30V。

④ 电容校正

k. 取掉电容上的试样，将电极的间距调至纯（不是总的）试样的厚度，再放好盖板。重复（5）～（9），在 1000 赫测定电容。

⑤ 关机

l. 关电源开关，反时针方向将检测器"增益"旋钮转到底。

3. 基本公式

$$C = C_2 - C_1 \tag{2-204}$$

$$\tan\delta = \left(\frac{C_2}{C_1}\right)(\tan\delta_2 - \tan\delta_1) \tag{2-205}$$

$$C_{空气} = 1/(0.00141l) \tag{2-206}$$

$$C_2 = C - C_{空气} \tag{2-207}$$

$$\tan\delta_1 = (C/C_1)\tan\delta \tag{2-208}$$

$$C_s = C - C_1 \tag{2-209}$$

$$\tan\delta_s = (C/C_s)\tan\delta \tag{2-210}$$

$$\varepsilon' = 0.00141C_s l \tag{2-211}$$

$$\varepsilon'' = 0.00141Cl\tan\delta \tag{2-212}$$

$$\tau = l/\omega_{最大} = \frac{l}{2}\pi f_{最大} \qquad (2\text{-}213)$$

式中，电容单位为 pF；厚度 l 单位为 mil。

4. 计算

（1）如用替换法，用式（2-204）和式（2-206）计算空电容器的 C 值和 $\tan\delta$。

（2）用式（2-205）至式（2-208），从 C 和 $\tan\delta$ 或根据直接测量计算电容器常数 C_1 和 $\tan\delta_1$。

（3）用式（2-209）和式（2-208），计算试样的 C_s 和 $\tan\delta_s$，用式（2-211）和式（2-212），计算其 ε' 和 ε''。

（4）对所有测定的试样，以 ε'，ε'' 和 $\tan\delta$ 对 $\lg\omega$ 作图。

（5）用式（2-213）确定松弛时间。

（6）作出所有样品的 Cole-Cole 图。

（7）对所有试样，以 $\varepsilon''_{最大}/\varepsilon'$ 对 $\lg\omega$ 作图。

六、结果与讨论

1. 用你自己的话描述仪器装置和实验。

2. 将每个试样的 δ，C，$\tan\delta$，C_s，$\tan\delta_s$，ε' 和 ε'' 列成表。

3. 讨论所测试样间的差异。

实验 57　聚合物应力-应变分析

一、实验目的

1. 掌握测定聚合物应力、应变的方法

2. 考察拉伸速度对聚合物力学性能的影响

二、基本原理

本实验在不同应变速度下测定聚乙烯的应力-应变标准的拉力试验。

将已知长度和横截面积的试样，夹在两个夹具之间，以恒速拉伸至断裂。测定应力随伸长的变化。分析在不同应变速度时测定的数据，可以了解材料的强度、韧性及极限性能。ASTM D 638 是本实验的标准方法。

有合适的试样架可用的或可设法固定住的聚合物都可进行本实验。

均匀的试样重复性可优于 ±5％。但由于制备试样和实验操作中存在的一些不可避免的可变因素，使重复性比此数值要差些。

应遵守一般实验室安全规则。在整个实验过程中都应戴安全目镜。应注意不要让手碰仪器上的运动部件。

三、仪器装置

装有适当夹具、负荷指示器、伸长指示器及面积补偿器（非必需的）的 Instron 拉力试验机或其他相当的试验机。如需要，应有制备试样的装置。

测微仪。

四、试剂和原料

线型和支化聚乙烯等。

五、实验

1. 准备工作

用横压或片材、板材切割的方法，事先制好标准抗张试样（见 ASTM D 638）。选定的每种应变速度都应有五块试样。

2. 实验步骤

（1）用测微计测量每块试片的宽度和厚度。算出横截面最小处的截面积并将数值记下。

（2）调节十字头位置，使上下夹具间隙为 4.5in，将试片放入夹具。

（3）将十字头速度置于 5mm/min。

（4）开动十字头并记下负荷与伸长的关系（伸长由伸长指示仪自动测出）。

（5）如果试验机的自动返位装置不好用，用手调将十字头移回其起始位置。

（6）重复（2）～（5），试验其余的 4 块试片。

（7）将十字头移动速度依次变为 10mm/min，20mm/min，每种速度都重复（2）～（6）。

3. 基本公式

$$\gamma = \frac{(L - L_0)}{L_0} = \frac{Kt}{L_0} \tag{2-214}$$

$$A = \frac{A_0 L_0}{L} \tag{2-215}$$

$$E = \frac{s}{\gamma} = \frac{F L_0}{A(L - L_0)} \tag{2-216}$$

4. 计算

（1）用式(2-214)和式(2-215)计算伸长低于约 10% 情况下，应变和应力随时间的变化。

（2）用式(2-216)计算模量。

（3）计算断裂时的应力和应变。

（4）对每块试样都重复（1）～（3）。

六、结果与讨论

1. 将结果列表并将所有的图附在实验报告中。

2. 解释为什么要连续重复 5 块试片。

3. 应变速度对材料的极限性能有什么影响？

4. 如果测定线型和支化聚乙烯，你可以从哪些方面来研究它们间性能的差异？

实验 58　高聚物冲击强度的测定

冲击强度（Impact Strength）是高聚物材料的一个非常重要的力学指标，它是指某一标准试样在每秒数米乃至数万米的高速形变下，在极短的负载时间下表现出的破坏强度，或者说是材料对高速冲击断裂的抵抗能力，也称为材料的韧性。近年来在高聚物材料力学改性方面的研究非常活跃，其中一个主要目的是如何增加材料的冲击强度，即材料的增韧。因此冲击强度的测量无论在研究工作或工业应用中都是不可缺少的。

一、目的要求

1. 熟悉冲击实验的使用方法。

2. 用简支梁法测定聚苯乙烯（PS）及高抗冲聚苯乙烯（HIPS）的冲击强度。

二、基本原理

1. 冲击实验方法

利用高速冲击的能量都可以进行冲击试验，这些试验可以模拟材料的实际应用领域，如落体、旋转体、子弹等飞行体以及压缩气体爆炸等。规范的标准化实验方法一般有以下三种：①利用落体的动能进行的落球或落锤冲击实验；②高速拉伸实验；③利用摆锤的动能进行的冲击实验。

落球式冲击实验是一种较适合于板材和管材的标准冲击实验方法，它对冲击强度的度量是试样刚好形成裂纹而没有完全打断时所需要的能量，即球的重量与落下高度的乘积。由于球的重量是不能连续调节的，在测量时必须通过调节球的高度进行实验，因此对于不同材料是在不同的冲击速度下进行比较的，而冲击速度对冲击强度是有较大的影响，同时本方法所需的试样数量也较多。尽管如此，由于本方法较接近于材料的实际应用情况，是一种常用的工业方法，在评价工业产品的抗冲击性能时往往采用落球法。与落球相似的还有落锤式。

高速拉伸冲击实验可以得到应力-应变曲线，因此可以根据曲线下的面积求得材料真正的冲击破坏消耗能量，并可将冲击强度与冲击韧性区分开来，能够明确地了解材料的特性，较适用于冲击理论的研究。但这种方法实施较为困难而限制了其应用。

摆锤冲击实验是测定试样破坏过程中总体消耗的能量，各种冲击实验所得到的结果不能进行相互比较，即使是同一种实验方法当采用不同的实验标准（实验尺寸、冲击能量）时得到的数据也很难进行比较，一般较薄的试样比厚的试样给出较高的冲击强度。

2. 摆锤冲击实验

摆锤冲击实验方法是让重锤摆动冲击标准试样，测量摆锤冲断试样消耗的功作为冲击强度的度量，通常定义冲击强度 $a(\mathrm{kJ/m^2})$ 为试样受冲击载荷而折断时单位截面积所吸收的能量：

$$a = \frac{A}{bd} \times 10^3 \tag{2-217}$$

式中　A——冲击实验时所消耗的功，J；

　　　b——试样宽度，mm；

　　　d——试样厚度，缺口试样为试样缺口剩余厚度，mm。

该法又分为简支梁型（Charpy）和悬臂梁型（Izod）两类；前者试样两端支撑着，摆锤冲击试样的中部，后者试样一端固定，摆锤冲击自由端。其所采用的试样又分为带缺口的和无缺口的两种，采用带缺口试样的目的是减小缺口处试样的截面积，使得受冲击时试样断裂必然发生在这一薄弱处，所有冲击能量都能在这一局部区域被吸收，从而提高了实验的准确性。当采用有缺口试样时计算冲击强度所采用的试样厚度应为缺口处试样的剩余厚度。

由于摆锤法冲击实验测定的是断裂过程所消耗的总体能量，其数据没有明确的物理意义，难以求得材料的特征值，也不能求得冲击过程中材料所受到的应力，但由于这种测量方法仪器简单、操作方便而被广泛应用与生产和研究领域。摆锤式冲击试验机的型号很多，其功能也有较大差别，如采用简支梁、悬臂梁或两者共用，以及可以进行低温实验的类型，还有微机控制的先进机型等，价格也相差很大，应根据需要进行选择。

分析冲击破坏机理，求得材料的特性参数对于提高材料抗冲性能的研究无疑是非常重要的，因此人们一直希望能得到冲击过程材料载荷的变化情况。由于冲击过程在瞬间完成，对这一过程进行测量与记录是非常困难的，过去研究人员采用同步示波器来显示高速冲击应力，称为仪表化冲击试验机（instrumented impact tester），但使用与记录过程很不方便。近年来随着计算机技术的和高速测量及数据采集技术的发展，使得这一测量法得以很好的实施。由此可见计算机高速数据处理技术的应用为冲击实验提供了全新的应用领域，为冲击破坏机理等研究工作提供了很大方便，其高速记录得到的负荷曲线比高速拉伸实验更符合实际冲击情况。

三、仪器和试样

1. 仪器

XJ-40 型简支梁冲击强度试验机，10～150mm 游标卡尺。

2. 试样

PS，HIPS。试样类型和尺寸按 ASTM D256 标准制样，下标 k 表示带缺口试样。

四、实验

1. 将试样编号，测量试样中部的宽度和厚度，缺口试样则测量缺口处的剩余厚度，精确至 0.05mm，测量三点，取平均值。

2. 根据试样类型调整好试样支撑线距离。

3. 根据试样破裂所需能量大小选择摆锤，使试样破裂所需的能量在摆锤总能量的 10%～85%区间内。

4. 检查及调整试验机零点。让摆锤自由悬挂，被动指针应正指读数盘的零点。如有偏离可松开读数盘后下方的螺母调整。

5. 测出摆锤的能量损失 Δ_A。将摆锤连同被动指针从固定位置释放，使其自由摆下。记录被动指针指示的能量值，重复三次，以平均值表示 Δ_A，它是指针摩擦，摆锤摩擦和风阻引起的能量损失之和。

6. 将试样放置在支座上，宽面紧贴支座垂直支撑面，缺口面或未加工面背向摆锤，试样中心或缺口应与摆锤对准。平稳释放摆锤，冲击试样后从读数盘指示值减去 Δ_A，就得到试样冲断时所消耗的能量 A。

7. 凡试样不破裂，破裂在试样两端 1/3 处，缺口试样不破裂在缺口处时，所得的数据作废，并另补试样实验。

8. 数据处理

将测试数据和结果列入表中。

试样　　　　；日期　　　　；温度　　　　；湿度　　　　。

编号	宽度 b /mm		厚度 d /mm		消耗能量 A /J	冲击强度 a /(kJ/m²)
1						
2						
3						
4						
5						
平均	…		…		…	

五、结果与讨论

1. 冲击试验法所测得的数据为何不能相互比较？

2. 测定冲击强度的影响因素有哪些？

第二节 综合实验

实验 59 甲基丙烯酸甲酯聚合物

实验 59-1 甲基丙烯酸甲酯的精制

一、目的要求

1. 了解甲基丙烯酸甲酯单体的储存和精制方法。
2. 掌握甲基丙烯酸甲酯减压蒸馏的方法。

二、基本原理

甲基丙烯酸甲酯为无色透明液体，常压下沸点为100.3～100.6℃。

为了防止甲基丙烯酸甲酯在储存时发生自聚，应加适量的阻聚剂对苯二酚，在聚合前需将其除去。对苯二酚可与氢氧化钠反应，生成溶于水的对苯二酚钠盐，再通过水洗即可除去大部分的阻聚剂。

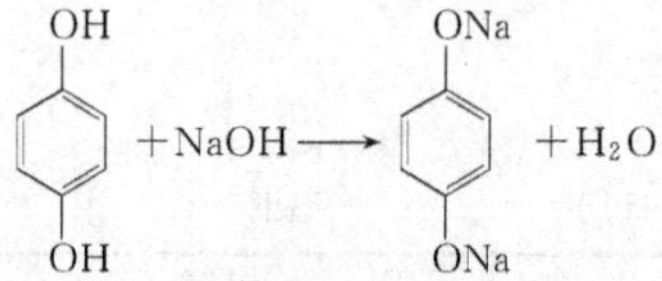

水洗后的甲基丙烯酸甲酯还需进一步蒸馏精制。由于甲基丙烯酸甲酯沸点较高，加之本身活性较大，如采用常压蒸馏会因强烈加热而发生聚合或其他副反应。减压蒸馏可以降低化合物的沸点温度（表2-6）。单体的精制通常采用减压蒸馏。

由于液体表面分子逸出体系所需的能量随外界压力的降低而降低，因此，降低外界压力便可以降低液体的沸点。沸点与真空度之间的关系可近似地用下式表示：

$$\lg P = A + \frac{B}{T}$$

式中，P 为真空度；T 为液体的沸点，K；A 和 B 都是常数，可通过测定两个不同外界压力时的沸点求出。

表2-6 甲基丙烯酸甲酯沸点与压力关系

沸点/℃	10	20	30	40	50	60	70	80	90	100.6
压力/mmHg	24	35	53	81	124	189	279	397	543	760

三、主要试剂和仪器

1. 主要试剂

名　称	试　剂	规　格
单体	甲基丙烯酸甲酯	AR
	氢氧化钠	CP

2. 主要仪器

三口瓶500mL；毛细吸管（自制）；刺型分馏柱；温度计0～100℃；接收瓶。

四、实验步骤

1. 在500mL分液漏斗中加入250mL甲基丙烯酸甲酯单体，用5%氢氧化钠溶液洗涤数次至无色（每次用量 40～50mL），然后用无离子水洗至中性，用无水硫酸钠干燥一周。

2. 按图 2-118 安装减压蒸馏装置，并与真空体系、高纯氮体系连接。要求整个体系密闭。开动真空泵抽真空，并用煤气灯烘烤三口烧瓶、分馏柱、冷凝管、接收瓶等玻璃仪器，尽量除去系统中的空气，然后关闭抽真空活塞和压力计活塞，通入高纯氮至正压。待冷却后，再抽真空、烘烤，反复三次。

3. 将干燥好的甲基丙烯酸甲酯加入减压蒸馏装置，加热并开始抽真空，控制体系压力为 100mmHg 进行减压蒸馏，收集 46℃的馏分。由于甲基丙烯酸甲酯沸点与真空度密切相关，所以对体系真空度的控制要仔细，使体系真空度在蒸馏过程中保证稳定，避免因真空度变化而形成暴沸，将杂质夹带进蒸好的甲基丙烯酸甲酯中。

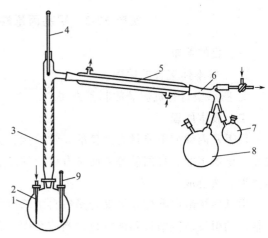

图 2-118　减压蒸馏装置
1—蒸馏瓶；2—毛细管；3—刺型分馏柱；4—温度计；
5—冷凝管；6—分馏头；7—前馏分接收瓶；
8—接收瓶；9—温度计

4. 为防止自聚，精制好的单体要在高纯氮的保护下密封后放入冰箱中保存待用。

实验 59-2　偶氮二异丁腈的精制

一、目的要求

1. 了解偶氮二异丁腈的基本性质和保存方法。
2. 掌握偶氮二异丁腈的精制方法。

二、基本原理

偶氮二异丁腈（AIBN）是一种广泛应用的引发剂，为白色结晶，熔点 102～104℃，有毒！溶于乙醇、乙醚、甲苯和苯胺等，易燃。

偶氮二异丁腈是一种有机化合物，可采用常规的重结晶方法进行精制。

三、主要试剂与仪器

1. 主要试剂

名　　称	试　　剂	规　　格
引发剂	偶氮二异丁腈	AR
溶剂	乙醇	AR

2. 主要仪器

锥型瓶 500mL；恒温水浴；温度计 0～100℃；布氏漏斗。

四、实验步骤

1. 在 500mL 锥型瓶中加入 200mL 95％的乙醇，然后在 80℃水浴中加热至乙醇将近沸腾。迅速加入 20g 偶氮二异丁腈，摇荡使其溶解。

2. 溶液趁热抽滤，滤液冷却后，即产生白色结晶。若冷却至室温仍无结晶产生，可将锥型瓶置于冰水浴中冷却片刻，即会产生结晶。

3. 结晶出现后静置 0.5h，用布氏漏斗抽滤。滤饼摊开于表面皿中，自然干燥至少 24h，然后置于真空干燥箱中干燥 24h。称重，计算产率。

4. 精制后的偶氮二异丁腈置于棕色瓶中低温保存备用。

实验 59-3　甲基丙烯酸甲酯的本体聚合及成型

一、目的要求

1. 了解本体聚合的原理。

2. 熟悉型材有机玻璃的制备方法。

二、基本原理

聚甲基丙烯酸甲酯具有优良的光学性能、密度小、力学性能好、耐候性好。在航空、光学仪器、电器工业、日用品等方面又有广泛的用途。为保证光学性能，聚甲基丙烯酸甲酯多采用本体聚合法合成。

甲基丙烯酸甲酯的本体聚合是按自由基聚合反应历程进行的，其活性中心为自由基。反应包括链的引发、链增长和链终止，当体系中含有链转移剂时，还可发生链转移反应。其聚合历程可参看实验一。

本体聚合是不加其他介质，只有单体本身在引发剂或催化剂、热、光作用下进行的聚合，又称块状聚合。本体聚合具有合成工序简单，可直接形成制品且产物纯度高。本体聚合的不足是随聚合的进行，转化率提高，体系黏度增大，聚合热难以散出，同时长链自由基末端被包裹，扩散困难，自由基双基终止速率大大降低，致使聚合速率急剧增大而出现自动加速现象，短时间内产生更多的热量，从而引起相对分子质量分布不均，影响产品性能，更为严重的则引起爆聚。因此甲基丙烯酸甲酯的本体聚合一般采用三段法聚合，而且反应速率的测定只能在低转化率下完成。

三、主要试剂和仪器

1. 主要试剂

名　称	试　剂	规　格	用　量
单体	甲基丙烯酸甲酯	精制	30g
引发剂	偶氮二异丁腈	AR	0.02g

2. 主要仪器

三口瓶 100mL；冷凝管；试管；恒温水浴；温度计 0～100℃；玻璃板（2 块）；橡皮条。

四、实验步骤

1. 预聚体的制备

（1）取 0.02g 偶氮二异丁腈、30g 甲基丙烯酸甲酯，混合均匀，投入到 100mL、装有冷凝管、温度计的磨口三口瓶中，开搅拌、开冷凝水。

（2）水浴加热，升温至 75～80℃，反应 20min 后取样。注意观察聚合体系的黏度，当体系具有一定黏度（预聚物转化率约 7%～10%）时，则停止加热，并将聚合液冷却至 50℃左右。

2. 有机玻璃薄板的成型

（1）将做模板的两块玻璃板洗净、干燥，将橡皮条涂上聚乙烯醇糊，置于两玻璃板之间使其粘合起来，注意在一角留出灌浆口，然后用夹子在四边将模板夹紧。

（2）将聚合液到仔细加入玻璃夹板模具中，在 60～65℃水浴中恒温反应 2h。

（3）将玻璃夹板模具放入烘箱中，升温至 95～100℃保持 1h，撤除夹板，即得到一透明光洁的有机玻璃薄板。

实验 59-4 黏度法测定聚甲基丙烯酸甲酯的相对分子质量

一、实验目的

1. 掌握毛细管黏度计测定高分子溶液相对分子质量的原理。
2. 学会使用黏度法测定聚甲基丙烯酸甲酯的特性黏度。
3. 通过特性黏数计算聚甲基丙烯酸甲酯的相对分子质量。

二、实验原理

高分子稀溶液的黏度主要反映了液体分子之间因流动或相对运动所产生的内摩擦阻力。内摩擦阻力越大，表现出来的黏度就越大，且与高分子的结构、溶液浓度、溶剂的性质、温度以及压力等因素有关。用黏度法测定高分子溶液相对分子质量，关键在于 $[\eta]$ 的求得，最为方便的是用毛细管黏度计测定溶液的相对黏度。常用的黏度计为乌氏（Ubbelchde）黏度计，其特点是溶液的体积对测量没有影响，所以可以在黏度计内采取逐步稀释的方法得到不同浓度的溶液。

根据相对黏度的定义：

$$\eta_r = \frac{\eta}{\eta_0} = \frac{\rho t (1 - B/At^2)}{\rho_0 t_0 (1 - B/At_0^2)} \tag{2-218}$$

式中，ρ，ρ_0 分别为溶液和溶剂的密度。因溶液很稀，$\rho = \rho_0$；A、B 为黏度计常数；t、t_0 分别为溶液和溶剂在毛细管中的流出时间，即液面经过刻线 a、b 所需时间（见图 2）。在恒温条件下，用同一支黏度计测定溶液和溶剂的流出时间，如果溶剂在该黏度计中的流出时间大于100 秒，则动能校正项 B/At^2 值远小于 1，可忽略不计，因此溶液的相对黏度为

$$\eta_r = \frac{t}{t_0} \tag{2-219}$$

在一定温度下，聚合物溶液的黏度对浓度有一定的依赖关系。描述溶液黏度的浓度依赖的方程式有以下一些。

哈斯金（Huggins）方程：

$$\frac{\eta_{sp}}{c} = [\eta] + k'[\eta]^2 c \tag{2-220}$$

以及克拉默（Kraemer）方程

$$\frac{\ln \eta_r}{c} = [\eta] - \beta [\eta]^2 c \tag{2-221}$$

对于给定的聚合物在给定温度和溶液时，k'、β 应是常数，其 k' 称为哈金斯常数。它表示溶液中高分子间和高分子与溶剂分子间的相互作用，k' 值一般说来对线形柔性链高分子良溶剂体系，$k' = 0.3 \sim 0.4$，$k' + \beta = 0.5$。用 $\frac{\ln \eta_r}{c}$ 对 c 作图外推和用 $\frac{\eta_{sp}}{c}$ 对 c 的图外推可得到共同的截距 $[\eta]$。

对于给定聚合物在给定的溶剂和温度下，$[\eta]$ 的数值仅由试样的相对分子质量 $\overline{M}_v$ 所决定。实践证明，$[\eta]$ 与 $\overline{M}_v$ 的关系如下：

$$[\eta] = K M_v^a \tag{2-222}$$

三、实验设备及样品

1. 实验设备

乌氏毛细管黏度计；恒温装置（玻璃缸水槽、加热棒、控温仪、搅拌器）；秒表（最小单位 0.01s）；吸耳球；夹子；容量瓶（2000mL）；烧杯（500mL）；砂芯漏斗（♯5）。

2. 样品：聚乙烯醇稀溶液（0.1%），蒸馏水。

四、实验步骤

1. 溶液配制

2. 安装黏度计

3. 纯溶剂流出时间 t_0 的测定

4. 溶液流经时间 t 的测定

5. 整理工作

具体详细操作参见实验 29。

实验 59-5　聚甲基丙烯酸甲酯温度-形变曲线的测定

一、实验目的

1. 通过聚甲基丙烯酸甲酯温度-形变曲线的测定，了解所合成聚合物在受力情况下的形变特征。

2. 掌握温度-形变曲线的测定方法及玻璃化转变温度 T_g 的求取。

二、实验原理

当线型非结晶性聚合物在等速升温的条件下，受到恒定的外力作用时，在不同的温度范围内表现出不同的力学行为。这是高分子链在运动单元上的宏观表现，处于不同力学行为的聚合物因为提供的形变单元不同，其形变行为也不同。对于同一种聚合物材料，由于相对分子质量不同，它们的温度-形变曲线也是不同的。随着聚合物相对分子质量的增加，曲线向高温方向移动。

温度-形变曲线的测定同样也受到各种操作因素的影响，主要是升温速率、载荷大小及试样尺寸。一般来说，升温速率增大，T_g 向高温方向移动。这是因为力学状态的转变不是热力学的相变过程，而且升温速率的变化是运动松弛所决定的。而增加载荷有利于运动过程的进行，因此 T_g 会降低。

温度-形变曲线的形态及各区域的大小，与聚合物的结构及实验条件有密切关系，测定聚合物温度-形变曲线，对估计聚合物使用温度的范围，制定成型工艺条件，估计相对分子质量的大小，配合高分子材料结构研究有很重要的意义。

三、实验仪器

1. 德国 NETZSCH 公司生产的 TMA202 型热分析仪

2. 样品，自制 PMMA

四、实验步骤

1. 制样：本实验样品为厚度小于 22mm 的圆柱形样品，所制得的样品应保证上下两个平面完全平行。

2. 参数设置及测试

3. 分析：测试完成后得到一张温度-形变曲线，选择 Tool/Run analysis program，进入曲线分析程序。

具体操作过程参照实验 40。

实验 60　苯乙烯聚合物

实验 60-1　苯乙烯的精制

一、目的要求

1. 了解苯乙烯的储存和精制方法。

2. 掌握苯乙烯减压蒸馏的方法。

二、基本原理

苯乙烯为无色或淡黄色透明液体，沸点 145.2℃。

阴离子聚合的活性中心能与微量的水、氧、二氧化碳、酸、醇等物质反应而导致活性中心失活，因此，用于阴离子聚合的苯乙烯其精制的要求要高得多。先是除去阻聚剂，再除去在前一过程中溶入的微量的水分，最后通过减压蒸馏除去其他杂质。

为了防止苯乙的在储存或运输过程中发生自聚，通常在商品苯乙烯中加阻聚剂，例如对苯二酚，使用前必须除去。可加入氢氧化钠与之反应，生成溶于水的对苯二酚钠盐，再通过水洗即可除去大部分的阻聚剂（原理和方法见实验52-1）。

在离子型聚合中除去微量水分的方法主要包括物理吸附和化学反应两种。物理吸附是用多孔的物质与水接触，而把水分吸附在孔隙中。应选择孔径的大小与水分子大小相当的物质。对于吸附水分来讲，通常选用 5A 的分子筛。化学方法是加入某些物质与水反应，再除去生成物（或生成对反应无害的物质）。无水氯化钙、氢化钙等均是常用的干燥剂。氢化钙与水发生的化学反应为：

$$CaH_2 + H_2O \longrightarrow Ca(OH)_2 + H_2$$

也可将两种方法结合在一起使用。如将除去阻聚剂的苯乙烯先用 5A 的分子筛浸泡一周，然后加入氢化钙，在高纯氮保护下进行减压蒸馏（表 2-7），收集所需的馏分。

表 2-7　苯乙烯沸点与压力的关系

沸点/℃	44	60	69	76	79	82	102	125	142	145.2
压力/mmHg	22	40	60	89	90	100	200	400	700	760

三、主要仪器和试剂

1. 主要试剂

名　　称	试　　剂	规　　格
单体	苯乙烯	聚合级
干燥剂	氢化钙	AR

2. 主要仪器

三口瓶（500mL）；毛细管（自制）；氮气球；刺型分馏柱；冷凝管；温度计（0～100℃）；接收瓶。

四、实验步骤

1. 在 500mL 分液漏斗中加入 250mL 苯乙烯，用 5% 氢氧化钠溶液洗涤数次至无色（每次用量 40～50mL），然后用无离子水洗至中性，用无水硫酸钠干燥一周，再换为 5A 分子筛浸泡一周，浸泡过程中用高纯氮吹扫数次。

2. 按图 2-118（见实验 59-1）安装减压蒸馏装置，并与真空体系、高纯氮体系连接。要求整个体系密闭。开动真空泵抽真空，并用煤气灯烘烤三口烧瓶、分馏柱、冷凝管、接收瓶等玻璃仪器，尽量除去系统中的空气，然后关闭抽真空活塞和压力计活塞，通入高纯氮至正压。待冷却后，再抽真空、烘烤，反复三次。

3. 在高纯氮保护下往减压蒸馏装置中加入氢化钙 1～2g，压入干燥好的苯乙烯，关闭氮气，开始抽真空，加热并回流 2h。控制体系压力为 22mmHg 进行减压蒸馏，收集 44℃的馏分。由于苯乙烯沸点与真空度密切相关，所以对体系真空度的控制要仔细，使体系真空度在蒸馏过程中保证稳定，避免因真空度变化而形成暴沸，将杂质夹带进蒸好的苯乙烯中。

4. 为防止自聚，精制好的苯要在高纯氮的保护下密封后放入冰箱中保存待用。

实验 60-2　正丁基锂的制备

一、目的要求

1. 掌握正丁基锂的合成方法。
2. 掌握正丁基锂的分析方法。

二、基本原理

正丁基锂作为引发剂，具有引发活性高，反应速度快，本身稳定等优点。此外，由于碳-锂键的半离子-半共价键性质，使其可方便地溶于烃类溶剂中，因而在二烯烃的聚合中可形成更高的 1,4-结构。正是由于这些特点，使正丁基锂成为一种在工业上、科研中广泛使用的阴离子聚合引发剂。

正丁基锂常用的制备方法是用氯代正丁烷与金属锂在环己烷直接进行反应得到，反应式为：

$$C_4H_9Cl + 2Li \longrightarrow C_4H_9Li + LiCl$$

三、主要试剂与仪器

1. 主要试剂

试　　剂	规　　格
氯代正丁烷	AR
锂	工业级
环己烷	AR

2. 主要仪器

三口瓶（500mL）；加料管（自制）；温度计（0～100℃）；电磁搅拌。

四、实验步骤

1. 正丁基锂的合成

(1) 环己烷先用 5A 分子筛浸泡二周，再加入金属钠丝以除去环己烷中微量的水，用前通入高纯氮鼓泡 15min，以除去微量的氢气。

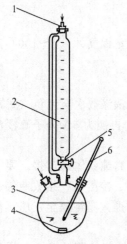

图 2-119　正丁基锂合成装置

1—加料口；2—加料管；
3—反应瓶；4—电磁搅拌；
5—阀门；6—温度计

(2) 用 5A 分子筛浸泡氯代正丁烷一周。蒸馏，在高纯氮保护下加入氢化钙先回流 4～5h 后，收集 76～78℃馏分，在高纯氮保护下密封备用。

(3) 用环己烷洗去金属锂外面的保护油脂，在环己烷中用干净小刀刮去表面氧化层，然后切成小块薄片备用。

(4) 配方：一般锂过量。氯代正丁烷与金属锂的摩尔比为 1：2.2～1：2.3，溶液浓度在 2mol/L 左右，聚合时稀释到 0.5～1mol/L。

(5) 按图 2-119 安装好合成装置，开动真空泵抽真空，并用煤气灯烘烤三口烧瓶、分馏柱、冷凝管、接收瓶等玻璃仪器，尽量除去系统中的空气，然后关闭抽真空活塞和压力计活塞，通入高纯氮至正压。待冷却后，再抽真空、烘烤，反复三次，由于金属锂可与氮反应，所以最后一次烘烤后往体系中充入高纯氩气。

(6) 在氢气保护下加入切好的金属锂。将环己烷加入加料管并将总量的 1/3 加入反应瓶。将处理好的氯代正丁烷加入加料管，与剩余的 2/3 环己烷混合。

(7) 开动搅拌，升温至 40℃，缓慢滴加环己烷-氯代正丁烷溶液，开始反应。由于此反应为放热反应，因此要通过调节滴加速度来控制反应速率，正常情况下控制反应温度 55～65℃。可以观察到溶液颜色由透明变为深紫色。

（8）全部滴加完后，继续反应 2h。注意此阶段要缓慢搅拌，避免过量的锂及副产物形成细小粉末，给下一步过滤带来困难。

（9）反应结束后，在高纯氮保护下将反应液移到过滤装置上，滤去未反应的锂及副产物，得到无色透明的正丁基锂-环己烷溶液。在高纯氮保护下密封备用。

2. 正丁基锂的浓度分析

合成的正丁基锂浓度一般约为理论值的 70％左右，可用双滴定法测定丁基锂浓度。

（1）取两个 50mL 改装过的圆底烧瓶，抽排、烘烤、充氮，反复三次，高纯氮保压密封备用。

（2）在 1 号圆底烧瓶中加入 8mL 环己烷，2mL 二溴乙烷，2mL 正丁基锂，摇动 2min，使其充分反应；加水 10mL，充分摇动使介质全部水解；以酚酞为指示剂，用盐酸滴定杂质含量。

（3）在 2 号圆底烧瓶中加入 2mL 正丁基锂，10mL 环己烷，10mL 水，充分摇动水解后滴定杂质含量。

（4）正丁基锂的浓度为：

$$N_{正丁基锂} = \frac{(V_{总} - V_{杂}) \times N_{HCl}}{V_{丁基锂}} \qquad (2\text{-}223)$$

式中　N_{HCl}——标准盐酸溶液的浓度，mol/L；

　　$V_{丁基锂}$——滴定用丁基锂的用量，mL；

　　$V_{总}$——2 号瓶消耗盐酸总量，mL；

　　$V_{杂}$——1 号瓶消耗盐酸总量，mL。

实验 60-3　苯乙烯阴离子聚合

一、实验目的

1. 掌握阴离子聚合的机理。
2. 了解苯乙烯净化程度对聚合反应的影响。
3. 掌握实现阴离子计量聚合的实验操作技术。

二、实验原理

苯乙烯阴离子聚合是连锁式聚合反应的一种，包括链引发、链增长和链终止三个基元反应。在一定的条件下苯乙烯阴离子聚合可以实现活性计量聚合：首先，苯乙烯是一种活性相对适中的单体，在高纯氮的保护下，活性中心自身可长时间稳定存在而不发生副反应。第二，正常阴离子活性中心非常容易与水、醇、酸等带有活泼氢和氧、二氧化碳等物质反应，而使负离子活性中心消失。使终止反应的杂质可以通过净化原料、净化体系从聚合反应体系中除去，终止反应可以避免，因此阴离子聚合可以做到无终止、无链转移，即活性聚合。在这种情况下，聚合物的相对分子质量由单体加入量与引发剂加入量之比决定，且相对分子质量分布亦很窄。

三、主要仪器和试剂

1. 主要试剂

名　称	试　剂	规　格
单体	苯乙烯	精制
溶剂	环己烷	精制
引发剂	正丁基锂	自制
极性添加剂	四氢呋喃	精制
沉淀剂	酒精	工业级

2. 主要仪器

500mL 聚合釜（图 2-120）；吸收瓶 1000mL、30mL、1mL 注射器各一；9 号注射针头；厚壁乳胶管；ϕ40 称量瓶；止血钳；加料管等。

四、配方计算

1. 设计：单体浓度 8%

相对分子质量＝4 万

总投料量：20g

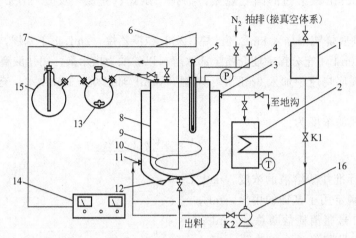

图 2-120　聚合装置

1—冷水箱；2—恒温水浴箱；3—出水口；4—压力表；5—温度计；6—搅拌电机；
7—进料口；8—聚合釜；9—水浴夹套；10—搅拌桨；11—进水口；12—出料口；
13—引发剂进料口；14—控速箱；15—吸收瓶；16—水泵

2. 计算：

活性中心＝20/40000＝5×10^{-4}（mol）＝0.5（mmol）

设正丁基锂浓度为 0.8mmol/mL（实验中可以不同）

则正丁基锂加入的毫升数为：

$$V = 0.5/0.8 = 0.625 \text{mL}$$

设：[THF]/[活性中心]＝2

THF 的量＝$0.625 \times 2 = 1.25$mmol

$W_{THF} = 1.25 \text{mmol} \times 72.1 \text{g/mol} = 0.090 \text{g}$

$V_{THF} = 0.090/0.883 = 0.102$（mL）

五、实验步骤

1. **开动聚合釜**　在氮气保护下将聚合釜中的活性聚合物放出，开启加热泵加热循环水至 60℃。

2. **净化**　在高纯氮气的保护下将聚合釜中的活性聚合物放出，并充氮，保持体系正压。将加料管、吸收瓶接入真空体系，用检漏剂检查体系，保证体系不漏。然后抽真空、充氮，反复三次，待冷却后取下。

3. **加料**　用加料管准确取环己烷加入聚合瓶，用注射器取计量苯乙烯和四氢呋喃迅速加入聚合瓶，并用止血钳夹住针孔。

4. **杀杂**　用 1mL 注射器抽取正丁基锂，逐滴加入聚合瓶中，同时密切注意颜色的变化，直至出现淡茶色且不消失为止，将聚合液加入聚合釜。

5. 聚合　迅速加入计量的引发剂，反应 30min。

6. 后处理　将少量聚合液、2,6,4 防老剂放入工业乙醇中，搅拌，将聚合物沉淀。倾去清液，将聚合物放入称量瓶中，在真空干燥箱中干燥。

实验 60-4　聚合物的纯化

一、实验目的
1. 了解聚苯乙烯的良溶剂及沉淀剂。
2. 掌握沉淀法分离聚合物的方法。

二、实验原理
聚合物的纯化方法主要有：洗涤法、萃取法、溶解沉淀法。溶解沉淀法是将聚合物溶于良溶剂中，然后加入对聚合物不溶的而对溶剂能溶的沉淀剂使聚合物沉淀出来。这种方法是聚合物精制应用最广泛的方法。

溶剂的溶解度参数与聚合物的溶解度参数相近时，溶剂是聚合物的良溶剂，否则是聚合物的不良溶剂（表 2-8）。

表 2-8　聚苯乙烯的溶剂和沉淀剂

良溶剂	沉淀剂	良溶剂	沉淀剂
苯	甲醇	丁酮	
甲苯	乙醇	氯仿	

聚合物溶液的浓度、溶解速度、溶解方法、沉淀时的温度等对所分离的聚合物的外观影响很大，如果聚合物溶液浓度过高，则溶剂和沉淀剂的混合性较差，沉淀物成为橡胶状。如果浓度过低，聚合物成为细粉状。

在沉淀中，沉淀剂用量一般为溶剂的 4～10 倍，最后溶剂和沉淀剂可用真空干燥中除去。

三、主要仪器和试剂
1. 主要试剂

聚苯乙烯；工业酒精。

2. 主要仪器

500mL 烧杯；玻璃棒；称量瓶。

四、实验步骤
1. 在 500mL 的烧杯中加入工业酒精 300mL。

2. 将 50mL 苯乙烯的环己烷溶液倒入烧杯中，并不停搅拌。

3. 将上层清液倒入废液瓶中，将聚合物移至称量瓶中。

4. 将称量瓶中的聚合物在真空干燥箱中干燥至恒重。

实验 60-5　聚苯乙烯相对分子质量及分布的测定

一、实验目的
1. 了解 GPC 法测定相对分子质量及分布的基本原理。
2. 掌握 GPC 仪器的基本操作并测定聚苯乙烯的相对分子质量及分布。

二、实验原理
凝胶渗透色谱法（Gel Permeation Chromatography），简称 GPC，其主要的分离机理——体积排除理论。

GPC 分离部件是以多孔性凝胶作为载体的色谱柱，凝胶的表面与内部含有大量彼此贯穿的大小不等的孔洞。GPC 法就是通过这些装有多孔性凝胶的分离柱，利用不同相对分子质量的高分子在溶液中的流体力学体积大小不同进行分离，再用检测器对分离物进行检测，最后用已知相对分子质量的标准物对分离物进行校正的一种方法。在聚合物溶液中，高分子链卷曲缠绕成无规线团状，在流动时，其分子链间总是裹挟着一定量的溶剂分子，即表现出的体积称之为"流体力学体积"。对于同一种聚合物而言，是一组同系物的混合物，在相同的测试条件下，相对分子质量大的聚合物，其溶液中的"流体力学体积"也就大。

色谱柱的总体积 V_t 由载体的骨架体积 V_g、载体内部的孔洞体积 V_i 和载体的粒间体积 V_o 组成。当聚合物溶液流经多孔性凝胶粒子时，溶质分子即向凝胶内部的孔洞渗透，渗透的概率与分子尺寸有关，可分为三种情况：

① 高分子的尺寸大于凝胶中所有孔洞的孔径，此时高分子只能在凝胶颗粒的空隙中存在，并首先被溶剂淋洗出来，其淋洗体积 V_e 等于凝胶的粒间体积 V_o，因此对于这些分子没有分离作用；

② 对于相对分子质量很小的分子由于能进入凝胶的所有孔洞，因此全都在最后被淋洗出来，其淋洗体积等于胀胶内部的孔洞体积 V_i 与凝胶的粒间体积 V_o 之和，即 $V_e = V_o + V_i$。对于这些分子同样没有分离作用；

③ 对于相对分子质量介于以上两者之间的分子，其中较大的分子能进入较大的孔洞，较小的分子不但能进入较大、中等的孔洞，而且也可以进入较小的孔洞。这样大分子能渗入的孔洞数目比小分子少，即渗入概率与渗入深度者比小分子少，换句话说，在柱内小分子流过的路径比大分子的长，因而在柱中的停留时间也较长中，所以需要较长的时间才能被淋出，从而达到分离目的。

三、主要仪器和试剂

1. 主要原料及试剂

聚苯乙烯；色谱纯四氢呋喃。

2. 主要仪器

Waters 公司的 1515 型凝胶色谱仪；烧杯；称量瓶；注射器。

四、实验步骤

1. 样品必须经过完全干燥，除掉水分、溶剂及其他杂质。

2. 必须给予充分的溶解时间使聚合物完全溶解在溶剂中，并使分子链尽量舒展。分子质量越大，溶解的时间应越长。

3. 配置浓度一般在 0.05%～0.3%（质量分数）之间，相对分子质量大的样品浓度低些，相对分子质量小的样品浓度稍微高些。

4. 灌注冲洗泵和检测器。打开检测器和泵的电源，运行 Breeze 程序监控系统，待计算机完成仪器连接检测后，出现操作窗口，包括命令栏、工作区和采集栏。

5. 创建初始方法。是在 Breeze 系统中，进行某项操作时，预先设定的各种参数的集合。它包括平衡方法、数据采集方法、数据处理（校正）方法和报告方法等。

6. 稳定系统。设定系统在较小的流量（0.1mL/min）下，稳定 7～8h。

7. 平衡系统。待系统平衡后，再次选择采集栏上的"平衡系统"按钮，选择合适的平衡方法，在较大的流量（1mL/min）下进行系统的平衡，直到 RI Detector 的基线稳定为止。

8. 首先用一系列已知相对分子质量的单分散标准样品，做一系列的 GPC 谱图，找出每一个相对分子质量 M 所对应的淋洗体积 V_e，然后以这些数据作出普适或者相对校正曲线，并将其保存成一种方法。

9. 进行聚苯乙烯样品的测试。

10. 进样完成后，在监视窗中即显示数据采集过程，测试完成后即得到 GPC 色谱图。

第三节 设 计 实 验

实验 61 苯乙烯-丁二烯共聚合实验设计

一、目的要求

1. 掌握以苯乙烯、丁二烯为单体，针对目标产物进行聚合实验设计的基本原理。

2. 进行不同聚合机理、聚合方法的选择及确定。

3. 在体系组成原理、作用、配方设计、用量确定等方面得到初步锻炼。

4. 初步对聚合工艺条件的设置有所了解掌握。

5. 对课堂所学理论进一步深入理解，对实验室所做实验的理论依据有更清楚认识，达到理论与实际应用相结合。

二、基本原理

苯乙烯、丁二烯是两种来源广泛的廉价单体，目前都已实现工业化生产，均形成系列化产品。聚苯乙烯为典型的热塑性塑料，聚丁二烯为典型的弹性体，两者的结合则形成一系列不同于二者的新的聚合物。通过苯乙烯和丁二烯的共聚，至今已实现工业化生产的主要共聚物有：合成橡胶的第一大品种，采用自由基乳液聚合法生产的乳聚丁苯橡胶（E-SBR）；近年来新兴起的所谓节能橡胶，采用阴离子溶液聚合法生产的溶聚丁苯橡胶（S-SBR）；有第三代橡胶之称的热塑性弹性体，采用阴离子溶液聚合法生产的苯乙烯-丁二烯-苯乙烯三嵌段共聚物（SBS）；通过以橡胶改性的用途广泛的高抗冲聚苯乙烯，采用自由基本体-悬浮聚合法生产的丁二烯-苯乙烯接枝共聚物（HIPS）等。

苯乙烯-丁二烯共聚合试验设计是以共聚物目标产物的性能为出发点，进而推断出具有此种性能共聚物的大分子结构；由共聚物分子结构可确定所要采用的聚合机理和聚合方法，再确定聚合配方及聚合工艺条件，在此基础上进行聚合；最后对产物进行结构分析及性能测试，结果用于对所确定的合成路线进行修订。下面以星型热塑性弹性体 $(SB)_nR$ 为例说明设计合成的具体实施：

（一）分子结构的确定

1. 目标产物为一种弹性体，因此大分子链结构应以聚丁二烯为主。作为橡胶的聚丁二烯要体现出弹性，需经硫化形成以化学键为连接点的三维网络结构才成，这样一来就失去了热塑性。由于聚苯乙烯和聚丁二烯内聚能的不同，两者混合时会出现"相分离"现象，如能利用聚苯乙烯的热塑性，在大分子聚集态中以"物理交联点"的形式代替化学键形成三维网络结构，则可实现具有塑料加工成型特色的弹性体。

2. 考虑目标产物为星型结构，大分子链结构应设计为嵌段共聚物结构，且聚丁二烯处于中间，而聚苯乙烯处于外端（为什么？）。为保证弹性及一定的强度，设计苯乙烯/丁二烯＝30/70（为什么？）。

（二）聚合机理及聚合方法的确定

1. 对于合成嵌段共聚合来说，最好的聚合机理采用阴离子活性聚合，而丁二烯、苯乙烯均为有 π-π 结构的共轭单体，利于进行阴离子聚合（为什么？）。

2. 具体聚合路线为以单锂引发剂引发，先合成出聚苯乙烯-丁二烯的活性链，再加入偶联剂，如四氯化硅，进行偶联反应，形成具有四臂结构的星型聚合物。

3. 由于活性链与偶联剂的偶联反应为聚合物的化学反应，为保证反应完全，且有利于传热、传质等原因考虑，采用溶液聚合。

（三）聚合配方及工艺条件的确定

1. 聚合配方

（1）引发剂　根据要有较高的活性和适当的稳定性的原则，选用正丁基锂做引发剂。用量按阴离子计量聚合原理，以星型聚合物每臂相对分子质量为 4 万计（为什么？）。

（2）单体　苯乙烯/丁二烯＝30/70（质量分数），考虑要保证偶联反应完全及传热、传质等原因，聚合液单体浓度定为 10%（质量分数）。

（3）溶剂　对溶剂的选择首先要求能对引发剂、单体、聚合物有好的溶解性；其次要稳定，在聚合过程中不发生副反应；第三是无毒、价廉、易得、易回收精制、无三废等。对于阴离子聚合而言，一般可选用烷烃、环烷烃、芳烃等为溶剂，常用的有正己烷、环己烷、苯等。芳烃一般认为毒性较大，多不采用。由溶度参数看，聚苯乙烯为 8.7～9.1，聚丁二烯为 8.1～8.5，这样共聚合的溶度参数约为 8.3～8.7，正己烷的溶度参数为 7.3，环己烷为 8.2，根据"相似者相溶"的原理，选择环己烷为宜。

（4）偶联剂　四氯化硅，为保证偶联反应完全，以氯为标准，用量为活性中心总数的 1.1 倍。

（5）沉淀剂　乙醇。

以 100mL 聚合液为标准，按上述要求计算出具体聚合配方。

2. 聚合工艺

（1）反应装置　根据阴离子聚合机理，要求选用密闭反应体系（为什么？），且丁二烯常温下为气态，因此选用耐压装置。可用 250mL 厚壁玻璃聚合瓶，反应前按阴离子聚合要求进行净化、充氮。

（2）工艺路线　加入溶剂、苯乙烯、正丁基锂，先合成聚苯乙烯段；再加入丁二烯聚合，得到聚苯乙烯-丁二烯活性链；最后加入四氯化硅进行偶联反应；用乙醇沉淀，干燥，得到星型 $(SB)_n R$。

（3）反应温度　考虑常温下丁二烯为气态，确定反应温度为 50℃。为保证偶联反应完全，在偶联阶段，升温至 60℃反应。

（4）反应时间　由于分子结构要求聚丁二烯段在中间，且为保证性能，要求为完全嵌段型结构，考虑到丁二烯比苯乙烯活泼，为保证各段聚合完全，每段聚合时间定为 1h。如需加快反应，可加入少量极性试剂，如四氢呋喃（为什么？）。

（四）分析、测试

1. 用 GPC 分析相对相对分子质量及分布。

2. 用 NMR 分析共聚组成、序列结构和微观结构。

三、主要试剂

单体物性见表 2-9 所列。

表 2-9　单体苯乙烯、丁二烯的基本物性参数

单体	相对分子质量	密度	熔点/℃	沸点/℃
苯乙烯	104	0.91	−30	145
丁二烯	54	0.62	−108.9	−4.4

苯乙烯-丁二烯的竞聚率：自由基共聚：$r_1 = 0.64$，$r_2 = 1.38$

阴离子共聚：$r_1 = 0.03$，$r_2 = 12.5$（己烷中）

$r_1 = 4.00$，$r_2 = 0.30$（四氢呋喃中）

四、实验设计

（一）丁苯橡胶的设计合成

1. 目标产物Ⅰ　线型通用丁苯橡胶

（1）提示

① 聚合机理及聚合方法　自由基无规共聚，乳液聚合。

② 反应装置　1000mL 聚合釜，装料系数 60%～70%。

③ 聚合配方　苯乙烯含量 22%～23%（质量分数），水/单体＝70～60/30～40（质量分数），以 100 份单体计（质量分数）：氧化剂：0.10～0.25，还原剂：0.01～0.04，乳化剂：2～3，相对分子质量调节剂：0.10～0.20，终止剂：0.05～0.15。

对于苯乙烯-丁二烯自由基共聚，$r_1 = 0.64$，$r_2 = 1.38$，可根据 Mayer 公式的积分式求出要合成给定共聚组成且组成均匀的无规共聚物，原料配比应为多少？转化率应控制在多少？

（2）要求

① 根据目标产物性能，确定共聚物分子结构，给出简要解释。

② 确定聚合机理及聚合方法，给出简要解释，写出聚合反应基元反应。

③ 根据提示计算出具体聚合配方。

④ 确定聚合装置及主要仪器，画出聚合装置简图。

⑤ 制定工艺流程，画出工艺流程框图。

⑥ 确定聚合工艺条件，给出简要解释。

2. 目标产物Ⅱ　星型节能丁苯橡胶

（1）提示

① 聚合机理及聚合方法　阴离子无规共聚，溶液聚合。

② 反应装置　1000mL 聚合釜，装料系数 60%～70%。

③ 聚合配方　引发剂：正丁基锂，苯乙烯含量：24%～25%（质量分数），溶剂：环己烷，聚合液浓度 8%（质量分数），每臂的相对分子质量：40000，无规化剂：四氢呋喃，加入量为活性中心的 25 倍（摩尔），偶联剂：四氯化锡，以氯为标准，用量为活性中心总数的 1.1 倍（摩尔）。

苯乙烯-丁二烯在非极性溶剂中进行阴离子共聚，存在 $r_2 > r_1$，如加入适量的极性试剂，则两单体趋于无规共聚。

（2）要求

① 根据目标产物性能，确定共聚物分子结构，给出简要解释。

② 确定聚合机理及聚合方法，给出简要解释，写出聚合反应基元反应。

③ 根据提示计算出具体聚合配方。

④ 确定聚合装置及主要仪器，画出聚合装置简图。

⑤ 制定工艺流程，画出工艺流程框图。

⑥ 确定聚合工艺条件，给出简要解释。

（二）高抗冲聚苯乙烯的设计合成

1. 目标产物Ⅰ　接枝型高抗冲聚苯乙烯

（1）提示

① 聚合机理及聚合方法　自由基接枝共聚，第一步采用本体聚合，第二步采用悬浮聚合。

② 工艺路线

第一步　将工业级高顺式聚丁二烯溶于单体苯乙烯中，加入引发剂进行接枝本体聚合。控制苯乙烯转化率在 20％左右。

第二步　以上述体系为基础补加苯乙烯、引发剂，加入分散剂、悬浮剂进行苯乙烯自身的悬浮聚合。

③ 反应装置　1000mL 聚合釜，装料系数 60％～70％。

④ 聚合配方

第一步　顺丁橡胶含量 10％～14％（质量分数），引发剂用量：苯乙烯用量的 1/2000（摩尔），链转移剂用量：苯乙烯用量的 1/3200（摩尔）。

第二步　补加苯乙烯：第一步加入苯乙烯量的 6％，补加引发剂：补加苯乙烯用量的 1/40（摩尔）水/苯乙烯总量＝75～70/25～30（质量分数），悬浮剂：苯乙烯总量的 0.5％（质量分数）。

⑤ 聚合工艺

第一步　将橡胶剪碎置于苯乙烯中，70℃下搅拌至溶解。

反应温度：70～75℃（如以 BPO 为引发剂），搅拌速率：约 120r/min。

反应时间：反应 0.5h 后，反应物由透明变为微浑，随之出现"爬杆"现象，继续反应至"爬杆"现象消失，取样分析转化率，继续反应直到转化率大于 20％后停止反应。此时体系为乳白色细腻的糊状物。整个反应时间约 5h。

第二步　通氮。

反应温度：85℃（如以 BPO 为引发剂），反应到体系内粒子下沉时升温至 95℃继续反应，最后升温至 100℃继续反应至反应结束，搅拌速率：约 120r/min。

反应时间：95℃反应 1h，100℃反应 2h。

⑥ 转化率的测定　在 10mL 的小烧杯中放置 5mg 对苯二酚，称出总重（W_1），取第一步合成的产物约 1g 于烧杯中，称出总重（W_2），在烧杯中加入 95mL 乙醇，沉淀出聚合物，在红外灯下烘干，称出总重（W_3），则苯乙烯转化率为：

$$聚苯乙烯转化率％ = \frac{(W_3 - W_1) - (W_2 - W_1) \times R％}{(W_2 - W_1) - (W_2 - W_1) \times R％} \times 100％ \tag{2-224}$$

式中，$R％$为投料中的橡胶含量（以苯乙烯加料总量计）。

（2）要求

① 根据目标产物性能，确定共聚物分子结构，给出简要解释。

② 确定聚合机理及聚合方法，给出简要解释，写出聚合反应基元反应。

③ 根据提示计算出具体聚合配方。

④ 确定聚合装置及主要仪器，画出聚合装置简图。

⑤ 制定工艺流程，画出工艺流程框图。

⑥ 确定聚合工艺条件，给出简要解释。

2. 目标产物Ⅱ　嵌段型高抗冲聚苯乙烯

（1）提示

① 适当控制嵌段共聚物中聚丁二烯的含量，可得到用于制备高透明度制品的高抗冲聚苯乙烯。大分子结构可为多嵌段型。

② 聚合机理及聚合方法　阴离子嵌段共聚，溶液聚合。

③ 反应装置　1000mL 聚合釜，装料系数 60％～70％。

④ 聚合配方　引发剂：正丁基锂，苯乙烯含量：10％～15％（质量分数），溶剂：环己烷，聚合液浓度 10％（质量分数），相对分子质量：10 万～15 万。

（2）要求

① 根据目标产物性能，确定共聚物分子结构，给出简要解释。

② 确定聚合机理及聚合方法，给出简要解释，写出聚合反应基元反应。

③ 根据提示计算出具体聚合配方。

④ 确定聚合装置及主要仪器，画出聚合装置简图。

⑤ 制定工艺流程，画出工艺流程框图。

⑥ 确定聚合工艺条件，给出简要解释。

（三）热塑性弹性体的设计合成

1. 目标产物Ⅰ 苯乙烯-丁二烯-苯乙烯三嵌段共聚物

（1）提示

① 本书中介绍了以丁基锂为引发剂的聚合试验，此处请选择一双锂引发剂。

② 苯乙烯含量 30％（质量分数），相对分子质量：15 万，聚合液浓度 10％（质量分数）。

③ 反应装置 1000mL 聚合釜，装料系数 60％～70％。

（2）要求

① 根据目标产物性能，确定共聚物分子结构，给出简要解释。

② 确定聚合机理及聚合方法，给出简要解释，写出聚合反应基元反应。

③ 根据提示计算出具体聚合配方。

④ 确定聚合装置及主要仪器，画出聚合装置简图。

⑤ 制定工艺流程，画出工艺流程框图。

⑥ 确定聚合工艺条件，给出简要解释。

2. 目标产物Ⅱ 五嵌段型热塑性弹性体

（1）提示

① 苯乙烯含量：30％（质量分数），相对分子质量：15 万，聚合液浓度 10％（质量分数）。

② 反应装置 1000mL 聚合釜，装料系数 60％～70％。

（2）要求

① 根据目标产物性能，确定共聚物分子结构，给出简要解释。

② 确定聚合机理及聚合方法，给出简要解释，写出聚合反应基元反应。

③ 根据提示计算出具体聚合配方。

④ 确定聚合装置及主要仪器，画出聚合装置简图。

⑤ 制定工艺流程，画出工艺流程框图。

⑥ 确定聚合工艺条件，给出简要解释。

3. 目标产物Ⅲ 星型丁二烯-苯乙烯嵌段共聚物

（1）提示

① 以丁基锂为引发剂，先合成苯乙烯-丁二烯（聚合顺序？），再用四氯化硅进行偶联。

② 苯乙烯含量：30％（质量分数），相对分子质量：6 万/臂，聚合液浓度 10％（质量分数）。

③ 反应装置 1000mL 聚合釜，装料系数 60％～70％。

（2）要求

① 根据目标产物性能，确定共聚物分子结构，给出简要解释。

② 确定聚合机理及聚合方法，给出简要解释，写出聚合反应基元反应。

③ 根据提示计算出具体聚合配方。

④ 确定聚合装置及主要仪器，画出聚合装置简图。

⑤ 制定工艺流程，画出工艺流程框图。

⑥ 确定聚合工艺条件，给出简要解释。

实验 62　阳离子型聚丙烯酰胺絮凝剂实验设计

一、目的要求

1. 掌握共聚合反应原理，达到理论与实际应用相结合。

2. 进行聚合机理、聚合方法的选择及确定。

3. 掌握聚合配方和聚合反应条件，在体系组成原理、作用、配方设计，用量等确定方面得到初步锻炼。

4. 对聚合工艺条件的设置有所了解，进一步掌握聚合温度、反应时间等因素的确定。

二、基本原理

丙烯酰胺是一类应用广泛的水溶性单体，聚丙烯酰胺的用途，尤其在作为一种功能高分子的絮凝剂的作用在实验 5 中已做了介绍。其作用原理是聚丙烯酰胺的酰氨基可与许多物质亲和、通过大分子上的电荷与粒子上的反电荷间的静电吸引作用，吸附形成氢键，在被吸附的粒子间形成"桥联"。使数个甚至数十个粒子连接在一起，生成絮团，加速粒子下沉。

在聚丙烯酰胺大分子链上引入离子基团做成阳离子型或阴离子型聚丙烯酰胺，更利于在某些领域使用。阴离子型聚丙烯酰胺由于具有良好的粒子絮体化性能，更宜于用在矿物悬浮物的沉降分离。阳离子型聚丙烯酰胺的相对分子质量通常比阴离子型或非离子型的相对分子质量低，其絮凝作用主要是通过电荷中和作用，即絮凝带负电荷的胶体，具有除浊、脱色等功能。适用于有机胶体含量高的废水，如染色、造纸、食品、水产品加工与发酵等工业废水处理。

阳离子型聚丙烯酰胺多数是通过丙烯酰胺与阳离子单体自由基共聚得到。常用的阳离子单体有：2-丙烯酰氧基乙基三甲基氯化铵、N,N-二甲基甲基丙烯酰氧乙基丁基溴化铵、二烯丙基二甲基氯化铵、苯胺盐酸盐、水溶性氨基树脂、聚硫脲盐酸盐、聚乙烯基吡啶盐、聚乙烯基亚胺等。

共聚物相对分子质量越大，阳离子含量越高，絮凝效果越好。提高相对分子质量的方法有调节引发剂、单体浓度、链转移剂，控制反应温度及选择聚合方法等。

下面介绍两种比较成熟的品种：

① 丙烯酰胺-甲基丙烯酸二甲氨基乙酯氯甲烷盐共聚物，后者占 25%，氧化-还原引发剂，水溶液聚合，单体浓度 20%。

② 丙烯酰胺-二甲基丙基丙烯酰胺共聚物，后者占 20%，偶氮类引发剂，水溶液聚合，单体浓度 15%。

三、主要试剂

丙烯酰胺无色透明片状晶体，无臭，有毒。相对密度 1.12，熔点 84~85℃，沸点 125℃。溶于水、乙醇、微溶于苯、甲苯。

丙烯酰胺-二烯丙基二甲基氯化铵的竞聚率，$r_1 = 1.95$，$r_2 = 0.30$。

四、实验设计

(一) 丙烯酰胺-二烯丙基二甲基氯化铵共聚物的自由基水溶液聚合

目标产物：丙烯酰胺-二烯丙基二甲基氯化铵阳离子絮凝剂

(1) 提示

① 聚合机理及聚合方法　自由基无规共聚，溶液聚合。

② 反应装置　1000mL 聚合釜，装料系数 60%～70%。

③ 聚合配方　二烯丙基二甲基氯化铵含量 30%～35%（质量分数），水/单体＝70～60/30～40（质量分数），以 100 份单体计：偶氮类引发剂：0.03～0.04。

④ 聚合工艺

反应温度　55℃。

搅拌速率　约 120r/min。

反应时间　3h。

（2）要求

① 根据目标产物性能，确定共聚物分子结构，给出简要解释。

② 确定聚合机理及聚合方法，给出简要解释，写出聚合反应基元反应。

③ 根据提示计算出具体聚合配方。

④ 确定聚合装置及主要仪器，画出聚合装置简图。

⑤ 制定工艺流程，画出工艺流程框图。

⑥ 确定聚合工艺条件，给出简要解释。

（二）丙烯酰胺-二烯丙基二甲基氯化铵共聚物的自由基反相乳液聚合

目标产物：丙烯酰胺-二烯丙基二甲基氯化铵阳离子絮凝剂

（1）提示

① 聚合机理及聚合方法　自由基无规共聚，反相乳液聚合。

② 反应装置　1000mL 聚合釜，装料系数 60%～70%。

③ 聚合配方　二烯丙基二甲基氯化铵含量 30%～35%（质量分数），有机溶剂/单体＝70～60/30～40（质量分数），以 100 份单体计：氧化剂：0.10～0.25，还原剂：0.01～0.04，乳化剂：2～3。

④ 聚合工艺

反应温度　45～50℃。

搅拌速率　约 120r/min。

反应时间　反应 3h。

（2）要求

① 根据目标产物性能，确定共聚物分子结构，给出简要解释。

② 确定聚合机理及聚合方法，给出简要解释，写出聚合反应基元反应。

③ 根据提示计算出具体聚合配方。

④ 确定聚合装置及主要仪器，画出聚合装置简图。

⑤ 制定工艺流程，画出工艺流程框图。

⑥ 确定聚合工艺条件，给出简要解释。

实验 63　窄相对分子质量分布聚苯乙烯的合成、相对分子质量及分布测定的实验设计

实验 63-1　窄分布聚苯乙烯合成实验设计

一、目的要求

1. 掌握合成窄分布聚合物的各种聚合机理。

2. 针对实现特定聚合机理的聚合方法的选择及确定。

3. 掌握聚合配方和聚合反应条件，在体系组成原理、作用、配方设计，用量等确定方面得到初步锻炼。

4. 对聚合工艺条件的设置有所了解掌握，进一步掌握聚合温度、反应时间等因素的确定。

二、基本原理

苯乙烯是一种有 π-π 结构的共轭单体，因此可用多种聚合机理及多种聚合方法进行合成。从传统的角度看，窄分布聚苯乙烯只能通过阴离子计量聚合合成，但从现在的角度看，则或通过诸如活性自由基聚合、活性阳离子聚合等机理进行合成。

三、主要试剂

苯乙烯：有芳香气味的无色易燃液体。相对密度 0.909（20/4℃），熔点 −33℃，沸点 146℃，溶度参数为 8.7～9.1。

四、实验设计

目标产物：相对分子质量分布指数小于 1.1，相对分子质量为 10000 的聚苯乙烯。

（一）阴离子聚合

（1）提示

① 反应装置　100mL 聚合瓶，装料系数 60%～70%。

② 聚合方法　溶液聚合。

③ 聚合配方　单体浓度 5%（质量分数）。

④ 聚合工艺

反应温度　55℃。

搅拌速率：约 120r/min。

反应时间　反应 3h。

（2）要求

① 论述阴离子溶液聚合法合成窄分布聚苯乙烯的优点与不足，写出聚合反应基元反应。

② 根据提示计算出具体聚合配方。

③ 确定聚合装置及主要仪器，画出聚合装置简图。

④ 制定工艺流程，画出工艺流程框图。

⑤ 确定聚合工艺条件，给出简要解释。

（二）阳离子聚合活性聚合

（1）提示

① 反应装置　100mL 聚合瓶，装料系数 60%～70%。

② 聚合方法　溶液聚合。

③ 聚合配方　单体浓度 5%（质量分数）。

④ 聚合工艺

反应温度　−60℃。

反应时间　反应 3h。

（2）要求

① 论述阳离子活性溶液聚合法合成窄分布聚苯乙烯的优点与不足，写出聚合反应基元反应。

② 根据提示计算出具体聚合配方。

③ 确定聚合装置及主要仪器，画出聚合装置简图。

④ 制定工艺流程，画出工艺流程框图。

⑤ 确定聚合工艺条件，给出简要解释。

（三）自由基活性聚合

（1）提示

① 反应装置　100mL 聚合瓶，装料系数 60%～70%。

② 聚合方法　溶液聚合。

③ 聚合配方　单体浓度 5%（质量分数）。

④ 聚合工艺

反应温度　55℃。

反应时间　反应 8h。

（2）要求

① 论述自由基活性溶液聚合法合成窄分布聚苯乙烯的优点与不足，写出聚合的基元反应。

② 根据提示计算出具体聚合配方。

③ 确定聚合装置及主要仪器，画出聚合装置简图。

④ 制定工艺流程，画出工艺流程框图。

⑤ 确定聚合工艺条件，给出简要解释。

实验 63-2　相对分子质量及分布测定

一、目的要求

1. 掌握测定相对分子质量的主要方法和原理。

2. 针对合成的特定聚合物选择合适的相对分子质量测定方法。

3. 根据选定的试验方法制定合理的试验步骤。

二、基本原理及思路

针对所合成的聚苯乙烯，可用多种分子量测定方法进行表征。可采用黏度法测定高分子溶液的相对分子质量，凝胶渗透色谱法测聚合物的相对分子质量及相对分子质量分布，气相渗透法测定聚合物相对分子质量，渗透压法测定聚合物的相对分子质量，光散射法测定聚合物的相对分子质量等方法。根据现有的实验条件和设备，灵活掌握。

三、主要原料及试剂

聚苯乙烯；四氢呋喃；甲苯；氯仿等。

四、实验设计

目标：测定黏均、数均、重均相对分子质量及分布。

实验 64　高吸收性树脂合成及分析实验设计

实验 64-1　耐盐高吸水性树脂合成实验设计

一、目的要求

1. 掌握合成含不同基团的吸水树脂的聚合机理及方法。

2. 针对特定大分子结构进行交联的反应。

3. 对树脂的分子结构、吸水性能进行分析。

4. 对高吸水树脂的结构-性能进行探讨。

二、基本原理

高吸水性树脂是一种具有三维网络结构的聚合物，主要性能是具有吸水性和保水性。这是由于其分子链上含有强吸水基团和一定的交联以形成网络结构。其主要指标-吸水性可用式(2-225)表示：

$$Q^{5/3} \approx \{[(i/2V_u)S^{1/2}]^2 + \left(\frac{1}{2} - x_1\right)/V_1\}/(V_E/V_0) \qquad (2\text{-}225)$$

式中　　　　Q——吸水倍率；

V_E/V_0——交联密度；

$\left(\frac{1}{2} - x_1\right)/V_1$——对水的亲和力；

$i/2V_u$——固定在树脂上的电荷浓度；

S——外部溶液的电解质的离子浓度。

式中第一项表示渗透压，第二项表示与水的亲和力，取决于分子链上所带基团的性质及数量，是增加吸水能力的部分。一般来说，极性基团较非极性基团更有利于提高树脂的吸水性和保水性，但对盐水而言，由于解离子的影响，性能会明显下降，一般在盐水中离子型吸水树脂的吸水率仅为无离子水中的10%左右。另一方面，非极性基团则有较好的耐盐性。

交联密度处于分母则表明交联密度大，吸水率下降，但过低，则失去保水性及强度。

因此，通过控制大分子链上极性基团和非极性基团的比例及交联密度，则可得到耐盐高吸水性树脂。

三、主要试剂

丙烯酸（$Q=1.27$，$e=0.77$）、丙烯酰胺（$Q=1.15$，$e=1.30$）、二乙烯基苯（$Q=3.35$，$e=-1.77$）。

四、实验设计

1. 目标产物　丙烯酸-丙烯酰胺型耐盐高吸水性树脂。

2. 内容　设计四组实验，分别改变丙烯酸-丙烯酰胺组成比和交联剂二乙烯基苯用量（改变交联密度）。对产物结构进行分析并测定树脂的吸盐水率。就结构-性能关系进行小结。

3. 提示

① 聚合机理　自由基共聚。

② 聚合方法　水溶液聚合、反相悬浮聚合（油为分散介质）、反相乳液聚合（油为分散介质）。

③ 引发剂　热分解型、氧化-还原型。

④ 采用红外光谱法测定大分子结构，参照实验37测定大分子交联密度。

⑤ 采用实验24的方法测定吸盐水率（0.9%生理盐水）

4. 要求

① 确定四组实验的丙烯酸-丙烯酰胺组成比和交联剂二乙烯基苯用量。

② 确定聚合方法及引发剂，并计算出具体聚合配方。

③ 确定聚合装置及主要仪器，画出聚合装置简图。

④ 制定工艺流程，画出工艺流程框图（包括后处理阶段）。

⑤ 确定聚合工艺条件，给出简要解释。

⑥ 对聚合物进行结构分析及吸水性能测试。

实验 64-2　高吸油性树脂合成实验设计

一、目的要求

1. 掌握高吸油树脂的合成方法。

2. 对产物的吸油率进行测定。

3. 从高吸油树脂的结构-性能对吸油机理进行探讨。

二、基本原理

高吸油性树脂是在高吸水性树脂的基础上研制出来的，两者均为一种具有三维网络结构的聚合物，不同的是高吸水树脂是依靠其亲水基团通过氢键与水作用，而高吸油树脂则是依靠其亲油基团通过范德华力与油作用，因而吸油率低且吸收速率慢。目前高吸油树脂主要有丙烯酸酯类和非丙烯酸酯类（如聚降冰片烯-马来酸酐共聚物等）。

三、主要试剂

丙烯酸长链酯、二乙烯基苯

四、实验设计

1. 目标产物　丙烯酸酯高吸油性树脂。

2. 提示

① 聚合机理　自由基共聚。

② 聚合方法　悬浮聚合（水为分散介质）。

③ 引发剂　热分解型、氧化-还原型。

④ 参照实验24的方法测定吸油率（以苯为吸收对象）

3. 要求

① 确定聚合方法及配方。

② 确定聚合装置及主要仪器，画出聚合装置简图。

③ 制定工艺流程，画出工艺流程框图（包括后处理阶段）。

④ 确定聚合工艺条件，给出简要解释。

⑤ 测定树脂的吸油率。

实验65　苯乙烯-丁二烯共聚物合成及测定实验设计

实验65-1　苯乙烯-丁二烯共聚物合成

一、目的要求

1. 掌握以苯乙烯、丁二烯为单体，针对目标产物进行阴离子聚合实验设计的基本原理。

2. 在体系组成原理、作用、配方设计、用量、聚合工艺条件确定等方面得到初步锻炼。

二、基本原理

溶聚丁苯橡胶（S-SBR）和苯乙烯-丁二烯-苯乙烯三嵌段共聚物（SBS）均采用阴离子溶液聚合法生产。苯乙烯、丁二烯进行阴离子聚合，利用阴离子活性聚合特点可采用分步加料法实现嵌段共聚。此外，由于丁二烯的活性高于苯乙烯，在非极性溶液中混合加料法亦可实现嵌段共聚（二嵌段共聚）。如果加入极性试剂，如THF，则可进行无规共聚。

三、主要试剂

苯乙烯、丁二烯、丁基锂、环己烷、四氢呋喃

四、实验设计

1. 目标产物

① 苯乙烯-丁二烯-苯乙烯三嵌段共聚物，丁二烯/苯乙烯＝7/3（质量分数），相对分子质量150000。

② 苯乙烯-丁二烯无规共聚物，丁二烯/苯乙烯＝7.5/2.5（质量分数），相对分子质

量 200000。

2. 提示　参照实验 61。

3. 要求

① 根据提示计算出具体聚合配方。

② 确定聚合装置及主要仪器，画出聚合装置简图。

③ 制定工艺流程，画出工艺流程框图。

④ 确定聚合工艺条件，给出简要解释。

实验 65-2　相对分子质量及分布测定

一、目的要求

1. 掌握聚合物相对分子质量及分布测定方法。

2. 掌握黏度法和凝胶渗透色谱法测定原理。

3. 对所合成 SBR 和 SBS 产物的相对分子质量及分布进行测定。

4. 对影响阴离子聚合物相对分子质量及分布的因素进行探讨。

二、基本原理

阴离子聚合可以进行计量聚合，且分布窄。黏度法是最常用的测定聚合物相对分子质量的方法，为一种相对的方法，适用于相对分子质量在 $10^4 \sim 10^7$ 范围的聚合物，具有设备简单、操作方便，有较高实验精度的特点（参实验 29）。凝胶渗透色谱法（gel permeation chromatography），简称 GPC，是目前能完整测定相对分子质量分布的唯一方法（参实验 30）。

三、主要仪器、试剂

乌氏毛细管黏度计；恒温装置（玻璃缸水槽、加热棒、控温仪、搅拌器）；秒表；吸耳球；夹子；容量瓶；砂芯漏斗（♯5）；凝胶渗透色谱仪（美国 Waters 公司、1515 型）；THF。

四、实验设计

1. 黏度法测定 SBS、SBR 的相对分子质量。

2. 凝胶渗透色谱法测 SBS、SBR 的相对分子质量及相对分子质量分布。

3. 提示

① 黏度法参实验 29。

② 凝胶渗透色谱法参实验 30。

4. 要求

① 确定测试方案。

② 对测定数据进行处理并与实验设计值进行对比。

③ 对影响阴离子聚合物相对分子质量及分布的因素进行探讨。

实验 65-3　大分子序列结构的测定

一、目的要求

1. 掌握差热分析和差示扫描量热仪测定聚合物玻璃化转变温度的方法。

2. 掌握扫描电子显微镜观察聚合物形态的方法。

3. 对所合成 SBR 和 SBS 产物的玻璃化转变温度及相态进行测定。

4. 对大分子结构影响相态的因素进行分析。

二、基本原理

聚苯乙烯和聚丁二烯是两种不相容的聚合物。如苯乙烯和丁二烯进行嵌段共聚，共聚物将出现相分离，具有两个玻璃化转变温度。如进行无规共聚，共聚物将不出现相分离，只有一个玻璃化转变温度。因此通过对共聚物玻璃化转变温度和相态的测定，可以对共聚物的序列结构有清晰的了解。

三、主要仪器

PCR-1 型差热仪

DSC200PC 差示扫描量热仪

HITACHIX-650 扫描电镜或其他类型的扫描电镜

四、实验设计

1. 差热分析法测定 SBS、SBR 的玻璃化转变温度。

2. 差示扫描量热仪法测定 SBS、SBR 的玻璃化转变温度。

3. 扫描电子显微镜法测定 SBS、SBR 的相态。

4. 提示

① 差热分析法参见实验 38。

② 差示扫描量热仪法参见实验 39。

③ 扫描电子显微镜法参见实验 48。

5. 要求

① 确定测试方案。

② 对测定数据进行处理。

③ 对影响大分子序列结构的因素进行探讨。

第三部分 附 录

附录 1 常用单体的性质及精制

在第一部分中我们给出了用于实验室合成聚合物的主要单体及其物理性质。在实际应用中，未经处理的单体一般不能直接用于聚合，除了存在于单体中的各种杂质外，为了保证单体在储存、运输过程中不发生自聚和其他的副反应，还往往加入少量阻聚剂。这些杂质和阻聚剂在使用前必须仔细地除去。另外单体的纯度各不相同，而不同的聚合机理对单体纯度的要求也不一样，即不同的聚合反应对单体所含杂质的种类、浓度等均有不同的要求。因此在聚合前对单体进行净化、精制是必不可少的。

单体的精制主要有以下几步：根据聚合反应所采用的聚合机理、聚合方法及单体所含杂质的种类、含量确定、精制的目标和采用的工艺；实施精制；检测可用仪器分析或通过聚合进行实测；保存备用。

1. 苯乙烯的精制

苯乙烯是用途广泛的单体，工业生产主要以苯和乙烯为原料，在催化剂作用下产生烃化反应，生成乙苯。乙苯在高温条件下裂解脱氢，得到苯乙烯。

纯净的苯乙烯为无色或浅黄色透明液体，沸点为 145.2℃，密度 $d_4^{20}=0.9060g/cm^3$，折射率 $n_D^{20}=1.5469$。商品苯乙烯为防止自聚一般加入阻聚剂，因而呈黄色。常用的阻聚剂有对苯二酚等，同时在储存过程中苯乙烯还可能溶入水分和空气，这些在聚合前必须除去。

用于自由基聚合的苯乙烯，纯度要求相应要低一些，精制方法如下。

取 150mL 苯乙烯于 250mL 分液漏斗中，用 5%～10% 氢氧化钠的水溶液洗涤数次，直到无色（每次用量约 30mL），再用无离子水洗至中性，以无水氯化钙干燥，然后在氢化钙存在下进行减压蒸馏，得到精制苯乙烯。

用于阴离子聚合的苯乙烯，纯度要求要高得多，精制方法如下。

取 150mL 苯乙烯于 250mL 分液漏斗中，用 5%～10% 的氢氧化钠水溶液洗涤数次，直到无色（每次用量约 30mL），再用无离子水洗至中性，以无水氯化钙干燥，再用 5A 分子筛浸泡一周，然后在氢化钙或钠丝存在下进行减压蒸馏，得到精制苯乙烯。

苯乙烯在不同压力下的沸点如表 3-1 所示。

表 3-1 苯乙烯的压力与沸点关系

沸点/℃	44	60	69	76	79	82	102	125	142	145.2
压力/mmHg	22	40	60	89	90	100	200	400	700	760

注：1mmHg=133.322Pa。

苯乙烯减压蒸馏操作如下：按图安装减压蒸馏装置；开动真空泵抽真空，用真空检漏计检查体系；用煤气灯烘烤可以烘焙的仪器，约 15min，然后关闭抽真空活塞和压力计活塞，通入高纯氮，约 1min，再抽真空、烘烤；如此反复三次；待冷却后，在高纯氮保护下进行加料，先加入氢化钙 1～2g，然后加已用分子筛浸泡过苯乙烯，加至烧瓶一半体积即可；关闭高纯氮，抽真空同时加热蒸馏；根据苯乙烯沸点与压力关系收集馏分，适当弃去少量前馏分，接收正常馏分；所得精制苯乙烯在高纯氮保护下密封，于冰箱中保存待用。

2. 甲基丙烯酸甲酯的精制

纯净的甲基丙烯酸甲酯为无色透明的液体，沸点为 $100.3℃$，密度 $d_4^{20}=0.937g/cm^3$，折射率 $n_D^{20}=1.4138$。商品甲基丙烯酸甲酯中由于加入对苯二酚而呈现黄色。

取 150mL 甲基丙烯酸甲酯于 250mL 分液漏斗中，用 5%～10% 的氢氧化钠水溶液洗涤数次，直到无色（每次用量约 30mL），再用无离子水洗至中性，以无水硫酸钠干燥，然后在氢化钙存在下进行减压蒸馏，得到精制甲基丙烯酸甲酯。

甲基丙烯酸甲酯在不同压力下的沸点如表 3-2 所示。

表 3-2　甲基丙烯酸甲酯的压力与沸点的关系

沸点/℃	10	20	30	40	50	60	70	80	90	100.6
压力/mmHg	24	35	53	81	124	189	279	397	543	760

3. 醋酸乙烯酯的精制

醋酸乙烯酯主要有两条合成路线，一是采用乙炔气相法生产的醋酸乙烯，副产物种类很多，其中对醋酸乙烯酯聚合反应影响较大的物质有：乙醛、巴豆醛、乙烯基乙炔、二乙烯基乙炔等。另一条路线是以乙烯为原料，乙烯先与醋酸反应生成醋酸乙烯，再以氯化钯为催化剂，通入氧气进行催化氧化，生成醋酸乙烯酯。由于乙炔气相法耗电大，目前已逐步为以乙烯为原料的氧氯化法所代替。

纯净的醋酸乙烯酯为无色透明的液体，沸点为 $72.5℃$，密度 $d_4^{20}=0.9342g/cm^3$，折射率 $n_D^{20}=1.3956$。在水中溶解度为 2.5%（20℃），可与醇混溶。通常在单体中加入 0.01%～0.03% 的阻聚剂对苯二酚，以防止单体自聚。

醋酸乙烯酯其精制方法如下：把 200mL 的醋酸乙烯放在 500mL 的分液漏斗中，用饱和亚硫酸氢钠溶液洗涤三次（每次用量约 50mL），水洗三次（每次用量约 50mL）后，再用饱和碳酸钠溶液洗涤三次（每次用量约 50mL），然后用去离子水洗涤至中性，最后将醋酸乙烯放大干燥的 500mL 磨口锥形瓶中，用无水硫酸钠干燥，过夜。将经过洗涤和干燥的醋酸乙烯，在装有韦氏蒸馏头的精馏装置上进行精馏（为了防止暴沸和自聚可在蒸馏瓶中加一粒沸石及少量的对苯二酚）。收集 71.8～72.5℃ 之间的馏分。

醋酸乙烯酯的纯度分析可采用溴化法或气相色谱法等。

4. 丁二烯的精制

丁二烯主要是指 1,3-丁二烯，是聚合物合成的重要原料之一。丁二烯有多种工业化制备方法，大部分是作为乙烯的联产物，即用溶剂抽提法从裂解副产 C_4 馏分得到的。除溶剂抽提法外，还有丁烷催化脱氢法、丁烯催化脱氢法和丁烯氧化脱氢法等。

丁二烯是一种无色气体，室温下有一种适度甜感的芳烃气味。沸点为 $-4.413℃$，密度 $d_4^{20}=0.621g/cm^3$，折射率 $n_D^{-25}=1.4293$。丁二烯是一种非常不稳定的单体，与空气中的氧或其他氧化剂接触即可发生反应生成过氧化聚合物，这种过氧化物又可分解为醛，醛又再行聚合，且在这种分解、聚合过程中会放出大量的热，因此一旦发生自聚将是十分危险的。为此通常在单体中加入抗氧剂叔丁基邻苯二酚（TBC）。由于过氧化聚合物在27℃下比较稳定，因此丁二烯和储存温度宜低于 $27℃$。

利用常温下丁二烯为气态的特点，将装有己烷的吸收瓶置于冰盐水浴中，待溶剂温度降到丁二烯沸点后，通入气态丁二烯，进行吸收（相当于经过一个蒸馏过程）。

5. 丙烯腈的精制

丙烯腈是合成纤维、橡胶、工程塑料的重要原料。工业上采用乙炔和氢氰酸反应法，60年代石油化工兴起后主要采用丙烯氨氧化法合成。

纯净的丙烯腈为无色透明液体，沸点为 77.3℃，密度 $d_4^{20} = 0.8061 g/cm^3$，折射率 $n_D^{20} = 1.3911$。在水中溶解度为 7.3%（20℃），其精制方法如下：

取 250mL 工业丙烯腈至 500mL 蒸馏瓶中进行常压蒸馏，收集 76~78℃ 的馏分。将此馏分用无水氯化钙干燥 3h 后，过滤至装有分馏装置的蒸馏瓶中，加几滴高锰酸钾溶液进行分馏，收集 77~77.5℃ 的馏分，得到精制的丙烯腈，高纯氮保护下密闭避光保存备用。

注意：丙烯腈有剧毒，所有操作应在通风橱中进行，操作过程必须仔细，绝对不能进入口内或接触皮肤。仪器装置要严密，毒气应排出室外，残渣要用大量水冲掉。

附录 2　常用引发剂的性质、制备及精制

1. 过氧化苯甲酰的精制

过氧化苯甲酰（BPO）可由苯甲酰氯在碱性溶液内用双氧水氧化合成。为白色结晶性粉末，熔点 103~106℃（分解），溶于乙醚、丙酮、氯仿和苯，易燃烧，受撞击、热、摩擦时会爆炸。常规试剂级 BPO 由于长期保存可能存在部分分解，且本身纯度不高，因此在用于聚合前需进行精制。BPO 的提纯常采用重结晶法（BPO 在不同溶剂中溶解度列于表 3-3），具体方法如下：室温下在 100mL 烧杯中加入 5g BPO 和 20mL 氯仿，慢慢搅拌使之溶解，过滤，滤液直接滴入 50mL 用冰盐冷却的甲醇中，则有白色针状结晶生成。用布氏漏斗过滤，再用冷的甲醇洗涤三次，每次用甲醇 5mL，抽干。反复重结晶二次后，将半固体结晶物置于真空干燥器中干燥，称重。产品放在棕色瓶中，保存于干燥器中备用。

重结晶时要注意溶解温度过高会发生爆炸，因此操作温度不宜过高。如考虑甲醇有毒，可用乙醇代替，但丙酮和乙醚对过氧化苯甲酰有诱发分解作用，故不适合作重结晶的溶剂。

表 3-3　BPO 在不同溶剂中溶解度

溶剂	溶解度/(g/100mL)	溶剂	溶解度/(g/100mL)
石油醚	05	丙酮	146
甲醇	10	苯	164
乙醇	15	氯仿	316
甲苯	110		

2. 偶氮二异丁腈的精制

偶氮二异丁腈（AIBN）可通过丙酮、水合肼和氢氰酸或由丙酮、硫酸肼和氰化钠作用后再经氧化制得。为白色结晶，熔点 102~104℃，有毒，溶于乙醇、乙醚、甲苯和苯胺等，易燃。

AIBN 是一种广泛应用的引发剂，其精制方法如下：在装有回流冷凝管的 150mL 锥形瓶中加入 95% 的乙醇 50mL，在水浴上加热至接近沸腾，迅速加入 AIBN 5g，摇荡使其全部溶解（注意如煮沸时间长，AIBN 会发生严重分解），热溶液迅速抽滤（过滤所用吸滤瓶和漏斗必须预热），滤液冷却后得到白色结晶 AIBN，产品置于真空干燥箱中干燥，称重，在棕色瓶中低温保存备用。

3. 过硫酸钾或过硫酸铵的精制

过硫酸钾由过硫酸铵溶液加氢氧化钾或碳酸钾溶液加热去氨和二氧化碳而制得。白色晶体。相对密度 2.477，在 100℃ 下分解，溶于水，有强氧化性。

过硫酸铵由浓硫酸铵溶液电解后结晶而制得。无色单斜晶体，有时略带浅绿色。相对密度 1.982，在 120℃ 下分解，溶于水，有强氧化性。

过硫酸盐中主要杂质是硫酸氢钾（或铵）和硫酸钾（或铵），可用少量的水反复重结晶进行精制。具体方法是将过硫酸盐在 40℃ 溶解过滤，滤液用水冷却，过滤出结晶，并以冰水洗涤，用 $BaCl_2$ 溶液检验无 SO_4^{2-} 为止。将白色晶体置于真空干燥器中干燥，称重，在棕色瓶中

低温保存备用。

4. 四氯化钛的精制

四氯化钛可由二氧化钛、碳粉和淀粉调和后，在 600℃时通入氯气制得。为无色或淡黄色液体。相对密度 1.726，熔点 −30℃，沸点 136.4℃。在潮湿空气中分解为二氧化钛和氯化氢，并有烟雾生成。

四氯化钛中常含 $FeCl_2$，可加入少量铜粉，加热与之作用，过滤，滤液减压蒸馏。

5. 三氟化硼乙醚络合物

三氟化硼乙醚络合物为无色透明液体。接触空气易被氧化，使色泽变深。可用减压蒸馏精制。具体方法是在 500mL 商品三氟化硼乙醚液中加入 10mL 乙醚和 2g 氢化钙进行减压蒸馏。沸点 46℃/10mmHg，折射率 $n_D^{20}=1.348$。

6. 萘锂引发剂的制备

萘锂引发剂是一种用于阴离子聚合的引发剂，一般现做现用。制备工艺可参看综合实验中丁基锂引发剂的制备。

在高纯氮保护下，向净化好的 250mL 反应瓶中加入切成小粒的金属锂 1.5g，分析纯级萘 15g，精制好的四氢呋喃 50mL，将反应瓶放入冷水浴，同时开动搅拌，反应即行开始。溶液逐渐变为绿色，再变为暗绿色。反应 2h 后结束，取样分析浓度，高纯氮保压，在冰箱中保存备用。

附录 3　常用溶剂的性质及精制

在聚合反应中，溶剂应用最多的场所是在溶液聚合中，溶液聚合中溶剂的选择主要考虑以下几方面：溶解性，包括对引发剂、单体、聚合物的溶解性；活性，即尽可能的不参与反应或产生副反应及其他不良影响，如反应速率、微观结构等；此外，还应考虑的有易于回收、便于再精制、无毒、易得、价廉、便于运输和储藏等。

其他一些应用溶剂的场所有：聚合物的精制、分离、某些聚合物分析时的溶液配制及一些直接使用聚合物溶液的应用场所，如胶黏剂、涂料等。

由于聚合物结构的多样化，很多时候找不到某一种十分适用的单一溶剂，这时可选用混合溶剂。溶剂或混合溶剂的选择可根据溶剂与聚合物的溶度参数进行估算。两者溶度参数相差越小，相溶性越好；反之则溶解性不好，一般可做沉淀剂。

关于溶剂在聚合反应中的链转移作用，可参看第一部分中有关链转移剂部分。

1. 环己烷的精制

环己烷可直接由石油馏分中回收或氢化苯得到，为一种无色液体，有汽油气味。相对密度 0.779(20/4℃)，熔点 6.5℃，沸点 80.7℃，易挥发和燃烧，蒸气与空气可形成爆炸性混合物，爆炸极限 1.3%～8.3%（体积）。

环己烷不溶于水，当温度高于 57℃时，能与无水乙醇、甲醇、苯、醚、丙酮等混溶，环己烷中含有的杂质主要是苯。作为一般溶剂用，并不要特殊处理。倘要除去苯，可用冷的浓硫酸与浓硝酸的混合液洗涤数次，使苯硝化后溶于酸层而除去，然后用水洗至中性。

作为离子型溶液聚合用的溶剂，需要将环己烷中的水脱净。可用活化好的分子筛浸泡两周，再压入钠丝以除去最后残存的微量水分（水含量应小于 $10×10^{-6}$），处理好的环己烷在高纯氮保护下密闭保存，用前用高纯氮吹 10min，以除去体系中微量的氢气。

2. 正己烷的精制

正己烷可直接由石油馏分中得到，由于在 60～70℃沸程的石油醚中主要为正己烷，因此在许多场合可用此沸程的石油醚代替正己烷。正己烷是一种无色挥发性液体，有微弱的特殊气味。相对密度 0.6594(20/4℃)，熔点-95℃，沸点 68.74℃，易挥发和燃烧。

正己烷不溶于水，能与醇、醚和三氯甲烷混合，目前市售正己烷含量约为 95%，纯化方法是先用浓硫酸洗涤数次，再以 0.1mol/L 高锰酸钾的 10%硫酸溶液洗涤，再以 0.1mol/L 高锰酸钾的氢氧化钠溶液洗涤，最后用水洗，干燥蒸馏。

对于离子型聚合用的正己烷，进一步的溶液聚合与环己烷相同。

3. 抽余油的精制

抽余油是指炼油厂中经铂重整后，将芳烃抽取掉剩余下的汽油馏分（沸程为 60~140℃），再经切割成 65~95℃的馏分，在我国用作溶液聚合法合成顺丁橡胶的聚合溶剂，为无色透明液体，不溶于水，相对密度 0.65~0.67，溶解度参数约为 7.25。

除去抽余油中水分的方法是将新蒸馏的抽余油用活化好的分子筛浸泡 1~2 周，再加入钠丝，以除去最后残存的微量水分（水含量应小于 10×10^{-6}），处理好的抽余油在高纯氮保护下密封保存，用前用高纯氮吹 10min，以除去体系中微量的氢气。

4. 苯的精制

工业上苯可由焦炉气（煤气）和煤焦油的轻油部分中回收，或由石油催化重整馏分提取和分馏而得，或由环己烷脱氢、甲苯歧化等方法得到。苯是一种无色易挥发和易燃的液体。有芳香气味。相对密度 0.879(20/4℃)，熔点 5.5℃，沸点 80.1℃。不溶于水，可溶于乙醚、乙醇等多种有机溶剂。蒸气与空气可形成爆炸性混合物，爆炸极限 1.5%~8.0%（体积）。

一般级别的苯中常含有噻吩（沸点 84℃），不能用分馏或分级结晶的方法分开，可利用噻吩比苯更易磺化的特点，将苯用相当其体积 10 倍的浓度硫酸（可分多次进行）反复振摇至酸层无色或微黄色，检验有无噻吩存在。检验噻吩的方法：取 3mL 处理过的苯，用 10mg 靛红与 10mL 浓硫酸做成的溶液振摇后静置片刻，若有噻吩存在，则溶液显浅蓝色。分出苯层，用水、10%碳酸钠溶液、水依次洗涤至中性；再用无水氯化钙干燥 1~2 周，分馏即得精制苯。若要用于离子型聚合，则需进一步精制，可压入钠丝进一步干燥，并在高纯氮保护下密闭保存，用前用高纯氮吹 10min，以除去体系中微量的氢气。

5. 甲苯的精制

甲苯可由分馏煤焦油的轻油部分或由催化重整轻汽油馏分而制得。甲苯是一种无色易挥发的液体。有芳香气味。相对密度 0.866(20/4℃)，熔点-95℃，沸点 110.8℃。不溶于水，可溶于乙醚、乙醇和丙酮。化学性质与苯相似，蒸气与空气可形成爆炸性混合物，爆炸极限 1.2%~7.0%（体积）。

甲苯中含有甲苯噻吩（沸点 112~113℃），处理方法与苯相同，由于甲苯比苯更容易磺化，用浓硫酸洗涤时温度要控制在 30℃以下。

6. 四氢呋喃的精制

四氢呋喃可由顺丁烯二酸酐加氢，或由呋喃在镍催化剂存在下氢化而得到。四氢呋喃是一种无色透明的液体。有乙醚气味。相对密度 0.888(20/4℃)，凝固点-65℃，沸点 66℃。溶于水和多数有机溶剂。易燃烧，蒸汽与空气可形成爆炸性过氧化合物。

市售四氢呋喃含量为 95%，可加入固体氢氧化钾干燥数天后进行过滤；加少许氢化铝锂，或直接在搅拌下分次少量加入氢化铝锂，直到不发生氢气为止；在搅拌下蒸馏（蒸馏时不宜蒸干，应剩下少许于蒸馏瓶内），再压入钠丝保存。

当用于离子型聚合时，对精制的要求更高，可将上述精制的四氢呋喃在高纯氮保护下从活性聚苯乙烯中蒸出，高纯氮保护，压入钠丝，密闭保存。

7. 三氯甲烷的精制

三氯甲烷可由乙醇、乙醛或丙酮与漂白粉作用而制得。是一种无色透明易挥发的液体。稍有甜味。相对密度1.4916(20/4℃)，熔点－63.5℃，沸点61.2℃。不易燃烧，微溶于水，溶于乙醇、乙醚、苯、石油醚等。

普通三氯甲烷含有约1%的乙醇作为稳定剂，纯化方法是依次用相当5%体积的浓硫酸、水、稀氢氧化钠溶液和水洗涤，再以无水氯化钙进行干燥，经蒸馏后可即得到精制的三氯甲烷。

精制后不含乙醇的三氯甲烷，应装于棕色瓶储存于阴凉处，避免光化作用产生光气。三氯甲烷不能用金属钠干燥，以免发生爆炸。

8. 四氯化碳的精制

四氯化碳可在催化剂碘存在下，以干燥氯气通入二硫化碳中，再进行分馏而制得。四氯化碳是一种无色的液体。有愉快的气味，但有毒！相对密度1.595(20/4℃)，熔点－22.8℃，沸点76.8℃。不燃烧，微溶于水，溶于乙醇、乙醚等。

由于目前四氯化碳主要用二硫化碳经氯化制得，因此产品中二硫化碳含量较高（约为4%），纯化方法是将1L四氯化碳与相当于含有的二硫化碳量的1.5倍的氢氧化钾液于等量的水中，再加100mL醇，剧烈振摇0.5h（温度50～60℃），必要时可减半量重复振摇一次，然后分出四氯化碳；先用水洗，再用少量浓硫酸洗至无色，最后再以水洗至中性；用无水氯化钙干燥，蒸馏即得精制四氯化碳。四氯化碳不能用金属钠干燥，以免发生爆炸。

9. 二硫化碳的精制

二硫化碳可用硫的蒸气与红热炭作用而得到。纯品是一种无色易燃的液体。工业品由于含有硫化氢，硫磺、硫氧化碳等杂质，一般呈黄色和恶臭。有毒，相对密度1.26(20/4℃)，熔点－108.6℃，沸点46.3℃。易燃烧，几乎不溶于水，溶于乙醇、醚、苯、四氯化碳等。

二硫化碳的纯化，可先用0.5%高锰酸钾水溶液洗涤三次，除去硫化氢；再加汞振摇，除去硫；然后用冷硫酸汞饱和溶液洗涤，除去恶臭；最后用无水氯化钙干燥，蒸馏，即得精制的二硫化碳。

附录4　常用加热、冷却、干燥介质

1. 常用的液体加热介质（见表3-4）

表3-4　常用加热浴液体的沸点

液体名称	沸点/℃	液体名称	沸点/℃
水	100	甲基萘	242
甲苯	111	一缩二乙二醇	245
正丁醇	118	联苯	255
氯苯	133	二苯基甲烷	265
间二甲苯	139	甲基萘基醚	275
环己酮	156	二缩三乙二醇	282
乙基苯基醚	160	邻苯二甲酸二甲酯	282
对异丙基苯	176	邻羟基联苯	285
邻二氯苯	179	丙三醇	290
苯酚	181	二苯酮	305
十氢化萘	190	对羟基联苯	308
乙二醇	197	六氯苯	310
间甲酚	202	邻联三苯	330
四氢化萘	206	蒽	354
萘	218	邻苯二甲酸二异辛酯	370
正癸醇	231	蒽醌	380

2. 常用的冷却介质（见表 3-5）

表 3-5　常用冷却介质和配制

冷却剂组成	冷却温度/℃	冷却剂组成	冷却温度/℃
冰＋水	0	冰(100 份)＋氢化铵(13 份)＋硝酸钠(37.5 份)	−30.7
冰(100 份)＋氯化铵(25 份)	−15	冰(100 份)＋碳酸钾(33 份)	−46
冰(100 份)＋硝酸钠(50 份)	−18	冰(100 份)＋$CaCl_2 \cdot 6H_2O$(143 份)	−55
冰(100 份)＋氯化钠(33 份)	−21	干冰＋乙醇	−78
冰(100 份)＋氯化钠(40 份)＋氯化铵(20 份)	−25	干冰＋丙酮	−78
冰(100 份)＋$CaCl_2 \cdot 6H_2O$(100 份)	−29	液氮	−196(沸点)

3. 常用的干燥介质（见表 3-6）

表 3-6　常用干燥介质的性质

干燥剂	酸碱性	与水作用产物	适用物质		不适合的物质	特点
			气体	液体		
P_2O_5	酸性	HPO_3 H_2PO_4 $H_4P_2O_7$	氢、氧、氮 二氧化碳 一氧化碳 二氧化硫 甲烷、乙烯	烃、卤代烃 二硫化碳	碱、酮 易聚物质	脱水效率高
CaH_2	碱性	H_2 $Ca(OH)_2$	碱性及中性物质		对碱敏感物质	效率高 作用慢
Na	碱性	H_2 $NaOH$		烃类、 芳香族	对其敏感物质	效率高 作用慢
CaO 或 BaO	碱性	$Ca(OH)_2$ $Ba(OH)_2$	氨、胺类	烃类、 芳香族	对碱敏感物质	效率高 作用慢
KOH 或 NaOH	碱性	溶液	氨、胺类	碱		快速有效 限于胺类
$CaSO_4$	中	含结晶水		普通物质	乙醇、胺 酯	效率高 作用快
$CuSO_4$	中	含结晶水		醚、乙醇		效率高 价格贵
K_2CO_4	碱性	含结晶水		碱、卤代物 酯、腈、酮	酸性有机物	效率一般
H_2SO_4	酸性	H_3O^+ HS_4^-	氢、氯、氮 二氧化碳 一氧化碳 甲烷	卤代烃 饱和烃	碱、酮 乙醇、酚 弱碱性物	效率高
$CaCl_2$	中	含结晶水	氢、氮 二氧化碳 一氧化碳 二氧化硫 甲烷、乙烯	醚、酯	酮、胺、酚 脂肪酸 乙醇	脱水量大 作用快 效率不高 易分离
$MgSO_4$	中	含结晶水		普通物质		效率高 作用快
Na_2SO_4	中	含结晶水		普通物质		脱水量大 价格低 作用慢 效率低

除上述干燥介质外，分子筛是一种常用的干燥剂。为具有均一微孔结构而能将不同大小分子分离的固体吸附剂。其微孔大小可在加工时调节，可吸附比自身孔径小的物质。如 4A 分子筛是一种硅铝酸钠，微孔直径约 4.5Å，能吸附直径 4Å 的分子，吸水量 210g/g。5A 分子筛是一种硅铝酸钙，微孔直径约 5.5Å，能吸附直径 5Å 的分子，吸水量 210g/g。

市售分子筛需经活化后方能使用，活化方法是在马福炉中于 150℃ 左右预热 1～1.5h，然后升温至 400℃ 左右烘 2h，再升温至 500℃ 烘 1h，停止加热，自然冷却至 200℃ 即从炉中取出置于干燥器中（干燥器最好预热一下以防炸裂），活化过的分子筛应立即使用。

使用过的分子筛可经过再生后循环使用，最好用来处理同一种溶剂。再生方法是将用过的分子筛在空气中彻底晾干，再置于真空烘箱中减压将残存溶剂去掉（2～3 天），也可在 60℃ 下减压烘 7～8h，然后再按活化步骤在马福炉中进行活化处理。

附录 5 聚合物的某些物理性质

1. 结晶聚合物的密度（见表 3-7）

表 3-7 结晶聚合物的密度

聚 合 物	ρ_c/(g/cm³)	ρ_a/(g/cm³)	聚 合 物	ρ_c/(g/cm³)	ρ_a/(g/cm³)
聚乙烯	1.00	0.85	聚丁二烯	1.01	0.89
聚丙烯	0.95	0.85	聚异戊二烯(顺式)	1.00	0.91
聚丁烯	0.95	0.86	聚异戊二烯(反式)	1.05	0.90
聚异丁烯	0.94	0.84	聚甲醛	1.54	1.25
聚戊烯	0.92	0.85	聚氧化乙烯	1.33	1.12
聚苯乙烯	1.13	1.05	聚氧化丙烯	1.15	1.00
聚氯乙烯	1.52	1.39	聚正丁醚	1.18	0.98
聚偏氯乙烯	2.00	1.74	聚六甲基丙酮	1.23	1.08
聚偏氯乙烯	1.95	1.66	聚对苯二甲酸乙二酯	1.50	1.33
聚三氟氯乙烯	2.19	1.92	尼龙 6	1.23	1.08
聚四氟乙烯	2.35	2.00	尼龙 66	1.24	1.07
聚乙烯醇	1.35	1.26	尼龙 610	1.19	1.04
聚甲基丙烯酸甲酯	1.23	1.17	聚碳酸双酚 A 酯	1.31	1.20

2. 高聚物的特性黏数-分子量关系 $[\eta]=KM^\alpha$ 参数表（见表 3-8）

表 3-8 高聚物的特性黏数-分子量关系 $[\eta]=KM^\alpha$ 参数表

高 聚 物	溶剂	温度/℃	$K\times10^3$/ (mL/g)	α	分子量范围 $M\times10^{-4}$	是否分级	方 法
聚乙烯(低压)	α-氯萘	125	43	0.67	5～100	分	光散射
	十氢萘	135	67.7	0.67	3～100	分	光散射
	1,2,3,4 四氢萘	120	23.6	0.78	5～100	分	光散射
	苯	25	83	0.53	0.05～126	分	渗透压;冰点下降
		30	61	0.56	0.05～126	分	渗透压;冰点下降
	四氯化碳	30	29	0.68	0.05～126	分	渗透压;冰点下降
	环己烷	25	40	0.72	14～34	分	渗透压
	环己烷	30	26.5	0.69	0.05～126	分	渗透压;冰点下降
	甲苯	25	87	0.56	14～34	分	渗透压
		30	20	0.67	5～146	分	渗透压
	苯	25	41.7	0.60	0.1～1	分	冰点下降
		25	9.18	0.743	3～70	分	光散射

高 聚 物	溶剂	温度/℃	$K \times 10^3/$ (mL/g)	α	分子量范围 $M \times 10^{-4}$	是否分级	方 法
聚苯乙烯(无规)	丁酮	25	39	0.58	1～180	分	光散射
		30	23	0.62	40～370	分	光散射
	氯仿	25	7.16	0.76	12～280	分	光散射
		25	11.2	0.73	7～150	分	渗透压
		30	4.9	0.794	19～373	分	渗透压
	四氢呋喃	25	12.58	0.7115	0.5～180	分	光散射
	甲苯	25	7.5	0.75	12～280	分	光散射
		25	44	0.65	0.5～4.5	分	渗透压
	甲苯	30	9.2	0.72	4～146	分	光散射
		30	12.0	0.71	40～370	分	光散射
聚氯乙烯乳液聚合 50%转化	环己酮	20	13.7	1	7～13	分	渗透压
							渗透压
86%转化	环己酮	20	143.0	1	3.0～12.5	分	渗透压
		25	8.5	0.75	4～20	分	光散射
聚氯乙烯	环己酮	25	12.3	0.83	2～14	分	渗透压
		25	208	0.56	6～22	分	渗透压
		25	174	0.55	15～52	分	光散射
	四氢呋喃	20	1.63	0.92	2～17	分	渗透压
		25	15.0	0.77	1～12	分	光散射
		30	63.8	0.65	3～32	分	光散射
聚乙烯醇	水	25	20	0.76	0.6～2.1	分	渗透压
		25	67	0.55	2～20	分	光散射
		30	42.8	0.64	1～80	分	光散射
聚醋酸乙烯酯	丙酮	20	15.8	0.69	19～72	分	光散射
		25	21.4	0.68	4～34	分	渗透压
	苯	30	22	0.65	34～102	分	光散射
聚醋酸乙烯酯	苯	30	56.3	0.62	3～86	分	渗透压
	丁酮	25	13.4	0.71	25～346	分	光散射
		30	10.7	0.71	3～120	分	光散射
	氯仿	25	20.3	0.72	4～34	分	渗透压
	甲醇	25	38.0	0.59	4～22	分	渗透压
聚丙烯酸丁酯	丙酮	25	6.85	0.75	5～27	分	光散射
聚丙烯酸丙酯	丁酮	30	15.0	0.687	71～181	分	光散射
聚丙烯酸甲酯	丙酮	25	19.8	0.66	30～250	分	光散射
		30	28.2	0.52	4～45	分	渗透压
	苯	25	2.58	0.85	20～130	分	渗透压
		30	4.5	0.78	7～160	分	光散射
	丁酮	20	3.5	0.81	6～240	分	光散射
聚丙烯腈	二甲基甲酰胺	25	24.3	0.75	3～25	分	光散射
		30	33.5	0.72	16～48	分	光散射
		35	31.7	0.746	9～76	分	光散射
聚甲基丙烯酸甲酯	丙酮	25	5.3	0.73	2～780	分	光散射
		30	7.7	0.70	6～263	分	光散射
	苯	25	5.5	0.76	2～740	分	光散射
		30	5.2	0.76	6～250	分	光散射
	丁酮	25	9.39	0.68	16～910	分	光散射
	氯仿	20	6.0	0.79	3～780	分	光散射
		25	4.8	0.80	8～137	分	光散射
	甲苯	25	7.1	0.73	4～330	分	光散射

3. 各种聚合物的 $[\eta]=K_\eta M^\alpha$ 方程式的参数 （见表 3-9）

表 3-9　各种聚合物的 $[\eta]=K_\eta M^\alpha$ 方程式的参数

聚合物	溶剂	T/K	K_η /($10^5\mathrm{m}^3/\mathrm{kg}$)	α	聚合物的状态	$M\times10^{-3}$	$[\eta]$按M校准方法
直链淀粉	二甲基亚砜	298	1.51	0.70	F	80～1800	M_w
	甲酰胺	298	3.05	0.62	F	80～1800	M_w
	0.15mol/L NaOH 水溶液	298	0.836	0.77	F	80～1800	M_w
乙酸纤维素	丙酮	298	1.56	0.83	—	—	—
	二甲基甲酰胺	298	17.36	0.62	—	—	—
	乙酸甲酯	298	8.80	0.67	—	—	—
	甲酸甲酯	298	4.70	0.72	—	—	—
	硝基甲烷	298	14.57	0.63	—	—	—
	环己酮	298	19.54	0.61	—	—	—
	甲酸乙酯	298	6.94	0.68	—	—	—
丁基橡胶	苯	310	13.4	0.63	F	1.1～500	M_n
	四氯化碳	298	10.3	0.70	F	1.1～500	M_n
	四氯化碳	310	29.7	0.60	F	1.1～500	M_n
正丁醚(齐聚物)	苯	310	2.2	0.81	—	—	M_n
尼龙 610	间甲苯酚	298	1.35	0.96	N	8～24	M_SD
氯丁橡胶	苯	298	1.46	0.73	F	21～960	M_n
	苯	298	0.202	0.89	F	61～1450	M_n
丁腈橡胶	苯	293	4.9	0.64	F	10.0	M_n
聚丙烯酰胺	水	298	0.631	0.80	F	10～5000	M_SD
	水	303	0.631	0.80	F	20～800	M_SD
聚丙烯酸	0.2mol NaCl 水溶液	—	1.4	0.78	F	800～1190	M_n
聚丙烯腈	羟基乙腈	293	4.09	0.697	F	40～340	M_w
	二甲基亚砜	293	3.21	0.75	F	90～400	M_w
	二甲基亚砜	303	2.865	0.768	—	—	—
	二甲基亚砜	323	2.83	0.758	F	90～400	M_w
	二甲基甲酰胺	293	3.07	0.761	F	20～400	M_w
	二甲基甲酰胺	308	3.0	0.767	F	20～400	M_w
	二甲基甲酰胺	323	3.07	0.764	F	30～400	M_w
	碳酸亚乙酯	323	2.95	0.718	F	7～400	M_w
聚丁二烯	苯	303	3.37	0.715	F	53～490	M_n
	苯	305	1.0	0.77	F	14～1640	M_w
	甲苯	298	11.0	0.62	F	70～400	M_n
	甲苯	303	3.05	0.725	F	53～490	M_n
	环己烷	293	3.6	0.70	F	230～1300	M_n
聚丙烯酸丁酯	丙酮	298	0.715	0.75	—	50～300	M_w
聚乙烯醇	水	298	5.95	0.63	F	11.6～195	M_n
	水	303	6.66	0.64	F	30～120	M_n
	水	323	5.9	0.67	F	44～1100	M_n
聚氯乙烯	四氢呋喃	293	0.163	0.93	F	20～170	M_n
	四氢呋喃	293	1.051	0.848	F	83.2～155.4	M_n
	四氢呋喃	298	4.98	0.69	—	40～400	M_w

聚合物	溶剂	T/K	K_η $/(10^5\,\mathrm{m^3/kg})$	α	聚合物的状态	$M\times10^{-3}$	$[\eta]$按M校准方法
聚氯乙烯	四氢呋喃	303	2.19	0.54	—	50~300	M_w
	四氢呋喃	303	1.038	0.854	F	83.2~155.4	M_n
	环己酮	293	1.78	0.806	F	83.2~155.4	M_n
	环己酮	298	0.11	1.0	F	16.6~138	M_w
	环己酮	303	1.74	0.802	F	83.2~155.4	M_w
	环戊酮	293	8.77	0.86	F	83.2~155.4	M_n
	环戊酮	303	8.63	0.86	F	83.2~155.4	M_n
聚异丁烯	甲苯	273	4.0	0.60	—	10~1300	M_n
	甲苯	288	2.4	0.65	F	10~1460	M_n
	甲苯	298	8.7	0.56	F	110~340	M_n
	甲苯	303	2.0	0.67	—	50~1460	M_n
	环己烷	298	4.05	0.72	F	110~340	M_n
	环己烷	303	2.76	0.69	F	370~710	M_n
	环己烷	303	2.88	0.69	—	0.5~3200	M_n
聚异戊二烯	苯	298	5.02	0.675	F	0.4~1500	M_n
聚碳酸酯类	二氯甲烷	293	1.11	0.82	F	8~270	M_{SD}
	四氢呋喃	293	3.99	0.70	F	8~270	M_{SD}
聚甲基丙烯酸	甲醇	299	24.2	0.51	F	40~200	M_n
	0.2mol/L NaCl		—	1.83	0.62	F	150~1520	M_{SD}
聚甲基丙烯腈	水溶液						
聚丙烯酸甲酯	丙酮	293	9.55	0.56	N	350~1000	M_n
	氯仿	313	7.112	0.5653	N	51~473	M_n

4. 聚合物在溶剂中的 $[\eta]=K_\eta M^\alpha$ 方程式的参数 ($\alpha=0.5$)（见表 3-10）

表 3-10　聚合物在溶剂中的 $[\eta]=K_\eta M^\alpha$ 方程式的参数 ($\alpha=0.5$)

聚合物	溶剂	T/K	$K_\eta/(10^5\,\mathrm{m^3/kg})$	$M\times10^{-4}$
直链淀粉	0.33mol/L KCl 水溶液	298	11.5	27~220
	0.5mol/L KCl 水溶液	298	6.11	—
乙酸链淀粉	硝基甲烷与丙醇(体积比 43.3：56.7)的混合物	296	9.16	15~315
丁基橡胶	苯	298	69.0	0.11~50
杜仲胶	乙酸正丙酯	333	23.2	10~20
尼龙 66	90%HCOOH 与 2~3mol/L KCl 水溶液的混合物	298	25.3	0.015~5
聚丁二烯(98%顺式)	乙酸异丁酯	293.5	18.5	5~50
聚丙烯酸叔丁酯	乙烷	297.2	4.9	
聚甲基丙烯酸丁酯	异丙醇	294.5	2.95	30~260
聚乙酸乙烯酯	3-庚酮	302	9.29	5~83
聚氯乙烯	苯甲醇	428.4	15.6	4~35
聚 1-己烯	苯乙醚	334.3	13.3	19.6
	苯乙醚	334.3	9.4	14.7
聚甲基丙烯酸己酯	异丙醇	305.6	4.3	6~41
聚二甲基硅氧烷	溴环己烷	302	7.4	3.3~106
	溴环己烷与苯乙醚(体积比 6：7)的混合物	309.6	7.55	4.5~106
	苯乙醚	362.5	7.3	4.5~106
聚异丁烯	苯乙醚	356	7.9	5.66
	茴香醚	378	9.1	—

聚合物	溶 剂	T/K	$K_\eta/(10^5\,\mathrm{m^3/kg})$	$M\times10^{-4}$
聚异丁烯	苯	297	10.7	18~188
聚异戊二烯	苯乙醚	359	9.1	5~188
聚甲基丙烯酸	丙酮	287.5	11.9	8~28
聚甲基丙烯酸甲酯	0.002mol/dm³ HCl 水溶液	303	6.6	10~90
	乙腈	300.6	7.55	3~29
	3-庚酮	306.7	6.13	6.6~171
	正丙醇	357.4	6.79	6.6~171
	异丙醇	309.9	6.4	—
	间甲苯	303	4.9	—
	对甲苯	323	4.9	—
聚氯丙烯	甲乙酮	298	11.6	61~700
聚氯丙烯	环己烷	318.5	10.7	61~700
聚甲基丙烯酸环己酯	丁醇	295.5	4.52	—
聚丙烯酸乙酯	正丙醇	312.5	7.89	30~160

5. 某些聚合物的 θ 溶剂和 θ 温度 （见表 3-11）

表 3-11　某些聚合物的 θ 溶剂和 θ 温度

聚 合 物	θ 溶剂	θ 温度/K 上限	θ 温度/K 下限
乙酸纤维素	丙酮	310	454
二乙酸纤维素	苯甲醇	341	—
聚丙烯酸钠	1.25mol/L NaSCN 水溶液	303	—
聚甲基丙烯酸苄酯	环戊醇	356.5	—
聚甲基丙烯酸丁酯	苯与庚烷(体积比 13∶1)的混合物	317	—
聚 β-乙烯基萘	苯基乙醇	315	—
聚苷	水	298	—
聚丙烯酸癸酯	戊醇	268.2	—
	丁醇	321.5	—
	癸烷	253.4	—
	丙醇	343.3	—
聚二甲基硅氧烷	丁酮	293	—
聚异丁烯	二异丁酮	331.1	—
聚碳酸酯	氯仿	293	—
聚甲基丙烯腈	丁酮	279	—
聚甲基丙烯酸甲酯	正溴丁烷	308	—
	4-庚酮	305	—
	乙酸异戊酯	323	—
	间二甲苯	303	—
	对二甲苯	323	—
	异丙醇与丁酮(质量比 1∶1)的混合物	298	—
	环己烷		
聚 α-甲基苯乙烯	叔丁基苯	310	—
聚对甲氧基苯乙烯	二氯乙烷	325.2	—
	苯甲醚	365.6	—
聚 1-戊烯	二苯基甲烷	358	—
	乙酸异丁酯	394	—
	苯乙醚	305.5	—
	苯醚	327	—

聚 合 物	θ 溶剂	θ 温度/K	
		上限	下限
		422	—
聚丙烯	己烷		
无规立构	庚烷	—	441
	乙醚	—	483
全同立构	戊烷	—	383
	乙酸仲丁酯	—	397
聚苯乙烯	乙酸叔丁酯	210	442
	乙酸异丙酯	296	357
	乙酸甲酯	250	365
	甲苯	324	370
	环己烷	—	550
	环己醇	307	486
	环戊烷	359	—
	正丁酸乙酯	292.6	427.2
聚四氢呋喃	乙酸乙酯与环己烷(质量比 22.7∶77.3)的混合物	—	471
	环己烷	304.8	—
聚氧杂环丁烷	乙酸正戊酯	300	
聚乙烯	乙酸正丁酯	434	519
	硝基苯	483	471
	异丙醇	503	—
聚甲基丙烯酸乙酯	苯甲醇	309.9	
三乙酸纤维素	甲醇	376	
乙基纤维素		298	—

6. 几种梳状聚合物的 θ 温度 （见表 3-12）

表 3-12　几种梳状聚合物的 θ 温度

聚 合 物	溶 剂	θ 温度/K	
		I	II
聚丙烯酸正烷基酯	正己醇	307	316.2
聚丙烯酸十六烷酯	正戊醇	343	348.6
聚甲基丙烯酸正烷基酯	正己醇	325.2	333.2
聚甲基丙烯酸正十六烷酯	正庚醇	293.5	303.1
聚甲基丙烯酸正己酯	正丙醇	293	294.3

注：I—由 $A_2 = 0$ 的条件确定，精确度 ± 0.5K；II—由相图确定，精确度 ± 0.7K。

7. 某些聚合物的稀释熵和稀释热 （见表 3-13）

表 3-13　某些聚合物的稀释熵和稀释热

溶 剂	溶剂的体积分数	T/K	ΔH_p/[(kJ/mol)(kcal/mol)]	ΔS_p/[(J/mol·K)(cal/mol·K)]
天然橡胶				
丙酮	0.943	285.5	17.2(4.12)	4.03(0.963)
	0.805	298	3.3(0.78)	0.980(0.234)
乙酸甲酯	0.708	298	1.6(0.38)	0.465(0.111)
甲丙酮	0.437	298	0.67(0.16)	0.167(0.040)
甲乙酮	0.551	298	1.2(0.28)	0.348(0.083)
乙酸乙酯	0.943	308	14.0(3.35)	2.46(0.587)
	0.887	308	9.96(2.38)	2.05(0.490)

溶　剂	溶剂的体积分数	T/K	$\Delta H_p/[(kJ/mol)(kcal/mol)]$	$\Delta S_p/[(J/mol \cdot K)(cal/mol \cdot K)]$
乙酸乙酯	0.778	308	4.65(1.11)	1.12(0.267)
	0.691	308	2.40(0.573)	0.645(0.154)
	0.498	298	1.0(0.24)	0.276(0.066)
	0.898	310.5	10.0(2.40)	1.71(0.408)
	0.796	310.5	4.56(1.09)	0.921(0.220)
	0.410	310.5	0.348(0.083)	0.1025(0.0245)
聚丁二烯				
氯仿	0.869	—	6.37(1.52)	−0.691(−0.165)
	0.794	—	3.72(0.889)	−0.595(−0.142)
	0.713	—	2.23(0.533)	−0.465(−0.111)
	0.623	—	1.27(0.304)	−0.3467(−0.0828)
	0.525	—	0.649(0.155)	0.243(0.058)
聚异丁烯				
苯	0.786	298～313	7.70(1.84)	1.62(0.386)
	0.682	298～313	5.23(1.25)	1.17(0.280)
	0.580	298～313	3.33(0.795)	0.892(0.213)
	0.479	298～313	1.81(0.432)	0.523(0.125)
聚苯乙烯	0.862	—	4.05(0.968)	0.1398(0.0334)
丙酮	0.735	—	1.35(0.322)	0.07220(0.0172)
	0.618	—	0.515(0.123)	0.038(0.009)
	0.51	—	0.193(0.046)	0.0201(0.0048)
	0.759	—	3.5(0.84)	0.3287(0.0785)
甲乙酮	0.647	—	1.91(0.456)	0.2571(0.0614)
	0.541	—	1.06(0.254)	0.1888(0.0451)
	0.44	—	0.595(0.142)	0.1323(0.0316)
	0.744	—	6.24(1.49)	1.58(0.377)
环己烷	0.629	—	3.46(0.827)	0.917(0.219)
	0.521	—	1.85(0.443)	0.511(0.122)
	0.421	—	0.996(0.238)	0.2843(0.0677)

8. 各种聚合物的溶解度参数（见表 3-14）

表 3-14　各种聚合物的溶解度参数

聚　合　物	$\delta/10^{-3}(J/m^3)^{1/2}[10^{-3}(cal/m^3)^{1/2}]$	
	平　均　值	最　大　值
丁基橡胶	16.0(7.84)	15.8～16.5(7.70～8.05)
二乙酸纤维素	22.3(10.9)	—
二硝化纤维素	21.7(10.6)	21.6～21.9(10.56～10.7)
尼龙 66	27.8(13.6)	—
天然橡胶	16.6(8.1)	16.2～17.1(7.90～8.35)
氯丁橡胶	18.1(8.85)	16.7～19.2(8.18～9.38)
硝酸纤维素	23.5(11.5)	—
聚丙烯腈	29.7(14.5)	26.2～31.5(12.8～15.4)
聚丁二烯	17.3(8.44)	17.0～17.6(8.32～8.60)
聚丙烯酸正丁酯	17.8(8.7)	—
聚甲基丙烯酸丁酯	17.8(8.7)	—
聚甲基丙烯酸叔丁酯	17.0(8.3)	—
聚乙酸乙烯酯	19.2(9.4)	—
聚溴乙烯	19.5(9.55)	19.4～19.6(9.5～9.6)

聚 合 物	$\delta/10^{-3}(\mathrm{J/m^3})^{1/2}[10^{-3}(\mathrm{cal/m^3})^{1/2}]$	
	平 均 值	最 大 值
聚偏二氯乙烯	25.4(12.4)	25.0～25.8(12.2～12.6)
聚氯乙烯	19.6(9.57)	19.4～19.8(9.48～9.7)
聚甲基丙烯酸己酯	17.6(8.6)	—
聚对苯二甲酸乙二醇酯	21.9(10.7)	—
聚衣康酸二戊酯	17.7(8.65)	—
聚衣康酸二丁酯	18.2(8.90)	—
聚二甲基硅氧烷	19.5(9.53)	—
聚氧化二甲基苯乙烯	17.6(8.6)	—
聚异丁烯	16.3(7.95)	15.8～16.5(7.70～8.1)
聚丙烯酸甲酯	19.8(9.7)	—
聚甲基丙烯酸甲酯	19.0(9.3)	18.6～19.3(9.08～9.45)
聚甲基丙烯酸辛酯	17.2(8.4)	—
聚丙烯	16.6(8.1)	—
聚环氧丙烷	15.4(7.52)	—
聚硫化丙烯	19.6(9.6)	—
聚甲基丙烯酸丙酯	18.0(8.8)	—
聚苯乙烯	18.1(8.83)	17.5～18.7(8.56～9.15)
聚砜	21.5(10.5)	—
聚四氟乙烯	12.7(6.2)	—
聚氯丙烯酸酯	20.7(10.1)	—
聚丙烯酸乙酯	19.0(9.3)	18.8～19.2(9.2～9.4)
聚乙烯	16.2(7.94)	—
聚对苯二甲酸乙二醇酯	21.9(10.7)	16.1～16.6(7.87～8.1)
聚甲基丙烯酸乙酯	18.6(9.1)	—
硅橡胶(二甲基硅橡胶)	14.9(7.3)	—
丁二烯与丙烯腈共聚物,		
质量比为		
82:18	17.8(8.7)	—
75:25	19.2(9.38)	18.9～19.4(9.25～9.50)
70:30	19.7(9.64)	19.2～20.3(9.38～9.90)
61:39	21.1(10.30)	—
丁二烯与苯乙烯的共聚物,		
质量比为		
96.4	—	—
87.5:12.5	17.0(8.31)	16.6～17.6(8.09～8.60)
85:15	17.4(8.5)	—
71.5:28.5	17.0(8.33)	16.6～17.5(8.10～8.56)
60:40	17.7(8.67)	—
乙烯与丙烯的共聚物	16.3(7.95)	16.2～16.4(7.90～8.0)
氯化橡胶	19.2(9.4)	—
三异氰酸苯酯纤维素	25.2(12.3)	—
乙基纤维素	21.1(10.3)	—

9. 溶剂的三维溶解度参数（见表 3-15）

表 3-15　溶剂的三维溶解度参数

溶 剂	δ_d	δ_p	δ_h	溶 剂	δ_d	δ_p	δ_h
乙酸正戊酯	7.66	1.6	3.3	1-辛醇	7.88	1.5	5.6
苯甲醚	8.70	2.0	3.3	1-戊醇	7.81	2.2	6.8
苯胺	9.53	2.5	5.0	吡啶	9.25	43	2.9
乙酐	7.50	5.4	4.7	2-吡咯烷酮	9.5	8.5	5.5
丙酮	7.58	5.1	3.4	1,2-丙二醇	8.24	4.6	11.55
乙腈	7.50	8.8	3.0	1-丙醇	7.75	3.3	8.5
苯乙酮	8.55	4.2	1.8	2-丙醇	7.70	3.0	8.0
苯甲醛	9.15	4.2	2.6	1,2,3-丙三醇	8.46	5.4	14.3
乙酸丁酯	7.67	1.8	3.1	乙酸正丙酯	7.61	2.2	3.7
乙酸仲丁酯	8.2	—	—	丙二醇	8.24	4.6	11.4
乙酸叔丁酯	7.20	1.8	3.2	碳酸亚丙酯	9.83	8.8	2.0
丁基卡必醇	7.80	3.1	3.1	甲酸正丙酯	7.33	2.6	5.5
乳酸正丁酯	7.65	3.2	5.0	苯乙烯	9.07	0.5	2.0
丁基溶纤剂	7.77	2.2	6.2	四氢呋喃	8.22	2.8	3.9
丁酸	7.3	2.0	5.2	四氢化萘	9.35	1.0	1.4
γ-丁内酯	9.26	8.1	3.6	四甲基脲	8.2	4.0	5.4
丁腈	7.50	6.1	2.5	1,1,2,2-四氯乙烷	9.15	2.5	2.56
2-丁氧基乙醇	7.76	3.1	5.9	四氯乙烯	9.25	0.0	1.44
2-(2-丁氧乙氧基)乙醇	7.80	3.4	5.2	甲苯	8.82	0.7	8.0
水	6.0	15.3	16.7	磷酸三甲酯	8.2	7.8	5.0
六亚甲基磷酰胺	9.0	4.2	5.5	1,1,1-三氯乙烷	8.25	2.1	1.0
己烷	7.24	0.0	0.0	三氯乙烯	8.78	1.5	2.6
己醇	7.75	3.8	6.3	磷酸三乙酯	8.2	5.6	4.5
庚烷	7.4	0.0	0.0	乙酸	7.1	3.9	6.6
甘油	8.46	5.9	14.3	甲酰胺	8.40	12.8	9.3
双丙酮醇	7.65	4.0	5.8	呋喃	8.70	0.9	2.6
1,2-二溴乙烷	8.10	2.5	3.8	氯苯	9.28	2.1	1.0
二异丁基酮	7.77	1.8	2.0	苯甲醇	9.04	2.4	6.8
二甲基乙酰胺	8.2	5.6	5.0	苯	8.95	0.5	1.0
二甲基二乙二醇	7.70	3.0	4.5	苯甲腈	8.50	6.5	2.5
二甲基亚砜	9.0	8.0	5.0	溴苯	9.25	2.2	2.5
二甲基砜	9.3	9.5	6.0	1-溴化萘	9.94	1.5	2.0
二甲基甲酰胺	8.52	6.7	5.5	1,3-丁二醇	8.10	4.9	10.5
二噁烷	9.30	0.9	3.6	1-丁醇	7.81	2.8	7.7
二丙酰胺	7.50	0.7	2.0	2-丁醇	7.72	1.9	7.4
二丙二醇	7.77	9.9	9.0	丙二酸二乙酯	7.57	2.3	5.3
邻二氯苯	9.35	3.1	1.6	二乙醚	7.05	1.4	2.5
二氯甲烷	8.715	3.1	3.0	草酸二乙酯	7.59	2.5	7.6
1,2-二氯甲烷	8.85	2.6	2.0	二乙基硫醚	8.25	1.5	1.0
2,2-二氯乙醚	9.20	4.4	1.5	乙酸异戊酯	7.45	1.5	3.4
二乙胺	7.30	1.1	3.0	异丁醇	7.4	2.8	7.8
二乙二醇	7.86	7.2	10.0	乙酸异丁酯	7.35	1.8	3.7
二亚乙基三胺	8.15	6.5	7.0	异丁酸异丁酯	7.38	1.4	2.9
硝基乙烷	7.80	7.6	2.2				

溶　　剂	δ_d	δ_p	δ_h	溶　　剂	δ_d	δ_p	δ_h
乙酸异丙酯	7.04	3.0	3.6	1-氯丁烷	7.95	2.7	1.0
异丙苯	8.165	0.5	2.4	氯仿	8.65	1.5	2.8
异丙醚	6.69	1.0	1.9	氯丙醇	8.58	2.8	7.2
间甲酚	8.82	2.5	6.3	环己烷	8.18	0.0	0.0
二甲苯	8.65	0.5	1.5	环己醇	8.50	2.0	6.6
异亚丙基丙酮	7.97	3.5	3.0	环己酮	8.65	4.1	2.5
甲醇	7.42	6.0	10.9	环己胺	8.45	1.5	3.2
乙酸甲酯	7.56	2.9	4.9	环己基氯	8.50	2.7	1.0
2-甲基-2-丁醇	7.42	2.0	6.8	四氯化碳	8.65	0.0	0.0
3-甲基-1-丁醇	7.49	2.4	6.8	表氯醇	9.30	5.0	1.8
二氯甲烷	8.91	3.1	3.0	1,2-乙二醇	8.25	5.8	13.05
甲基异戊酮	7.80	2.8	2.0	乙醇	7.73	4.3	9.5
甲基异丁基甲醇	7.47	1.6	6.0	乙醇胺	8.35	7.6	10.4
甲基异丁基酮	7.49	3.0	2.0	乙酸乙酯	7.44	2.6	4.5
正甲基-2-吡咯烷酮	8.75	6.0	3.5	乙苯	8.7	0.3	0.7
2-甲基-1-丙醇	7.40	2.8	7.4	2-乙基丁醇	7.70	2.1	6.6
2-甲基-2-丙醇	7.45	2.5	7.3	2-乙基环己醇	7.78	1.6	5.8
甲基溶纤剂	7.90	4.5	8.0	乙二醇	8.25	5.4	12.7
甲基环己烷	7.8	0.0	0.0	乙二酐	8.4	9.2	8.6
甲乙酮	7.77	4.4	2.5	碳酸亚乙酯	9.50	10.6	2.5
2-(2-甲氧基乙氧基)	7.90	3.8	6.2	二氯乙烷	9.20	2.6	2.0
乙醇				乙基卡必醇	7.57	5.1	3.0
2-甲氧基乙醇	7.9	4.5	8.0	乳酸乙酯	7.80	3.7	6.1
吗啉	9.20	2.4	4.5	乙醚	7.05	1.4	2.5
甲酸	7.0	5.8	8.1	甲酸乙酯	7.58	3.2	5.2
硝基苯	8.60	6.0	2.0	乙基溶纤剂	7.85	5.2	7.2
硝基甲烷	7.70	9.2	2.5	2-乙氧基乙醇	7.85	4.5	7.0
2-硝基丙烷	7.90	5.9	2.0	乙酸-2-乙氧基乙酯	7.78	2.3	5.2

10. 各种增塑剂的溶解度参数（见表 3-16）

表 3-16　各种增塑剂的溶解度参数

增　塑　剂	$\delta/10^{-3}(J/m^3)^{1/2}$ $[(cal/m^3)^{1/2}]$	增　塑　剂	$\delta/10^{-3}(J/m^3)^{1/2}$ $[(cal/m^3)^{1/2}]$
芳香油	16.4[8.0]	二苯甲基醚	20.5[10.0]
油酸正丁酯	17.0[8.3]	马来酸二丁酯	18.4[9.0]
硬脂酸丁酯	16.2[7.9]	苯二甲酸二丁酯	19.2[9.4]
苯二甲酸二乙酯	18.6[9.1]	壬二酸二-2-乙基酯	17.2[8.4]
苯二甲酸二正庚酯	18.4[9.0]	奎二酸二-2-乙基酯	17.2[8.4]
苯二甲酸二正癸酯	18.2[8.9]	邻苯二甲酸二-2-乙基己酯	17.9[8.75]
苯二甲酸二异癸酯	17.9[8.75]	邻苯二甲酸二乙酯	20.4[9.95]
己二酸二异辛酯	17.4[8.5]	樟脑	15.3[7.5]
苯二甲酸二异辛酯	18.0[8.8]	磷酸甲酚基二苯酯	21.7[10.6]
苯二甲酸二正月桂酯	18.0[8.8]	松脂酸甲酯	16.0[7.8]
苯二甲酸二甲酯	21.5[10.5]	邻硝基联苯	22.5[11.0]
己二酸二正辛酯	17.6[8.6]	石蜡	15.3[7.5]
马来酸二正辛酯	18.0[8.8]	磷酸三丁酯	18.4[9.0]
癸二酸二正辛酯	17.8[8.7]	磷酸三甲酚酯	19.8[9.7]
邻苯二甲酸二正辛酯	18.2[8.9]	磷酸三甲苯酯	20.1[9.8]
邻苯二甲酸二苯酯	26.2[12.8]	磷酸三苯酯	21.3[10.4]
磷酸二苯基-2-乙基己酯	19.6[9.6]	磷酸三氯乙酯	22.3[10.9]
己二酸二-2-乙基己酯	17.4[8.5]	磷酸三乙酯	19.7[9.65]

11. 高聚物分级用的溶剂和沉淀剂（见表 3-17）

表 3-17　高聚物分级用的溶剂和沉淀剂

高 聚 物	溶 剂	沉 淀 剂	高 聚 物	溶 剂	沉 淀 剂
聚乙烯	甲苯	正丙醇	聚乙酸乙烯酯	苯	异丙醇
	二甲苯	正丙醇	聚乙烯醇	水	丙醇
	二甲苯	三甘醇		水	正丙醇
聚氯乙烯	环己酮	正丁醇		乙醇	苯
	环己酮	甲醇	聚丙烯腈	二甲基甲酰胺	庚烷
	四氢呋喃	丙醇	聚甲基丙烯酸甲酯	丙酮	水
聚氯乙烯	硝基苯	甲醇		丙酮	己烷
	环己烷	丙酮		苯	甲醇
	四氢呋喃	甲醇		氯仿	石油醚
聚苯乙烯	丁酮	甲醇	丁基橡胶	苯	甲醇
	丁酮	丁醇+2%水	聚己内酰胺	甲酚	环己烷
	苯	甲醇		甲酚+水	汽油
	三氯甲烷	甲醇	乙基纤维素	乙酸甲酯	丙酮-水(1,3)
	甲苯	甲醇		苯-甲醇	庚烷
	苯	乙醇	醋酸纤维素	丙酮	水
	甲苯	石油醚		丙酮	乙醇
聚乙酸乙烯酯	丙酮	水			

12. 某些聚合物-溶剂体系热力学作用参数 χ_1（见表 3-18）

表 3-18　某些聚合物-溶剂体系热力学作用参数 χ_1

聚 合 物	溶 剂	T/K	χ_1
乙酸戊酯	硝基甲烷	<323	0.16~0.47
氯丁橡胶	苯	<323	0.263
	十六烷	<323	1.477
	己烷	<323	0.891
	庚烷	<323	0.850
	癸烷	<323	1.147
	二氯甲烷	<323	0.533
	辛烷	<323	1.138
	戊烷	<323	1.129
	环己烷	<323	0.688
聚丙烯腈	γ-丁内酯	<323	0.335
	γ-丁内酯	323~373	0.340
	二甲基甲酰胺	<323	0.12~0.29
	二甲基甲酰胺	323~373	0.295
聚丁二烯	苯	<323	0.314
聚乙烯基二甲苯	苯	<323	0.47
聚二甲基硅氧烷			
高分子量的	苯	<323	0.481
	氯苯	<323	0.477
	氯苯	323~373	0.458
	环己烷	<323	0.429
低分子量的	苯	323~373	0.62
	己烷	323~373	0.43
	庚烷	323~373	0.45
	2,4-二甲基戊烷	323~373	0.42
	2-甲基戊烷	323~373	0.42
	3-甲基戊烷	323~373	0.41

聚 合 物	溶 剂	T/K	χ_1
低分子量的	辛烷	$323\sim373$	0.49
	戊烷	$323\sim373$	0.45
	环己烷	$323\sim373$	0.44
	四氯化碳	$323\sim373$	0.42
聚衣康酸二环己酯	苯	<323	0.21
聚亚甲基(高分子量的)	二甲苯	<323	0.34
	1,2,3,4-四氢化萘	<323	0.33
聚甲基丙烯酸甲酯	γ-丁内酯	<323	0.487
		$323\sim373$	0.479
	二甲基甲酰胺	<323	0.486
	二甲基甲酰胺	$323\sim373$	0.481
聚苯乙烯	环己烷	<323	0.50
	氘化环己烷	<323	0.5087
聚氘化苯乙烯	环己烷	<323	0.487
	氘化环己烷	<323	0.5024
聚甲基丙烯酸环己酯	丁醇	<323	0.50
双酚 A 和 4,4'-二			
氯二苯基砜的共聚物	二甲基亚砜	>373	0.50
	二甲基甲酰胺	<323	0.48
	四氢呋喃	<323	0.468
	氯仿	<323	0.376

13. 共聚物和聚合物混合物的玻璃化温度（见表 3-19）

表 3-19　共聚物和聚合物混合物的玻璃化温度

第一组分的重量分数/%	T_g/K	T_{g1}/K	T_{g2}/K	备　注
丙烯腈-丁二烯				
27.3	231	—	—	无规共聚物
35.5	242	—	—	无规共聚物
41.4	247	—	—	无规共聚物
42.3	250	—	—	无规共聚物
49.9	257	—	—	无规共聚物
51.0	259	—	—	无规共聚物
丁二烯-苯乙烯				
0.38	272	—	—	无规共聚物
0.43	262	—	—	无规共聚物
0.48	253	—	—	无规共聚物
0.58	240	—	—	无规共聚物
氯丁烯-丙烯酸丁酯				
27		238	343	嵌段共聚物
34		240	339	嵌段共聚物
50		243	338	嵌段共聚物
62		241	341	嵌段共聚物
70		239	342	嵌段共聚物
75		236	343	嵌段共聚物
80		235	345	嵌段共聚物
85		234	351	嵌段共聚物
氯丁烯-丙烯酸丁酯				
27		238	343	嵌段共聚物
34		240	339	嵌段共聚物
50		243	338	嵌段共聚物

第一组分的重量分数/%	T_g/K	T_{g1}/K	T_{g2}/K	备 注
62		241	341	嵌段共聚物
70		239	342	嵌段共聚物
75		236	343	嵌段共聚物
80		235	345	嵌段共聚物
85		234	351	嵌段共聚物
氯乙烯-甲基丙烯酸丁酯				
25		301	353	嵌段共聚物
35		301	353	嵌段共聚物
40		303	351	嵌段共聚物
45		302	350	嵌段共聚物
50		302	351	嵌段共聚物
60		301	352	嵌段共聚物
氯乙烯-丙烯酸甲酯				
30		289	350	嵌段共聚物
48		289	345	嵌段共聚物
58		288	346	嵌段共聚物
62		288	353	嵌段共聚物
70		288	353	嵌段共聚物
75		288	353	嵌段共聚物
80		288	353	嵌段共聚物
90		288	353	嵌段共聚物
氯乙烯-甲基丙烯酸甲酯				
23		353	378	嵌段共聚物
28		353	378	嵌段共聚物
40		351	378	嵌段共聚物
50		356	376	嵌段共聚物
62		354	376	嵌段共聚物
70		353	376	嵌段共聚物
氯乙烯-苯乙烯				
20		373	355	嵌段共聚物
26		373	353	嵌段共聚物
34		373	355	嵌段共聚物
40		372	357	嵌段共聚物
甲基丙烯酸甲酯-各种单体				
50	—	311	371	乙酸乙烯酯
50	—	342	379	甲基丙烯酸乙酯
56	—	250	388	丙烯酸乙酯
苯乙烯-各种单体				
40	—	—	371	甲基丙烯酸甲酯
40	—	204	375	异丁烯
46	—	218	372	丙烯酸丁酯
50	—	198	374	异戊二烯
50	—	201	373	环氧乙烷

14. 均聚物的熔点和熔融热 (见表 3-20)

表 3-20　均聚物的熔点和熔融热

高 分 子	$T_m/℃$	ΔH_m(kJ/重复单元的摩尔数)
聚乙烯	137	7.74
聚丙烯	176	9.92
聚(1-丁烯)	126	13.93
聚异戊二烯,顺式(天然橡胶)	28(36)	4.39
聚异戊二烯,反式(杜仲胶)	74	12.72
1,4-反式-聚丁二烯	148(92)	5.98(4.18)
聚异丁烯	128(105)	12.00
聚苯乙烯(等规)	240	9.00

高　分　子	$T_m/℃$	ΔH_m(kJ/重复单元的摩尔数)
聚对二甲苯	375	30.13
聚氧化甲烯	181	3.72
聚氧化乙烯	66	8.28
聚对苯二甲酸乙二酯	267	24.35
聚对苯二甲酸丁二酯	232	31.80
聚对苯二甲酸己二酯	160	34.73
聚对苯二甲酸癸二酯	138	46.02
聚间苯二甲酸丁二酯	152	41.84
聚癸二酸乙二酯	76	29.08
聚癸二酸癸二酯	80	19.67(50.21)
聚己二酸癸二酯	80	15.90(42.68)
聚壬二酸癸二酯	69	41.84
尼龙 66	265	46.44
尼龙 610	227	30.54
尼龙 1010	210(216)	32.64
纤维素三丁酸酯	183(207)	12.55
纤维素三辛酸酯	86(116)	12.97
纤维素三硝酸酯	＞725	＞6.28
聚氯乙烯	212	12.72
聚偏二氯乙烯	198	15.82
聚氯丁二烯	80	8.37
聚氟乙烯	200	7.53
聚三氟氯乙烯	220	5.02
聚四氟乙烯	327	2.87(3.18)
聚丙烯腈	317	4.85

15. 共聚物和聚合物混合物的熔点和其他热力学特性 （见表 3-21）

表 3-21　共聚物和聚合物混合物的熔点和其他热力学特性

第一组分的含量/%	结晶链节的摩尔分数	$M \times 10^{-4}$	T_m/K	T_{m1}/K	T_{m2}/K	$\Delta H_m/$(kJ/mol)	$\Delta S_m/$(J/mol)
苯二甲酸亚己酯-环氧乙烷（嵌段共聚物）							
0[①]	—	1.72	—	—	419	—	—
0.07[①]	—	1.75	—	—	419	—	—
0.58[①]	—	1.40	—	—	418	—	—
0.82[①]	—	1.61	—	—	418.5	—	—
1.73[①]	—	1.20	—	—	419.5	—	—
1.73[①]	—	1.20	—	289.5~291	417	—	—
2.24[①]	—	2.16	—	294	417	—	—
3.56[①]	—	1.85	—	299~301	416	—	—
4.71[①]	—	1.65	—	—	415	—	—
5.38[①]	—	1.95	—	302~307	415	—	—
7.15[①]	—	1.89	—	311.5~316	411	—	—
10.7[①]	—	2.69	—	—	408	—	—
16.0[①]	—	2.18	—	321~323.5	300.5	—	—
48.0[①]	—	2.27	—	327.7	—	—	—
羟苯磺酰氯-3,5-二甲基-4-羟苯磺酰氯							
0	—	—	550	—	—	—	—
25	—	—	528	—	—	—	—
50	—	—	453	—	—	—	—
75	—	—	463	—	—	—	—
100	—	—	523	—	—	—	—

第一组分的 含量/%	结晶链节的 摩尔分数	$M\times10^{-4}$	T_m/K	T_{m1}/K	T_{m2}/K	$\Delta H_m/(kJ/mol)$	$\Delta S_m/(J/mol)$
ε-己内酯-苯乙烯							
26	—	5.4	328	—	—	—	—
49	—	7.8	331	—	—	—	—
53	—	8.7	332	—	—	—	—
70	—	14.0	333	—	—	—	—
甲基丙烯酸硬脂酰酯-甲基丙烯腈							
42.7[①]	—	—	311.8	302.0	9.0	28.8	
62.6[①]	—	—	309.6	304.6	10.2	34.4	
81.8[①]	—	—	307.5	304.0	12.1	39.5	
100[①]	—	—	308.7	302.5	17.8	58.0	
乙烯-丁二烯（嵌段共聚物）							
33	—	0.155[①]	366	389	—	—	—
50	—	0.120[①]	373	383	—	—	—
50	—	0.125[①]	379	381	—	—	—
58	—	0.110[②]	376	380	—	—	—
62	—	0.130[②]	357	386	—	—	—
70	—	0.105[②]	378	379	—	—	—
72	—	0.135[②]	364	386	—	—	—
75	—	0.105[②]	376	397	—	—	—
93	—	0.145[②]	366	390	—	—	—
乙烯-乙酸乙烯酯							
82.1[①]	0.03	—	328	—	—	—	—
90.2[①]	0.06	—	351	—	—	—	—
92.5[①]	0.09	—	358	—	—	—	—
95.8[①]	0.18	—	362	—	—	—	—
96.9[①]	0.18	—	362	—	—	—	—
100[①]	0.42	—	381	—	—	—	—
乙烯--氯三氟乙烯							
50[①]	—	—	509	—	—	18.85	—
56[①]	—	—	443	—	—	—	—
60[①]	—	—	461	—	—	—	—
70[①]	—	—	393	—	—	—	—
80[①]	—	—	340	—	—	—	—

① 表示第一组分的摩尔分数。

② 表示聚乙烯链节的分子量。

16. 某些共聚物-溶剂体系的热力学作用参数 χ_1 （见表 3-22）

表 3-22 某些共聚物-溶剂体系的热力学作用参数 χ_1

第二组分的含量	溶 剂	T/K	χ_1
丙烯腈-苯乙烯			
62(3.32)	二甲基甲酰胺	—	0.382
	甲乙酮	—	0.428
76(1.8)	苯	—	0.507
	二甲基甲酰胺	—	0.426
	二噁烷	—	0.426
	甲乙酮	—	0.429
77(6.66)	苯	—	0.507
	二甲基甲酰胺	—	0.426
	二噁烷	—	0.420

第二组分的含量	溶剂	T/K	χ_1
丙烯腈-苯乙烯			
77(6.66)	甲乙酮	—	0.430
85.8(2.9)	苯		0.433
	二甲基甲酰胺		0.450
	二噁烷		0.418
	甲乙酮		0.453
异戊二烯-苯乙烯			
24	甲苯	185	0.416
45	甲苯	206	0.420
48	甲苯	193	0.440
70	甲苯	180	0.421
24	环己烷	192	0.450
45	环己烷	252	0.450
48	环己烷	249	0.412
70	环己烷	279	0.460
甲基丙烯酸甲酯-丙烯腈			
41.5	乙腈	303	0.495
	乙腈	313	0.496
	乙腈	323	0.495
	γ-丁内酯	303	0.493
	γ-丁内酯	318	0.493
	γ-丁内酯	338	0.494
	二甲基甲酰胺	303	0.492
	二甲基甲酰胺	318	0.491
	二甲基甲酰胺	333	0.492
	甲乙酮	303~333	0.494
甲基丙烯酸甲酯-甲基丙烯酸			
8.5	丁酮	298	0.469
	二噁烷	298	0.424
	氯仿	298	0.347
苯乙烯-4-乙烯基吡啶			
8.85	丁酮	298	0.495
	二噁烷	298	0.471
	氯仿	298	0.464

注：1. 苯乙烯-丙烯腈体系的组成按质量计；其他体系的组成按摩尔分数计。

2. 括号内的数值为共聚物的 $M_n \times 10^5$。

17. 某些共聚物的第二维利系数与分子量的关系（见表 3-23）

表 3-23　某些共聚物的第二维利系数与分子量的关系

共聚物	溶剂	T/K	$C \times 10^{-3}$	ε
丙烯腈-苯乙烯(1:1,质量)	二甲基甲酰胺	303	1.34	0.42
甲基丙烯酸丁酯-丙烯腈(1:1,质量)	二甲基甲酰胺	298	99.08	0.23
	甲乙酮	298	22.23	0.72
甲基丙烯酸丁酯-苯乙烯	甲乙酮	308	0.389	0.36
甲基丙烯腈-苯乙烯(1:1,质量)	二甲基甲酰胺	303	0.641	0.42
	甲乙酮	308	0.135	0.33
苯乙烯-甲氧基苯乙烯,甲氧基苯乙烯的摩尔分数/%				
21.4	甲苯	298	2.0	0.115
53.0	甲苯	298	2.4	0.135
75.6	甲苯	298	2.3	0.145
苯乙烯-甲基丙烯酸乙酯(1:1,质量)	乙酸乙酯	298	0.84	0.38

18. 在固体状态下相容的（按 Schneier 近似法）聚合物（见表 3-24）

表 3-24　在固体状态下相容的（按 Schneier 近似法）聚合物

第一组分 聚合物,共聚物	M	d /(g/cm³)	$\delta/(\mathrm{J/cm^3})^{1/2}$ [(cal/cm³)^1/2]	质量分数 /%	第二组分 聚合物,共聚物	M	d /(g/cm³)	$\delta/(\mathrm{J/cm^3})^{1/2}$ [(cal/cm³)^1/2]
天然橡胶	—	—	—	0~100	聚丁二烯	—	—	—
聚乙酸乙烯酯	86.09	1.19	19.6 (9.56)	40~50	氯乙烯-乙酸乙烯酯(9:1)	64.86	1.38	19.5 (9.53)
	86.09	1.19	19.6 (9.56)	50	聚甲基丙烯酸甲酯	87.1	1.22	20.5 (10.0)
聚氯乙烯	62.50	1.40	19.5 (9.52)	90~20	丁二烯-丙烯腈(66.7:33.3)	53.75	0.976	19.8 (9.68)
聚甲基丙烯酸甲酯	100.23	1.17	19.9 (9.71)	21	聚丙烯酸乙酯	101.15 66.01	1.12	19.3 (9.42)
聚苯乙烯	104.12	1.05	18.7 (9.1)	40	丁二烯-苯乙烯(75:25)	—	0.92	17.4 (8.48)
聚苯乙烯	—	—	—	44~50	聚 α-甲基苯乙烯	—		
丁二烯-丙烯腈(60:40)	53.68	1.10	20.5 (10.0)	20~90	纤维素乙酸丁酸酯	59.8		
					丁二烯-丙烯腈 60:40)		1.25	21.7 (10.6)
丁二烯-丙烯腈(82:18)	53.00	1.07	18.6 (9.09)	0~100	丁二烯-丙烯腈 60:40)	53.68	1.10	20.87 (10.18)
苯乙烯-丙烯腈(80:20)	93.91	1.07	19.5 (9.50)	70~100	(丁二烯-丙烯腈 65;35)	53.76	0.981	20.0 (9.78)
苯乙烯-丙烯腈(79.5:20.5)	91.90	1.07	19.8 (9.64)	50	苯乙烯-丙烯腈(76;24)	93.7	1.07	19.6 (9.55)
氯化聚乙烯(Cl,62%)	98.83	1.42	20.3 (9.90)	0~100	氯化聚乙烯(Cl,66%)	152.28	1.50	20.1 (9.80)
硬质胶				98~50	多硫化物	—	—	—

注：当聚苯乙烯含量为 50% 时，聚合物和共聚物体系在固体状态下是不相容的。

19. 在固体状态下不相容的（按 Schneier 近似法）聚合物（见表 3-25）

表 3-25　在固体状态下不相容的（按 Schneier 近似法）聚合物

第一组分 聚合物,共聚物	M	d /(g/cm³)	$\delta/(\mathrm{J/cm^3})^{1/2}$ [(cal/cm³)^1/2]	质量分数 /%	第二组分 聚合物,共聚物	M	d /(g/cm³)	$\delta/(\mathrm{J/cm^3})^{1/2}$ [(cal/cm³)^1/2]
尼龙 6	113.13	1.15	22.88 (11.88)	77.65	聚甲基丙烯酸甲酯	—		
	—	—	—	87	聚乙酸乙烯酯	—		
	—	—	—	85~76	聚丙烯酸甲酯	—		
	—	—	—	91.80	聚丙烯酸乙酯	—		
天然橡胶	68.11	0.80	16.4 8.0	—	丁二烯-苯乙烯(75:25)	66.01	0.92	17.4 (8.48)
				40~80	丁二烯-苯乙烯(75:25)			
聚氯乙烯				50.70	(75:25)			
聚甲基丙烯酸甲酯	—	—	—	25~50	聚乙酸乙烯酯	—	—	—
					聚丙烯酸酯	—	—	—
聚苯乙烯	—	—	—	20~30	丁二烯-丙烯腈(75:25)	53.83	0.96	19.4 (9.48)
				50	(75:25)			
				0~30	聚氯乙烯			
				5~95	聚乙烯			
				50:80	聚丙烯	42.04	0.905	16.8 (8.2)
					聚丙烯酸甲酯			—

20. 相容的聚合物体系 （见表 3-26）

表 3-26 相容的聚合物体系

聚合物体系	判断相容性的准则	
	在 溶 液 中	在 本 体 中
硝化纤维素（Ⅰ）-乙酸丙酸纤维素（Ⅱ）	组成 1：1 的混合物在环己酮中不分层	在环己酮中由组成 1：1 的混合物制成的薄膜透明
硝化纤维素（Ⅰ）-聚乙酸乙烯酯（Ⅱ）	在丙酮,甲乙酮,乙酸,乙酸乙酯,乙酸戊酯中,于下述条件下：$T=290K$,M_n（Ⅰ）$=9.2\times10^4$,在丙酮中$[\eta]$（Ⅰ）$=2.6$；M_n（Ⅱ）$=1.2\times10^4$,$[\eta]$（Ⅱ）$=0.85$,可按所有比例混合	
硝化纤维素（Ⅰ）-聚丙烯酸甲酯（Ⅱ）		混合物具有一个玻璃化温度 T_g
硝化纤维素（Ⅰ）-苯乙烯丙烯腈共聚物（Ⅱ）	组成 1：1 的混合物在环己酮中不分层	在环己酮中由组成 1：1 的混合物得到的薄膜透明
聚氯乙烯（Ⅰ）-聚甲基丙烯酸丁酯（Ⅱ）	组成为 1：1 的混合物在四氢呋喃中,浓度 $c=30\%$ 时不分层	—
聚氯乙烯（Ⅰ）-聚甲基丙烯酸异丁酯（Ⅱ）	组成为 1：1 的混合物在四氢呋喃中,浓度 $c=30\%$ 时不分层	—
苯乙烯-不同组成的甲基丙烯酸甲酯共聚物	—	固体状态的混合物是透明的
纤维素（Ⅰ）-聚丙烯腈（Ⅱ）	—	含有 50％（质量）聚丙烯腈的混合物有一个 T_g

21. 不相容的聚合物体系 （见表 3-27）

表 3-27 不相容的聚合物体系

聚合物体系	判断相容性的准则	
	在 溶 液 中	在 本 体 中
乙酸丁酸纤维素（Ⅰ）-丁腈橡胶（Ⅱ）	当Ⅰ中丁酰基含量为 17％时,组成为 1：1 的混合物在环己酮中相分层	从组成为 1：1 的混合物在环己酮中形成的溶液得到的薄膜发暗。变形与温度的关系曲线,在Ⅰ含 17％丁酰基而在Ⅱ含 40％丙烯腈和在混合物中含 40％～80％的Ⅰ的Ⅱ时,有两个或多个峰值,但当混合物中含有 1％～10％或 90％～99％的Ⅱ时,则有一个峰值
乙酸丁酸纤维素（Ⅰ）-聚甲基丙烯酸甲酯（Ⅱ）	当Ⅰ中丁酰基含量为 17％时,组成为 1：1 的混合物在环己酮中相分层	—
乙酸丁酸纤维素（Ⅰ）-各种聚合物（Ⅱ）	组成为 1：1 的混合物在环己酮中分层的条件是：Ⅰ中丁酰基含量为 17％,Ⅱ为聚苯乙烯、聚碳酸酯、聚环氧氯丙烷、聚亚苯基醚、聚砜或环氧丙烷-环氧乙烷共聚物、甲乙醚-马来酐、苯乙烯-丙烯腈、苯乙烯-甲基丙烯酸甲酯、氯乙烯-乙酸乙烯酯	
乙酸纤维素（Ⅰ）-各种聚合物（Ⅱ）	组成为 1：1 的混合物在环己酮中相分层的条件是：Ⅰ—二乙酸纤维素,Ⅱ—丁苯橡胶、环氧氯丙烷-环氧乙烷共聚物、聚碳酸酯、环氧氯丙烷、聚环氧乙烷、苯乙烯-丙烯腈共聚物、苯乙烯-甲基丙烯基共聚物、氯乙烯-乙酸二乙酯共聚物	由组成为 1：1 的混合物之环己烷溶液中得到的薄膜发暗
硝基纤维素（Ⅰ）-各种聚合物（Ⅱ）	组成为 1：1 的混合物在环己酮中相分层,如果：Ⅱ—聚碳酸酯、聚亚苯基醚、聚砜,或者为下列共聚物;甲乙醚-马来酐共聚物、环氧氯丙烷-氧化乙烯共聚物、氯乙烯-乙酸乙烯酯共聚物	由组成为 1：1 的混合物之环己酮溶液中得到的薄膜发暗

聚合物体系	判断相容性的准则	
	在 溶 液 中	在 本 体 中
聚丙烯酸（Ⅰ）-丙烯酸和甲基丙烯酸的共聚物（Ⅱ）	在水中相分层的条件是：$T=298K$，$c=20g/100cm^3$，$M_\eta(Ⅰ)=1.6\times10^6$，Ⅱ含10%的丙烯酸	—
聚丁二烯（Ⅰ）-聚苯乙烯（Ⅱ）	在苯中相分层的条件是$[\eta](Ⅰ)=1.7$和$[\eta](Ⅱ)=2.9$（在苯、甲苯和四氯化碳中）。$M_n(Ⅰ)=2.72\times10^3\sim2.66\times10^4$。在四氯化碳中分层的条件是：$T=291K$，$M_\eta(Ⅰ)=3\times10^5$，$M_w(Ⅱ)=1.2\times10^6$	—
聚丙烯酸丁酯（Ⅰ）-聚甲基丙烯酸丁酯（Ⅱ）	在丙酮中相分层的条件是：$[\eta](Ⅰ)=1.0$，$[\eta](Ⅱ)=5.1$（在丙酮中）	—
聚丙烯酸丁酯（Ⅰ）-聚甲基丙烯酸甲酯（Ⅱ）	在氯仿中相分层的条件是：$M_\eta(Ⅰ)=1.5\times10^6$，$M_\eta(Ⅱ)=8.48\times10^5$	
聚乙酸乙烯酯（Ⅰ）-聚丙烯腈（Ⅱ）	组成为1:1的混合物在二甲基甲酰胺中经过50天相分层。体系的各组分是相容的（发现混合物的黏度与组成是非加和性关系）	—
聚乙酸乙烯酯（Ⅰ）-聚苯乙烯（Ⅱ）	组成为1:1的混合物在苯中相分层的条件是，$M_w(Ⅰ)=1.1\times10^5\sim10^6$，$M_w(Ⅱ)=3\times10^5$。在氯仿中（$c>1.5\%$）分层的条件是：$T=290K$，$M_w(Ⅰ)=1.12\times10^5$，$[\eta](Ⅰ)=0.85$（在丙酮中），$M_w(Ⅱ)=2.25\times10^5$，$[\eta](Ⅱ)=2.15$（在氯仿中）	体系的各组分是相容的（在分解活化能与组成关系的曲线上发现有最低值）
	组成为1:1的混合物在苯中相分层的条件为：$c=20\%$，$M_w(Ⅰ)=5\times10^4$ 或 1.5×10^5，$[\eta](Ⅱ)=1.06$（在甲苯中）	由1:1混合物之环己酮溶液中得到的薄膜发暗
聚氯乙烯（Ⅰ）-聚丙烯酸丁酯（Ⅱ）	组成为1:1的混合物在四氢呋喃中在$c=10\%$时相分层	
聚氯乙烯（Ⅰ）-聚苯乙烯（Ⅱ）	组成为1:1的混合物在四氢呋喃中$c=16\%$时相分层	—
	组成为1:1的混合物在四氢呋喃中相分层的条件是，$c=15\%$，$T=298K$，$[\eta](Ⅱ)=1.06$（在甲苯中）	

22. 某些常见聚合物的折射率（见表 3-28）

表 3-28　某些常见聚合物的折射率

聚 合 物	折 射 率	聚 合 物	折 射 率
聚四氟乙烯	$1.35\sim1.38$	聚乙烯	$1.512\sim1.519$（25℃）
聚三氟氯乙烯	$1.39\sim1.43$	聚异戊二烯（天然橡胶）	1.519（25℃）
乙酸纤维素	$1.46\sim1.50$	聚丁二烯	1.52
聚乙酸乙烯酯	$1.47\sim1.49$	聚异戊二烯（合成橡胶）	1.5219（25℃）
聚甲基丙烯酸甲酯	$1.485\sim1.49$	聚酰胺	1.54
聚丙烯	1.49	聚氯乙烯	$1.54\sim1.56$
聚乙烯醇	$1.49\sim1.53$	聚苯乙烯	$1.59\sim1.60$
酚醛树脂	$1.5\sim1.7$	聚偏氯乙烯	$1.60\sim1.63$
聚乙丁烯	$1.505\sim1.51$		

本表摘自：Kline G M. Analytical Chemistry of Polymers，Parts 1 and 2.
New York：Wiley Interscience，1962.

23. 镍铬-镍硅（镍铬-镍铝）热电偶分度表（见表3-29）

表 3-29　镍铬-镍硅（镍铬-镍铝）热电偶分度表（分度号 EU-2）

工作端温度/℃	0	1	2	3	4	5	6	7	8	9
					毫伏					
0	0.00	0.04	0.08	0.12	0.16	0.20	0.24	0.28	0.32	0.36
10	0.40	0.44	0.48	0.52	0.56	0.60	0.64	0.68	0.72	0.76
20	0.80	0.84	0.88	0.92	0.96	1.00	1.04	1.08	1.12	1.16
30	1.20	1.24	1.28	1.32	1.36	1.41	1.45	1.49	1.53	1.57
40	1.61	1.65	1.69	1.73	1.77	1.82	1.86	1.90	1.94	1.98
50	2.02	2.06	2.10	2.14	2.18	2.23	2.27	2.31	2.35	2.39
60	2.43	2.47	2.51	2.56	2.60	2.64	2.68	2.72	2.77	2.81
70	2.85	2.89	2.93	2.97	3.01	3.06	3.10	3.14	3.18	3.22
80	3.26	3.30	3.34	3.39	3.43	3.47	3.51	3.55	3.60	3.64
90	3.68	3.72	3.76	3.81	3.85	3.89	3.93	3.97	4.02	4.06
100	4.10	4.14	4.17	4.22	4.26	431	4.35	4.39	4.43	4.47
110	4.51	4.55	4.59	4.63	4.67	4.72	4.76	4.80	4.84	4.88
120	4.92	4.92	5.00	5.04	5.08	5.13	5.17	5.21	5.25	5.29
130	5.33	5.33	5.41	5.45	5.49	5.53	5.57	5.61	5.65	5.69
140	5.73	5.73	5.18	5.85	5.89	5.93	5.97	6.01	6.05	6.09
150	6.13	6.13	6.21	6.25	6.29	6.33	6.37	6.41	6.45	6.49
160	6.53	6.53	6.61	6.65	6.69	6.73	6.77	6.81	6.85	6.89
170	6.93	6.93	7.01	7.05	7.09	7.13	7.17	7.21	7.25	7.29
180	7.33	7.33	7.41	7.45	7.49	7.53	7.57	7.61	7.65	7.69
190	7.73	7.73	7.81	7.85	7.89	7.93	7.97	8.01	8.05	8.00
200	8.13	8.17	8.21	8.25	8.29	8.33	8.37	8.41	8.45	8.49
210	8.53	8.57	8.61	8.65	8.69	8.73	8.77	8.81	8.85	8.89
220	8.93	8.97	9.01	9.06	9.10	9.14	9.18	9.22	9.26	9.30
230	9.34	9.38	9.42	9.46	9.50	9.54	9.58	9.63	9.66	9.70
240	9.74	9.78	9.82	9.86	9.90	9.95	9.98	10.03	10.07	10.11
250	10.15	10.19	10.23	10.27	10.31	10.35	10.40	10.44	10.48	10.52
260	10.56	10.60	10.64	10.68	10.72	10.77	10.81	10.85	10.89	10.93
270	10.97	11.01	11.05	11.09	11.13	11.18				11.34
280	11.38	11.42	11.46	11.51	11.55	11.59				11.76
290	11.80	11.84	11.88	11.92	11.96	12.01				12.17
300	12.21	12.25	12.29	12.33	12.37	12.42				12.58
310	12.62	12.66	12.70	12.75	12.79	12.83				13.00
320	13.04	13.08	13.12	13.16	13.20	13.25				13.41
330	13.45	13.49	13.553	13.58	13.68	13.66				13.83
340	13.87	13.91	13.95	14.00	14.04	14.08				14.25
350	14.30	14.34	14.38	14.43	14.47	14.51				14.68
360	14.72	14.76	14.85	14.85	14.89	14.93				15.10
370	15.14	15.18	15.22	15.27	15.31	15.35				15.52
380	15.56	15.60	15.64	15.69	15.73	15.77				15.94
390	15.99	16.02	16.06	16.11	16.15	16.19				16.63
400	16.40	16.44	16.49	16.53	16.57	16.63				16.79
410	16.83	16.87	16.91	16.96	17.00	17.04				17.21
420	17.25	17.29	17.33	17.38	17.42	17.46				17.63
430	17.67	17.71	17.75	17.79	17.84	17.88				18.05
440	18.09	18.13	18.17	18.22	18.26	18.30				18.47
450	18.51	18.55	18.60	18.64	18.68	18.73				18.90
460	18.94	18.98	19.03	19.07	19.11	19.16			19.28	19.33
470	19.37	19.41	19.45	19.50	19.54	19.58			19.71	19.75
480	19.79	19.83	19.88	19.92	19.96	20.01			20.13	20.18
490	20.12	20.26	20.31	20.35	20.339	20.44			20.56	20.61
500	20.65	20.69	20.74	20.78	20.82	20.87			20.99	21.04

（自由端温度为0℃）

参 考 文 献

1　Odian G. Principle of Polymerization. 4nd ed. New York：John Wiley & Sons，Inc.，2004
2　Ravve A. Principles of Polymer Chemistry. 2nd ed. New York：Kluwer Academic/Plenum Publishers，2000
3　Stevens M P. Polymer Chemistry. Oxford University Press，1999
4　Sandler S R. Sourcebook of Advanced Polymer Laboratory Preparations. Academic Press，1998
5　Allcock H R. Lampe F W，Mark J E. 现代高分子化学. 北京：科学出版社，2004
6　金关泰. 高分子化学的理论和应用进展. 北京：中国石化出版社，1995
7　何天白，胡汉杰. 海外高分子科学的新进展. 北京：化学工业出版社，1997
8　周其凤，胡汉杰. 高分子化学.《"跨世纪的高分子科学"丛书》. 北京：化学工业出版社，2001
9　潘祖仁. 高分子化学. 北京：化学工业出版社，1997
10　张兴英，程珏，赵京波. 高分子化学. 北京：化学工业出版社，2006
11　复旦大学高分子系高分子教研室. 高分子化学. 上海：复旦大学出版社，1995
12　欧国荣，张德震. 高分子科学与工程实验. 上海：华东理工大学出版社，1997
13　复旦大学高分子系，高分子科学研究所. 高分子实验技术，上海：复旦大学出版社，1996
14　马立群，张晓辉，王雅珍. 微型高分子化学实验技术. 北京：中国纺织出版社，1996
15　王国建，肖丽. 高分子基础实验. 上海：同济大学出版社，1999
16　李小瑞，李仲谨. 高分子科学实验方法. 西安：陕西科学技术出版社，1998
17　李青山，王雅珍，周宁怀. 微型高分子化学实验. 北京：化学工业出版社，2003
18　何卫东. 高分子化学实验. 合肥：中国科学技术大学出版社，2003
19　梁晖，卢江. 高分子化学实验. 北京：化学工业出版社，2004
20　张丽华. 高分子实验. 北京：兵器工业出版社，2004
21　赵德仁，张慰盛. 高聚物合成工艺学. 北京：化学工业出版社，1997
22　李克友，张菊华，向福如. 高分子合成原理及工艺学. 北京：化学工业出版社，1999
23　钱人元. 高聚物的分子量测定. 北京：科学出版社，1958
24　施良和. 化学通报，1961（5），44；1962（1），45
25　金日光，华幼卿. 高分子物理，第二版. 北京：化学工业出版社，2000
26　施良和. 凝胶色谱法. 北京：科学出版社，1980
27　麦卡弗里 EL. 高分子化学实验室制备. 北京：科学出版社，1981
28　蔡正千. 热分析. 北京：高等教育出版社，1993
29　李余增. 热分析. 北京：清华大学出版社，1987
30　Pope M T.，Jupp M D. Differential Thermal Analysic. Londen：Heyden，1977
31　PCR-Ⅰ型差热分析仪使用说明书，北京光学仪器厂，1987
32　成都科技大学等联合编制. 高分子化学及物理学. 北京：轻工业出版社，1979
33　A. V. 托博尔斯基等. 聚合物科学与材料. 长春应化所译. 北京：科学出版社，1977
34　Samuels R J.《strectured Polymer Properties》，New York：Wiley，1974
35　何曼君等. 高分子物理，上海：复旦大学出版社，1983
36　赵择卿等. 光散射技术，北京：纺织工业出版社，1989
37　吴人洁主编. 现代分析技术——在高聚物中的应用. 上海：上海科学技术出版社，1987
38　杜学礼，潘子昂编. 扫描电子显微镜分析技术. 北京：化学工业出版社，1986
39　张清敏，徐濮编译. 扫描电子显微镜和 X 射线微区分析. 天津：南开大学出版社，1988
40　周公度. 晶体结构测定. 北京：科学出版社，1981
41　Alexander L. E. X-ray Diffraction Methods in Polymer Science，Wiley-Interscience Jojn-Wiley Sons Inc，1969
42　NDJ-79 型旋转式黏度机使用说明书. 同济大学
43　SCY-Ⅰ型声速取向测定仪产品说明书. 中国纺织大学材料学院，1999
44　Ward I M. Mechanical Properties of Solid Polymers. London：Wiley-Interscience，1971
45　拉贝尔（Rabek. J. F.）. 高分子科学实验方法：物理原理与应用. 吴世康等译. 北京：科学出版社，1987
46　李充明. 高分子物理实验. 杭州：浙江大学出版社，1996
47　柯林斯（E. A. Gollins.）. 聚合物科学实验. 王盈康，曹维孝译. 北京：科学出版社，1983
48　吴人洁. 现代分析技术在高聚物中的应用. 上海：上海科学技术出版社，1987
49　邵毓法，嵇根定. 高分子物理实验. 南京：南京大学出版社，1998
50　复旦大学高分子科学系高分子科学研究所. 高分子实验技术. 上海：复旦大学出版社，1996